职业教育机械类专业一体化系列教材

焊工工艺与技能训练（理实一体化）

主　编　毕应利
副主编　李长久
参　编　高香玲　马　影　刘　波
刘贵宾　胡　君　杨红岩
蒲文华　程晓翀　张叶威　孙志明

机械工业出版社

为适应“工学结合、校企合作”培养模式的要求，根据企业岗位需求和现阶段职业教育教学实际情况，本书采用理实一体化的模式进行编写。

本书分为五个单元，内容包括焊接安全技术与焊接劳动保护、金属材料热切割、焊条电弧焊、二氧化碳气体保护焊、手工钨极氩弧焊，以及焊工（中级）考工、考证知识和技能试题，附录部分还列出了部分全国职业院校技能大赛比赛试题。

为方便教学，本书全部试题配备参考答案，选择本书作为教材的教师可来电（010-88379197）索取，或登录 www. cmpedu. com 网站，注册、免费下载。

本书在风格上力求让理论知识为掌握技能服务，实训课题的可操作性非常强，既可作为职业院校、技工院校教学用书，又可以作为各企业进行职业培训的教材和参加职业技能鉴定考试者的自学用书。

图书在版编目（CIP）数据

焊工工艺与技能训练：理实一体化/毕应利主编 . —北京：机械工业出版社，2015. 8（2025. 1 重印）

职业教育机械类专业一体化系列教材

ISBN 978-7-111-51210-3

Ⅰ. ①焊…　Ⅱ. ①毕…　Ⅲ. ①焊接工艺—高等职业教育—教材　Ⅳ. ①TG44

中国版本图书馆 CIP 数据核字（2015）第 189352 号

机械工业出版社（北京市百万庄大街 22 号　邮政编码 100037）

策划编辑：齐志刚　责任编辑：齐志刚　章承林

版式设计：霍永明　责任校对：肖　琳

封面设计：马精明　责任印制：常天培

北京机工印刷厂有限公司印刷

2025 年 1 月第 1 版第 8 次印刷

184mm×260mm · 15. 25 印张 · 376 千字

标准书号：ISBN 978-7-111-51210-3

定价：46. 00 元

电话服务	网络服务
客服电话：010-88361066	机　工　官　网：www. cmpbook. com
010-88379833	机　工　官　博：weibo. com/cmp1952
010-68326294	金　　书　　网：www. golden-book. com
封底无防伪标均为盗版	机工教育服务网：www. cmpedu. com

前 言

为满足全国职业技术院校焊接专业教学需要，以学生就业为导向，以企业用人标准为依据，我们组织一线的焊接教师编写了本书。本书合理更新教材内容，尽可能多地充实新知识，在专业知识的安排上，力求使教材具有较鲜明的时代特征，坚持够用、实用的原则，删去“繁难偏旧”的理论知识，注重焊工基本功的训练，按照认知规律和工厂实际使用情况，由浅入深、循序渐进地编排了教学内容，并尽量采用图文并茂的编写形式，降低学习难度，提高学生的学习兴趣。同时，进一步加强了技能训练，特别是加强了基本技能与核心技能的训练。在考虑各地办学条件的前提下，力求适应教学与竞赛的现状和趋势，尽可能多地引入实用型焊接技术资料，使教材富有时代感。本书采用最新的国家技术标准，使教材更加科学和规范。

本书内容以单元模式编写，各部分相对独立，涵盖了焊接生产实习的主要内容，各学校可以根据培养目标的不同，选择有关单元进行理论教学与实训教学。

本书共五个单元，由毕应利主编并统稿，李长久任副主编，参加编写的还有高香玲、马影、刘波、刘贵宾、胡君、杨红岩、蒲文华、程晓翀、张叶威、孙志明。

在本书编写过程中，参阅了有关同类教材、书籍和网络资料，并得到北方工业学校焊接教研室全体教师及企业专家的大力支持，在此一并致以深深的谢意！

由于编者水平有限，书中缺点和错误在所难免，恳切希望广大读者对教材提出宝贵的意见和建议，以便修订时加以完善。

编　者

目　录

绪　论

一、焊接的定义与分类

（一）焊接的定义

在工业生产中，经常需要将两个或两个以上的零件按一定形式和位置连接起来。根据这些连接的特点，可以将其分为两大类：一类是可拆卸连接，即不必毁坏零件就可以进行拆卸，如螺栓连接、键连接等，如图 0-1 所示；另一类是永久性连接，其拆卸只有在毁坏零件后才能实现，如铆接、焊接等，如图 0-2 所示。

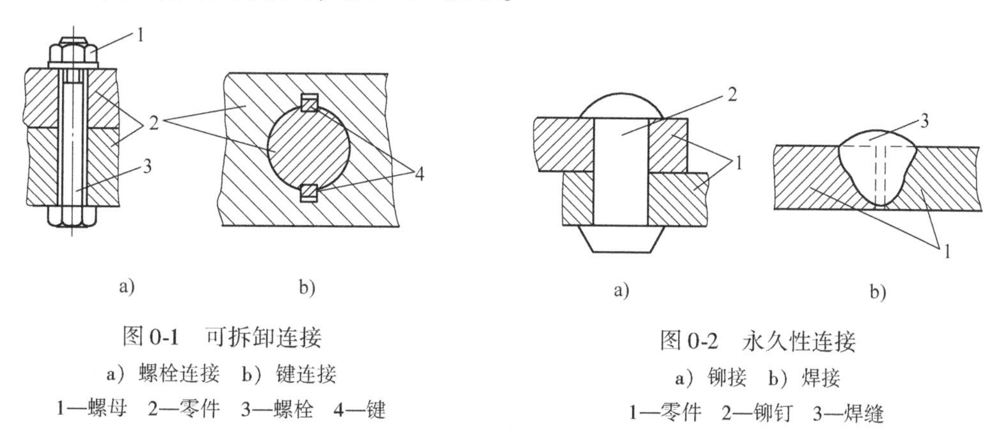

图 0-1　可拆卸连接

a）螺栓连接　b）键连接

1—螺母　2—零件　3—螺栓　4—键

图 0-2　永久性连接

a）铆接　b）焊接

1—零件　2—铆钉　3—焊缝

焊接就是通过加热或加压，或两者并用，并且用或不用填充材料，使工件达到结合的一种加工工艺方法。

焊接不仅可以连接金属材料，而且可以实现某些非金属材料的永久性连接，如玻璃焊接、陶瓷焊接、塑料焊接等，在工业生产中焊接主要用于金属材料的连接。

（二）焊接的分类

按照焊接过程中金属所处的状态不同，可以把焊接分为熔焊、压焊和钎焊三类。焊接方法的分类如图 0-3 所示。

1. 熔焊

熔焊是在焊接过程中将焊件接头加热至熔化状态不加压完成焊接的方法。在加热的条件下，当被焊金属加热至熔化状态形成液态熔池时，原子之间可以充分扩散和紧密接触，因此冷却凝固后，可形成牢固的焊接接头。熔焊是金属焊接中最主要的一种方法，常用的有气焊、焊条电弧焊、电渣焊、气体保护焊、埋弧焊等。

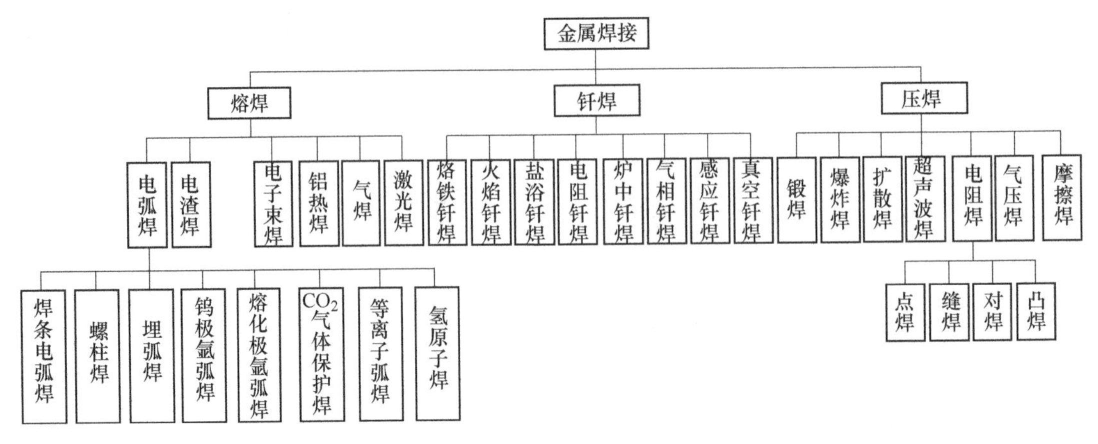

图 0-3　焊接方法的分类

2. 压焊

压焊是在焊接过程中必须对焊件施加压力（加热或不加热）以完成焊接的方法。锻焊、电阻焊（点焊、缝焊等）、摩擦焊、气压焊和爆炸焊等均属此类。

3. 钎焊

钎焊是采用比母材熔点低的金属材料，将焊件和焊料加热到高于焊料熔点、低于母材熔点的温度，利用液态钎料润湿母材，填充接头间隙并与母材相互扩散实现连接焊件的方法。常见的钎焊方法有烙铁钎焊、火焰钎焊等。

二、焊接的特点

焊接是目前应用极为广泛的永久性连接方法。在许多行业的金属结构制造中，焊接取代了铆接，不少过去一直用整铸、整锻方法生产的大型毛坯也改成了焊接结构，大大简化了生产工艺，降低了成本。目前，世界各国年平均生产的焊接结构用钢已占钢产量的45%左右。焊接之所以能如此迅速地发展，是因为它本身具有一系列优点。

（1）焊接与铆接相比　首先，焊接可以节省大量金属材料，减小结构的质量。例如，起重机采用焊接结构，其质量可以减小15%～20%，建筑钢结构的质量可以减小10%～20%。其原因在于焊接结构不必钻铆钉孔，材料截面能得到充分利用，也不需要辅助材料，如图0-4所示。其次，焊接结构生产不需要钻孔，划线的工作量较少，简化了加工与装配工序，因此劳动生产率高。另外，焊接设备一般也比铆接生产所需的大型设备（多头钻床等）的投资低。焊接结构还具有比铆接结构更好的密封性，这是压力容器特别是高温、高压容器不可缺少的性能。焊接生产与铆接生产相比还具有劳动强度低、劳动条件好等优点。

（2）焊接与铸造相比　首先，焊接不需要制作木模和砂型，也不需要专门熔炼、浇注，工序简单，生产周期短，对于单件和小批量生产特别明显。其次，焊接结构比铸件能节省材料。通常其质量比铸钢件节省材料20%～30%，比铸铁件节省材料50%～60%。这是因为：①焊接结构的截面可以按需要来选取，不必像铸件那样受工艺条件的限制而加大尺寸；②不需要采用过多的肋板和过大的圆角；③采用轧制材料的焊接结构材质一般比铸件好，即使不用轧制材料，用小铸件拼焊成大件，小铸件的质量也比大铸件容易保证。

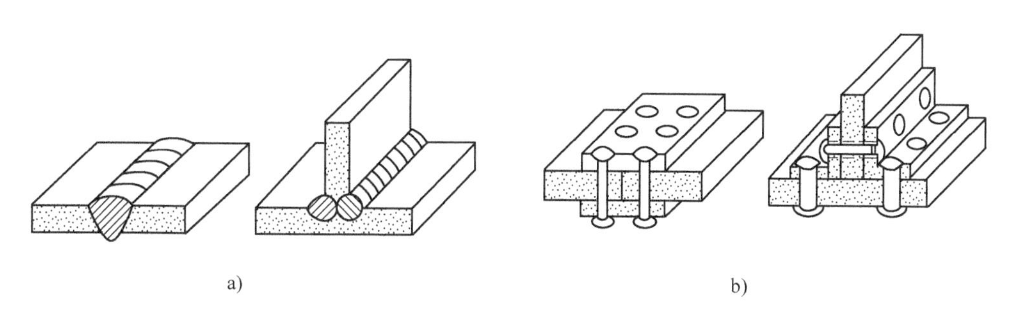

图 0-4　焊接与铆接的比较

a）焊接结构　b）铆接结构

（3）焊接的其他特点　焊接具有一些其他工艺方法难以达到的优点，如可以根据受力情况和工作环境在不同的结构部位选用不同强度和不同耐磨、耐腐蚀、耐高温等性能的材料。

焊接也有缺点，如产生焊接应力与变形，而焊接应力会削弱结构的承载能力，焊接变形会影响结构形状和尺寸精度；焊缝中还会存在一定数量的缺陷；焊接中还会产生有毒有害的物质等。

三、焊接技术发展概况

世界上已有50余种焊接工艺方法应用于生产中，随着科学技术的不断发展，特别是近年来计算机技术的应用与推广，使焊接技术特别是焊接自动化技术达到了一个崭新的阶段。

我国焊接技术的发展迅速，现已广泛应用于船舶、车辆、航空、锅炉、电机、冶炼设备、石油化工机械、矿山机械、起重机械、建筑及国防等各个工业部门，并成功地完成了不少重大产品的焊接，如12000t水压机、直径157m的大型球形容器、万吨级远洋考察船“远望号”、世界第一的三峡发电机定子座（图0-5）、2008年北京奥运会主体育场“鸟巢”（图0-6）以及核反应堆、人造卫星、神舟九号太空船（图0-7）等尖端产品。各种新工艺，如多丝埋弧焊、窄间隙气体保护全位置焊、水下二氧化碳半自动焊、全位置脉冲等离子弧焊、异种金属的摩擦焊和数控切割设备及焊接机器人等，都已在许多领域得到应用。

图 0-5　三峡发电机定子座

虽然我国的焊接科学技术已经取得了很大的发展，但是和世界先进水平相比，仍然存在着一定的差距，因此，我们必须刻苦学习，努力工作，为发展我国的焊接技术贡献自己的力量。

图 0-6　北京奥运会主体育场“鸟巢”

图 0-7　神舟九号飞船

第一单元

焊接安全技术与焊接劳动保护

焊接安全生产非常重要。因为焊工在焊接时要与电、可燃及易爆的气体、易燃液体、压力容器等接触，在焊接过程中还会产生一些有害气体、烟尘、电弧光的辐射、焊接热源（电弧、气体火焰）的高温、高频磁场、噪声和射线等。有时还要在高处、水下、容器设备内部等特殊环境中作业。如果焊工不熟悉有关劳动保护知识，不遵守安全操作规程，就可能引起触电、灼伤、火灾、爆炸、中毒、窒息等事故，这不仅给国家财产造成经济损失，而且直接影响焊工及其他工作人员的人身安全。

国家对焊工的安全健康是非常重视的。从2010年7月1日开始施行的《特种作业人员安全技术培训考核管理规定》中都明确规定：焊接与热切割作业是特种作业，直接从事特种作业者——焊工，是特种作业人员。特种作业人员，必须进行专门的安全技术理论学习和实践操作训练，并经考试合格后，方可进行独立作业。只有经常对焊工进行安全技术与劳动保护的教育和培训，使其从思想上重视安全生产，明确安全生产的重要性，增强责任感，了解安全生产的规章制度，熟悉并掌握安全生产的有关措施，才能有效地避免和杜绝事故的发生。

一、焊接安全技术

（一）预防触电的安全技术

触电是大部分焊接操作时的主要危险因素。目前我国生产的焊机的空载电压一般都在60V以上，焊机工作的网路电压为380V/220V、50Hz的交流电，它们都超过了安全电压（一般干燥情况为36V、高空作业或特别潮湿场所为12V），因此触电危险是比较大的，必须采取措施预防触电。

1. 焊接操作时造成触电的原因

（1）直接触电　更换焊条、电极和焊接过程中，焊工的手或身体接触到焊条、电焊钳或焊枪的带电部分，而脚或身体其他部位与地或工件间无绝缘防护引起触电称直接触电。当焊工在金属容器、管道、锅炉、船舱或金属结构内部施工，或当人体大量出汗，或在阴雨或潮湿地方进行焊接作业时，特别容易发生这种触电事故；在接线、调节焊接电流或移动焊接设备时，易发生触电事故；在登高焊接时，碰上低压线路或靠近高压电源线引起触电事故。

（2）间接触电　焊接设备的绝缘烧损、振动或机械损伤，使绝缘损坏部位碰到机壳，而人碰到机壳引起触电称间接触电。焊机的相线和零线接错，使外壳带电；焊接操作时人体碰上了绝缘破损的电缆、胶木电闸带电部分等。

2. 防范措施

1）做好焊接操作作业人员的培训，做到持证上岗，杜绝无证人员进行焊接作业。

2）焊接设备要有良好的隔离防护装置。伸出箱体外的接线端应用防护罩盖好；有插销孔接头的设备，插销孔的导体应隐蔽在绝缘板平面内。

3）焊接设备应有独立的电气控制箱，箱内应装有熔断器、过载保护开关、漏电保护装置和空载自动断电装置。

4）焊接设备外壳、电气控制箱外壳等应设保护接地或保护接零装置。

5）改变焊接设备接头、更换焊件需改变二次电路时和转移工作地点、更换熔断器以及焊接切割设备发生故障需检修时，必须在切断电源后方可进行。推拉刀开关时，必须戴绝缘手套，同时头部需偏斜。

6）更换焊条或焊丝时，焊工必须使用焊工手套，要求焊工手套应保持干燥、绝缘可靠。对于空载电压和焊接电压较高的焊接操作和在潮湿环境操作时，焊工应使用绝缘橡胶衬垫确保焊工与焊件绝缘。特别是在夏天炎热天气由于身体出汗后衣服潮湿，不得靠在焊件、工作台上。

7）在金属容器内或狭小工作场地焊接金属结构时，必须采用专门防护，如采用绝缘橡胶衬垫、穿绝缘鞋、戴绝缘手套，以保障焊工身体与带电体绝缘。

8）在光线不足的环境工作，必须使用手提工作行灯，一般环境使用的照明灯电压不超过36V。在潮湿、金属容器内等危险环境，照明行灯电压不得超过12V。

9）焊工在操作时不应穿有铁钉的鞋或布鞋。绝缘手套不得短于300mm，材质应为柔软的皮革或帆布。焊条电弧焊工作服为帆布工作服，氩弧焊工作服为毛料或皮工作服。

10）焊接设备的安装、检查和修理必须由持证电工来完成，焊工不得自行检查和修理焊接设备。

（二）预防火灾和爆炸的安全技术

1. 焊接现场发生爆炸的可能性

爆炸是指物质在瞬间以机械功的形式，释放出大量气体和能量的现象。焊接时能发生爆炸的几种情况如下：

（1）可燃气体的爆炸　工业上大量使用的可燃气体，如乙炔（C_2H_2）、天然气（CH_4）等，与氧气或空气均匀混合达到一定限度，遇到火源便发生爆炸，这个限度称为爆炸极限，常用可燃气体在混合物中所占体积百分比来表示。例如，乙炔与空气混合爆炸极限为2.2%～81%，乙炔与氧混合爆炸极限为2.8%～93%，丙烷或丁烷与空气混合爆炸极限分别为2.1%～9.5%和1.55%～8.4%。

（2）可燃液体或可燃液体蒸气的爆炸　在焊接场地或附近放有可燃液体时，可燃液体或可燃液体的蒸气达到一定含量，遇到电焊火花即会发生爆炸。例如，汽油蒸气与空气混合，其爆炸极限仅为0.7%～6.0%。

（3）可燃粉尘的爆炸　可燃粉尘（例如镁、铝粉尘、纤维素粉尘等）悬浮于空气中，达到一定浓度范围，遇火源（例如电焊火花）也会发生爆炸。

（4）焊接直接使用可燃气体的爆炸　例如，使用乙炔发生器，在加料、换料（电石含

磷过多或碰撞产生火花），以及操作不当而产生回火时，均会发生爆炸。

（5）密闭容器的爆炸　对密闭容器或正在受压的容器上进行焊接时，如不采取适当措施也会产生爆炸。

2. 防火、防爆措施

1）焊接场地禁止放易燃、易爆物品，场地内应备有消防器材，保证足够照明和良好的通风。

2）焊接场地10m内不应贮存油类或其他易燃、易爆物质的贮存器皿或管线、氧气瓶。

3）对受压容器、密闭容器、各种油桶和管道、沾有可燃物质的工件进行焊接时，必须事先进行检查，并经过冲洗除掉有毒、有害、易燃、易爆物质，解除容器及管道压力，消除容器密闭状态后，再进行焊接。

4）焊接密闭空心工件时，必须留有出气孔，焊接管子时，两端不准堵塞。

5）在有易燃、易爆物的车间、场所或煤气管、乙炔管（瓶）附近焊接时，必须取得消防部门的同意。操作时采取严密措施，防止火星飞溅引起火灾。

6）焊工不准在木板、木砖地上进行焊接操作。

7）焊工不准在焊把线或接地线裸露情况下进行焊接，也不准将二次电路线乱接乱搭。

8）气焊气割时，要使用合格的电石、乙炔发生器及回火防止器，压力表（乙炔、氧气）要定期校检，还应使用合格的橡胶软管。

9）离开施焊现场时，应关闭气源、电源，熄灭火种。

（三）预防有害气体和烟尘的安全技术

在各种熔焊方法焊接过程中，焊接区都会产生或多或少的有害气体。特别是电弧焊时在焊接电弧的高温和强烈的紫外线作用下，产生的有害气体尤为严重。所产生的有害气体主要有臭氧、氮氧化物、一氧化碳和氟化氢等。这些气体被吸入体内，会引起人体中毒，影响焊工安全。

焊接烟尘的成分很复杂，焊接碳钢材料时烟尘的主要成分是铁、硅、锰。焊接其他金属材料时，烟尘中尚有铝、氧化锌、钼等。其中主要有毒物质是锰，使用碱性低氢焊条时，烟尘中还含有有毒的可溶性氟。焊工长期呼吸这些烟尘，会引起头痛、恶心，甚至引起焊工尘肺及锰中毒等。

因此，应采取下列预防措施：

（1）焊接场地应有良好的通风　焊接区通风是排出烟尘和有毒气体的有效措施，通风的方式有以下几种：

1）全面机械通风。在车间内安装数台轴流式风机向外排风，使车间内经常更换新鲜空气。

2）局部机械通风。在焊接工位安装小型通风机械，进行送风或排风。

3）充分利用自然通风。正确调节车间的侧窗和天窗，加强自然通风。

（2）合理组织劳动布局　避免多名焊工挤在一起操作。

（3）尽量扩大埋弧自动焊的使用范围　以代替焊条电弧焊。

（4）做好个人防护减少烟尘等对人体的侵害　目前多采用静电防尘口罩。

（四）预防弧光辐射的安全技术

弧光辐射主要包括可见光、红外线、紫外线三种辐射。过强的可见光耀眼炫目；眼部受到红外线辐射，会感到强烈的灼伤和灼痛，发生闪光幻觉；紫外线对眼睛和皮肤有较大的刺激性，它能引起电光性眼炎。电光性眼炎的症状是眼睛疼痛、有砂粒感、多泪、畏光、怕风吹等，但电光性眼炎治愈后一般不会有任何后遗症。皮肤受到紫外线照射时，先是痒、发红、触疼，以后会变黑、脱皮，如果工作时注意防护，以上症状是不会发生的。因此，焊工应采取下列措施预防弧光辐射。

1）焊工必须使用有电焊防护玻璃的面罩。面罩应轻便、成形合适、耐热、不导电、不导热、不漏光。

2）焊工工作时，应穿白色帆布工作服，以防止弧光灼伤皮肤。

3）操作引弧时，焊工应该注意周围工人，以免强烈弧光伤害他人眼睛。

4）在厂房内和人多的区域进行焊接时，尽可能地使用防护屏，如图 1-1 所示，避免周围人受弧光伤害。

图 1-1 弧光防护屏

（五）特殊环境焊接的安全技术

所谓特殊环境焊接，是指在一般企业正规厂房以外的地方，例如，高空、野外、水下、容器内部等进行的焊接。在这些地方焊接时，除遵守上面介绍的一般安全技术外，还要遵守一些特殊的规定，现分述如下：

1. 高处焊接作业

焊工在坠落高度基准面 2m 以上（包括 2m）有可能坠落的高处进行焊接作业称为高处（或称登高）焊接作业。

1）高空作业时，焊工应系安全带，地面应有人监护（或两人轮换作业）。

2）高空作业时，焊把线绑紧在固定地点，不准缠在焊工身上或搭在背上。

3）更换焊条时，应把热焊条头放在固定的筒（盒）内，不准随便往下扔。

4）焊接作业周围（特别是下方），应清除易燃、易爆物质。

5）不准在高压电线旁工作，不得已时应切断电源，在电闸盒上挂牌，并设专人监护。

6）高空作业时，不准使用高频引弧器。

7）高空作业或下来时，应抓紧扶手，走路小心。除携带必要的小型器具外，不准背着带电的焊把软线或负重过大（一切重物均应单独起吊）。

8）雨天、雪天、雾天或刮大风（六级以上）时，禁止高空作业。

9）高空作业遇到较高焊接处，而焊工够不到时，一定要重新搭设脚手架，然后进行焊接。

10）高空作业前（第一次），焊工应进行身体检查，发现有不利于高空作业的疾病（心脏病等），不宜进行高空作业。

2. 容器、管道内焊接作业

1）在容器内进行气焊时，点燃和熄灭焊炬的操作应在容器外部进行，以防止有未燃的可燃气聚集在容器内发生爆炸。

2）在容器内焊接时，内部尺寸不应过小。外面必须设专人监护，或两人轮换工作。应有良好的通风措施，照明电压应采用12V。禁止在已进行涂装或喷涂过塑料的容器内焊接，严禁用氧气代替压缩空气在容器内进行吹风。

3）在容器内进行氩弧焊时，焊工应戴专用面罩，以减少臭氧及粉尘危害，不应在容器内部进行电弧气刨。

4）若在已使用过的容器或贮罐内部进行焊接时，必须将原来内部残剩的介质、痕迹进行仔细清理。若该介质是易燃、易爆物质，还必须进行严格化学清理并经检验确实无危险后，才能进行焊接。

5）应打开被焊容器的人孔、手孔、清扫孔和放散管等，方可进入容器内进行焊接。

6）在容器内焊接时，焊工要特别注意加强个人防护，穿好工作服、绝缘鞋、戴好皮手套，有可能最好垫上绝缘垫。焊接电缆、焊钳的绝缘必须完好。

3. 露天或野外焊接作业

1）夏季在露天工作时，必须有防风、雨棚或临时凉棚。

2）露天作业时应注意风向，注意不要让吹散的铁液及熔渣伤人。

3）雨天、雪天或雾天时不准露天电焊，在潮湿地带工作时，焊工应站在铺有绝缘物品的地方，并穿好绝缘鞋。

4）应安设简易屏蔽板遮挡弧光，以防伤害附近工作人员或行人眼睛。

5）夏天露天气焊时，应防止氧气瓶、乙炔瓶直接受烈日暴晒，以免气体膨胀发生爆炸。冬天如遇瓶阀或减压器冻结时，应用热水解冻，严禁用火烤。

二、焊接劳动保护

所谓劳动保护是指为保障职工在生产劳动过程中的安全和健康所采取的措施。如果在焊接过程中不注意安全生产和劳动保护，就有可能引起爆炸、火灾、灼烫、触电、中毒等事故，甚至可能使焊工患上尘肺、电光性眼炎、慢性中毒等职业病。因此在焊接生产过程中，必须重视焊接劳动保护，焊接劳动保护应贯穿于整个焊接过程中。加强焊接劳动保护的措施很多，主要应从两方面来控制：一是选择安全卫生性能好的焊接技术及焊接机械化、自动化程度高的焊接方法；二是加强焊工的个人防护。本书只介绍加强焊工个人防护方面相关知识。

（一）个人防护用品及使用

所谓个人防护用品，即为保护工人在劳动过程中安全和健康所需的、必不可少的个人预防性用品。焊接作业时的防护用品种类较多，有防护面罩、头盔、防护眼镜、安全帽、防噪声塞、耳罩、工作服、手套、绝缘鞋、安全带、防尘口罩、防毒面罩等。在焊接生产过程中，必须根据具体焊接要求加以正确选用。

1. 焊接面罩

焊接面罩是防止焊接飞溅、弧光及电弧高温对焊工面部及颈部灼伤的一种防护用具。焊接面罩由观察窗、滤光片、保护片和面罩等组成。有手持面罩（图1-2）、头戴式面罩（图1-3）、安全帽面罩（图1-4）和安全帽前挂眼镜面罩四种类型。

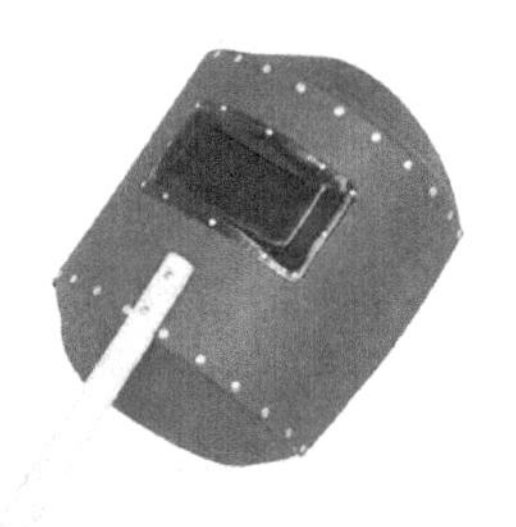

图1-2　手持面罩

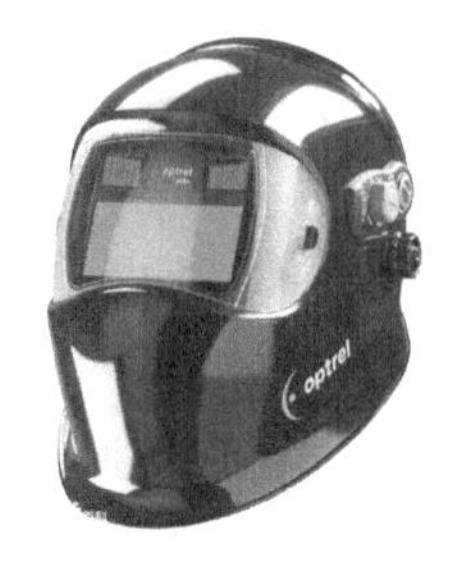

图1-3　头戴式面罩

图1-4　安全帽面罩

2. 焊接防护镜片

焊接弧光的主要成分是紫外线、可见光和红外线。对人体眼睛危害最大的是紫外线和红外线。焊接防护镜片的作用是，适当地透过可见光，使操作人员既能观察到熔池，也能将紫外线和红外线减弱到允许值（透过率不大于0.0003%）以下。使用时根据电流大小及焊工的视力、习惯选用，遮光号数越大，颜色越深。焊接滤光片的选择见表1-1。

表1-1　焊接滤光片的选择

遮光号	电弧焊接与切割作业	遮光号	电弧焊接与切割作业
1.2	防侧光与杂散光	7	30～75A的电弧作业
1.4		8	
1.7		9	75～200A的电弧作业
2		10	
3	辅助工	11	
4		12	200～400A的电弧作业
5	30A以下的电弧作业	13	
6		14	400A以上的电弧作业

3. 工作服、绝缘鞋及电焊手套

焊工在焊接操作时应按GB/T 11651—2008规定的个体防护装备选用原则选择具有耐火和绝缘效果的电焊手套、焊工防护服和焊工防护鞋等。焊工防护服以白色帆布工作服为最佳，能隔热，不易燃，不易反射弧光，可减少弧光辐射和飞溅对人体的烧伤及烫伤；化纤布料不宜做焊工工作服；焊工绝缘鞋应要求5kV、2min耐压试验不击穿。

4. 防尘口罩和防毒面具

焊工在焊接或切割作业时，当采用整体或局部通风不能使烟尘降低到卫生标准以下时，必须选用合适的防尘口罩或防毒面具。

（二）个人卫生保健

对电焊作业人员应进行必要的职业安全卫生知识教育，提高其自我防范意识，降低职业病的发病率，搞好卫生保健工作应进行从业前的体检和每两年的定期体检；应设有焊接作业人员的更衣室和休息室；作业后要及时洗手、洗脸，并经常清洗工作服及手套等。

总之，为杜绝和减少焊接作业中事故和职业危害的发生，必须科学、认真地搞好焊接劳

动保护工作，加强焊接作业安全技术和生产管理，使焊接操作人员可以在一个安全、卫生、舒适的环境中工作。

三、焊接实习操作安全注意事项

焊接实习具有场地设备相对固定，指导教师少，学员年龄小多为初学者且集中一起操作的特点，相对现场焊接作业有较大的区别，需特别注意以下事项：

1）从事焊接实际操作的从业人员要严格遵守本职业的职业道德规范、职业纪律，忠于职守，严禁在焊位内嬉戏、打逗。

2）必须听从指导教师的要求，按照《焊接安全操作规程》进行焊接操作，焊接实训室内严禁打闹，严禁明火。

3）不得私自拆装实训室焊接设备或工具。

4）必须按照安全要求穿戴好工作帽、工作服、绝缘鞋后方可进入焊接实训室进行焊接操作，禁止穿用化纤制品的工作服。

5）焊接操作之前必须正确检查焊接设备，发现有安全隐患时，及时向指导教师汇报，隐患排除前严禁进行焊接操作。

6）认真检查施焊现场是否存有易燃易爆、有毒有害物品；是否有良好的自然通风，或良好的通风设备；是否有良好的照明，当确认都符合安全要求时才能操作。

7）必须时刻保持进出工作通道和消防通道畅通。

8）严禁把自来水管、暖气管、脚手架管、钢丝等当作焊接地线使用，严禁将焊接电缆搭在气瓶上。

9）严禁撞击和滚动气瓶，严禁将气瓶放置在热源处。气焊气割设备、胶管、焊割炬禁止沾染油污，防止碰撞碾压，禁止混用胶管，禁止用电弧点燃气焊割炬。

10）不得私自焊接容器，焊接有毒金属及化学容器时应戴好防毒面具，焊接容器时应把所有的阀门、人孔打开，清洗、化验、置换后方可施焊，严禁在有压力的容器上进行焊接。

11）焊接过程中如需调整焊接电流应在空载的情况下进行，焊接设备如需改变输出电流方式应在断电的情况下进行。焊接过程中，应按焊接电源的负载持续率使用，禁止超载使用。

12）在进行氩弧焊、等离子焊接时，由于使用的电极有微量放射性，在磨削时应使用有吸尘设施的砂轮，并戴好口罩，磨削后用活水流冲洗双手，并把电极存放于专用铅盒中。

13）工作结束后，应立即切断电源，盘好电缆线（电缆线应单相盘好，以免再使用时误操作造成短路）、气管，关好气瓶，把所用工具放回工具箱，物料摆放整齐，清扫工作现场。认真检查工作现场，看是否有余火存在，确认无安全隐患后，方准撤离。

【中级工考试训练】

知识试题

1. 单项选择题

（1）绝大部分触电死亡事故是由于（　　）造成的。

A. 电击　　B. 电伤　　C. 电磁性生理伤害　D. 电弧

（2）对于潮湿而触电危险性较大的环境，我国规定的安全电压为（　　）。

A. 2.5V　　B. 12V　　C. 24V　　D. 36V

(3) 焊接时造成焊工电光性眼炎是由于弧光中的（　　）辐射。

A. 紫外线　　B. 红外线　　C. 可见光　　D. 射线

(4) 在焊条电弧焊时，焊接电流为60～160A时推荐使用（　　）号遮光片。

A. 5　　B. 7　　C. 10　　D. 14

(5) 在熔焊过程中，可能产生的对人体有害气体不包括（　　）。

A. 臭氧　　B. 一氧化碳　　C. 二氧化碳　　D. 氮氧化物

(6) 施焊前，焊工应对设备进行安全检查，但（　　）不属于安全检查内容。

A. 机壳保护接地或接零是否可靠　　B. 电焊机一次电源线的绝缘是否完好

C. 焊接电缆的绝缘是否完好　　D. 电焊机内部灰尘多不多

(7) 焊接场地周围（　　）范围内，各类可燃易爆物品应清理干净。

A. 3m　　B. 5m　　C. 10m　　D. 15m

2. 判断题

(1) 焊接时产生的弧光是由紫外线和红外线组成的。（　　）

(2) 弧光中的紫外线可造成对人眼睛的伤害，引起白内障。（　　）

(3) 用酸性焊条焊接时，药皮中的萤石在高温下会产生氟化氢有毒气体。（　　）

(4) 焊工尘肺是指焊工长期吸入超过规定浓度的烟尘或粉尘所引起的肺组织纤维化病症。（　　）

(5) 焊工常用的工作服是白帆布工作服。（　　）

(6) 为了工作方便，工作服的上衣应系紧在工作裤里边。（　　）

(7) 焊工工作服一般用合成纤维织物制成。（　　）

(8) 在易燃易爆场合焊接时，焊工鞋底应有鞋钉，以防滑倒。（　　）

(9) 焊接场地应符合安全要求，否则可能引起火灾、爆炸、触电事故。（　　）

(10) 面罩是防止焊接时飞溅、弧光及其他辐射对焊工面部及颈部损伤的一种遮蔽工具。（　　）

(11) 焊工推拉刀开头时要面对电闸以便看得清楚。（　　）

(12) 焊机的安装、检查应由电工进行，而修理则由焊工自己进行。（　　）

(13) 焊工在更换焊条时可以赤手操作。（　　）

(14) 焊条电弧焊施焊前应检查设备绝缘的可靠性、接线的正确性、接地的可靠性、电流调整的可靠性等项目。（　　）

第二单元

金属材料热切割

一、气割

（一）气割的原理及应用

1. 氧气切割的过程

气割是利用气体火焰的热能将工件切割处预热到一定温度后，喷出高速切割氧流，使其燃烧并放出热量实现切割的方法。氧气切割是常用的切割方法。图 2-1 所示为常用的氧气切割原理简图。

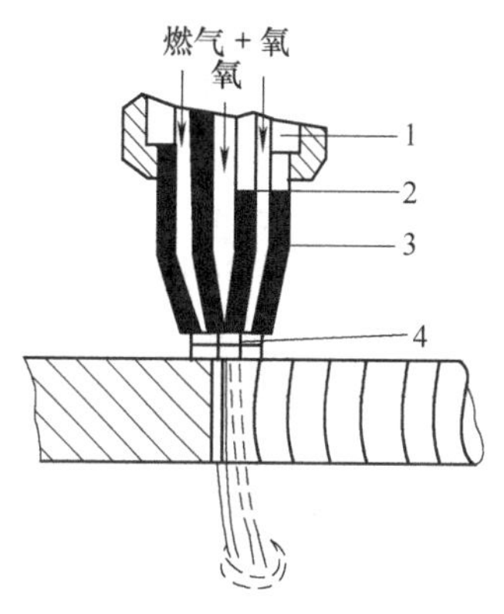

图 2-1　氧气切割原理简图
1—割嘴　2—切割氧
3—预热氧　4—预热火焰

氧气切割包括下列三个过程：

（1）预热　气割开始时，先用预热火焰将起割处的金属预热到燃烧温度（燃点）。

（2）燃烧　向被加热到燃点的金属喷射切割氧，使金属在纯氧中剧烈的燃烧。

（3）氧化与吹渣　金属氧化燃烧后，生成熔渣并放出大量的热，熔渣被切割氧吹掉，所产生热量和预热火焰的热量将下层金属加热到燃点，这样继续下去就将金属逐渐地割穿，随着割炬的移动，就割出了所需的形状和尺寸。

总之，金属的气割过程为预热→燃烧→吹渣的过程。其实质是金属在纯氧中燃烧的过程，而不是金属的熔化过程。

2. 氧气切割的条件

为了使氧气切割过程能顺利地进行下去，被割金属材料应具备以下几个条件：

（1）金属材料的燃点应低于熔点　如果金属材料的燃点高于熔点，则在燃烧前金属已经熔化，由于液态金属流动性很大，这样将使切口很不平整，造成切割质量差，严重时甚至使切割过程无法进行。所以，被切割金属材料的燃点低于熔点是保证切割过程顺利进行的最基本条件。

例如，纯铁的燃点为 1050℃ 而熔点为 1535℃，低碳钢的燃点约为 1350℃ 而熔点为 1500℃。铜、铝及铸铁的燃点均比熔点高，所以就不能用普通氧气切割的方法进行切割。

（2）金属氧化物的熔点低于金属的熔点　气割时生成的氧化物的熔点必须低于金属的熔点，并且要黏度小，流动性好，这样才能把金属氧化物从切口中吹掉。反之，如果生成的金属氧化物熔点比金属熔点高，则高熔点的金属氧化物将会阻碍下层金属与切割氧气流的接触，使下层金属不易被氧化燃烧，这样会使气割过程难以进行。例如，高铬和铬镍不锈钢，铝及其合金、高碳钢、灰铸铁等氧化物的熔点也均高于材料本身的熔点，所以这些材料就不能采用氧气切割的方法进行气割。常用金属材料及其氧化物的熔点见表 2-1。

表 2-1　常用金属材料及其氧化物的熔点

金属名称	熔点/℃		金属名称	熔点/℃	
	金　属	氧化物		金　属	氧化物
纯铁	1535	1300～1500	黄铜、锡青铜	850～900	1236
低碳钢	约 1500	1300～1500	铝	657	2050
高碳钢	1300～1400	1300～1500	锌	419	1800
铸铁	约 1200	1300～1500	铬	1550	约 1900
纯铜	1083	1236	镍	1450	约 1900

（3）金属在氧气中燃烧时放出的热量大　金属燃烧时放出的热量大，才能对下层金属起到预热作用，有利于气割过程的顺利进行。例如，切割低碳钢时，由金属燃烧所产生的热量就占 70% 左右，而由预热火焰所提供的热量仅占 30% 左右，由此可见，金属燃烧时放出的热量在切割过程中所起的作用是相当大的。

凡能达到上述要求的金属都能得到满意的气割性能，而达不到这些条件的金属，其气割性能也就较差，甚至不能气割。

（二）气割设备及工具

气割设备及工具主要由氧气瓶、氧气减压器、乙炔瓶、乙炔减压器、回火保险器、割炬和胶管等组成。

1. 氧气瓶及氧气减压器

（1）氧气瓶　氧气瓶是贮存和运输高压氧气的容器，瓶体漆成天蓝色，并漆有“氧气”黑色字样。氧气瓶容量一般为 40L，额定工作压力为 15MPa。氧气瓶的结构形状如图 2-2 所示。

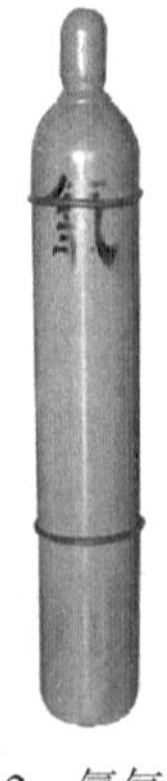

氧气瓶的使用注意事项：

1）不得将瓶内氧气全部使用完，一般要留下 1～2atm（1atm = 101325Pa），以便在装瓶时吹除灰尘和避免混入其他气体。

2）不能沾油脂，特别是在瓶阀处。

3）夏季防止暴晒，离开火源至少 5m 以上；冬季瓶阀冻结时，不得用火烤，应采用热水或蒸汽解冻；氧气瓶上要有防震圈，在搬运时严禁撞击。

（2）氧气减压器　氧气减压器（氧气表）是将气瓶中高压气体的压力减到气焊气割所需压力的一种调节装置。氧气减压器不但能降低压力，调节压力，而且能使输出的低压气体的压力保持稳定，不会因气源压力降低

图 2-2　氧气瓶的结构形状

而降低。氧气减压器的结构如图 2-3 所示。

2. 乙炔瓶及乙炔减压器

（1）乙炔瓶　乙炔瓶是贮存和运输乙炔的容器，瓶体漆成白色，并漆有“乙炔”红色字样。瓶内装有浸满丙酮的多孔性填料，可使乙炔在 1.5MPa 的压力下安全地贮存在瓶内。使用时，必须用乙炔减压器将乙炔压力降到低于 0.103MPa 方可使用。多孔性填料通常用质轻而多孔的活性炭、木屑、浮石和硅藻土等合制而成。乙炔瓶的结构形状如图 2-4 所示。

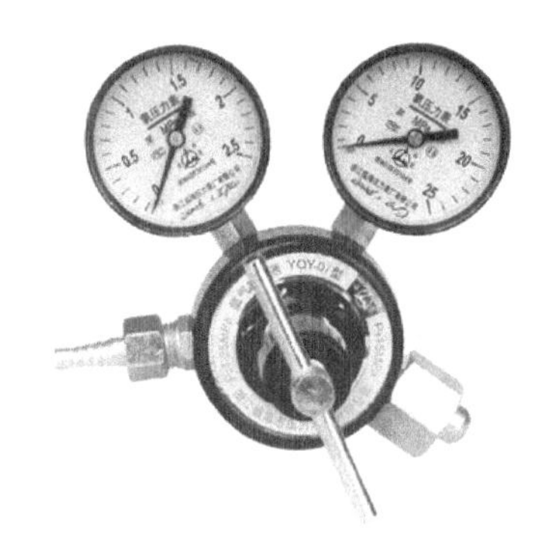

图 2-3　氧气减压器的结构

图 2-4　乙炔瓶的结构形状

乙炔瓶的使用注意事项：

1）严禁烟火，距离火源不得小于 10m。

2）乙炔的工作压力不得超过 0.15MPa。

3）应注意避免在容器或管道（如发生器罐体、气瓶、乙炔或氧气胶管）内形成乙炔与空气（或氧气）的混合气体。

4）着火时，严禁用四氯化碳灭火器扑救，因为会有爆炸危险外，还会产生有毒气体——光气（$COCl_2$）。

5）夏日不得暴晒，瓶体温度不得超过 40℃。

6）运输、存放、使用时，只能直立，以防丙酮流出。使用卧放的乙炔瓶时，必须先直立并静置 20min。

7）瓶体不得遭受剧烈振动和撞击。

（2）乙炔减压器　乙炔减压器是将气瓶中高压气体的压力减到气焊气割所需压力的一种调节装置。乙炔减压器不但能降低压力，调节压力，而且能使输出的低压气体的压力保持稳定，不会因气源压力降低而降低。乙炔减压器的结构如图 2-5 所示。

图 2-5　乙炔减压器的结构

3. 液化石油气瓶及液化石油减压器

（1）液化石油气瓶　液化石油气瓶是贮存液化石油气的专用容器。按用量及使用方法不同，气瓶贮存量分别为 10kg、15kg、50kg 等多种规格，还可以制造容量为 1t、2t 或更大的贮气罐。气瓶材质选用 16Mn、Q235 钢或 20 优质碳素钢制成。气瓶的最大工作压力为

1.6MPa，水压试验为3MPa。气瓶通过试验鉴定后在气瓶的金属铭牌上标志类似氧气瓶所标明的内容。气瓶表面为银灰色，并有“液化石油气”红色字样。液化石油气瓶的结构形状如图2-6所示。

（2）液化石油气减压器　液化石油气减压器的作用是用来显示瓶内气体及减压后气体的压力，并将气体从高压降低到工作需要的压力。同时，不论高压气体的压力如何变化，它能使工作压力基本保持稳定。液化石油气减压器的结构如图2-7所示。

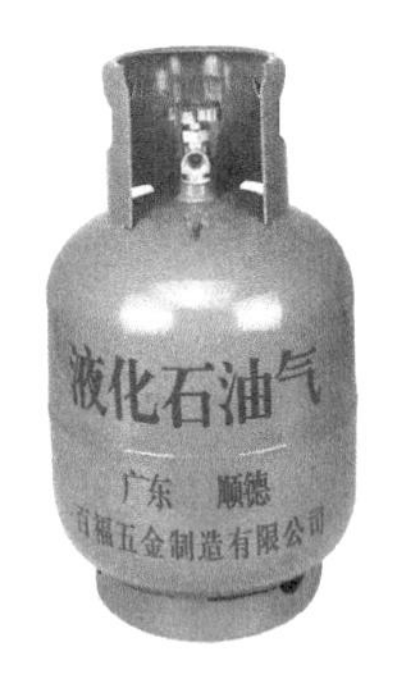

图2-6　液化石油气瓶的结构形状

图2-7　液化石油气减压器的结构

4. 常用气体及性质

气割用气体由助燃气体（氧气）和可燃气体（乙炔、液化石油气等）两部分组成。可燃气体的种类很多，常见可燃气体的发热量及火焰温度见表2-2。其中乙炔是目前最常用的可燃气体。

表2-2　常见可燃气体的发热量及火焰温度

气　体	发热量/J·L^{-1}	火焰温度/℃	气　体	发热量/J·L^{-1}	火焰温度/℃
乙炔	52753	3200	煤气	20934	2100
氢	10048	2160	沼气	33076	2000
丙烷、丁烷	8876	2000			

（1）氧气　氧气是气割（气焊）时必须使用的气体。氧在常温和标准大气压下是无色无嗅的气体，密度为1.43kg/m^3。在标准大气压下温度降到－183℃时，氧由气态变为蓝色的液态，在－218℃时形成淡蓝色的固体。气割和气焊必须选用高纯度的氧气，才能获得所需的导热强度。一般工业用气体氧的纯度分为两级：一级纯度质量分数不低于99.5%，常用于质量要求较高的气割（气焊）；二级纯度不低于98.5%，常用于没有严格要求的气割（气焊）。

（2）乙炔　乙炔的分子式为C_2H_2，是未饱和的碳氢化合物，在常温和标准大气压下为无色气体。工业用乙炔混有许多杂质如硫化氢、磷化氢等，故有刺鼻的特殊气味，密度为1.17kg/m^3，熔点为－84℃，沸点为－80.8℃，气体乙炔能溶解于水、丙酮等液体，在常温压下1L丙酮能溶解23L乙炔。

乙炔是一种危险的易燃、易爆气体，不论是液体或固体，在一定条件下可能因摩擦、冲击而爆炸。

工业用乙炔主要由水分解电石而得到。

（3）丙烷、丁烷　丙烷、丁烷是石油工业副产品，也称液化石油气，主要成分是丙烷（C_3H_8）、丁烷（C_4H_{10}）等碳氢化合物。这些物质在常温和标准大气压下呈气态，当压力升到0.8～1.5MPa时即变为液体——液化石油气。气态时是略带臭味的无色气体，在标准状态下的密度为1.8～2.5kg/m^3，比空气的密度大。

液化石油气在纯氧中燃烧的火焰温度可达2200～2800℃，达到完全燃烧所需的氧气量比乙炔约大一倍。液化石油气在氧气中燃烧速度约为乙炔的一半，若液化石油气与空气混合，丙烷占2.3%～9.5%（体积分数）时，遇有火星也会爆炸。为了安全，对液化石油气的使用有以下基本要求：

1）轻装轻卸，防止碰撞和振动。

2）冬季使用时，可在用气过程中以低于40℃的温水加热，严禁用火烤或用沸水加热。

3）液化石油气瓶不应靠近暖气片或其他火源。

5. 割炬

割炬的作用是使氧与乙炔按比例进行混合，形成预热火焰，并将高压纯氧喷射到被切割的工件上，使被切割金属在氧射流中燃烧，氧射流把燃烧生成的熔渣（氧化物）吹走而形成割缝。割炬是气割工件的主要工具。割炬的构造如图2-8所示。

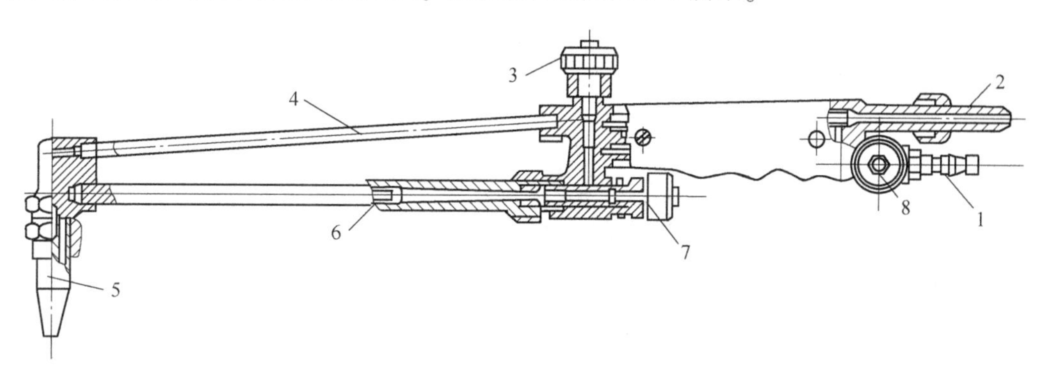

图2-8　割炬的构造

1—乙炔接头　2—氧气接头　3—高压氧调节手轮　4—高压氧气管　5—割嘴
6—混合气管　7—氧气调节轮　8—乙炔调节轮

割炬有两根导管，一根是预热焰混合气体管道，另一根是切割氧气管道。割嘴的出口有两条通道，周围的一圈是乙炔与氧的混合气体出口，中间的通道为切割氧（即纯氧）的出口，两者互不相通。割嘴有梅花形和环形两种。常用的割炬型号有G01-30、G01-100和G01-300等。其中“G”表示割炬，“0”表示手工，“1”表示射吸式，“30”表示最大气割厚度为30mm。每种型号的割炬均配备不同型号的割嘴。

6. 其他辅助工具

（1）点火枪　使用手枪式点火枪点火最为安全方便。当使用火柴点火时，必须把划着了的火柴从割嘴的后面送到割嘴上，以免手被烧伤。

（2）胶管　氧气瓶和乙炔瓶中的气体须用胶管送到割炬中。选用的胶管需符合国家标准。氧气管为黑色，乙炔管为红色。每种胶管只能适用于一种气体，不能互相代用。与割炬连接的胶管长不能短于5mm，也不宜过长，否则会增加气体流动的阻力，一般以10～15mm

为宜。

（3）清理焊缝的工具　钢丝刷、锤子、锉刀。

（4）连接和启闭气体通路的工具　钢丝钳、扳手等。

（5）清理割嘴的工具　通针。

7. 气割机

从20世纪初，气割方法进入工业应用以来，一直是工业生产中切割碳素钢和低合金钢的基本方法，从20世纪50年代开始，相继开发出了各种机械化、自动化切割设备，如半自动气割机、仿形气割机、光电跟踪气割机、数控气割机等，使切割质量和效率有了明显的提高。下面就简单介绍最常用的气割机——半自动气割机。

半自动气割机是一种最简单的机械化气割机，一般是由一台小车带动割嘴在专用轨道上自动地移动，但轨道轨迹要人工调整。当轨道是直线时，割嘴可以进行直线气割；当轨道呈一定的曲率时，割嘴可以进行一定曲率的曲线气割；如果轨道是一根带有磁铁的导轨，小车利用爬行齿轮在导轨上爬行，割嘴可以在倾斜面或垂直面上气割。CG1-30型半自动气割机是目前常用的小车式半自动气割机，其结构简单、操作方便，如图2-9所示。

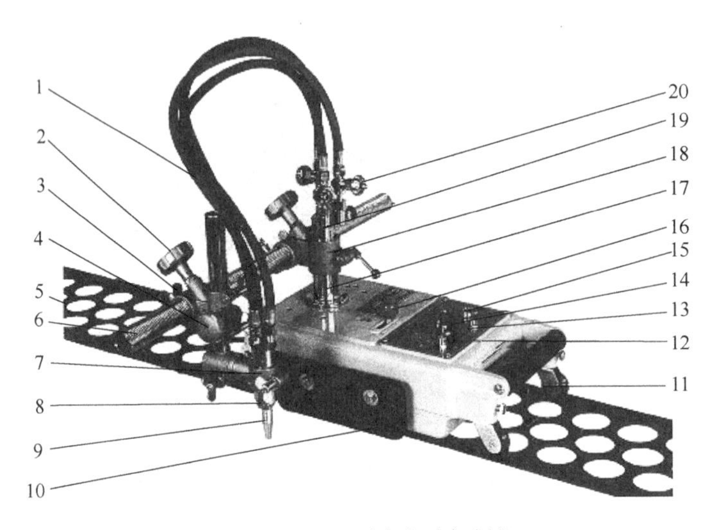

图2-9　CG1-30型半自动气割机

1—氧乙炔管　2—横移手轮　3—割炬座架　4—升降手轮　5—导轨　6—大齿条　7—夹持器　8—割炬　9—割嘴　10—隔热板　11—万向轮　12—倒顺开关　13—电源开关　14—调速旋钮　15—电源插座　16—离合器手柄　17—支架　18—移动座　19—气体分配器　20—氧乙炔阀

从发展的趋势来看，气割将被等离子弧切割乃至激光切割所部分代替；但是，由于气割以其独有的优越性，在热切割法中仍将占有一席之地。

（1）主要技术规范

切割板材厚度　　5～90mm，最大切割厚度可达120mm

机器调速范围　　50～750mm/min（无级调速）

切割圆周直径　　最小200mm，最大2000mm

（2）导轨型式　本机有凸型和凹型导轨两种型式，根据驱动轮的型式可任意选配一种。

（3）切割数据参数　见表2-3。

表2-3　切割数据参数

割嘴编号	工件厚度/mm	氧气压力/MPa	乙炔压力/MPa	切割速度/（mm/min）
00	5~10	0.20~0.30	>0.03	600~450
0	10~20			480~380
1	20~30	0.25~0.35		400~320
2	30~50			350~280
3	50~70	0.3~0.4	>0.04	300~240
4	70~90			260~200
5	90~120	0.4~0.5		210~170

半自动气割机使用中压乙炔和高压氧气切割厚度大于8mm的钢板做直线切割为主的多用机器，同时也能做大于ϕ200mm的圆周切割以及斜面、V形切割，另外可利用附加装置和机身的动力，可做火焰淬火、塑料焊接等工艺。

（三）气割工艺

1. 气割参数与选择

气割参数包括切割氧的压力、切割速度、预热火焰能率、割炬与工件间的倾角以及割炬离开工件表面的距离等。

（1）切割氧的压力　切割氧的压力与工件厚度、割嘴编号以及氧气纯度等因素有关，随着工件厚度的增加，选择的割嘴编号要增大，氧气压力也要相应增大；反之，则所需氧气的压力就可适当降低。但氧气压力是有一定范围的，若氧气压力过低，会使气割过程中的氧化反应减慢，同时在切口的背面会形成难以清除的熔渣粘结物，甚至不能将工件割穿；反之，若氧气压力过大，不仅造成浪费，而且还将对工件产生强烈的冷却作用，使切割表面粗糙，切口宽度加大，切割速度反而减慢。切割氧压力的大小，对于普通割嘴应根据工件的厚度来确定。手工气割工艺参数的选择见表2-4。

表2-4　手工气割工艺参数的选择

工件厚度/mm	割炬型号	割嘴编号	氧气压力/MPa
≤4	G01-30	1~2	0.3~0.4
4.5~10		2~3	0.4~0.5
11~25	G01-100	1~2	0.5~0.7
26~50		2~3	0.5~0.7
52~100		3	0.6~0.8

（2）切割速度　切割速度与工件厚度和使用的割嘴形状有关。工件越厚，切割速度越

慢；反之，工件越薄，则切割速度应该越快。然而，切割速度太慢，会使割缝边缘熔化；切割速度过快，则会产生很大的后拖量或割不穿。

切割速度正确与否，主要根据切口后拖量来判断。所谓后拖量，就是在氧气切割过程中，在同一条割纹上沿切割方向两点间的最大距离，如图2-10所示。气割时，由于各种原因，出现后拖量的现象是不可避免的，尤其是切割厚板时更为显著。因此，应选用合适的切割速度，使后拖量控制在最小限度，以保证气割质量和降低气体的消耗量。当氧气纯度为99.8%、做机械直线切割时，切割速度与工件厚度的关系见表2-5。

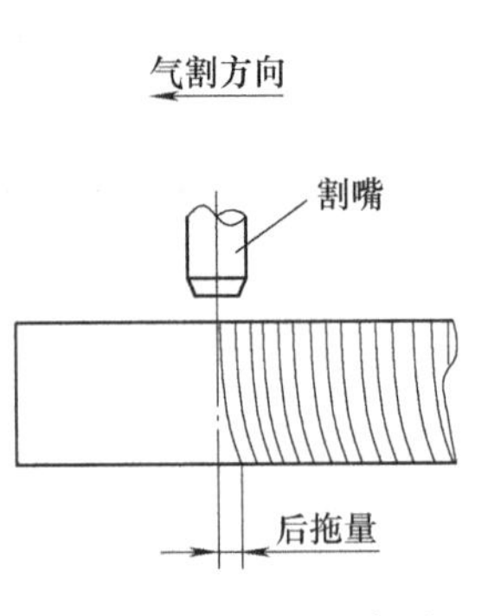

图2-10　后拖量示意图

表2-5　氧气纯度为99.8%、做机械直线切割时，切割速度与工件厚度的关系

工件厚度/mm	<6	6~11	12~17	18~22	23~28	>28
切割速度/（mm/min）	50~800	40~600	40~550	30~500	20~400	20~400

（3）预热火焰的性质与能率　常用的气割火焰是乙炔与氧混合燃烧所形成的火焰，也称氧乙炔焰。根据氧与乙炔混合比的不同，氧乙炔焰可分为中性焰、碳化焰（也称还原焰）和氧化焰三种，其构造和形状如图2-11所示。

1）中性焰。氧气和乙炔的混合比为1.0~1.2时燃烧所形成的火焰称为中性焰，又称正常焰。它由焰心、内焰和外焰三部分组成，如图2-11a所示。焰心靠近喷嘴孔呈尖锥形，色白而明亮，轮廓清楚，在焰心的外表面分布着乙炔分解所生成的碳素微粒层，焰心的光亮就是由炽热的碳微粒所发出的，温度并不是很高，约为950℃。内焰呈蓝白色，轮廓不清，并带深蓝色线条而微微闪动，它与外焰无明显界限。外焰由里向外逐渐由淡紫色变为橙黄色。中性焰的温度分布如图2-12所示。中性焰最高温度在焰心前2~4mm处，为3050~3150℃。中性焰主要利用内焰这部分火焰加热工件。中性焰燃烧完全，对红热或熔化了的金属没有碳化和氧化作用，所以称之为中性焰。

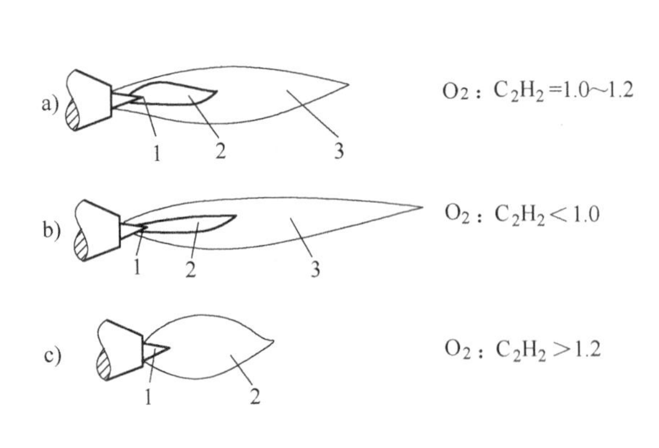

图2-11　氧乙炔火焰的构造和形状
a）中性焰　b）碳化焰　c）氧化焰
1—焰心　2—内焰　3—外焰

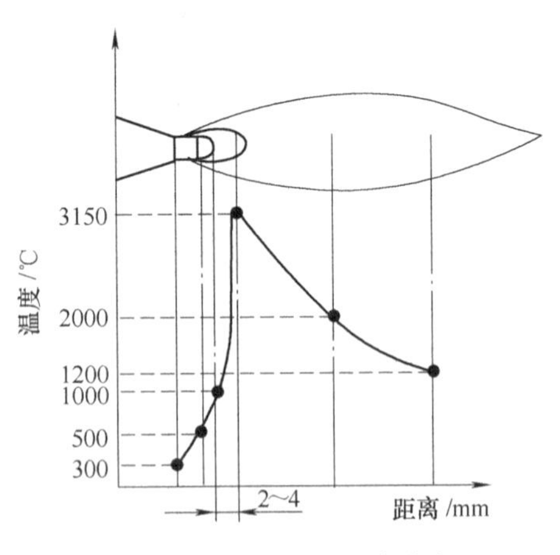

图2-12　中性焰的温度分布

2）碳化焰（还原焰）。氧气和乙炔的混合比小于1.0时燃烧形成的火焰称为碳化焰。碳化焰的整个火焰比中性焰长而软，它也由焰心、内焰和外焰组成，而且这三部分均很明显，如图2-11b所示，焰心呈灰白色，并发生乙炔的氧化和分解反应；内焰有多余的碳，故呈淡白色；外焰呈橙黄色，除燃烧产物CO_2和水蒸气外，还有未燃烧的碳和氢。

碳化焰的温度为2700～3000℃，由于火焰中存在过剩的碳微粒和氢，碳会渗入熔池金属，使割缝的含碳量增高，故称碳化焰。

3）氧化焰。氧化焰是氧与乙炔的混合比大于1.2时燃烧形成的火焰。氧化焰的整个火焰和焰心的长度都明显缩短，只能看到焰心和外焰两部分，如图2-11c所示，氧化焰中有过剩的氧，整个火焰具有氧化作用，故称氧化焰。氧化焰的最高温度可达3100～3300℃。

气割时，预热火焰应采用中性焰或轻微的氧化焰而不能采用碳化焰。因为碳化焰会使割缝边缘增碳，因此在切割过程中要随时调整预热火焰。

预热火焰能率应根据工件厚度选择，一般工件越厚，火焰能率应越大，但不是成正比例关系。气割厚钢板时，由于切割速度较慢，为防止割缝上缘熔化，应采用相对较弱的火焰能率，若火焰能率过大，会使割缝上缘产生连续球状钢粒，甚至熔化成圆角，同时会造成工件背面粘附的熔渣增多而影响气割质量；在气割薄钢板时，因要割速度快，应采用相对稍大的火焰能率，但割嘴应离工件远些，并要保持一定的倾斜角度。

（4）割炬与工件间的倾角　割炬与工件间的倾角（图2-13）对切割速度和后拖量有直接的影响。当割炬沿气割前进方向后倾一定角度时，能将氧化燃烧而产生的熔渣吹向切割线的前缘，这样可充分利用燃烧反应产生的热量来减少后拖量，从而促进切割速度的提高，尤其是气割薄钢板时，应充分利用这一特性。

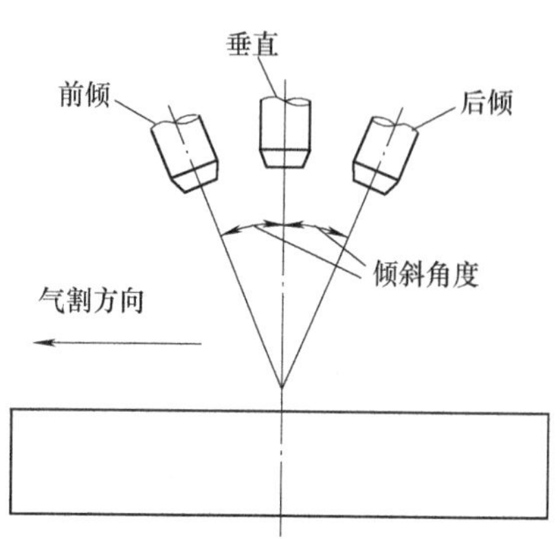

图2-13　割炬与工件间的倾角

割炬与工件间的倾角大小，主要根据工件的厚度来定。如果倾角选择不当，不但不能提高切割速度，反而使气割困难，而且还会增加氧气的消耗量。直线切割时割炬与工件间的倾角见表2-6。

表2-6　直线切割时割炬与工件间的倾角

割嘴类型	工件厚度/mm	割炬与工件间的倾角
普通割嘴	<6	后倾5°～10°
	6～30	垂直于工件表面
	>30	始割前倾5°～10°，割穿后垂直，割近终点时后倾5°～10°
快速割嘴	10～16	后倾20°～25°
	17～22	后倾5°～15°
	23～30	后倾15°～25°

（5）割炬离开工件表面的距离　割炬离开工件表面的距离要根据预热火焰的长度和工件厚度来决定，通常火焰焰心离开工件表面的距离应保持在3～5mm范围内，因为这时加热

条件最好，割缝渗碳的可能性也最小，如果焰心触及工件表面，不仅会引起割缝上缘熔化，而且会使割缝渗碳的可能性增加。

（四）气割的基本操作技术

1. 气割前的准备

1）检查工作场地是否符合安全要求，气割设备是否正常。

2）切割前要将工件垫平，工件最好不要直接放在水泥地上，下面要用铁板垫上，防止水泥地受热迸溅，同时下面要留有一定间隙，以利于氧化熔渣的吹除。为了保护操作者的安全，避免被氧化铁渣烧伤，可采用挡板遮挡。

2. 工具的正确使用

1）开启氧气瓶时，要站在出气口的侧面，不能对着出气口（因为瓶口处可能粘有砂砾，被高压氧气吹出会伤人）。逆时针方向旋转手轮（没有手轮时用活动扳手），并注意不要用力过猛。先放出少量氧气，吹去瓶口附近的脏物，随后立即将氧气瓶关闭。

2）氧气减压器的螺母对准氧气瓶的瓶嘴，然后用扳手拧紧螺母（至少四扣以上），如果发现漏气，将氧气减压器卸下，加垫圈后再装好。

3）打开氧气瓶阀门时要缓慢开启，不要用力过猛，以防止气体压力过高损坏氧气减压器及压力表。

4）氧气减压器上不得附有油脂，如有油脂，应擦洗干净再使用。

5）开启乙炔瓶时也是先吹除瓶口附近的脏物，与开启氧气瓶所不同的是阀门的开启和关闭是用方孔套管扳手，转动阀杆上端的方形头，逆时针方向旋转时开启乙炔瓶，相反则关闭。

6）将乙炔减压器的进气口对准乙炔瓶口，用方孔套管扳手或扳手拧紧顶部螺钉。

7）乙炔瓶工作时应直立放置，卧放会使丙酮流出，甚至会通过乙炔减压器流入乙炔胶管和割炬内，这是非常危险的。

8）乙炔瓶体的温度不应超过30～40℃，因为乙炔瓶温度过高会降低丙酮对乙炔的溶解度，从而使瓶内的压力急剧增高。

9）乙炔瓶的瓶阀与乙炔减压器连接必须可靠，严禁在漏气的情况下使用，否则会形成乙炔与空气的混合气体，一旦触及明火就可能造成爆炸。

10）检查割炬的射吸能力：检查时，先接上氧气胶管，但不接乙炔胶管，打开氧气和乙炔阀门，用手按住乙炔进气接头上，如手指上感到有吸力，说明射吸能力正常；如果没有吸力，说明射吸能力不正常，不能使用。

3. 火焰的点燃、调节和使用

（1）割炬的握法　右手持割炬，将拇指、食指位于氧气开关处调节气体流量，用其余三指握住割炬柄。左手的拇指和食指把住切割氧的阀门，既能稳定割炬把握方向，又能迅速关闭切割氧，其余三指拖住割炬的混合管部分。

（2）火焰的点燃　开始时，可能出现连续的放炮声，原因是乙炔不纯，这时应放出不纯的乙炔，然后重新点火，有时会出现不易点燃的现象，原因大多是氧气量过大，这时应重新微关氧气开关。

注意：

点火时，拿火源的手不要正对割嘴，也不要将割嘴指向他人，以防烧伤。

（3）火焰的调节　开始点燃的火焰多为碳化焰，如要调成中性焰，则应逐渐增加氧气的供给量，直至火焰的内焰与外焰没有明显的界限时，即为中性焰。如果再继续增加氧气量或减小乙炔量，就得到氧化焰；反之，增加乙炔量或减少氧气量，即可得到碳化焰。

通过同时调整氧气和乙炔的流量大小，可以得到不同的火焰能率。调整的方法是：若减小火焰能率时，应先减少氧气量，后减少乙炔量，若增大火焰能率时，应先增加乙炔量，后增加氧气量。

中性焰经常自动地变为氧化焰或碳化焰，中性焰变为碳化焰比较容易发现，但变为氧化焰往往不易被察觉，所以要随时注意观察火焰性质的变化，并及时调节。

（4）火焰的熄灭　气割工作结束或中途停止时，都必须熄灭火焰。正确熄灭火焰的方法是：先顺时针方向旋转乙炔阀门，直至关闭乙炔，再顺时针方向旋转氧气阀门，关闭氧气。这样，可以避免出现黑烟。此外，关闭阀门以不漏气即可，不要关得过紧，以防止磨损过快，降低割炬的使用寿命。

4. 气割基本操作技术

（1）气割姿势　气割姿势多种多样，每个人根据自己的习惯和切割工件的不同，可采用不同的姿势，无论哪种姿势，都要有利于切口质量的提高，在保证切口质量的前提下，要尽量使操作者舒服一些。

1）气割时，先点燃割炬，调整好预热火焰，然后进行气割。气割操作姿势因个人习惯而不同，初学者可按基本的“抱切法”练习，双脚呈外八字形在工件一侧，右臂靠住右膝盖，左臂悬空在两腿中间，有利于移动割炬。“抱切法”的姿势如图 2-14 所示。

2）右手握住割炬的手把，并用右手的食指把住预热氧的阀门，以利于调整火焰和回火时的及时处理。左手的拇指和食指把住切割氧的阀门，既能稳定割炬把握方向，又能快速关掉切割氧。其余的三个手指拖住割炬的混合气管部分。气割时的手势如图 2-15 所示。

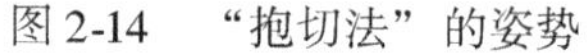
图 2-14　“抱切法”的姿势

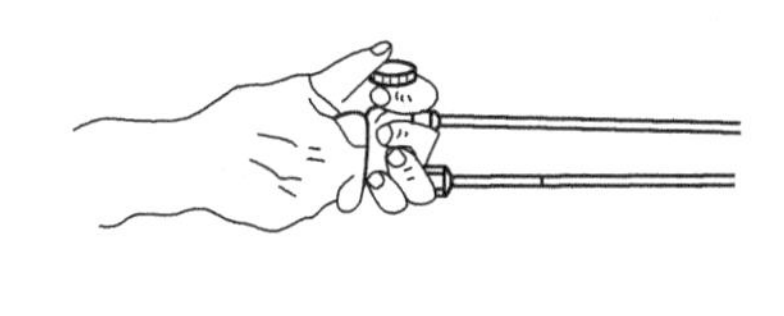
图 2-15　气割时的手势

3）眼睛注视割口前面的割线，呼吸要有节奏，向前移动时，用右腿带动右臂和割炬，保证割炬平稳。

（2）操作要点

1）开始切割时，首先要预热待割部分工件的边缘，当边缘出现红亮状态时，将火焰略移出边缘线以外，同时慢慢打开切割氧阀门，然后向待割部分移动，当工件下面有氧化铁渣随气流飞出时，证明边缘部分已经割透，再移动割炬向前切割。

2）在切割过程中，如果由于割嘴过热或其他原因引起回火时，不要惊慌，用右手食指快速将预热氧阀门关闭掉，如果还有回火现象，马上关闭乙炔阀门，回火就能停止。一般在回火后，割炬会发热，可将割嘴插入水中冷却。然后检查割炬的射吸能力和风线是否正常，如果回火时间较短，射吸功能不会影响；如果由于割嘴堵塞引起的回火，回火后风线容易不正常，继续切割会影响切口质量，需清理通透割嘴。

3）切割时，要密切注视切口及割线，如果切口变宽，可能是风线不正常，应立刻停下修理割嘴。如果由于速度过快或其他原因引起工件表面返出氧化熔渣，证明该处没割透，应立即关闭切割氧，在此处重新预热切割。

4）当切割较长的割缝时，需要变换身体位置，应先关闭切割氧阀门，然后快速移动身体位置，如果工件较薄时，移动时要将火焰离开工件表面，以免将局部金属熔化。当继续切割时，火焰要对准割缝的割头处，并适当预热，然后再慢慢打开切割氧气阀门，继续切割。

5）切割临近终点时，割嘴头部应向切割反方向倾斜一些，以利于工件的下部提前割透，使收尾割缝整齐。切割结束时，立即关闭切割氧阀门并将割炬抬起，关闭乙炔阀门，最后关闭预热氧阀门。

5. 提高切口表面质量的措施

气割后的切口表面应光滑干净，切口缝隙宽窄一致，并且切口的钢板边缘棱角不能熔化，氧化铁渣要容易脱落。

（1）择合适的切割氧压力　如果切割氧压力过大，会造成切口表面粗糙，切口过宽，同时又浪费氧气；切割氧压力过小时，很难吹掉氧化铁渣，熔渣容易粘在一起，很难清除，且会产生局部割不透的现象。

（2）适当的火焰能率　火焰能率的大小直接影响切割质量。火焰能率过大时，钢板切口表面棱角处容易熔化，造成切割后又重新粘连，氧化铁渣不易清除；火焰能率过小时，切割过程容易中断，切口表面不整齐。

不论采用何种火焰气割时，喷射出来的火焰（焰心）形状应该整齐垂直，不允许有歪斜、分叉或发生“吱吱”的声音。所以，当发现火焰不正常时，要及时使用专用的通针把割嘴口处附着的杂质消除掉，待火焰形状正常后再进行切割。

（3）掌握好切割速度　切割速度对切口表面的质量影响非常大。切割速度太快时，产生很大的后拖量，火花向后飞，甚至造成铁渣向上飞，不易切透，还容易回火；切割速度太慢时，切口两侧棱角熔化，薄板容易产生较大的变形。切割速度一般通过熔渣的流动情况和听切割时产生的声音来加以判断，切割速度合适时，熔渣与火花垂直向下飞去。

（4）保持一定的割嘴角度　对于不同厚度的工件，割嘴距离工件表面的距离及角度都有所不同，要根据实际情况进行调整。切割时，要时刻观察切口，一旦有异常现象，马上停下来检查割嘴，保证割嘴内孔光滑，表面干净。

（五）气割的安全操作要点

1）工作前应检查各压力表、回火防止器是否完好有效。

2）乙炔瓶头部要向上，应垂直于地面或大于30°夹角斜放，不能平放，更不能下倾。

3）乙炔瓶减压后的压力一般为0.2～0.3kg/cm^2（表压），切割厚钢板时最高不得超过

0.7kg/cm² （表压），金属表面淬火用时最高也不能大于 1kg/cm² （表压）。

4）乙炔瓶在使用、运输、存放时环境温度一般不得超过 40℃，超过时应采取有效的降温措施。

5）乙炔瓶禁止敲击、碰撞，不得靠近热源和电气设备，夏季要防止暴晒，与明火的距离一般不少于 10m。

6）瓶阀冻结，严禁用火烘烤，必要时可用 40℃以下的温水解冻。

7）乙炔瓶严禁放置在通风不好及有放射线的场所，且不得放在橡胶等绝缘体上。

8）工作地点不固定且移动较频繁时，乙炔瓶应装在专用小车上，同时使用乙炔瓶和氧气瓶时，应尽量避免放在一起。

9）夏季使用乙炔时，要有遮阳设施，防止暴晒，在使用乙炔瓶的现场储存不得超过 5 瓶。

10）氧气瓶不准放置在易跌落杂物或易撞击的地方，禁止高温和阳光曝晒。

11）氧气瓶严禁与油类接触，不准和易燃物品放在一处，氧气瓶应立放牢固，搬运时应有橡胶垫卷。

12）氧气瓶内的气体不准全部用完，应留有不少于 1～2atm 的剩余压力，气瓶口须有完整的帽盖，开闭气阀时，人体头部要侧向气瓶一旁。

13）不准在带有压力的容器或带电设备上进行气割。

14）乙炔、氧气软管接头要严密，不得漏气，不准接触油类、高温管道，横过公路或通道时应加护盖。

15）动火点周围 10m 以内的其他易燃可燃物质，应清除干净。

【气割操作技能训练】

技能训练一　低碳钢中厚板直线气割训练

［训练目标］

1）熟悉气割设备、辅助工具及其使用方法。

2）熟知割炬和割嘴型号的选择（应与钢板厚度相适应），学会调整合适的气割参数。

1. 工作准备

（1）设备　氧气瓶和乙炔瓶。

（2）气割工具　G01-30 型割炬，3 号环形割嘴，氧气、乙炔减压器。

（3）辅助工具　氧气胶管（黑色），乙炔胶管（红色），护目镜，通针，扳手，钢丝刷。

（4）防护用品　工作服，皮手套，胶鞋，口罩，护脚等。

（5）实习工件　Q235 钢板，尺寸为 800mm×50mm×12mm。

2. 技术要求

按照图 2-16 所示的要求，学习低碳钢中厚板直线气割的操作技能。

3. 项目分析

中厚板气割时，如果气割工艺参数选择不当或操作不熟练，则容易产生挂渣、塌角、切割面不垂直及割纹不均匀等缺陷，往往还会因为气割速度掌握不当，出现割不透或使割缝产生后拖量等，从而影响气割质量。因此，应在训练中积累经验，掌握气割要领，提高气割操作技能。

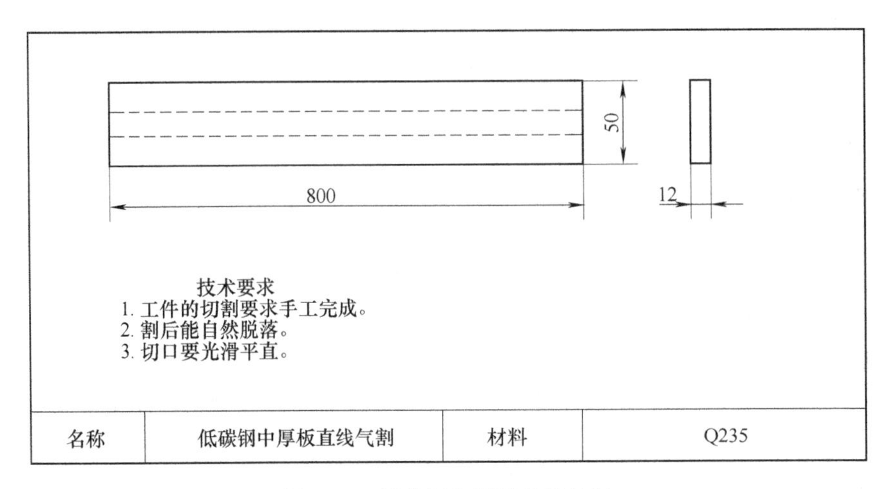

图 2-16　低碳钢中厚板直线气割

4. 项目实施

（1）操作步骤

1）熟悉图样。清理工件的表面污物及铁锈，按图样要求划出切割线。

2）调节火焰。安装好气割设备及割炬后调节中性焰，并调整风线的挺直度。

3）确定气割方向。从右向左开始切割。

4）工件放置。将工件下面用耐火砖垫空 50mm 以上，以便排放熔渣。避免将工件直接放在水泥地上进行气割。

5）预热。割前应先预热起割端的棱角处，当金属预热到低于熔点的红热状态时，割嘴向切割的反方向倾斜一点，然后打开切割氧阀门，待工件全部割透以后，使割嘴恢复正常位置。预热位置示意图如图 2-17 所示。

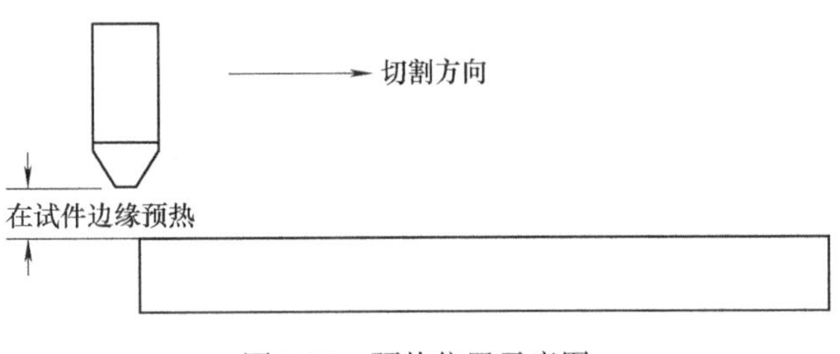

图 2-17　预热位置示意图

6）正常气割。起割后即进入正常的气割阶段，为了保证割缝质量，切割速度要均匀，这是整个切割过程的关键。为此，割炬运行速度要均匀，割嘴与工件的距离要求尽量保持不变，为了使切割后的切缝与切割线重合，切割时切缝的前端与割线固定在一个点上相交移动。

7）停割。气割过程临近终点时，割嘴应沿气割方向略向后倾斜一个角度，以便使钢板的下部提前割透，使割缝在收尾处较整齐。停割后要仔细清除割口周边上的挂渣，以便于以后的加工。

8）切割后检查。要求割缝的位置要准确，无明显挂渣、塌角等缺陷，且切割面应垂直（割纹较均匀）。

（2）气割工艺参数

1）割嘴型号。割嘴型号与切割氧压力、工件厚度、氧气纯度等有关，工件越厚，割嘴编号相应增大，同时要选择相应大的切割氧压力。反之，应减小割嘴编号和切割氧压力。氧

气纯度越低，金属氧化速度减慢，气割时间增加，氧气消耗量也增大。

2）切割速度。切割速度主要决定于工件的厚度。工件厚度越大，割速越慢，反之则越快。割速太慢，使割口边缘不齐，甚至产生局部熔化现象，割后清理困难；割速太快，则会造成后拖量大，使切口不光滑，导致割不透的情况发生。

3）预热火焰能率。预热火焰能率以可燃气体每小时的消耗量表示。预热火焰能率与工件厚度有关，工件越厚，火焰能率就越大。火焰能率太小，使切割速度减慢，甚至发生切割困难；火焰能率太大，不仅造成浪费，而且也会造成工件表面熔化及背面粘渣的现象。

4）割炬和工件间的倾角。割炬和工件间的倾角如图2-13所示。倾角的大小随工件的厚度而定，具体倾角的选择见表2-6。

5）割炬离开工件表面的距离。割炬离开工件表面的距离一般为3~5mm，但随着工件厚度的变化而变化。预热焰的长短如有变化，割炬离开工件表面的距离也应略有变化，以便更好地保证气割质量。

（3）气割基本操作要点

气割中厚板时，关键在于操作姿势和割炬的火焰调节。

1）操作姿势。双脚成“八”字形蹲在工件的一旁，右臂靠住右膝盖，左臂悬空在两脚中间。右手握住割炬手把，用右手拇指和食指靠在手把下面的预热氧气调节阀处，以便随时调节预热火焰（一旦发生回火，能及时切断氧气）。左手的拇指和食指把住切割氧气阀开关，其余三指则平稳地托住割炬混合室，双手进行配合，掌握切割方向。进行切割时，上身不能弯得太低，要注意平稳地呼吸，眼睛注视割嘴和割线，以保证割缝平直。

2）火焰调节。点火后的火焰应为中性焰，焰心长度调节到芯心直径的3倍为宜。氧化焰及碳化焰均不宜使用，它们会影响风线的清晰程度，进而影响切割质量。

5. 注意事项

1）切割过程中有时因为割嘴过热或飞溅物将割嘴堵塞，因而发生回火（火焰突然熄灭），并在混合室内出现“嘶、嘶、嘶”的响声。遇到这种情况，应立即关闭切割氧气阀，与此同时，还要迅速关闭乙炔阀，随后将预热氧调节阀关闭，使回火熄灭。待割嘴冷却后，用通针将割嘴端头的飞溅物清除，还要重新检查割炬的射吸力，正常后再点火切割。

2）停割时，要在原来的停割处进行预热，然后对准原割缝开启切割氧气，继续进行切割。

3）乙炔瓶、氧气瓶距离割炬或其他火源不得小于10m，两瓶之间的距离不得小于5m。

气割时即要防止烧伤、烫伤自己，也要注意保护他人安全；室外操作遇有大风时，要注意挡风，操作者要注意站立位置，避开熔渣飞出方向，气割工作完毕后，按规定及时清理场地。

6. 评分标准

低碳钢中厚板直线气割评分标准见表2-7。

表2-7　低碳钢中厚板直线气割评分标准

序号	评分要素	配　分	评分标准	得　分
1	切割前准备	15	1. 待割钢板未垫平，待割钢板离地面距离 <100mm，扣5分 2. 待割钢板清理不干净，未划好切割线，扣5分 3. 气割参数调整不正确，扣5分	

（续）

序号	评分要素	配　分	评分标准	得　分
2	切割操作过程	30	1. 点火、调节火焰操作不正确，扣5分 2. 预热未采用中性焰或轻微的氧化焰，扣5分 3. 切割氧压力不正确，扣5分 4. 气割操作姿势不正确，扣5分 5. 切割过程中停割次数 >3 次，扣5分 6. 停割操作不正确，扣5分	
3	工件质量	40	1. 切口表面粗糙，扣5分 2. 切口平面度误差 >2.4mm，扣5分 3. 切口上缘有明显圆角塌边且宽度 >1.5mm，扣5分 4. 切口有条状挂渣，用铲可清除，扣5分 5. 切口垂直度误差 >2mm，扣5分 6. 切口切割缺陷沟痕深度 >1.2mm，沟痕宽度 >5mm，每出现1个，扣1分 注意：待割钢板未被完全切割开，此项考核按不合格论	
4	安全文明生产	15	1. 劳保用品穿戴不全，扣5分 2. 气割过程中有违反安全操作规程的现象，一次扣5分 3. 气割完成后，场地清理不干净，工具码放不整齐，扣5分 4. 出现重大安全事故隐患，此项考核按不合格论	
5	综合	100	合　　计	

技能训练二　低碳钢钢管气割训练

[训练目标]

1）熟悉气割设备、辅助工具及其使用方法。

2）巩固前面已掌握的气割操作技能，掌握钢管的气割操作技能。

1. 工作准备

（1）设备　氧气瓶和乙炔瓶。

（2）气割工具　G01-30 型割炬，3 号环形割嘴，氧气、乙炔减压器。

（3）辅助工具　氧气胶管（黑色），乙炔胶管（红色），护目镜，通针，扳手，钢丝刷。

（4）防护用品　工作服，皮手套，胶鞋，口罩，护脚等。

（5）实习工件　20 钢钢管，尺寸为 ϕ159mm × 8mm。

2. 技术要求

按照图 2-18 所示的要求，学习低碳钢钢管的气割操作技能。

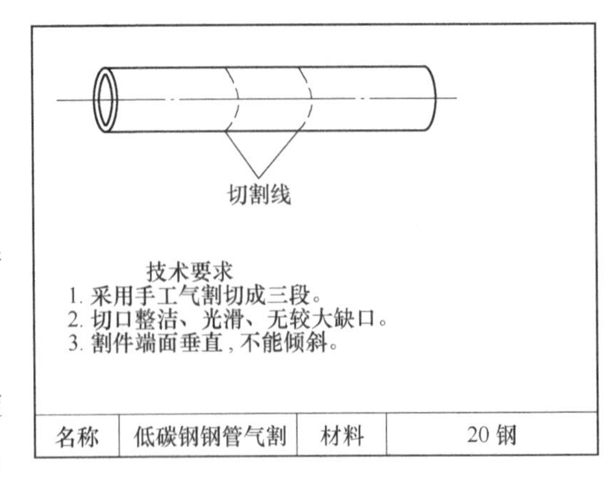

图 2-18　低碳钢钢管气割

3. 项目分析

低碳钢钢管气割分为转动钢管气割和固定钢管气割，转动钢管气割因为钢管可以转动，切割可以在最佳位置，比较容易掌握；而固定

钢管气割因为钢管固定不能转动，尤其是在仰脸位置，因为视线不好、氧化铁下落等因素，难以气割而且易烫伤，要做好安全防护，特别注意要避免钢管割断后下落砸伤人。

4. 项目实施

（1）割前准备

1）根据钢管壁厚和直径，选用 G01-30 型割炬，3 号环形割嘴。

2）将工件表面的污垢、油脂、氧化皮等清除掉。

3）根据钢管的空间位置（转动或固定），确定切割方法。

4）切割前应仔细检查整个切割系统的设备、工具工作是否正常，工作现场是否符合安全生产要求。

5）将氧气和乙炔调整到所需要的压力。

6）调节好适当的火焰能率及性质。

（2）转动钢管的气割操作要领

1）对于可转动的钢管，可采用分段进行切割。即切割一段后暂停一下，将钢管转动后再继续切割。直径较小的钢管可分 2～3 次割完；直径较大的钢管要适当多分几次，但分割的次数不宜太多，因为停顿处常留有接割缺口，影响切面质量。

2）气割时，应先用预热火焰加热，预热时应使割炬与钢管的表面垂直，预热位置如图 2-19中所示的①位置。管壁被割穿后，要立即将割炬倾斜到与起割点切线成 70°～80°，如图 2-19 中所示的②位置。注意，气割过程中，在割炬随切口向前移动的同时，应不断地改变割炬的位置，如图 2-19 中所示的③④位置，保证 70°～80°的切割倾角始终不变。

（3）水平固定钢管的气割操作要领　水平固定钢管的气割操作要领如图 2-20 所示。

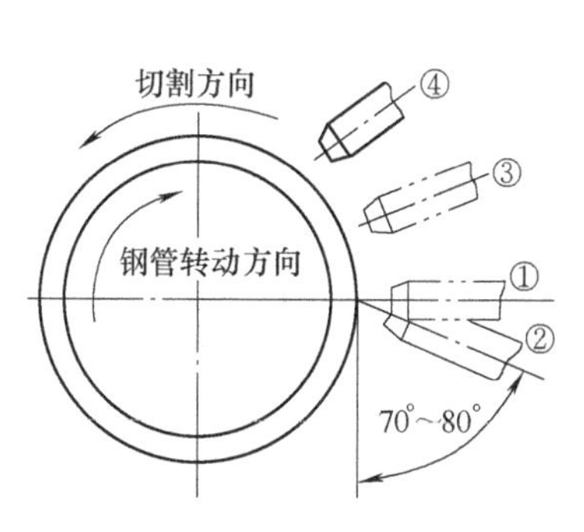

图 2-19　转动钢管的气割操作要领

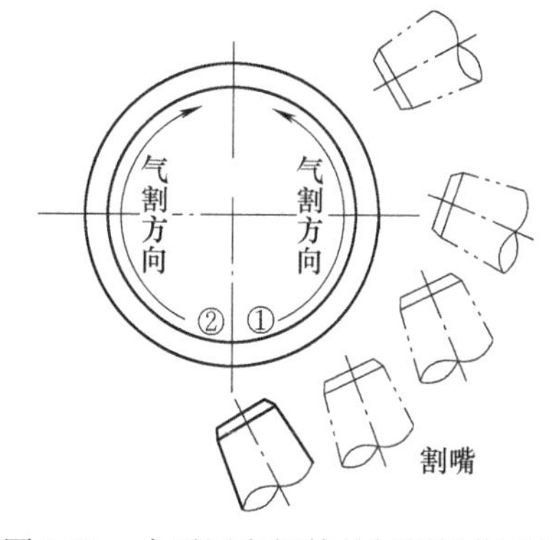

图 2-20　水平固定钢管的气割操作要领

1）水平固定钢管的气割分两次完成，从下部割到上部。首先从钢管的下部（仰脸位置）开始预热，预热时割炬应与钢管表面垂直。管壁被割穿后，将割炬倾斜到与起割点切线成 70°～80°的位置，按图 2-20 中①所示的方向进行切割。当切割到钢管的水平位置时，关闭切割氧，再将割炬移到钢管的下部并沿图 2-20 中②所示的方向继续切割。

2）气割时割嘴的位置变化可随钢管所处空间位置变化。这种由下至上的对称切割方法，不仅可以清楚地看到割线，而且割炬移动方便，当钢管被切开时，割炬正好处于水平位置，从而可避免切断的钢管砸坏割炬。

5. 手工气割时常见的火焰故障产生原因及排除方法

手工气割过程中，经常出现一些故障，致使气割不能正常进行。所以，气割焊工必须掌握发生的原因和排除方法，这对提高气割质量是很重要的。气割时常见的火焰故障产生原因及排除方法见表2-8。

表2-8　气割时常见的火焰故障产生原因及排除方法

故障性质	产生原因	排除方法
不起燃	气割设备漏气或堵塞，使割炬中无燃烧气体，或由于压力表失灵，而氧压过大	1. 修理漏气和堵塞的地方 2. 要换压力表并重新点火
燃烧不良	软管或预热割嘴堵塞，造成气体不足	疏通堵塞处，保证气路畅通
混合气体引燃时突然熄灭	氧气压力太低或减压器冻结，或割嘴孔严重损坏	1. 提高氧气压力 2. 用温水解冻 3. 更换割嘴或用通针清理嘴孔
回火或割嘴被烧	由于氧气压力太低或割炬离工件太近	1. 控制氧气压力要足够大 2. 停火将割炬头部浸入水中冷却降温，抬高割嘴与工件间的距离
切割氧流分散不集中	切割氧流通孔堵塞，切割氧流喷射速度过低	1. 清理割嘴通孔使其畅通 2. 提高氧气供给压力

6. 评分标准

低碳钢钢管气割评分标准见表2-9。

表2-9　低碳钢钢管气割评分标准

序号	评分要素	配分	评分标准	得分
1	切割前准备	15	1. 待割钢管未垫平，待割钢管离地面距离不够800mm，扣5分 2. 待割钢管清理不干净，未划好切割线，扣5分 3. 气割参数调整不正确，扣5分	
2	切割操作过程	30	1. 点火、调节火焰操作不正确，扣5分 2. 预热未采用中性焰或轻微的氧化焰，扣5分 3. 切割氧压力不正确，扣5分 4. 气割操作姿势不正确，扣5分 5. 切割过程中停割次数>3次，扣5分 6. 停割操作不正确，扣5分	
3	工件质量	40	1. 切口表面粗糙，扣5分 2. 切口平面度误差>2.4mm，扣5分 3. 切口上缘有明显圆角塌边且宽度>1.5mm，扣5分 4. 切口有条状挂渣，用铲可清除，扣5分 5. 切口垂直度误差>2mm，扣5分 6. 切口切割缺陷沟痕深度>1.2mm，沟痕宽度>5mm，每出现1个，扣1分 注意：待割钢管未被完全切割开，此项考核按不合格论	
4	安全文明生产	15	1. 劳保用品穿戴不全，扣5分 2. 气割过程中有违反安全操作规程的现象，一次扣5分 3. 气割完后，场地清理不干净，工具码放不整齐，扣5分 4. 出现重大安全事故隐患，此项考核按不合格论	
5	综合	100	合　计	

技能训练三　用半自动气割机进行低碳钢钢板30°坡口气割训练

[训练目标]

1）熟悉气割设备、辅助工具及其使用方法。

2）熟知CG1-30型半自动气割机的构造、正确使用方法，学会调整合适的气割参数。

1. 工作准备

（1）设备　氧气瓶和乙炔瓶。

（2）气割工具　CG1-30型半自动气割机，氧气、乙炔减压器。

（3）辅助工具　氧气胶管（黑色），乙炔胶管（红色），护目镜，通针，扳手，钢丝刷。

（4）防护用品　工作服，皮手套，胶鞋，口罩，护脚等。

（5）实习工件　Q235钢板，规格为300mm×150mm×12mm钢板。

2. 技术要求

按照图2-21所示的要求，学习用半自动气割机进行低碳钢钢板30°坡口的切割操作技能。

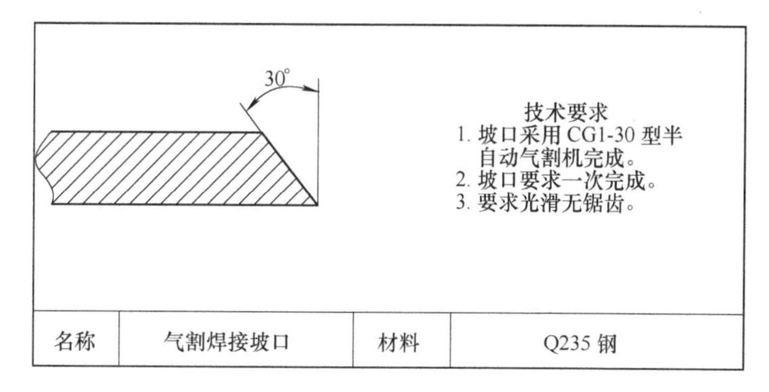

图2-21　低碳钢钢板30°坡口的形状与尺寸示意图

3. 项目分析

采用半自动气割机气割低碳钢钢板30°坡口，不仅降低了人工劳动强度，提高了切割速度，而且切割质量也比手工切割质量好得多，也是工厂大批量加工钢板坡口的方法之一。采用半自动气割机气割低碳钢钢板坡口时，因为用可燃气体的同时也要用电，所以一定要做好电与可燃气体的安全防护工作，按安全操作规程操作，防止事故的发生。

4. 项目实施

（1）切割前准备

1）气割前，应将被切割钢板垫平，离开地面100mm以上的距离，以保证切掉的熔渣吹除。

2）将钢板割缝划线，铺设导轨，并将半自动气割机轻放于导轨上，然后调整割炬与工件垂直，并前后移动半自动气割机，以校验割嘴能否正确地沿割线切割，防止离线偏割。

3）其他的割前准备工作与手工气割基本相同。

（2）切割过程

1）需直线切割时，应将导轨放在被切割钢板的平面上，然后将气割机轻放在导轨上。先将割炬座的夹紧螺钉旋松，然后将割炬调整到30°的工作角度，拧紧螺钉即可做斜面切割。割炬角度调节示意图如图2-22所示。

2）使有割炬的一侧面向操纵者，根据钢板的厚度选用0号割嘴，切割速度为450mm/min。先将割炬移到起割点，点火预热到切割温度，打开切割氧，然后起动气割机开始切割。预热火焰与切割焰的调节阀结构如图2-23所示。

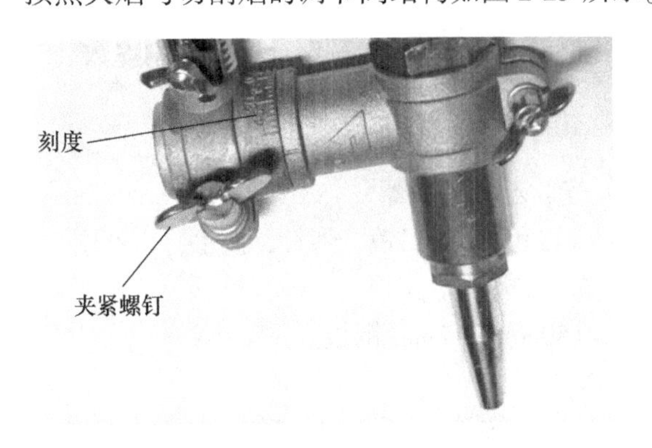

图2-22　割炬角度调节示意图

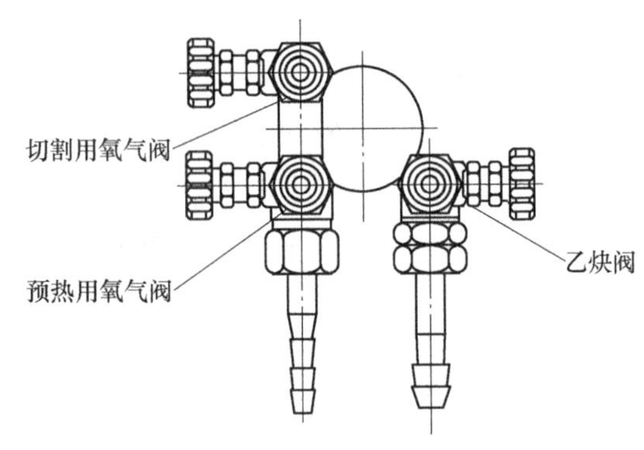

图2-23　预热火焰与切割焰的调节阀结构

3）乙炔阀与预热用氧气阀是用来控制混合气体产生预热火焰大小的，当预热到一定温度时，打开切割氧阀，喷出切割氧，同时打开刀开关，小车滚轮就沿着轨道运行，进行切割，当切割完毕时，关闭切割氧阀，关掉电源开关，机器停止工作。

注意：

在选用割嘴装到割炬上时，要缓慢地拧紧火口螺母。在开始切割前，还必须检查一下机身各部分的连接及螺钉、螺母等紧固情况，以保证机器正常运转。

5. CG1-30型半自动气割机的维护与保养

1）气割机应放在干燥处避免受潮，室内空气不应有腐蚀性的气体。

2）气割机的齿轮减速器，应半年加润滑油一次。

3）在下雨天切割不可进行室外使用，以防电气受潮。

4）使用前做好清理检查工作，机身割炬运动的各部件必须调整运动间隙不能松动，同时检查紧固件是否有松动现象，并及时紧固。

5）养成随手关闭电源开关的习惯，操作人员休息或长时间离开机器时，必须关断电源以免电动机过热烧坏。

6）必须有专人负责使用和维护保养，以及定期检查检修。

7）在操作转换开关时，必须将机器停止后才可换向，如果突然改变旋转方向会损坏电动机，影响电动机的使用寿命，且易烧断熔丝及电阻。

6. 评分标准

用半自动气割机进行低碳钢钢板30°坡口气割评分标准见表2-10。

表2-10　用半自动气割机进行低碳钢钢板30°坡口气割评分标准

序号	评分要素	配分	评分标准	得分
1	切割前准备	15	1. 待割钢板未垫平，轨道安装不直，连接不紧密，扣5分 2. 预热火焰调节不是中性焰，扣5分 3. 气割参数调整不正确，扣5分	

（续）

序号	评分要素	配分	评分标准	得分
2	切割操作过程	30	1. 点火、调节火焰操作不正确，扣5分 2. 预热未采用中性焰或轻微的氧化焰，扣5分 3. 切割氧压力不正确，扣5分 4. 切割过程中停割次数 >3 次，扣5分 5. 停割操作不正确，扣5分	
3	工件质量	40	1. 切口表面粗糙，扣5分 2. 切口平面度误差 >2.4mm，扣5分 3. 切口上缘有明显圆角塌边且宽度 >1.5mm，扣5分 4. 切口有条状挂渣，用铲可清除，扣5分 5. 切口垂直度误差 >2mm，扣5分 6. 切口切割缺陷沟痕深度 >1.2mm，沟痕宽度 >5mm，每出现1个，扣1分	
4	安全文明生产	15	1. 劳保用品穿戴不全，扣5分 2. 气割过程中有违反安全操作规程的现象，一次扣5分 3. 气割完成后，场地清理不干净，工具码放不整齐，扣5分 4. 出现重大安全事故隐患，此项考核按不合格论	
5	综合	100	合　　计	

二、等离子弧切割

（一）等离子弧切割的原理及应用

1. 等离子弧的基本概念

物质一般存在固态、液态和气态三种形态。等离子体是物质的第四种存在形态，是由完全电离或部分电离的气体（电离度大于1%，即电离的气体原子占所有气体原子的比例要大于1%）组成。也就是说等离子是由带正电荷的离子、带负电荷的电子和部分未电离的中性原子等粒子组成的。

2. 等离子弧的产生原理

强迫普通电弧穿过焊炬或割炬喷嘴的细孔道，细孔道中不断通过工作气体，同时对喷嘴强制水冷，如图2-24所示，此时的电弧即为等离子弧。相对于普通电弧，等离子弧受到以下三种压缩效应。

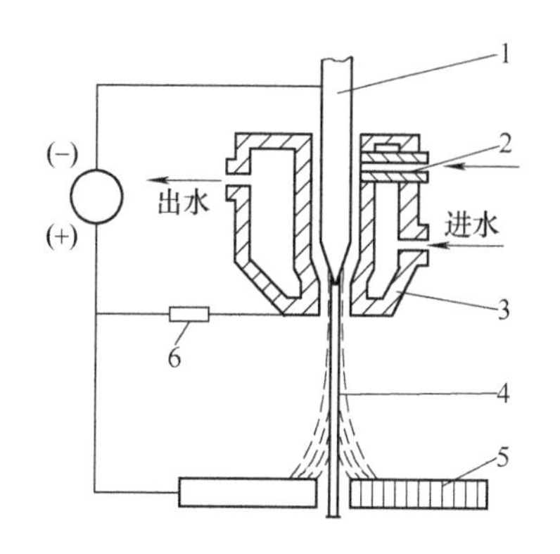

图2-24　等离子弧产生的原理
1—钨极　2—保护气　3—压缩喷嘴
4—等离子弧　5—工件　6—高频振荡器

（1）机械压缩效应　由于电弧被迫通过喷嘴的细孔道时受到细孔道的约束，电弧的弧柱直径不可能大于孔道直径，电弧被孔道强制压缩，这种压缩效应称为机械压缩效应，如图2-25a所示。

（2）热收缩效应　由于喷嘴受到强制水冷，因而喷嘴的温度比较低，从细孔道中通过的紧贴孔道壁的工作气体温度不可能太高，这些气体在喷嘴内部形成一层冷气膜，这层冷气膜由于温度比较低，电离度极低，带电粒子很少，导电困难，迫使带电粒子向高温、高电离度的弧柱中心区域集中，使电弧的弧柱直径进一步变小。紧贴孔道壁形成的冷气膜对电弧弧柱的压缩作用称为热收缩效应，如图 2-25b 所示。

（3）磁收缩效应　弧柱中的带电粒子流可以看作是无数条相互平行的同向通电的导体，在自身磁场的作用下，产生相互吸引力。由于机械压缩效应和热收缩效应，等离子弧电流密度较普通电弧电流密度大，自身磁场产生的相互吸引力较普通电弧的大，使弧柱进一步收缩，这种收缩效应称为磁收缩效应，如图 2-25c 所示。

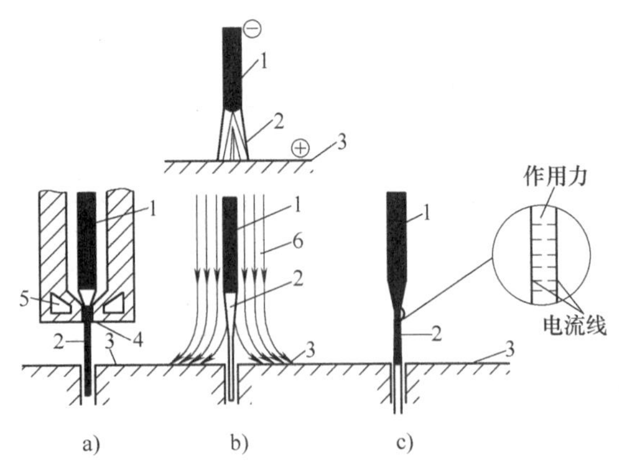

图 2-25　等离子弧的压缩效应

a）机械压缩　b）热收缩　c）电磁收缩

1—钨极　2—电弧　3—工件　4—细孔

5—冷却水　6—冷却气流

3. 等离子弧的类型

根据电极连接方式，等离子弧分为非转移型等离子弧、转移型等离子弧和联合型等离子弧三种。表 2-11 是这三种等离子弧的电极连接方式。

表 2-11　等离子弧电极的连接

连接方式	非转移型	转移型	联合型
钨极	负极	负极	负极
喷嘴	正极	不接	正极
工件	不接	正极	正极

（1）非转移型等离子弧　在钨极和喷嘴之间产生的等离子弧称为非转移型等离子弧。焊接和切割时，依靠从喷嘴喷出的等离子焰流来加热和熔化工件。

非转移型等离子弧如图 2-26 所示。

（2）转移型等离子弧　在钨极和工件之间产生的等离子弧称为转移型等离子弧。转移型等离子弧难以直接形成，需要先在钨极和喷嘴间引燃非转移型等离子弧，再过渡到转移型等离子弧。转移型等离子弧如图 2-27 所示。

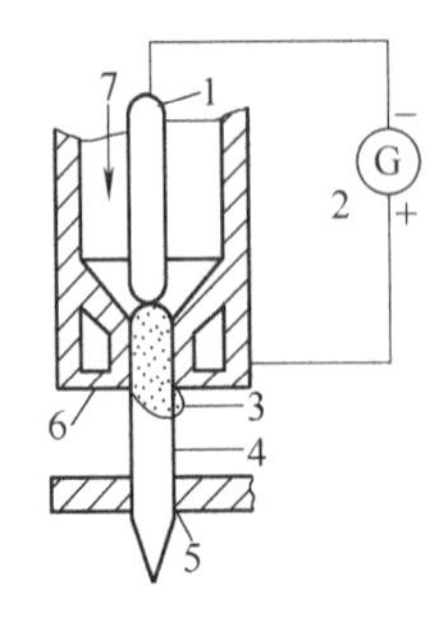

图 2-26　非转移型等离子弧

1—电极　2—电源　3—等离子弧　4—等离子焰

5—工件　6—喷嘴　7—工作气体

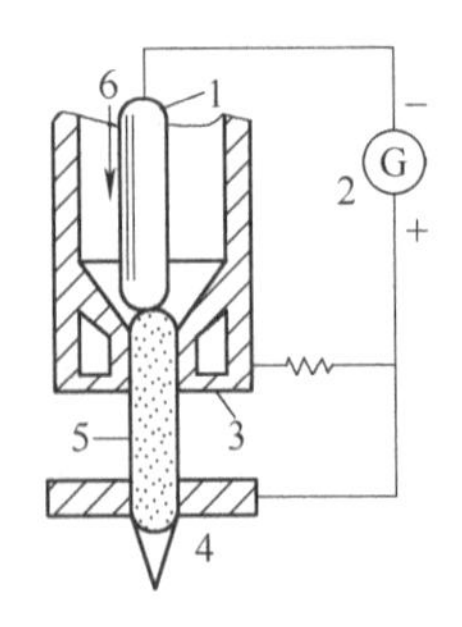

图 2-27　转移型等离子弧

1—电极　2—电源　3—喷嘴　4—工件

5—等离子弧　6—工作气体

（3）联合型等离子弧　在工件和钨极、喷嘴和钨极间同时存在等离子弧，即转移等离子弧和非转移等离子弧同时存在，这种电弧称为联合型等离子弧。联合型等离子弧如图2-28所示。

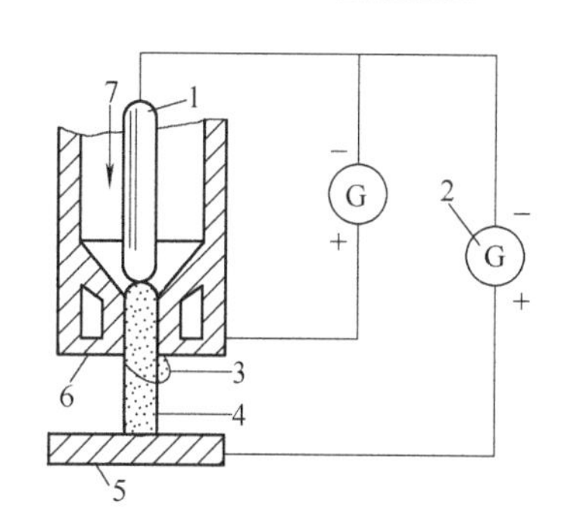

图2-28　联合型等离子弧
1—电极　2—电源　3—非转移型等离子弧
4—转移型等离子弧　5—工件
6—喷嘴　7—工作气体

由于转移型等离子弧用于加热工件的热量很高且集中，所以在切割各种金属，尤其是中厚板时，均采用这种等离子弧。非转移型等离子弧主要用于非金属材料的切割。联合型等离子弧能够在很小的电流下形成稳定的等离子弧，主要用于微束等离子弧焊接和粉末堆焊，一般不用于切割加工。

4. 等离子弧切割的原理

等离子弧切割是一种常用的金属和非金属材料切割工艺方法，其原理与一般氧乙炔焰的切割原理有本质的不同。氧乙炔焰的切割主要是靠氧与部分金属的化合燃烧和氧的吹力，使部分金属脱离基体而形成切缝。因此氧乙炔焰不能切割熔点高、导热性好、氧化物熔点高和黏滞性大的金属。而等离子弧切割主要是依靠高温、高速和高能量的等离子弧及其焰流来加热、熔化被切割材料，并借助内部或外部的高速气流或水流将熔化的被切割材料吹离基体，随着等离子弧割炬的移动而形成切缝。其弧柱的温度远远超过目前绝大部分金属及其氧化物的熔点，所以它可以切割的材料很多。

5. 等离子弧切割的特点

等离子弧弧柱中心温度为18000～24000K（钨极氩弧焊弧柱中心的温度为14000～18000K），其能量密度可高达10^5～10^6W/cm^2（钨极氩弧焊电弧的能量密度一般小于10^5W/cm^2）。此外，等离子弧具有很大的机械冲击力、电弧稳定性强。

（1）等离子弧切割的优点

1）可以切割绝大多数金属和非金属。

2）切割厚度不大的金属时，切割速度快、生产效率高。

3）切割质量高。切口狭窄，切割面光洁整齐，切口热变形和热影响区小，硬度和化学成分变化小，切后通常可以直接进行焊接，无需再对坡口进行加工清理等。尤其适合于加工各种成形零件。

（2）等离子弧切割的缺点

1）切割厚板的能力不及气割。

2）切口宽度和切割面斜角较大，但切割薄板时采用特种切割割炬或工艺可获得接近垂直的切割面。

3）切割过程中产生弧光辐射、烟尘和噪声等。

4）相对于氧乙炔切割，等离子弧切割设备比较贵。

5）切割用空载电压高（通常在150～400V范围内，工作电压为100～200V），在割枪绝缘不好的情况下容易对操作人员造成电击。

6. 等离子弧切割方法的分类

等离子弧切割方法的分类如图2-29所示。

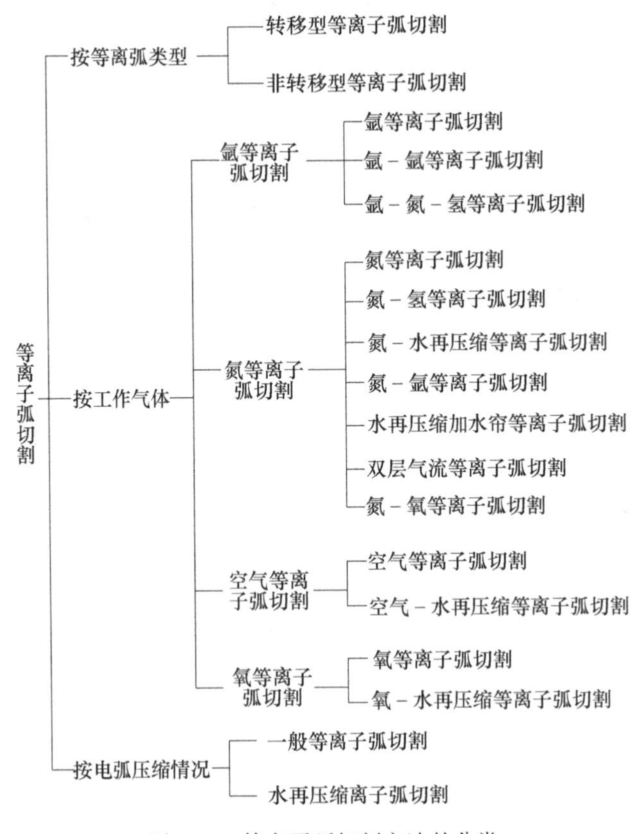

图 2-29　等离子弧切割方法的分类

7. 等离子弧切割的应用简介

等离子弧切割仅用压缩空气和三相电源，无需昂贵的气体就能对不锈钢、碳钢、合金钢、铝、铜、镍、钛等各种金属材料进行切割作业。等离子弧切割可广泛用于造船、汽车、制造、锅炉、化工机械、压力容器、环保、净化、厨具等设备生产的板材下料和装配加工。

（二）等离子弧切割设备及工具

（1）等离子弧切割机　如图 2-30 所示。

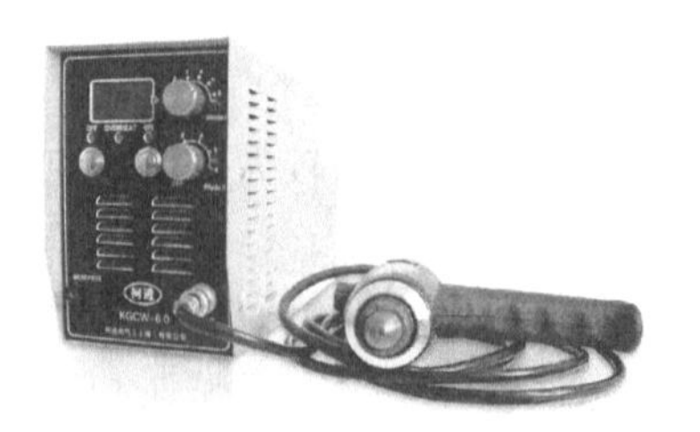

图 2-30　等离子弧切割机

（2）等离子弧割炬（割枪）　如图 2-31 所示。

（3）等离子弧割嘴　如图 2-32 所示。

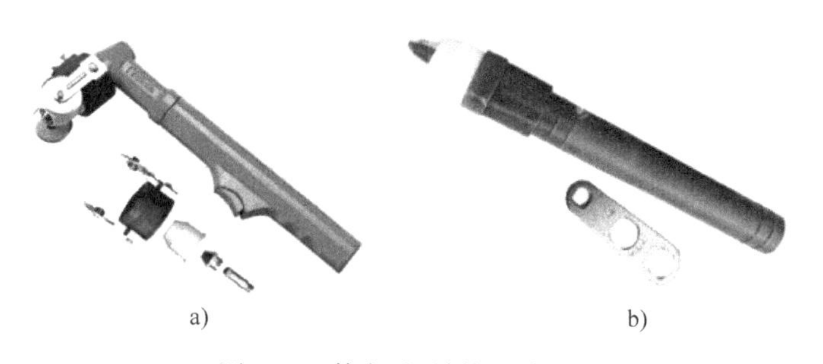

a) b)

图 2-31 等离子弧割炬（割枪）

a）等离子弯把割炬 b）等离子直把割炬

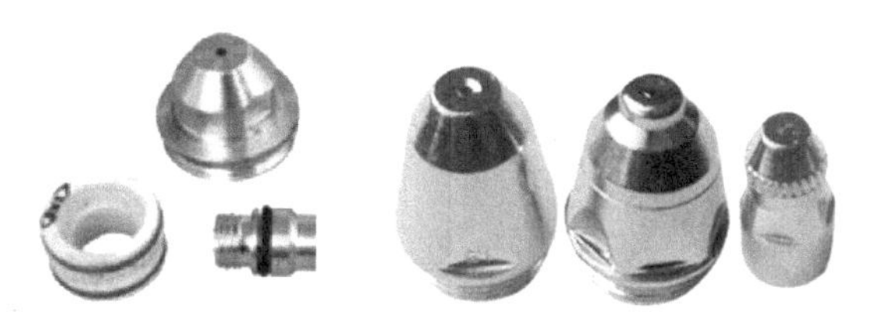

图 2-32 等离子弧割嘴

（三）等离子弧切割工艺

1. 切割参数的选择

（1）空载电压和弧柱电压 等离子切割电源必须具有足够高的空载电压，才能容易引弧和使等离子弧稳定燃烧。空载电压一般为 150～400V，而弧柱电压一般为空载电压的一半。提高弧柱电压能明显地增加等离子弧的功率，因而能提高切割速度和切割更大厚度的金属板材。弧柱电压往往通过调节气体流量和加大电极内缩量来达到，但弧柱电压不能超过空载电压的 65%，否则会使等离子弧不稳定。

（2）切割电流 增加切割电流同样能提高等离子弧的功率，但它受到最大允许电流的限制，否则会使等离子弧柱变粗，割缝宽度增加，电极寿命下降。

（3）气体流量 增加气体流量既能提高弧柱电压，又能增强对弧柱的压缩作用而使等离子弧能量更加集中、喷射力更强，因而可提高切割速度和质量。但气体流量过大，反而会使弧柱变短，损失热量增加，使切割能力减弱，直至使切割过程不能正常进行。

（4）电极内缩量 所谓内缩量是指电极到割嘴端面的距离。合适的距离可以使电弧在割嘴内得到良好的压缩，获得能量集中、温度高的等离子弧而进行有效的切割。距离过大或过小，会使电极严重烧损、割嘴烧坏或切割能力下降。内缩量一般取 8～11mm。

（5）割嘴高度 割嘴高度是指割嘴端面至被割工件表面的距离。该距离一般为 4～10mm。它与电极内缩量一样，距离要合适才能充分发挥等离子弧的切割效率，否则会使切割效率和切割质量下降或使割嘴烧坏。

（6）切割速度 以上各种因素直接影响等离子弧的压缩效应，也就是影响等离子弧的温度和能量密度，而等离子弧的高温、高能量决定着切割速度，所以以上的各种因素均与切割速度有关。在保证切割质量的前提下，应尽可能地提高切割速度。这不仅能提高生产率，而且能减少工件的变形量和割缝区的热影响区域。若切割速度不合适，其效果相反，而且会使黏渣增加，切割质量下降。

2. 切割的基本操作方法

（1）手动非接触式切割

1）将割炬滚轮接触工件，喷嘴离工件平面之间距离调整至3～5mm（主机切割时将“切厚选择”开关置于高档）。

2）开启割炬开关，引燃等离子弧，切透工件后，向切割方向匀速移动。切割速度以切穿为前提，宜快不宜慢，太慢将影响切口质量，甚至断弧。

3）切割完毕，关闭割炬开关，等离子弧熄灭。这时，压缩空气延时喷出，以冷却割炬。数秒钟后，自动停止喷出。移开割炬，完成切割全过程。

（2）手动接触式切割

1）将“切厚选择”开关置于低档，单机切割较薄板时使用。

2）将割炬喷嘴置于工件被切割起始点，开启割炬开关，引燃等离子弧，并切穿工件，然后沿切缝方向匀速移动即可。

3）切割完毕，关闭割炬开关，此时，压缩空气仍在喷出，数秒钟后，自动停喷。移开割炬，完成切割全过程。

（3）自动切割

1）自动切割主要适用于切割较厚的工件。选定“切厚选择”开关位置。

2）把割炬滚轮卸去后，割炬与半自动切割机连接紧固。

3）连接好半自动切割机电源，根据工件形状安装好导轨或半径杆（若为直线切割用导轨，若切割圆或圆弧，则应该选择半径杆）。

4）把割炬开关插头拔下，换上遥控开关插头（随机附件中备有）。

5）根据工件厚度，调整合适的行走速度。并将半自动切割机上的“倒”“顺”开关置于切割方向。

6）将喷嘴与工件之间距离调整至3～8mm，并将喷嘴中心位置调整至工件切缝的起始边上。

7）开启遥控开关，切穿工件后，开启半自动切割机电源开关，即可进行切割。在切割的初始阶段，应随时注意切缝情况，调整至合适的切割速度，并随时注意两机工作是否正常。

8）切割完毕，关闭遥控开关及半自动切割机电源开关。至此，完成切割全过程。

（四）等离子弧切割设备的使用与维护

1. 正确地装配割炬

正确、仔细地安装割炬，确保所有零件配合良好，确保气体及冷却气流通。

2. 消耗件在完全损坏前要及时更换

消耗件不要用到完全损坏后再更换，当第一次发现切割质量下降时，就应该及时检查消耗件。

3. 清洗割炬的连接螺纹

在更换消耗件或日常维修检查时，一定要保证割炬内、外螺纹清洁，如有必要，应清洗或修复连接螺纹。

4. 清洗电极和喷嘴的接触面（略）

5. 每天检查气体和冷却气

每天检查气体和冷却气流的流动和压力，如果发现流动不充分或有泄漏，应立即停机排除故障。

6. 避免割炬碰撞损坏

为了避免割炬碰撞损坏，应正确地编程避免系统超限行走，自动切割设备安装防撞装置能有效地避免碰撞时割炬的损坏。

7. 最常见的割炬损坏原因

1）割炬碰撞。

2）由于消耗件损坏造成破坏性的等离子弧，烧毁割炬。

3）脏物引起的破坏性等离子弧，烧毁割炬。

4）松动的零部件引起的破坏性等离子弧，烧毁割炬。

8. 注意事项

1）不要在割炬上涂油脂。

2）不要过度使用“O”形环的润滑剂。

3）在保护套还留在割炬上时不要喷防溅化学剂。

4）不要拿手动割炬当锤子使用。

（五）等离子弧切割的安全操作要点

1）为了避免重大人身事故，请遵守以下事项：

① 安装、使用切割机前，请认真阅读说明书，并遵守切割机上的警示符和警告语内容。

② 请经过专业培训并取得专业资格的人员进行切割机的安装、操作和维修保养。

③ 使用心脏起搏器的人员，未经专业医护人员同意，不得从事切割作业及靠近使用中的切割机，因为切割机通电时产生的磁场会对起搏器的工作产生不良的影响。

④ 非有关人员不得进入切割工作现场。

⑤ 不允许将切割机作切割以外的工作。

2）为了避免触电危险，请遵守以下事项：

① 请不要触碰任何带电部位，一旦接触带电部位可能会引起致命的电击和电灼伤。

② 开始切割工作前，应认真检查电源输入线和切割电缆绝缘是否良好，接线是否正确、牢固可靠，配电箱及电源线容量是否满足需求。

③ 切割机在拆卸外壳及其他防护装置的情况下不得用于切割作业。

④ 操作人员必须穿戴切割作业的安全防护用品。

⑤ 切割作业完毕或暂时离开切割现场时，应切断切割机所有的输入电源。

⑥ 切割机的定期维护保养应由专业人员进行。

⑦ 使用中如出现故障应及时停机检查，待故障排除后方可继续使用。

3）为了避免切割弧光、飞溅、熔渣、烟尘及有害性气体的危害，请使用规定的防护用具。

4）为了防止火灾、爆炸、爆裂等事故发生，请遵守以下规定：

① 避免切割时的飞溅物、熔渣、热工件接触可燃物，否则会引起火灾。

② 供电电路、切割电路的各连接处应保证接触良好，否则，工作时会引起局部过热。

③ 在未采取切确实有效的防范措施之前，禁止在盛有可燃性物质或密封的容器上切割，否则会引起爆炸或爆裂。

④ 切割场所不得放有易燃、易爆的物品或可燃物。

⑤ 在切割现场应配备必要的消防器材，以防万一。

5）接触旋转部位会引起受伤，请遵守以下规定：

① 请不要在拆卸外壳或其他防护装置的情况下使用切割机。

② 不要将手指、衣服、头发等靠近切割机的旋转部位（冷却风机），以防引起受伤。

6）切割机的安装场所应遵守以下规定：

① 当工作场地比较潮湿，以及在铁板、铁架上操作时，请安装漏电保护器。

② 机器安置在干燥通风处。在移动时应轻搬轻放，并远离高温、潮湿、腐蚀性有毒有害气体、金属粉尘等。

③ 切割机的电源应具有切割机容量相应的配电箱，并应安装断路器，地线要连接牢固、可靠。

7）操作前的检查和准备应遵守以下规定：

① 为了保护眼睛和皮肤的裸露部位，应戴皮手套，穿安全靴。

② 准备好带遮光滤光片的保护面具。

③ 采取换气措施，避免吸入切割时产生的有毒气体（一氧化碳、臭氧、氧化氮等）。

④ 在额定切割电流下，如果超过额定负载持续使用时，温度的上升会超过切割机的最高允许温度，引起切割机性能下降或损坏。

8）为正确安全使用切割机，请注意下列事项：

① 请确认本机主铭牌上的额定规格后再使用，避免不合理使用。

② 等离子弧切割机应避免过载使用，严重过载会烧损机器，即使未烧损也会缩短切割机的使用寿命。

③ 切割机端子与电缆的连接应牢固，连接不好会引起局部发热，使端子、电缆烧损，应充分注意。

④ 使用时应注意经常检查切割电缆接头的情况，使其保证可靠连接。

⑤ 输出电缆过长，会增加电能损耗，导致电流下降，从而影响正常切割。

⑥ 根据切割电流和实际操作选择合适的遮光滤光片。

⑦ 除尘或检修时必须事先切断切割机电源，不得随意乱动机内接线和碰伤元器件。

【等离子弧切割技能训练】

技能训练一　低碳钢平板直线等离子弧切割训练

［训练目标］

1）熟悉等离子弧切割设备、辅助工具及其使用方法。

2）熟知等离子弧切割的操作技能，学会调节参数。

1. 工作准备

（1）设备　LGK8-100 型空气等离子弧切割机、CG1-30 型半自动气割机、气泵等。

（2）等离子弧切割工具　等离子弧切割机用割炬。

(3) 辅助工具 胶管、护目镜、扳手、钢丝刷、割炬滚轮。

(4) 防护用品 工作服、皮手套、胶鞋、口罩、护脚等。

(5) 实习工件 Q235 钢板，尺寸为 800mm × 50mm × 12mm。

2. 技术要求

按照图 2-16 所示的要求，学习低碳钢平板直线的等离子弧切割操作技能。

3. 操作步骤

1) 用机器进行切割时，把半自动小车放到导轨上，把直把等离子弧割炬固定好(图 2-33)，调好角度；人工手动进行切割时，把割炬滚轮支架固定在弯把人工割炬上(图 2-34)。

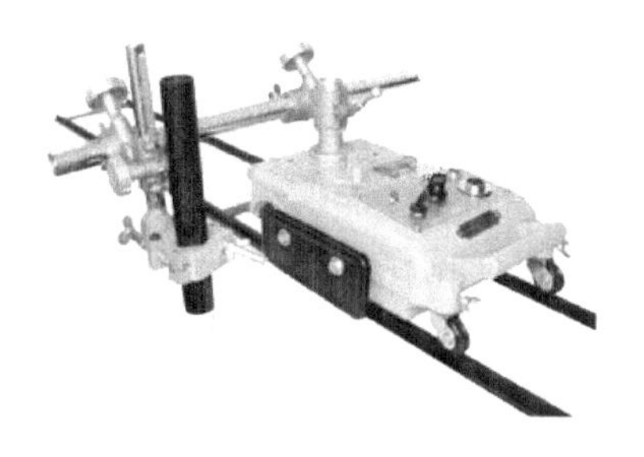

图 2-33 割炬固定在小车上

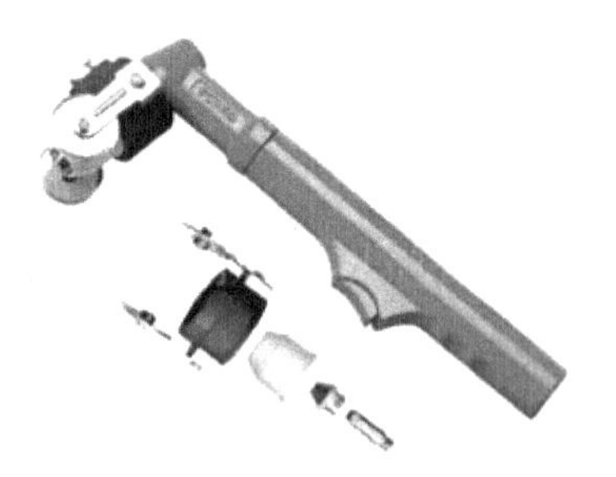

图 2-34 割炬固定在滚轮上

2) 确认设备已连接无误，且操作者的防护符合要求。

3) 起动空气压缩机，待压力足够后，调节切割机后面的空气过滤减压阀手柄至所需气压。

打开切割机电源开关，把检气开关扳至“检气”位置，这时有气流从割炬喷出，再次调准减压阀的气压。LGK8-100 型空气等离子弧切割机气压为 0.5MPa，最后把检气开关扳至“切割”位置。

4) 按割枪开关，应有气体喷出，LGK8-100 型空气等离子弧切割机的割炬还有强烈的火花喷出，火花维持 0.5 ~ 1s，释放割炬开关后气体应有一段延时才停止（注意喷嘴不要对着旁人）。

5) 引弧切割时，应从工件的边缘开始引弧（图 2-35），遇到必须从中间开始切割的工件，应先开一小孔，再从小孔的边缘开始引弧。

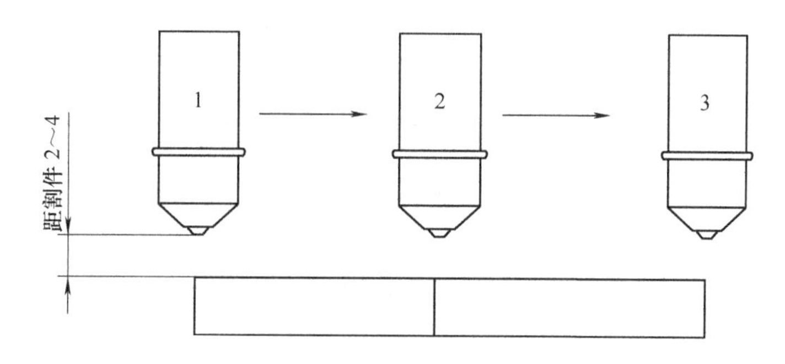

图 2-35 起割位置与割嘴到工件的距离示意图

1—起始。闭合割炬开关，引弧切割 2—正常切割。切割工件后匀速移动 3—切割完毕。断开割炬开关

6）切割过程中，切割速度保证割穿工件即可，过快不但割不透工件，反而会引起反渣烧坏喷嘴，过慢则会导致喷嘴升温过高，降低喷嘴使用寿命，且割缝变宽，余渣增多，并可能会造成断弧。

7）LGK8-100 型空气等离子弧切割机的割炬为非接触式，将割炬滚轮接触工件，喷嘴离工件平面间距调整至 2 ~ 4mm，如图 2-35 所示。

8）停止切割时，千万要先放开割炬开关，然后再拿开割炬。

4. 安全注意事项

1）每次工作前先调整好空气压力，以免在气压不正常时引弧而烧坏喷嘴。

2）经常检查喷嘴孔径，如磨损严重应及时更换，以免影响切割厚度和宽度。

3）切割机的输出电压很高，装配更换电极或喷嘴时必须将电源关闭并戴上防护手套，且保证电极和喷嘴的同轴度误差不大于喷嘴小孔直径的 10%。

4）切割时不能将其他物体放在刚切割过的工件上，以免烫坏。

5）不要切割密封容器，除非采取必要的措施。

6）切割机若在户外使用时应采取防雨和挡风措施。防雨棚和挡风板至少要离切割机四周 200mm 以上，且应使切割机通风良好。

7）切割时操作者应尽可能处在上风位置，切勿冲着烟雾操作。

8）在室内切割区（或工位）应采取排风措施。

5. 评分标准

低碳钢平板直线等离子弧切割评分标准见表 2-12。

表 2-12　低碳钢平板直线等离子弧切割评分标准

序　号	评分要素	配　分	评分标准	得　分
1	切割准备	15	1. 工件准备不正确，扣 5 分 2. 切割机及辅助设备连接不正确，扣 5 分 3. 切割参数调整不正确，扣 5 分	
2	切割过程	30	1. 引弧、收弧不正确，扣 15 分 2. 割枪、切割操作不熟练，扣 15 分	
3	切割检验	40	1. 割口成形不美观、垂直度误差 >2mm，扣 20 分 2. 切口背面熔渣多，扣 20 分 3. 存在未割透或过程不正常停止此项考核，不得分	
4	安全文明生产	15	1. 劳保用品穿戴不全，扣 2 ~ 5 分 2. 焊接过程中有违反安全操作规程的现象，根据情况扣 2 ~ 5 分 3. 焊完后场地清理不干净，工具码放不整齐，扣 2 ~ 5 分	
5	综合	100	合　计	

技能训练二　低碳钢钢管等离子弧切割训练

[训练目标]

1）熟悉等离子弧切割设备、辅助工具及其使用方法。

2）熟知等离子弧手动和机械切割钢管的操作技能。

1. 工作准备

（1）设备　LGK8-100 型空气等离子弧切割机、CG1-30 型半自动气割机、气泵等。

（2）等离子弧切割工具　等离子弧切割机用割炬。

（3）辅助工具　胶管、护目镜、扳手、钢丝刷、割炬滚轮。

（4）防护用品　工作服、皮手套、胶鞋、口罩、护脚等。

（5）实习工件　Q235 钢管，尺寸为 ϕ159mm × 8mm。

2. 技术要求

按照图 2-36 所示的要求，学习低碳钢钢管的等离子弧切割操作技能。

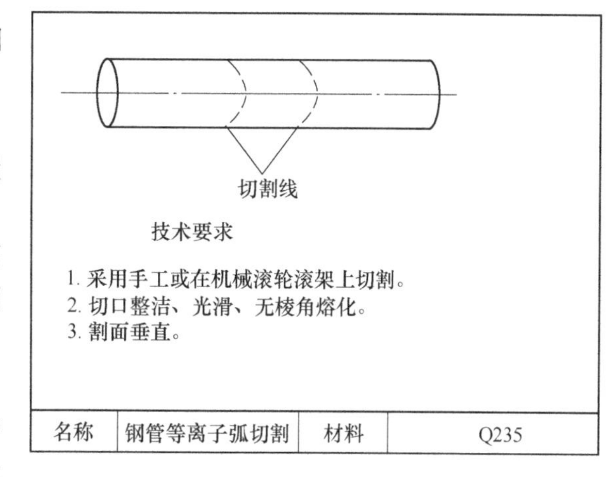

图 2-36　低碳钢钢管等离子弧切割

3. 操作步骤

1）连接设备与工具，并检查设备运行良好，无安全隐患。

2）开启设备，LGK8-100 型空气等离子弧切割机气压为 0.5MPa，切割电流调至 80A。

3）可转动钢管的气割操作要领。

① 对于可转动的钢管等离子弧手工转动切割，和气割的方法相同，可采用分段进行切割。即切割一段后暂停一下，将钢管转动后再继续切割。直径较小的钢管可分 2 ~ 3 次切割完；直径较大的钢管要适当多分几次，但切割的次数不宜太多，因为停顿处常留有接割缺口，影响切面质量。

② 大直径钢管或批量加工的钢管，可以把钢管放在滚轮架上（图 2-37），由滚轮架带动按逆时针方向转动。割炬放在偏离钢管顶面一定距离处，该距离按以下方法确定：从切割点作钢管的切线，使割炬轴线与此切线成 15° ~ 25° 角（图 2-38），管壁厚时角度应该稍大些。

图 2-37　钢管固定在滚轮架上

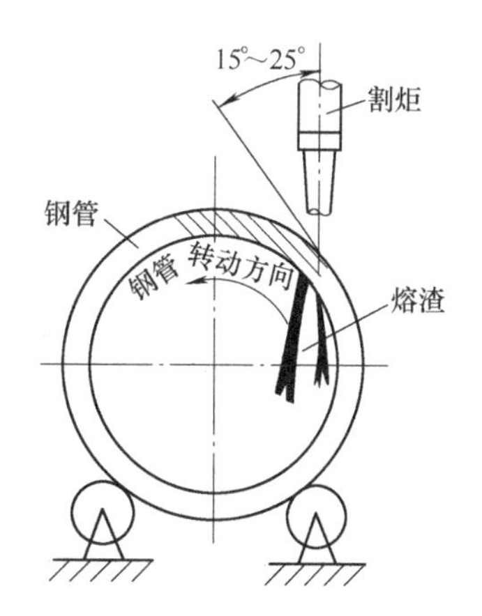

图 2-38　割炬与钢管的夹角

4）水平固定钢管的切割采用带割炬滚轮的割枪，手工操作，分两次完成，从下部割到上部。首先从钢管的下部（仰脸位置）开始起割，将割炬倾斜到与起割点切线成 70° ~ 80° 的位置，按图 2-20 中①所示的方向进行切割。当切割到钢管的水平位置时，关闭切割开关，再将割炬移到钢管的下部并沿图 2-20 中②所示的方向继续切割。

切割时割嘴的位置变化可随钢管所处空间位置变化。这种由下至上的对称切割方法，不仅可以清楚地看到割线，而且割炬移动方便，当钢管被切开时，割炬正好处于水平位置，从而可避免切断的钢管砸坏割炬。

5）非接触式割炬的操作要领。

① 切割开始时将割炬接近工件悬起2mm，喷嘴孔在边缘起动割炬后即可引弧。注意：无论在任何情况下切割，均应防止割炬喷嘴与工件接触，否则喷嘴会很快损坏。

② 切割中割炬与工件垂直，根据切割电弧的形态控制切割速度，要以切割电弧稍倾斜为最佳，这样挂渣也易于清理。

③ 在还差几毫米切割完了时，将切割速度稍放慢些并注意防止工件变形与喷嘴相碰，关闭切割开关即完成切割。

4. 评分标准（表2-12）

5. 常见故障及检修

等离子弧切割的常见故障及检修见表2-13。

表2-13 等离子弧切割的常见故障及检修

故障现象	故障原因	排除方法
起动切割开始，枪头无气流喷出	1. 继电器不吸合 2. 电磁气阀阻塞或损坏	1. 更换继电器 2. 检查吸合线圈有无断路、短路，疏通进气孔
起动切割开始，枪头有气流喷出，而无延时关气7~10s	程序控制板工作不常	更换程序控制板
切割时无高频引弧	1. 割炬枪头、电极与导电嘴碰触 2. 输出接地工件电缆线断开或未接好工件	1. 更换电极、导电嘴 2. 检查接工件线的两头连接处
切割厚工件困难、有断弧，机内噪声明显增大	1. 主电路绝缘栅双极型晶体管（IGBT）模块出现故障 2. 输入电网电压偏低于340V 3. 割炬头电极、导电嘴过度磨损	1. 检查IGBT是否击穿，若击穿应更换 2. 提高输入电网电压 3. 更换电极、导电嘴

技能训练三　低碳钢钢板30°坡口等离子弧切割训练

[训练目标]

1）熟练使用等离子弧切割设备、辅助工具及其使用方法。

2）熟知等离子弧切割的操作技能，学会坡口的切割方法。

1. 工作准备

（1）设备　LGK8-100型空气等离子弧切割机或其他型号空气等离子切割机、CG1-30型半自动气割机、气泵等。

（2）等离子弧切割工具　等离子弧割炬。

（3）辅助工具　胶管、护目镜、扳手、钢丝刷、割炬滚轮。

（4）防护用品　工作服、皮手套、胶鞋、口罩、护脚等。

（5）实习工件　Q235钢板，尺寸为300mm×150mm×12mm。

2. 技术要求

参照图2-21所示的要求，学习低碳钢钢板30°坡口的等离子弧切割操作技能。

3. 操作步骤

1）把半自动小车放到导轨上，把直把等离子弧割炬固定好，松开“夹紧螺钉”，调到30°角，然后拧紧“夹紧螺钉”（图2-22）；使割枪与工件成60°夹角（图2-39）。

2）先算好30°坡口的切割量并在钢板表面上敲好切割定位孔，划好切割线。

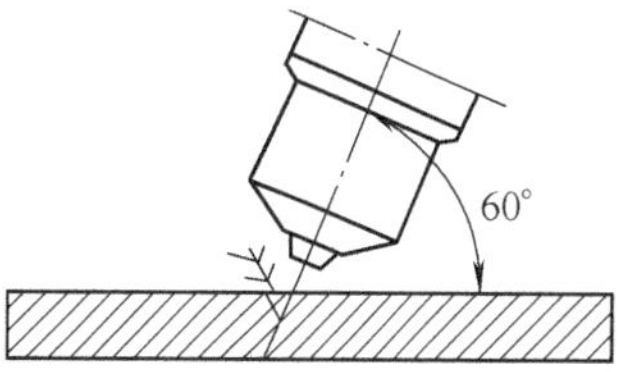

3）确认设备已连接无误，且操作者的防护符合要求。

4）起动空气压缩机，待压力足够后，调节切割机后面的空气过滤减压阀手柄至所需气压。

60°

图2-39　割炬与工件的夹角

5）打开切割机电源开关，把检气开关扳至“检气”位置，这时有气流从割炬喷出，再次调准减压阀的气压，LGK8-100型等离子弧切割机的气压为0.5MPa，切割电流为100A，最后把检气开关扳至“切割”位置。

6）切割开始，将割炬接近工件悬起2mm（悬起高度已固定好），按动割炬开关即可引弧，若电弧未引燃再次按动割炬开关。注意：无论在任何情况下切割，均应防止割炬喷嘴与工件接触，否则喷嘴会很快损坏。起割与割嘴到工件的距离如图2-40所示。

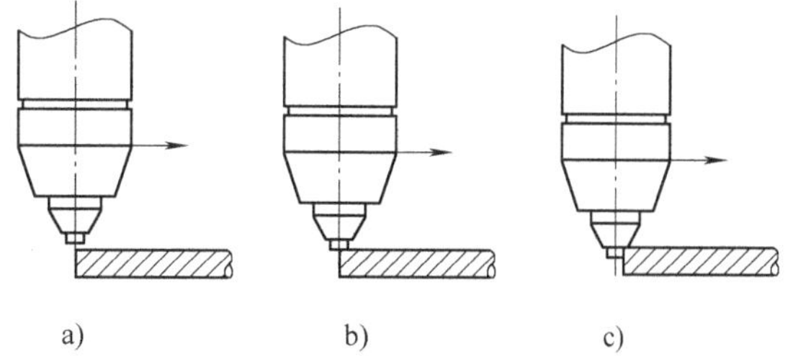

图2-40　起割与割嘴到工件的距离
a）正确　b）不正确　c）不正确

7）切割过程中，切割速度保证割穿工件就行了，过快不但割不透工件，反而会引起反渣烧坏喷嘴，过慢则会导致喷嘴升温过高，降低喷嘴使用寿命，余渣增多，并可能会造成断弧。

8）切割完毕，先关闭“切割开关”，再停止小车行进。

4. 割炬的安装、维护及零件更换

1）安装或更换割炬零件时，将割炬头朝上，然后按保护罩→导电喷嘴→气体分配器→电极→割炬体的顺序拆卸；按相反顺序装配。安装喷嘴时，要保持与电极的同轴度。保护罩要拧紧，喷嘴要压紧，若有松动，不能切割。

2）合理使用割炬，喷嘴与工件非接触引弧；而切割结束时，应先松开手把按钮断弧，再将割炬从工件表面移开，这样可延长零件的使用寿命。当喷嘴因中心孔大而影响切割质量时应及时更换。

3）电极中心凹陷深达2mm以上或不能引弧时，应更换电极。

4）发现保护罩、分配器裂开或严重损坏时应及时更换。

5）发现割炬体绝缘、人造革外套、电缆线绝缘、气管损坏破裂时，应及时修复或更换。

6）若要卸下割炬，应将人造革外套后退，拆开开关连接线，向后退出手把，再拆割炬体的连接接头。

7）更换新的陶瓷保护罩时，将割炬体上的O形密封圈涂少许凡士林再旋入，可延长密封圈的使用时间。

5. 评分标准

低碳钢钢板30°坡口等离子弧切割评分标准见表2-14。

表 2-14 低碳钢钢板 30°坡口等离子弧切割评分标准

序号	评分要素	配分	评分标准	得分
1	切割准备	15	1. 工件准备不正确，扣5分 2. 切割机及辅助设备连接不正确，扣5分 3. 切割参数调整不正确，扣5分	
2	切割过程	30	1. 引弧、收弧不正确，扣15分 2. 割枪、切割操作不熟练，扣15分	
3	切割检验	40	1. 割口成形不美观、垂直度误差 >2mm，扣20分 2. 割口背面熔渣多且挂住，扣20分 3. 存在未割透或过程不正常停止此项考核，不得分	
4	安全文明生产	15	1. 劳保用品穿戴不全，扣2~5分 2. 焊接过程中有违反安全操作规程的现象，根据情况扣2~5分 3. 焊完后场地清理不干净，工具码放不整齐，扣2~5分	
5	综合	100	合　计	

【中级工考试训练】

（一）知识试题

1. 单项选择题

(1)（　　）不是等离子弧切割的优点。

A. 可切割各种非金属材料　　B. 可切割任何黑色和非铁金属

C. 电源空载电压高　　D. 切割质量高

(2)（　　）不是等离子弧的特点。

A. 热量集中，温度高　　B. 电弧稳定性好

C. 等离子弧吹力大　　D. 功率大

(3) 等离子弧切割工作气体氮气的纯度应不低于（　　）。

A. 95%　　B. 99%　　C. 99.5%　　D. 99.9%

(4) 自由电弧一般经过三种“压缩效应”成为等离子弧，但（　　）不是这三种压缩效应中的一种。

A. 机械压缩效应　　B. 热收缩效应　　C. 蒸气压缩效应　　D. 磁收缩效应

(5) 等离子弧切割气体的作用不是（　　）的。

A. 作为等离子弧介质，并压缩电弧　　B. 保护工件高温金属，防止氧化

C. 防止钨极氧化烧损　　D. 形成隔热层，保护喷嘴不被烧坏

(6) 等离子弧切割时必须通冷却水，用以冷却（　　）和喷嘴。

A. 变压器　　B. 整流器　　C. 电缆　　D. 电极

(7)（　　）是等离子弧切割设备的控制箱中没有的。

A. 程序控制装置　　B. 高频振荡器

C. 电磁气阀　　D. 高压脉冲稳弧器

(8) 等离子弧切割不锈钢、铝等厚度可达（　　）mm 以上。

A. 400　　B. 300　　C. 250　　D. 200

(9) 目前等离子弧所采用的电源，绝大多数为（　　）。

A. 陡降外特性的交流电源　　B. 方波交流电源

C. 逆变交流电源　　D. 陡降外特性的整流电源

(10) 决定等离子弧功率的两个参数是（　　）。

A. 切割电流和工作电压　　B. 切割电流和空载电压

C. 切割电流和输入电压　　D. 输入电流和空载电压

(11) 等离子弧切割毛刺的形成主要与（　　）有关。

A. 切割电流和工作电压　　B. 气体流量和切割速度

C. 切割速度和空载电压　　D. 切割电流和空载电压

(12) 切割中厚板金属材料用的等离子弧形式采用（　　）。

A. 非转移型弧　　B. 转移型弧　　C. 直接型弧　　D. 间接型弧

(13) 等离子弧要求电源具有（　　）外特性。

A. 缓降的　　B. 陡降的　　C. 水平的　　D. 上升的

(14) 等离子弧切割用的工作气体，应用最广的是（　　）。

A. 氮气　　B. 氩气　　C. 氢气　　D. 氦气

(15) 等离子弧切割基本原理是利用等离子弧把被切割的材料局部（　　），并同时用高速气流吹走。

A. 熔化及燃烧　　B. 氧化和燃烧　　C. 溶解及氧化　　D. 熔化及蒸发

(16) 等离子弧切割时必须通冷却水，用以冷却（　　）和电极。

A. 手把　　B. 喷嘴　　C. 变压器　　D. 整流器

(17) 等离子弧切割气体的作用不是（　　）的。

A. 作为等离子弧介质，并压缩电弧　　B. 防止钨极氧化烧损

C. 形成隔热层，保护喷嘴不被烧坏　　D. 冷却电缆

(18) 等离子弧切割气体的作用不是（　　）的。

A. 作为等离子弧介质，并压缩电弧　　B. 防止钨极氧化烧损

C. 冷却手把　　D. 形成隔热层，保护喷嘴不被烧坏

(19) 氧气在气割中是一种（　　）气体。

A. 可燃　　B. 易燃　　C. 杂质　　D. 助燃

(20) 氧气瓶涂成（　　）色。

A. 灰　　B. 白　　C. 蓝　　D. 黑

(21) 氧气与乙炔的混合比值为 1 ~ 1.2 时，其火焰为（　　）。

A. 碳化焰　　B. 中性焰　　C. 氧化焰　　D. 混合焰

(22) 沿火焰轴线距焰心末端以外（　　）处的温度最高。

A. 1 ~ 2mm　　B. 2 ~ 4mm　　C. 4 ~ 5mm　　D. 5 ~ 6mn

(23) 气割时切割速度过快则会造成（　　）。

A. 割缝边缘熔化　　B. 后拖量较小　　C. 后拖量较大　　D. 无影响

(24) 气割操作中氧气瓶距离乙炔瓶、明火和热源应大于（　　）。

A. 3m　　B. 5m　　C. 8m　　D. 10m

(25) 氧气瓶和乙炔瓶内气体不能全部用尽，应留有余压（　　）MPa。

A. 0.05～0.1　　B. 0.1～0.3　　C. 0.3～0.5　　D. 0.5～1

（26）乙炔瓶瓶阀冻结时可用（　　）热水解冻，严禁火烤。

A. 100℃　　B. 80℃　　C. 40℃　　D. 20℃

2. 判断题

（1）穿透型等离子弧焊接，目前可一次焊透平焊位置厚度 20mm、对接不开坡口的钛板。（　　）

（2）等离子弧切割用的工作气体，应用最广的是氩气。（　　）

（3）等离子弧是自由电弧经过热收缩效应、磁收缩效应和光收缩效应共同作用下形成的压缩电弧。（　　）

（4）切割金属用的等离子弧是转移型弧。（　　）

（5）一般等离子弧在喷嘴出口中心温度达 20000℃。（　　）

（6）用于切割的等离子弧在喷嘴附近温度可达 30000℃。（　　）

（7）等离子弧切割电源的空载电压一般在 80～110V 范围内。（　　）

（8）等离子弧切割电源的空载电压一般在 150～400V 范围内。（　　）

（9）等离子弧切割用的工作气体，应用最广的是氮气。（　　）

（10）等离子弧切割工作气体氮气纯度应不低于 99.5%。（　　）

（11）等离子弧切割不锈钢、铝等厚度可达 300mm 以上。（　　）

（12）等离子弧切割不锈钢、铝等厚度可达 200mm 以上。（　　）

（13）等离子弧切割设备控制箱中的高频振荡器的作用是用来引弧的，等离子弧割炬接通小气流后，在钨极与喷嘴间加上一个较低电压，当把高频加在钨极与喷嘴之间时，便引燃了电极与喷嘴间的小电弧。（　　）

（14）等离子弧切割时必须通冷却水，用以冷却喷嘴和电极，同时还附带冷却限制非转移型弧电流的水冷电阻。（　　）

（15）等离子弧切割气体的作用是保护工件熔化金属不被氧化。（　　）

（16）等离子弧切割气体的作用是作为等离子弧介质，压缩电弧，防止钨极氧化烧损和形成隔热层，以保护喷嘴不被烧坏等。（　　）

（17）等离子弧切割的主要工艺参数为空载电压、切割电流和工作电压、气体流量、切割速度、喷嘴到工件的距离、钨极端部到喷嘴的距离。（　　）

（18）切割电流、工作电压和切割速度这三个参数决定等离子弧的功率。（　　）

（19）气体流量直接影响等离子弧切割质量，增加气体流量，总的来说，有利于提高生产率和切割质量，但是气体流量过大，反而会使切割能力减弱。（　　）

（20）等离子弧切割毛刺的形成与等离子弧的功率大小有关，但主要与气体流量和切割速度有关。（　　）

（21）影响等离子弧压缩程度比较敏感的参数有喷嘴孔径和孔道长度、钨极内缩量、焊接电流、离子气流量及焊接速度等。（　　）

（22）等离子弧焊焊接不锈钢、钛时，可用氮气作为保护气体。（　　）

（23）氧的化合能力随着压力的加大和温度的升高而增强。（　　）

（24）高压氧与油脂易燃物质接触就会发生剧烈的氧化反应而迅速燃烧，甚至爆炸。（　　）

（25）气焊、气割时，氧气的消耗量比乙炔大。（　　）

（26）乙炔是一种碳氢化合物，比空气密度大。（　　）

（27）减压器既起降压的作用又起稳压的作用。（　　）

（28）型号 G01-30 中的“30”表示可以气割的材料最大厚度为 30mm。（　　）

（29）液化石油气割炬可以直接使用氧乙炔用的射吸式割炬。（　　）

（30）为保证工件能够切透，切割氧的压力越大越好。（　　）

（31）切割速度的正确与否，可以根据割缝的后拖量来判断。（　　）

（32）随着工件厚度的增加，选择的割嘴编号应增大，使用的氧气压力也相应地要增大。（　　）

（33）气割时割嘴向已割方向倾斜，火焰指向已割金属的前方叫作割嘴的前倾。（　　）

（34）小于 6mm 的钢板切割时，应采用割嘴前倾的方法。（　　）

（35）钢管气割时，不论哪种管件的气割预热，火焰均应垂直于钢管的表面。（　　）

（36）钢管在正常气割时，不论割嘴移到何种位置，割嘴均应垂直于钢管的表面。（　　）

（37）若焊炬和割炬无射吸能力则不能使用。（　　）

（38）由于氧气瓶内气体具有压力，因此气动工具可以用氧气作为气源。（　　）

（39）为了改善通风换气的效果，对局部焊接部位可以使用氧气进行通风换气。（　　）

（40）乙炔气瓶一般应在 40℃以下使用。（　　）

（41）液化石油气瓶灌装时，满瓶内都是液体。（　　）

（42）液化石油气瓶可不加装减压器，直接用胶管同气瓶阀连接。（　　）

（43）氧气瓶、乙炔瓶、液化石油气瓶的减压器可以互换使用。（　　）

（44）氧气胶管和乙炔胶管为了拆卸方便只要能插上即可，不要连接过紧。（　　）

（45）禁止在带压力或带电的容器、罐、管道、设备上进行焊接和切割作业。（　　）

（46）为防止水泥爆炸，不要直接在水泥地上进行切割。（　　）

（47）在狭窄和通风不良的地沟、坑道及密闭容器、舱室中进行气焊、气割作业时，焊炬、割炬应随人进出，严禁放在工作地点。（　　）

（二）技能试题

第一题　低碳钢钢管的转动氧乙炔手工气割

1. 操作要求

1）切割方法为氧乙炔手工气割。

2）切割位置为钢管转动切割。

3）工件割口形式为直线 I 型。

4）将待割钢管垫平，离开地面足够大的距离。

5）将工件表面清油除锈，每隔 20mm 划线。

2. 准备工作

（1）材料准备　20 钢，ϕ159mm×8mm 的钢管 1 根，长 300mm。

（2）设备准备　氧气瓶、乙炔瓶、氧气减压器、乙炔减压器、割炬、割嘴、氧气胶管、乙炔胶管。

（3）工具准备　防护眼镜 1 副，钢丝钳 1 把，火柴、活扳手等。

（4）劳保用品准备　自备。

3. 考核时限

基本时间：准备时间20min，正式操作时间20min。

时间允许差：每超过2min扣总分1分，不足2min按2min计算，超过额定时间6min不得分。

4. 评分项目及标准

序号	评分要素	配分	评分标准	得分
1	切割前准备	15	1. 待割钢管未垫平，待割钢管离地面距离不够，扣5分 2. 待割钢管清理不干净，未划好切割线，扣5分 3. 气割参数调整不正确，扣5分	
2	切割操作过程	30	1. 点火、调节火焰操作不正确，扣5分 2. 预热未采用中性焰或轻微的氧化焰，扣5分 3. 切割氧压力不正确，扣5分 4. 气割操作姿势不正确，扣5分 5. 切割过程中停割次数>3次，扣5分 6. 停割操作不正确，扣5分	
3	工件质量	40	1. 切口表面粗糙，扣5分 2. 切口平面度误差>2.4mm，扣5分 3. 切口上缘有明显圆角塌边且宽度>1.5mm，扣5分 4. 切口有条状挂渣，用铲可清除，扣5分 5. 切口垂直度误差>2mm，扣5分 6. 切口切割缺陷沟痕深度>1.2mm，沟痕宽度>5mm，每出现1个，扣1分 注意：待割钢管未被完全切割开，此项考核按不合格论	
4	安全文明生产	15	1. 劳保用品穿戴不全，扣5分 2. 气割过程中有违反安全操作规程的现象，一次扣5分 3. 气割完后，场地清理不干净，工具码放不整齐，扣5分 4. 出现重大安全事故隐患，此项考核按不合格论	
5	综合	100	合　计	

第二题　等离子弧切割

1. 操作要求

（1）等离子弧切割准备

1）将工件表面清油除锈，每隔20mm划线，切割用板清理干净。

2）焊机状态良好，母线、割炬连接良好，开关动作正确；气路畅通。

3）焊机参数设定正确。

4）流量计装设、流量设定正确。

5）割炬的调整正确。

（2）切割要求

1）工件放置正确。

2）按“切割”按钮开始起弧，电弧稳定燃烧后正常切割。

2. 准备工作

（1）材料准备　20钢板1块（尺寸为300mm×150mm×12mm）。

（2）设备准备 空气等离子弧切割机 1 台（套），包括流量计、割枪等。

3. 考核时限

基本时间：准备时间 15min，正式切割时间 10min。

时间允许差：每超过时间额定 2min 扣总分 1 分，不足 2min 不计算，超过额定时间 10min 不得分。

4. 评分项目及标准

序号	评分要素	配分	评分标准	得分
1	切割准备	15	1. 工件准备不正确，扣 5 分 2. 切割机及辅助设备连接不正确，扣 5 分 3. 切割参数调整不正确，扣 5 分	
2	切割过程	30	1. 引弧、收弧不正确，扣 15 分 2. 割枪、切割操作不熟练，扣 15 分	
3	切割检验	40	1. 割口成形不美观、平面度误差 >2mm，扣 20 分 2. 割口背面熔渣多且挂住，扣 20 分 3. 存在未割透或过程不正常停止，此项考核不得分	
4	安全文明生产	15	1. 劳保用品穿戴不全，扣 2～5 分 2. 焊接过程中有违反安全操作规程的现象，根据情况扣 2～5 分 3. 焊完后场地清理不干净，工具码放不整齐，扣 2～5 分	
5	综合	100	合　计	

注：两工件均应按上表评分，均合格才为鉴定合格，该项成绩为两件的平均值。

第三题 低碳钢中厚板的直线氧乙炔手工气割

1. 操作要求

1）切割方法为氧乙炔手工气割。

2）切割位置为垂直俯位。

3）工件割口形式为直线 I 形。

4）将待割钢板垫平，离开地面足够大的距离。

5）将工件表面清油除锈，在 500mm 方向上每隔 20mm 划线。

6）气割过程中只允许正常停割 1 次。

2. 准备工作

（1）材料准备 Q235 钢板 1 块，尺寸为 300mm×150mm×12mm。

（2）设备准备 氧气瓶、乙炔瓶、氧气减压器、乙炔减压器、割炬、割嘴、氧气胶管、乙炔胶管。

（3）工具准备 防护眼镜 1 副，钢丝钳 1 把，火柴、活扳手等。

（4）劳保用品准备 自备。

3. 考核时限

基本时间：准备时间 20min，正式操作时间 20min。

时间允许差：每超过 2min 扣总分 1 分，不足 2min 按 2min 计算，超过额定时间 6min 不得分。

4. 评分项目及标准

序号	评分要素	配分	评分标准	得分
1	切割前准备	15	1. 待割钢板未垫平，待割钢板离地面距离不够，扣5分 2. 待割钢板清理不干净，未划好切割线，扣5分 3. 气割参数调整不正确，扣5分	
2	切割操作过程	30	1. 点火、调节火焰操作不正确，扣5分 2. 预热未采用中性焰或轻微的氧化焰，扣5分 3. 切割氧压力不正确，扣5分 4. 气割操作姿势不正确，扣5分 5. 切割过程中停割次数>1次，扣5分 6. 停割操作不正确，扣5分	
3	工件质量	40	1. 切口表面粗糙，扣5分 2. 切口平面度误差>4.8mm，扣5分 3. 切口上缘有明显圆角塌边且宽度>1.5mm，扣5分 4. 切口有条状挂渣，用铲可清除，扣5分 5. 切口直线度误差>2mm，扣5分 6. 切口垂直度误差>2mm，扣5分 7. 切口切割缺陷沟痕深度>2mm，沟痕宽度>5mm，每出现1个，扣1分 注意：待割钢板未被切割开，此项考核按不合格论	
4	安全文明生产	15	1. 劳保用品穿戴不全，扣5分 2. 气割过程中出现违反安全操作规程的现象1次，扣5分 3. 气割完后，场地清理不干净，工具码放不整齐，扣5分 4. 出现重大安全事故隐患，此项考核按不合格论	
5	综合	100	合　计	

焊条电弧焊

一、概述

焊条电弧焊是用手工操纵焊条进行焊接的电弧焊方法。焊条电弧焊是最常用的熔焊方法之一，它使用的设备简单，操作方便灵活，适应在各种条件下的焊接，特别适合于形状复杂的焊接结构的焊接。因此，焊条电弧焊仍然在国内外焊接生产中占据着重要位置。

（一）焊条电弧焊的原理

焊条电弧焊是利用焊条与工件之间建立起来的稳定燃烧的电弧，使焊条和工件熔化，从而获得牢固焊接接头的工艺方法。焊接过程中，药皮不断地分解、熔化而生成气体及溶渣，保护焊条端部、电弧、熔池及其附近区域，防止大气对熔化金属的有害污染。焊条芯也在电弧热作用下不断熔化，进入熔池，组成焊缝的填充金属，如图 3-1 所示。

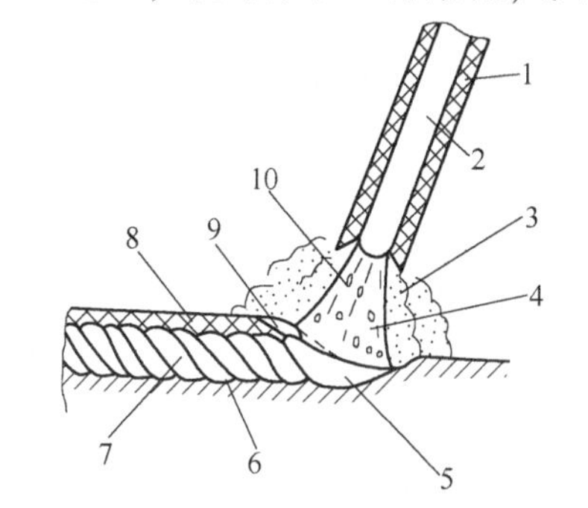

图 3-1　焊条电弧焊的过程示意图

1—药皮　2—焊芯　3—保护气　4—电弧
5—熔池　6—母材　7—焊缝　8—焊渣
9—熔渣　10—熔滴

（二）焊条电弧焊的特点

焊条电弧焊与其他的熔焊方法相比，具有下列特点：

1. 操作灵活

由于焊条电弧焊设备简单、移动方便、电缆长、焊把轻，因而广泛应用于平焊、立焊、横焊、仰焊等各种空间位置的对接接头、搭接接头、角接接头、T 形接头等各种接头形式的焊接。凡是焊条能达到的任何位置的接头，均可采用焊条电弧焊方法连接。

2. 待焊接头装配要求低

焊接过程由焊工手工控制，可以适时调整电弧位置和运条姿势，修正焊接参数，以保证跟踪接缝和均匀熔透。

3. 可焊金属材料广

焊条电弧焊广泛应用于低碳钢、低合金结构钢、不锈钢、耐热钢、低温钢等合金结构钢的焊接，还可用于铸铁、铜合金、镍合金等材料的焊接。

4. 焊接生产率低

焊条电弧焊与其他电弧焊相比，由于其使用的焊接电流小，每焊完一根焊条后必须更换焊条，以及因清渣而停止焊接等，故这种焊接方法的熔敷速度慢，焊接生产率低。

5. 焊接质量受人为因素的影响大

焊缝质量在很大程度上依赖于焊工的操作技能及现场发挥，甚至焊工的精神状态也会影响焊缝质量。

6. 焊接成本较高

焊条成本高，焊接过程中焊接材料的损耗大，焊接生产率低导致焊接人工费用高。

二、焊条

涂有药皮的供焊条电弧焊用的熔化电极，称为焊条。它由药皮和焊芯两部分组成。

（一）焊条的组成

焊条由焊芯（金属芯）和药皮组成。焊条前端的药皮有45°左右的倒角，以便于引弧。焊条尾部有一段裸露的焊芯，长10～35mm，便于焊钳夹持和导电。焊条的长度一般在250～450mm范围内，如图3-2所示。

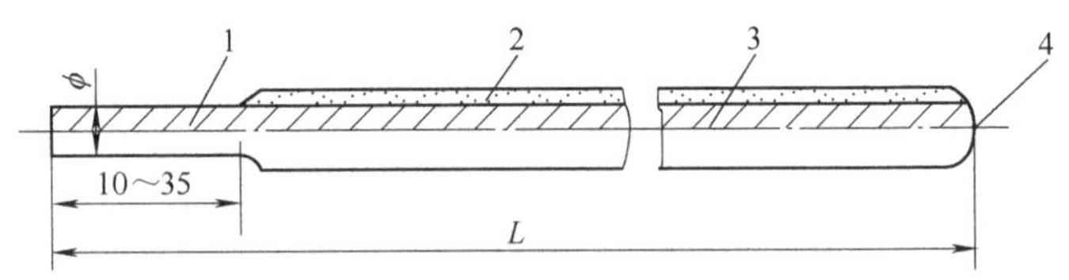

图3-2 焊条的组成示意图

1—夹持端 2—药皮 3—焊芯 4—引弧端

焊条直径（指焊芯直径）有2.0mm、2.5mm、3.2mm、4.0mm、5.0mm、5.8mm及6.0mm等几种规格，常用的有ϕ2.5mm、ϕ3.2mm、ϕ4.0mm、ϕ5.0mm四种。

1. 焊芯

焊条中被药皮包裹的具有一定长度和直径的金属芯称为焊芯。焊接时，焊芯有两个作用：一是导通电流，维持电弧稳定燃烧；二是作为填充的金属材料与熔化的母材共同形成焊缝金属。

2. 药皮

压涂在焊芯表面的涂料层称为药皮。由于焊芯中不含某些必要的合金元素，且焊接过程中要补充焊芯烧损（氧化或氮化）的合金元素，所以焊缝具有合金成分均需通过药皮添加；同时，通过药皮中加入的不同物质在焊接时所起的冶金反应和物理、化学变化，能起到改善焊条工艺性能和改进焊接接头性能的作用。因此，药皮也是决定焊接质量的重要因素之一。

（1）药皮的组成　焊条药皮为多种物质的混合物，主要有矿物类、铁合金和金属类、化工产品类、有机物类等组成，每种焊条药皮配方中都有多种原料，根据原料作用的不同，可分为稳弧剂、脱氧剂、造渣剂、造气剂、合金剂、稀渣剂和增塑剂。

（2）焊条药皮的作用　焊条药皮对焊接冶金过程及焊缝金属的质量有重大影响。药皮是由多种原料组成的，其主要作用有：

1）提高焊接电弧的稳定性。

2）防止空气对熔池的侵入。

3）保证焊缝金属顺利脱氧。

4）渗合金提高焊缝性能。

（二）焊条的分类及型号

1. 按焊条的用途分

焊条按用途可分为非合金钢及细晶粒钢焊条、热强钢焊条、不锈钢焊条、堆焊焊条、铸铁焊条、镍及镍合金焊条、铜及铜合金焊条、铝及铝合金焊条、特殊用途焊条等。

2. 按焊条药皮熔化后的熔渣特性分

焊条按药皮熔化后的熔渣特性可分为酸性焊条和碱性焊条。

3. 焊条的型号

焊条型号是国家标准中规定的一系列代号。焊接结构生产中应用最广的是非合金钢及细晶粒钢焊条和热强钢焊条，相应的国家标准为 GB/T 5117—2012 和 GB/T 5118—2012。

标准规定，碳钢焊条型号由字母“E”和数字组成。其含义如下：

（1）非合金钢及细晶粒钢焊条（GB/T 5117—2012）

1）型号划分。焊条型号是按熔敷金属力学性能、药皮类型、焊接位置、电流类型、熔敷金属化学成分和焊后状态等进行划分的。

2）型号的编制方法。焊条型号由以下五部分组成：

① 第一部分用字母“E”表示焊条。

② 第二部分用字母“E”后面的紧邻两位数字，表示熔敷金属的最小抗拉强度代号。

③ 第三部分为字母“E”后面的第三和第四两位数字，表示药皮类型、焊接位置和电流类型。

④ 第四部分为熔敷金属的化学成分分类代号，可为“无标记”或半字线“-”后的字母、数字或字母和数字的组合。

⑤ 第五部分为熔敷金属的化学成分代号之后的焊后状态代号，其中“无标记”表示焊态，“P”表示热处理状态，“AP”表示焊态和焊后热处理两种状态均可。

除上述强制分类代号外，根据供需双方协商，可在型号后依次附加下列可选代号：

① 字母“U”，表示在规定试验温度下，冲击收缩能量可以达到 47J 以上。

② 扩散氢代号“HX”，其中 X 代表 15、10 或 5，分别表示每 100g 熔敷金属中扩散氢含量的最大值（mL）。

3）型号示例。

示例 1：

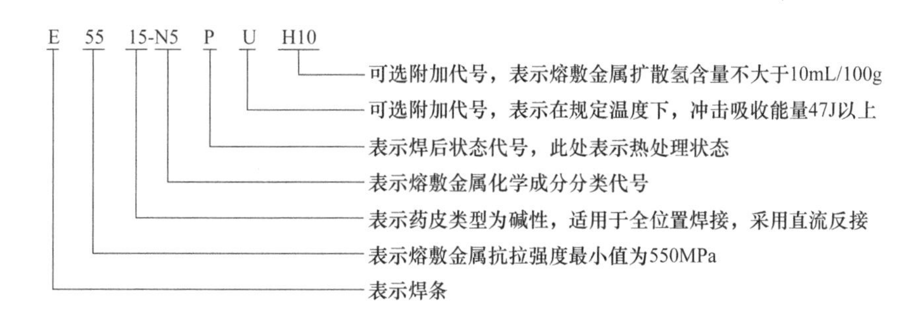

示例 2：

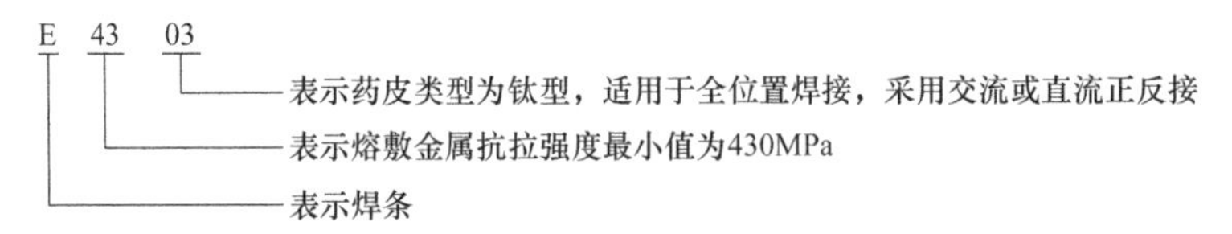

4）焊条药皮类型。

① 药皮类型03。此药皮类型包含二氧化钛（金红石）和碳酸钙的混合物，所以同时具有金红石焊条和碱性焊条的某些性能。

② 药皮类型10。此药皮类型内含有大量的可燃有机物，尤其是纤维素，由于其强电弧特性特别适用于向下立焊。由于钠影响电弧的稳定性，因而焊条主要适用于直流焊接，通常使用直流反接。

③ 药皮类型11。此药皮类型内含有大量的可燃有机物，尤其是纤维索，由于其强电弧特性特别适用于向下立焊。由于钾增强电弧的稳定性，因而适用于交直流两用焊接，直流焊接时使用直流反接。

④ 药皮类型12。此药皮类型内含有大量的二氧化钛（金红石）。其柔软电弧特性适合用于在简单装配条件下对大的根部间隙进行焊接。

⑤ 药皮类型13。此药皮类型内含有大量的二氧化钛（金红石）和增强电弧稳定性的钾。与药皮类型12相比能在低电流条件下产生稳定电弧，特别适于金属薄板的焊接。

⑥ 药皮类型14。此药皮类型与药皮类型12和13类似，但是添加了少量铁粉。加入铁粉可以提高电流承载能力和熔敷效率，适于全位置焊接。

⑦ 药皮类型15。此药皮类型碱度较高，含有大量的氧化钙和萤石。由于钠影响电弧的稳定性，只适用于直流反接。此药皮类型的焊条可以得到低氢含量、高冶金性能的焊缝。

⑧ 药皮类型16。此药皮类型碱度较高，含有大量的氧化钙和萤石。由于钾增强电弧的稳定性，适用于交流焊接。此药皮类型的焊条可以得到低氢含量、高冶金性能的焊缝。

⑨ 药皮类型18。此药皮类型除了药皮略厚和含有大量铁粉外，其他与药皮类型16类似。与药皮类型16相比，药皮类型18中的铁粉可以提高电流承载能力和熔敷效率。

⑩ 药皮类型19。此药皮类型包含钛和铁的氧化物，通常在钛铁矿获取。虽然它们不属于碱性药皮类型焊条，但是可以制造出高韧性的焊缝金属。

⑪ 药皮类型20。此药皮类型包含大量的铁氧化物。熔渣流动性好，所以通常只在平焊和横焊中使用。主要用于角焊缝和搭接焊缝。

⑫ 皮类型24。此药皮类型除了药皮略厚和含有大量铁粉外，其他与药皮类型14类似。通常只在平焊和横焊中使用。主要用于角焊缝和搭接焊缝。

⑬ 药皮类型27。此药皮类型除了药皮略厚和含有大量铁粉外，其他与药皮类型20类似，增加了药皮类型20中的铁氧化物。主要用于高速角焊缝和搭接焊缝的焊接。

⑭ 药皮类型28。此药皮类型除了药皮略厚和含有大量铁粉外，其他与药皮类型18类似。通常只在平焊和横焊中使用。能得到低氢含量、高冶金性能的焊缝。

⑮ 药皮类型40。此药皮类型不属于上述任何焊条类型。其制造是为了达到购买商的特定使用要求。焊接位置由供应商和购买商之间协议确定。如要求在圆孔内部焊接（“塞焊”）或者在槽内进行的特殊焊接。由于药皮类型40并无具体指定，此药皮类型可按照具体要求有所不同。

⑯ 药皮类型45。除了主要用于向下立焊外，此药皮类型与药皮类型15类似。

⑰ 药皮类型 48。除了主要用于向下立焊外，此药皮类型与药皮类型 18 类似。

5）部分本标准焊条型号与其他相关标准的焊条型号之间的对应关系见表 3-1。

表 3-1　部分本标准焊条型号与其他相关标准的焊条型号之间的对应关系

GB/T 5117—2012	AWSA5. 1M：2004	AWSA5. 5M：2006	ISO2560：2009	GB/T 5117—1995	GB/T 5118—1995
碳钢					
E4303	—	—	E4303	E4303	—
E4310	E4310	—	E4310	E4310	—
E4311	E4311	—	E4311	E4311	—
E4312	E4312	—	E4312	E4312	—
E4313	E4313	—	E4313	E4313	—
E4315	—	—	—	E4315	—
E4316	—	—	E4316	E4316	—
E4318	E4318	—	E4318	—	—
E4319	E4319	—	E4319	E4301	—
E4320	E4320	—	E4320	E4320	—
E4324	—	—	E4324	E4324	—
E4327	E4327	—	E4327	E4327	—
E4328	—	—	—	E4328	—
E4340	—	—	E4340	E4340	—
E5003	—	—	E5003	E5003	—
E5010	—	—	E5010	E5010	—
E5011	—	—	E5011	E5011	—
E5012	—	—	E5012	—	—
E5013	—	—	E5013	—	—
E5014	E5014	—	E5014	E5014	—
E5015	E5015	—	E5015	E5015	—
E5016	E5016	—	E5016	E5016	—
E5016 - 1	—	—	E5016 - 1	—	—
E5018	E5018	—	E5018	E5018	—
E5018 - 1	—	—	E5018 - 1	—	—
E5019	—	—	E5019	E5001	—
E5024	E5024	—	E5024	E5024	—
E5024 - 1	—	—	E5024 - 1	—	—
E5027	E5027	—	—	E5027	—
E5028	E5028	—	—	E5028	—
E5048	E5048	—	—	E5048	—
E5716	—	—	—	E5716	—
E5728	—	—	—	E5728	—

注：本表只列出了碳钢，其他材料的焊条型号对照可参考 GB/T 5117—2012 中的附录 B。

（2）热强钢焊条（GB/T 5118—2012）

1）型号划分。焊条型号按熔敷金属力学性能、药皮类型、焊接位置、电流类型、熔敷金属化学成分等进行划分。

2）型号编制方法。焊条型号由以下四部分组成：

① 第一部分用字母“E”表示焊条。

② 第二部分为字母“E”后面的紧邻两位数字，表示熔敷金属的最小抗拉强度代号。

③ 第三部分为字母“E”后面的第三和第四两位数字，表示药皮类型、焊接位置和电流类型。

④ 第四部分为半字线“-”后的字母、数字或字母和数字的组合，表示熔敷金属的化学成分分类代号。

除以上强制分类代号外，根据供需双方协商，可在型号后附加扩散氢代号“HX”，其中 X 代表 15、10 或 5，分别表示每 100g 熔敷金属中扩散氢含量的最大值（mL）。

3）型号示例。本标准中完整焊条型号示例如下：

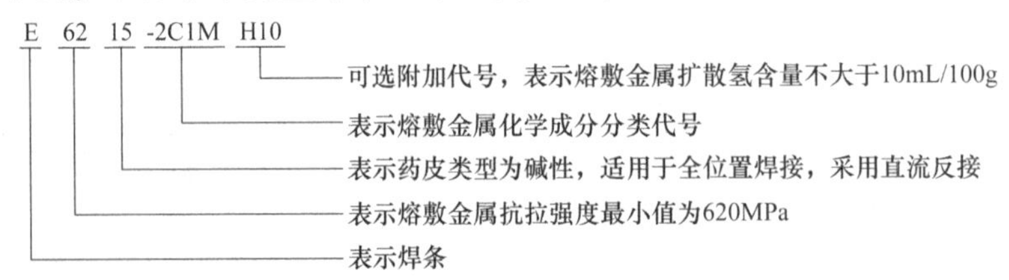

4）焊条药皮类型。热强钢焊条的药皮类型有 03、10、11、13、15、16、18、19、20、27、40，其相应特性可参考非合金钢及细晶粒钢焊条。

5）部分本标准焊条型号与其他相关标准的焊条型号之间的对应关系见表 3-2。

表 3-2　部分本标准焊条型号与其他相关标准的焊条型号之间的对应关系

GB/T 5118—2012①	ISO3580：2010	AWS A5.5M：2006	GB/T 5118—1995
E50XX-1M3	E49XX-1M3	—	E50XX-A1
E50YY-1M3	E49YY-1M3	—	E50YY-A1
E5515-CM	E5515-CM	—	E5515-B1
E5516-CM	E5516-CM	E5516-B1	E5515-B1
E5518-CM	E5518-CM	E5518-B1	E5518-B1
E5540-CM	—	—	E5500-B1
E5503-CM	—	—	E5503-B1
E5515-1CM	E5515-1CM	—	E5515-B2
E5516-1CM	E5516-1CM	E5516-B2	E5516-B2
E5518-1CM	E5518-1CM	E5518-B2	E5518-B2
E5513-1CM	E5513-1CM	—	—
E5215-1CML	E5215-1CML	E4915-B2L	E5515-B2L
E5216-1CML	E5216-1CML	E4916-B2L	—
E5218-1CML	E5218-1CML	E4918-B2L	E5518-B2L
E5540-1CMV	—	—	E5500-B2-V

（续）

GB/T 5118—2012[①]	ISO3580：2010	AWS A5. 5M：2006	GB/T 5118—1995
E5515-1CMV	—	—	E5515-B2-V
E5515-1CMVNb	—	—	E5515-B2-VNb
E5515-1CMWV	—	—	E5515-B2-VW
E6315-2C1M	E6315-2C1M	E6215-B3	E6015-B3
E6216-2C1M	E6216-2C1M	E6216-B3	E6016-B3
E6218-2C1M	E6218-2C1M	E6218-B3	E6018-B3
E6213-2C1M	E6213-2C1M	—	—
E6240-2C1M	—	—	E6000-B3
E5515-2C1ML	E5515-2C1ML	E5515-B3L	E6015-B3L
E5516-2C1ML	E5516-2C1ML	—	—
E5518-2C1ML	E5518-2C1ML	E6218-B3L	E6018-B3L
E5515-2CML	E5515-2CML	E6215-B4L	E5515-B4L
E5516-2CML	E5516-2CML	—	—
E5518-2CML	E5518-2CML	—	—

① 焊条型号中 XX 代表药皮类型 15、16 或 18，YY 药皮类型 10、11、19、20 或 27。

4. 焊条的使用原则

（1）焊缝金属的使用性能要求　根据被焊金属材料的类别选择相应的焊条种类。例如，焊接碳钢或普通低合金钢时，应根据母材的抗拉强度，按等强原则选用焊条；异种钢焊接时，按强度较低一侧的钢材选用焊条；耐热钢焊接时，如过热蒸汽管道、锅炉受热面管子的焊缝，应尽量使用焊缝具有与母材相同的金相组织和相近的材质，以免焊接区在长期高温作用下发生合金元素的扩散，保证焊缝与母材具有同等水平的高温性能；不锈钢焊接时，要保证焊缝成分与母材成分相适应，从而保证焊接接头在腐蚀介质中工作的性能要求；低温钢焊接时，要求在低温下工作的焊缝，应使焊缝尽量与母材有相同的材质，并且具有良好的塑性和冲击韧性。

（2）焊件的形状、刚度和焊缝位置　结构复杂、刚度大的焊件由于焊缝金属收缩时产生的应力大，应选用塑性较好的焊条。

（3）焊缝金属的抗裂性　当焊件刚度较大，母材中含碳、硫、磷偏高或外界温度低时，焊件容易出现裂纹。这时除了从工艺上想办法改善外，还应注意选用抗裂性好的焊条，碱性焊条抗裂性较高。

（4）操作工艺性　对焊条还应有良好的工艺性要求，即电弧稳定，飞溅少，焊缝成形整齐匀称，熔渣容易脱落，并适用于全位置焊接。

（5）设备及施工条件　由于受到施工条件的限制，某些焊接部位难以清理干净，就应考虑选用氧化性强，对铁锈、油垢和氧化皮不敏感的酸性焊条，以免产生气孔等缺陷。

（6）经济合理性　在同样能保证符合焊接性能要求的条件下，应首先选用成本低的焊条。如钛钙型药皮的焊条成本较高，而钛铁矿药皮类型的焊条制造费用低廉，所以应选用钛铁矿药皮类型的焊条。

5. 焊条的使用与保管

1）焊条入库前要检查焊条质量保证书和焊条型号标志。焊接锅炉、压力容器等重要结构的焊条，应按规定经质量复验合格后才能入库。

2）焊条贮存库应干燥且通风良好，应设置温度计和湿度计。焊接重要结构的焊条，特别是低氢型焊条，最好贮存在专用仓库内，室内温度在10～25℃的范围内，相对湿度低于60%。

3）焊条应按种类、牌号、批次、规格、入库时间分类堆放，并有明确标志。堆放时必须垫高，与地面和墙面距离应大于300mm，并要分垛放置，以保证上下左右空气流通。

4）焊条必须符合国家标准规定的各项技术要求，对其质量有怀疑时，应按批次抽查试验。特别是焊接重要产品时，焊接前应对所选用的焊条进行鉴定。对于存放较久的焊条也要进行鉴定后才能确定是否可以使用。严禁使用过期、报废的电焊条。

5）如果发现焊条内部有锈迹，须经试验、鉴定合格后方可使用。如果焊条药皮受潮严重，已发现药皮脱落时，应予以报废。

6）焊条使用前一般应按说明书规定的烘焙温度进行烘干。焊条的烘干应注意以下事项：

① 纤维素焊条的烘干，使用前应在70～150℃烘干1h。注意温度不可过高，否则纤维素易烧损。

② 酸性焊条的烘干要根据受潮情况，在100～200℃烘干1～2h。如果贮存时间短而且包装完好，用于一般的钢结构焊接时，使用前可不烘干。

③ 碱性焊条的烘干，焊前一般在350～400℃烘干1～2h。如果所焊接的低合金钢易产生冷裂时，烘干温度可提高到400～450℃，并放置在保温筒中随用随取。烘干时，要在炉温较低时放入焊条，逐渐升温；也不可从高温炉中直接取出，待炉温降低后再取出，以防止将冷焊条放入高温烘箱或突然冷却而发生药皮开裂。

三、焊条电弧焊设备

（一）焊接电源

弧焊电源是电弧焊设备的主要部分，是根据电弧放电规律和弧焊工艺对电弧燃烧状态的要求而供以电能的一种装置。焊条电弧焊的弧焊电源的作用是为焊接电弧稳定燃烧提供所需要的、合适的电流和电压。

1. 焊条电弧焊对焊接电源的要求

（1）有陡降的外特性

（2）适当的空载电压　焊条电弧焊焊接电源空载电压一般为50～90V，可以满足焊接过程中不断引弧的要求。

空载电压高虽然容易引弧，但不是越高越好，因为空载电压过高，容易造成触电事故。

（3）适当的短路电流　通常规定短路电流等于焊接电流的1.25～1.5倍。

（4）良好的动特性　动特性用来表示弧焊电源对负载瞬变的快速反应能力。动特性良好的弧焊电源，焊接过程中电弧柔软、平静、富有弹性，容易引弧，焊接过程电弧稳定、飞溅小。

（5）良好的调节特性　一般要求焊条电弧焊电源的电流调节范围为弧焊电源额定焊接电流的0.25～1.2倍。

2. 常用的焊条电弧焊焊接电源（焊机）

焊条电弧焊焊接电源按产生的电流种类，可分为交流电源和直流电源两大类。焊条电弧焊焊机有交流弧焊机（利用交流电弧热量熔化金属而进行焊接的电焊机）、机械驱动的弧焊机、直流弧焊机（利用直流电弧热量熔化金属而进行焊接的电焊机）、逆变式弧焊机（内置直流-交流变换器的电弧焊机）等。

（1）交流弧焊机（弧焊变压器）　交流弧焊机是一种具有下降外特性的特殊降压变压器，在焊接行业里又称为交流弧焊电源，获得下降外特性的方法是在焊接电路里增加电抗（在电路里串联电感和增加变压器的自身漏磁）。

（2）直流弧焊机（弧焊整流器）　直流弧焊机是一种用硅二极管作为整流装置，把交流电经过变压、整流后，供给电弧负载的直流电源。

（3）机械驱动的弧焊机（弧焊发电机）　机械驱动的弧焊机是一种电动机和特种直流发电机的组合体，因焊接过程噪声大，耗能大，焊机质量大，已被原国家经济委员会，原机电工业部等部委自 1992 起宣布为淘汰产品，1993 年 6 月停止生产。

（4）逆变式弧焊机　逆变式弧焊机是一种新型、高效、节能直流焊接电源，该焊机具有极高的综合指标，它作为直流焊接电源的更新换代产品，已经普遍受到各个国家的重视，图 3-3 所示为弧焊逆变器（逆变焊机）的外形。

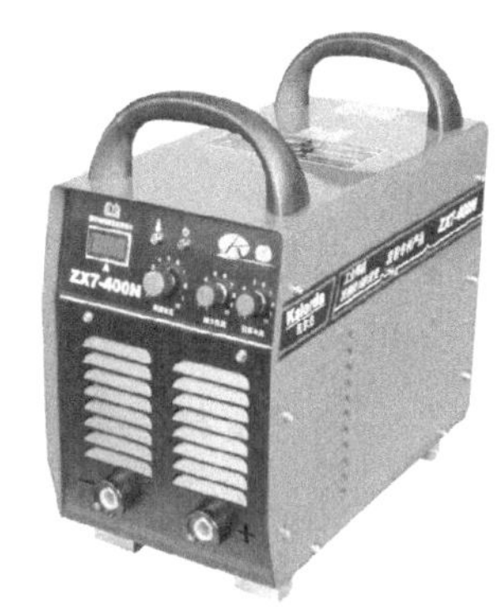

图 3-3　弧焊逆变器（逆变焊机）的外形

3. 电焊机产品型号编制原则

1）产品型号由汉语拼音字母及阿拉伯数字组成。

2）产品型号的编排秩序如下。

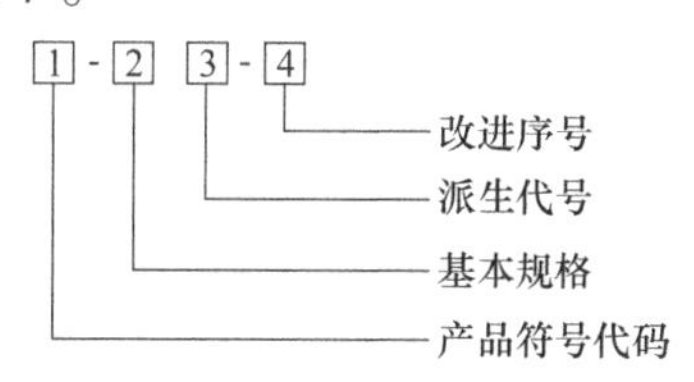

① 型号中 2、4 各项用阿拉伯数字表示。

② 型号中 3 项用汉语拼音字母表示。

③ 型号中 3、4 项如不用时，可空缺。

④ 改进序号按产品改进程序用阿拉伯数字连续编号。

3）产品符号代码的编制原则。

① 产品符号代码的编排秩序如下：

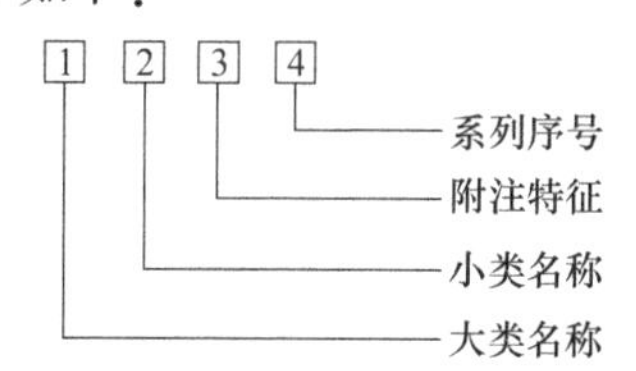

② 产品符号代码中 1、2、3 各项用汉语拼音字母表示。

③ 产品符号代码中 4 项用阿拉伯数字表示。

④ 附注特征和系列序号用于区别同小类的各系列和品种，包括通用和专用产品。

⑤ 产品符号代码中 3、4 项如不需表示时，可以只用 1、2 项。

⑥ 可同时兼作几大类焊机使用时，其大类名称的代表字母按主要用途选取。

⑦ 如果产品符号代码的 1、2、3 项的汉语拼音字母表示的内容，不能完整表达该焊机的功能或有可能存在不合理的表述时，产品的符号代码可以由该产品的产品标准规定。

4. 额定焊接电流

额定焊接电流是焊条电弧焊电源在额定负载持续率条件下允许使用的最大焊接电流。当实际负载持续率与额定负载持续率不同时，焊条弧焊机的许用电流就会变化。许用焊接电流可按下式计算

$$\text{许用焊接电流}=\text{额定焊接电流}\times\sqrt{\frac{\text{额定负载持续率}}{\text{实际负载持续率}}}$$

5. 负载持续率

负载持续率是指弧焊电源负载的时间占选定工作时间周期的百分比。可按下式表示

$$\text{负载持续率}=\frac{\text{在选定工作时间周期中弧焊电源有负载的时间}}{\text{选定工作时间周期}}\times 100\%$$

因为电弧焊电源的温升既与焊接电流的大小有关，也和电弧焊电源的工作状态有关，连续焊接和断续焊接时，电弧焊电源的温升是不一样的。我国标准规定，对于容量 500A 以下的焊条电弧焊电源，它的工作周期为 5min，即 5min 内有 2min 用于换焊条、清渣，而焊机的负载时间是 3min，则该焊机的负载持续率为 60%。

（二）辅助设备及工具

1. 焊钳

焊钳又称焊把，是用来夹持焊条、传导电流的工具。常用的有 300A、500A 两种规格，如图 3-4 所示。

2. 焊接电缆

焊接电缆又称电焊机电缆（YH 电缆），全称为高强度橡套电焊机电缆，俗称焊把线，是 YC 电缆（通用橡套电缆）的一种，用于电焊机二次侧接线及连接电焊钳、电焊机的专用电缆。

焊接电缆的结构如图 3-5 所示。

图 3-4　焊钳

图 3-5　焊接电缆的结构

3. 其他辅助工具

（1）尖嘴渣锤　它是用来清除焊渣的一种尖锤，可以提高清渣效率。

（2）錾子　錾子用来清除夹渣、铲除飞溅、去除焊接缺陷，如焊瘤、气孔等。

（3）钢丝刷 钢丝刷用来清除焊件表面的铁锈、氧化皮等。当清理焊接坡口和多层焊焊道时，适宜使用2～3行的窄形弯把钢丝刷。

（4）样冲 用来在焊件表面敲印迹、做标记。

（5）锉刀 用来锉削钢板坡口钝边。

（6）焊条箱 用来存放辅助工具和焊条。

（7）焊条保温筒 用来存放焊接高强度钢的低氢型焊条。

（8）焊缝测量器 用来测量焊缝尺寸等。

焊条电弧焊常用的工具和量具如图3-6所示。

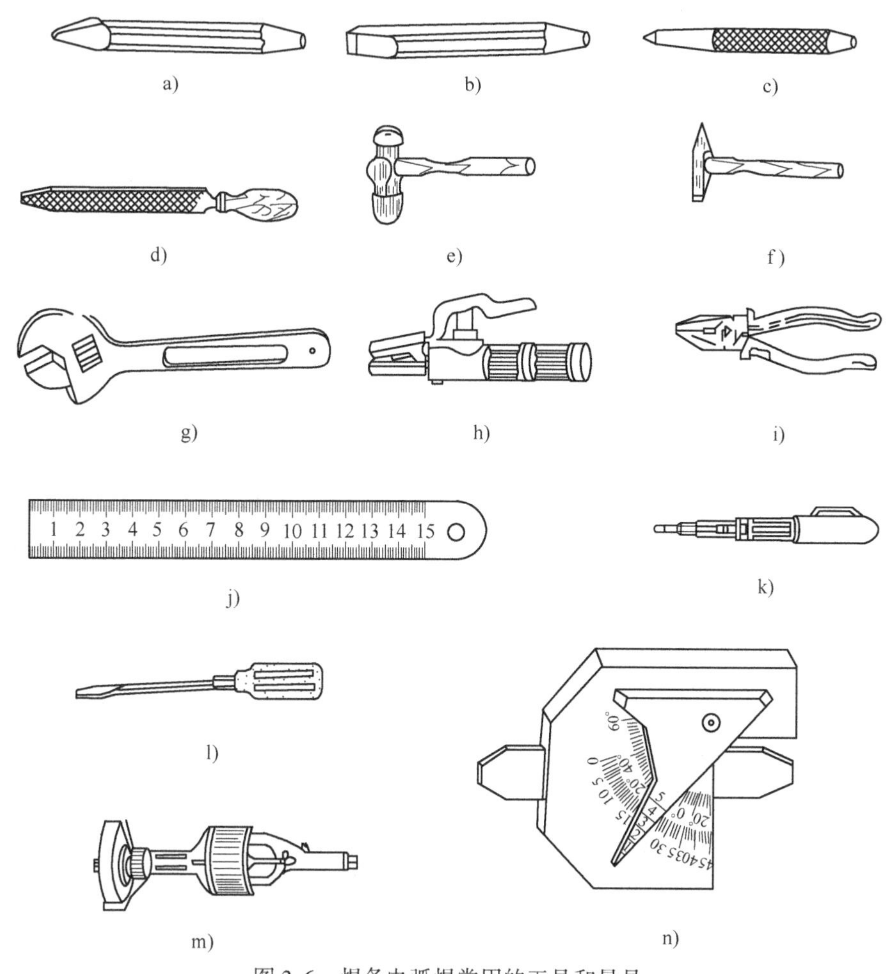

图3-6 焊条电弧焊常用的工具和量具

a）窄錾 b）扁錾 c）样冲 d）锉刀 e）锤子 f）敲渣锤 g）活扳手 h）焊钳 i）钢丝钳 j）钢直尺 k）试电笔 l）螺钉旋具 m）风动砂轮机 n）焊缝测量器

四、焊接电弧基础知识

1. 焊接电弧的产生

由焊接电源供给的，具有一定电压的两电极间或电极与母材间，在气体介质中产生的强烈而持久的放电现象，称为焊接电弧。图3-7所示为焊条电弧焊电弧示意图。

2. 焊接电弧的产生条件

（1）气体电离　使中性的气体粒子（分子和原子）分离成正离子和自由电子的过程称为气体电离。

（2）阴极电子发射　阴极金属表面的原子或分子，接受外界的能量而连续地向外发射出电子的现象，称为阴极电子发射。

图 3-7　焊条电弧焊电弧示意图
1—焊件　2—焊条　3—电弧

3. 焊接电弧的引燃

把造成两电极间气体发生电离和阴极发射电子而引起电弧燃烧过程称为焊接电弧的引燃（引弧）。焊接电弧的引燃一般有两种方式：接触引弧和非接触引弧。

（1）接触引弧　弧焊电源接通后，将电极（焊条或焊丝）与工件直接短路接触，并随后拉开焊条或焊丝而引燃电弧，称为接触引弧。接触引弧是一种最常用的引弧方式。

接触引弧主要应用于焊条电弧焊、埋弧焊、熔化极气体保护焊等。对于焊条电弧焊，接触引弧又可分为划擦法引弧和直击法引弧两种，如图 3-8 和图 3-9 所示。划擦法引弧相对比较容易掌握。

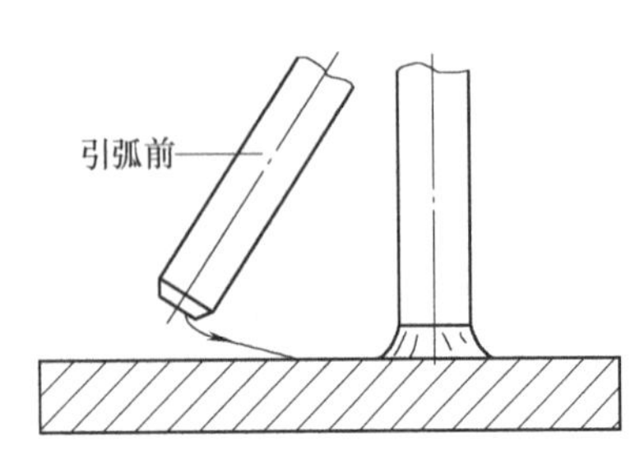

图 3-8　划擦法引弧

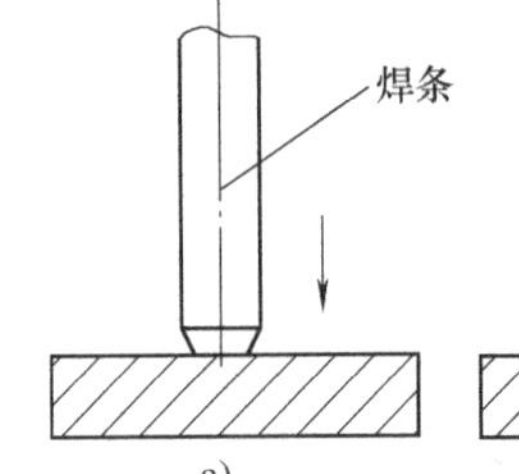

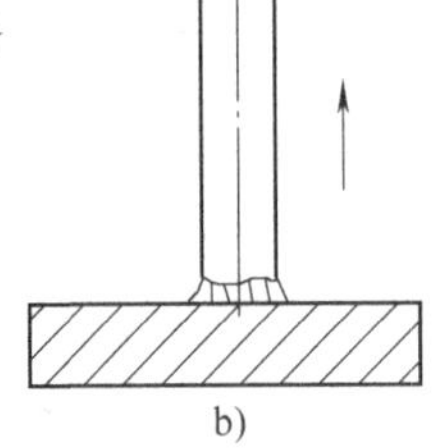

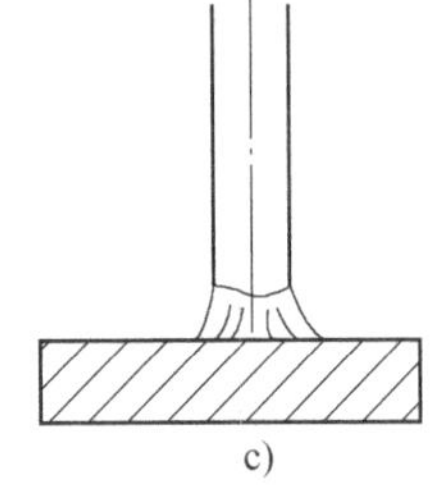

图 3-9　直击法引弧
a）直击短路　b）拉开焊条点燃电弧　c）电弧正常燃烧

（2）非接触引弧　引弧时，电极与工件之间保持一定间隙，然后在电极和工件之间施以高电压击穿间隙使电弧引燃，这种引弧方式称为非接触引弧。

非接触引弧需利用引弧器才能实现，根据工作原理可分为高频高压引弧和高压脉冲引弧。非接触引弧方式主要应用于钨极氩弧焊和等离子弧焊，由于引弧时电极无需和工件接触，这样不仅不会污染工件上的引弧点，而且也不会损坏电极端部的几何形状，有利于电弧燃烧的稳定性。

4. 焊接电弧的构造及特性

焊接电弧按其构造可分为阳极区、阴极区和弧柱区三部分，如图 3-10 所示。

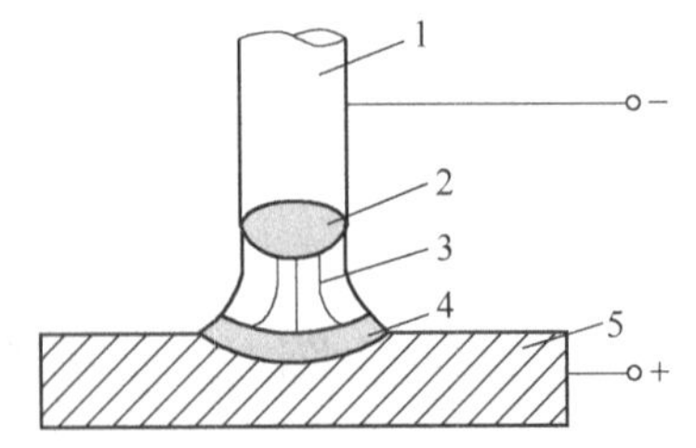

图 3-10　焊接电弧的构造
1—焊条　2—阴极区　3—弧柱区
4—阳极区　5—焊件

（1）阴极区　电弧紧靠负电极的区域称为阴极区。阴极区很窄，为 $10^{-5} \sim 10^{-6}$cm。在阴极表面有一个明亮的斑点，称为阴极斑点，它是阴极表面上电子发射的发源地，也是阴极区温度最高的地方。焊条电弧焊时，阴极区的温度一般达到 2130～3230℃，放出的热量占电弧产热的 36% 左右。阴极

温度的高低主要取决于阴极的电极材料。

（2）阳极区　电弧紧靠正电极的区域称为阳极区。阳极区比阴极区宽，为 $10^{-3}\sim10^{-4}$cm。在阳极表面也有光亮的斑点，称为阳极斑点，它是电弧放电时，正电极表面上集中接收电子的微小区域。

（3）弧柱区　电弧阴极区和阳极区之间的部分称为弧柱区。由于阴极区和阳极区都很窄，因此弧柱区的长度基本上等于电弧长度。焊条电弧焊时，弧柱区中心温度可达 5370～7730℃，放出的热量占电弧产热的 21% 左右。弧柱区的温度与弧柱气体介质种类、焊接电流大小等因素有关；焊接电流越大，弧柱区中电离程度也越大，弧柱区温度也越高。

必须注意的是：不同的焊接方法，其阳极区、阴极区温度的高低并不一致。

（4）电弧电压　电弧两端（两电极）之间的电压称为电弧电压。

5. 焊接电弧的基本特点

1）焊接电弧的引弧电压（即空载电压）较高，一般大于 60V。电弧一旦引燃后，维持电弧的电压一般为 10～50V。

2）流过电弧的电流变化范围很大，可从几安至几百安。

3）电弧具有很高的温度。

4）电弧能发出很强的光，包括红外线、可见光和紫外线三个部分。

由于焊接电压超过人体的安全电压（36V），强电流，高温，强光辐射，焊接电弧的这些特点，决定了在焊接操作时必须采取安全与防护措施。焊工在焊接时要穿绝缘鞋，戴电焊手套、电焊面罩和滤光眼镜等，以免触电、弧光辐射和有毒气体与烟尘对人体的伤害。

6. 焊接电弧的稳定性

焊接电弧的稳定性是指电弧保持稳定燃烧（不产生断弧、飘移和偏吹等）的程度。电弧的稳定燃烧是保证焊接质量的一个重要因素，因此维持电弧稳定性是非常重要的。电弧不稳定的原因除焊工操作技术不熟练外，还与下列因素有关：

（1）弧焊电源的影响　采用直流电源焊接时，电弧燃烧比交流电源稳定。此外具有较高空载电压的焊接电源不仅引弧容易，而且电弧燃烧也稳定，但容易使焊工触电，为确保焊工人身安全，对空载电压必须加以限制。

（2）焊接电流的影响　焊接电流越大，电弧的温度就越高，则电弧气氛中的电离程度和热发射作用就越强，电弧燃烧也就越稳定。

（3）焊条药皮或焊剂的影响　焊条药皮或焊剂中加入电离能比较低的物质（K、Na、Ca 的氧化物），能增加电弧气氛中的带电粒子，这样就可以提高气体的导电性，从而提高电弧燃烧的稳定性。

（4）焊接电弧偏吹的影响　在正常情况下焊接时，电弧的中心线总是保持着沿焊条（丝）电极的轴线方向，即使当焊条（丝）与焊件有一定倾角时，电弧的中心线也始终保持和电极轴线的方向一致，如图 3-11 所示。但在实际焊接中，由于气流的干扰、磁场的作用或焊条偏心的影响，会使电弧中心线偏离电极轴线的方向，这种现象称为电弧偏吹。图 3-12 所示为磁场作用引起的电弧偏吹。一旦发生电弧偏吹，电弧中心线就难以对准焊缝中心，影响焊缝成形和焊接质量。

引起电弧偏吹的原因：一是焊条偏心产生的偏吹；二是焊接电弧的磁偏吹。直流电弧焊时，因受到焊接电路所产生的电磁力的作用而产生的电弧偏吹称为磁偏吹，它是由于直流电所产生的磁场在电弧周围分布不均匀而引起的电弧偏吹。

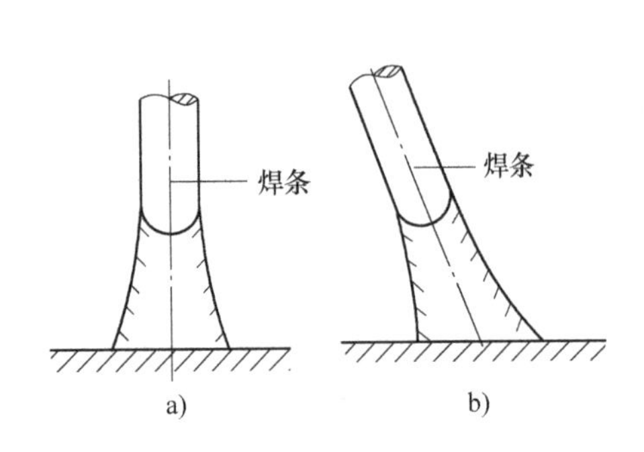

图 3-11　正常焊接时的电弧

a）焊条与焊件垂直　b）焊条与焊件倾斜

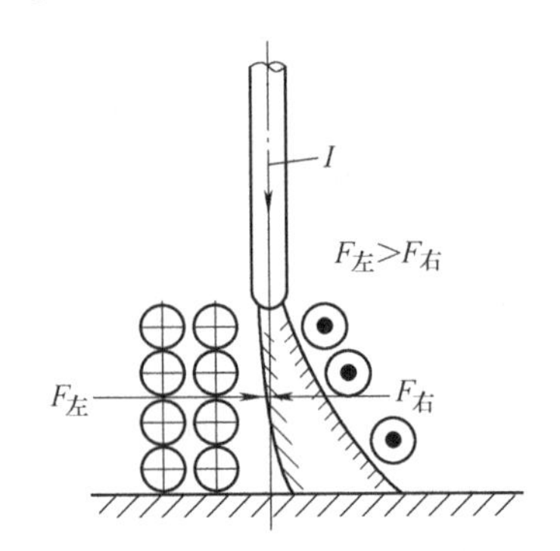

图 3-12　磁场作用引起的电弧偏吹

1）造成电弧产生磁偏吹的因素。

① 导线接线位置引起的磁偏吹。由此形成的磁偏吹使电弧远离接线一方。

② 铁磁物质引起的磁偏吹。当焊接电弧周围有铁磁物质存在时，在靠近铁磁物质一侧的磁力线大部分都通过铁磁物质形成封闭曲线，而电弧另一侧磁力线显得密集，造成电弧两侧磁力线分布极不均匀，电弧向铁磁物质一侧偏吹。

③ 电弧运动至焊件的端部时引起的磁偏吹。在焊件边缘处开始焊接或焊接至焊件端部时，经常会发生电弧偏吹，逐渐靠近焊件的中心时，电弧的偏吹现象逐渐减小或没有，这是由于电弧运动至焊件的端部时，导磁面积发生变化，引起空间磁力线在靠近焊件边缘的地方密度增加，产生了指向焊件内部的磁偏吹，如图 3-13 所示。

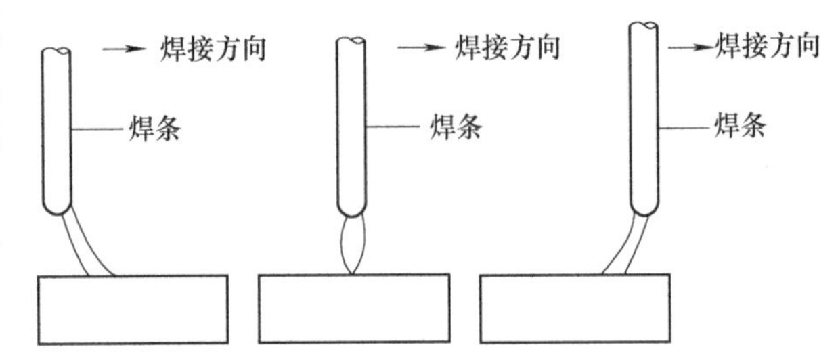

图 3-13　电弧在焊件端部焊接时引起的磁偏吹

2）防止或减少焊接电弧磁偏吹的措施。

电弧磁偏吹对电弧稳定性的影响很大，可采取以下措施来防止或减少焊接电弧偏吹：

① 调整焊条角度，使焊接电弧偏吹的方向转向熔池，即将焊条向电弧偏吹方向倾斜一定角度，这种方法在实际工作中应用得较广泛。

② 采用短弧焊接，因为短弧焊接时电弧受气流的影响较小，而且在产生磁偏吹时，如果采用短弧焊接，也能减小磁偏吹程度，因此采用短弧焊

③ 改变焊件上导线接线部位或在焊件两侧同时接地线，可减少因导线接线位置引起的磁偏吹，如图 3-14 所示，图中虚线表示克服磁偏吹的接线方法。

④ 在焊缝两端各加一小块附加钢板（引弧板及引出板），使电弧两侧的磁力线分布均匀并减少热对流的影响，以克服电弧偏吹。

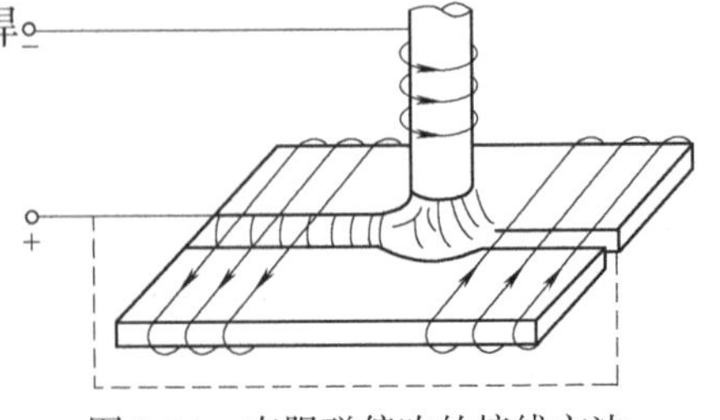

图 3-14　克服磁偏吹的接线方法

⑤ 采用小电流焊接，因为磁偏吹的大小与焊接电流有直接关系，焊接电流越大，磁偏吹越严重。

⑥ 焊接时，在条件许可情况下尽量使用交流电源焊接。

（5）其他影响因素　电弧长度对电弧的稳定性也有较大的影响，如果电弧太长，电弧就会发生剧烈摆动，从而破坏了焊接电弧的稳定性，而且飞溅也增大，所以应尽量采用短弧焊接。焊接处如有油漆、油脂、水分和锈层等存在时，也会影响电弧燃烧的稳定性，因此焊前做好焊件表面的清理工作十分重要。此外，焊条受潮或焊条药皮脱落也会造成电弧燃烧不稳定。

五、焊条电弧焊焊接参数的选择

焊接工艺参数是焊接时，为保证焊接质量而选定的物理量（焊接电流、电弧电压、焊接速度、线能量等）的总称。

（一）焊接电源种类和极性的选择

焊接电源种类分为直流电源、交流电源和脉冲电源。直流电弧焊或电弧切割时，焊件接电源正极称为正极性，接负极为反极性。用交流电焊接时，电弧稳定性差。采用直流电焊接，电弧稳定、柔顺、飞溅少，但电弧磁偏吹比交流严重。低氢型焊条稳弧性差，必须采用直流弧焊电源。用小电流焊接薄板时，也常用直流弧焊电源，因为直流弧焊电源的引弧比较容易，电弧也比较稳定。

（二）焊条直径与焊接电流的选择

焊条直径是以焊条的焊芯直径大小来表示的。焊接电流是焊接时流经焊接电路的电流。

1）焊条电弧焊工艺参数的选择一般是先根据工件厚度选择焊条直径，然后根据焊条直径选择焊接电流。

2）焊条直径应根据钢板厚度、接头型式、焊接位置等来加以选择。在立焊、横焊和仰焊时，焊条直径不得超过4mm，以免熔池过大，使熔化金属和熔渣下流。

3）还可以根据选定的焊条直径用下面的经验公式计算焊接电流，即

$$I = 10d^2$$

式中　I——焊接电流（A）；

d——焊条直径（mm）。

4）焊接电流还可以按下列经验公式计算选择：

$$I = Kd$$

式中　I——焊接电流（A）；

d——焊条直径（mm）；

K——经验系数。

焊条直径 d 与经验系数 K 的关系见表3-3。

表3-3　焊条直径 d 与经验系数 K 的关系

焊条直径 d/mm	1～2	2～4	4～6
经验系数 K	20～30	30～40	40～60

（三）焊接速度的选择

焊接速度是指单位时间所完成的焊缝长度。它对焊缝质量影响也很大。焊接速度由焊工凭经验掌握，在保证焊透和焊缝质量的前提下，应尽量快速施焊。工件越薄，焊速应越高。

（四）电弧长度（电弧电压）的选择

电弧电压是电弧两端（两电极）之间的电压降。电弧电压由电弧长度决定，电弧长则电弧电压高，反之则低。焊条电弧焊时电弧长度是指焊芯熔化端到焊接熔池表面的距离，若电弧过长，电弧飘摆，燃烧不稳定，熔深减小，熔宽加大，飞溅严重，焊缝保护不好，还会使焊缝产生未焊透、咬边和气孔等缺陷。若电弧太短，熔滴过渡时可能经常发生短路，使操作困难。正常的电弧长度是小于或等于焊条直径，即所谓短弧。电弧长度超过焊条直径者为长弧。因此，操作时只有尽量采用短弧才能保证焊接质量，即弧长 $L=(0.5\sim1)d$，一般多为 2～4mm。其中，L 为电弧长度，d 为焊条直径。

（五）焊缝层数的选择

焊缝层数是工件厚度较大时，需要进行多层焊，每个焊层可由一条焊道或几条并排相搭的焊道所组成，对于低碳钢和强度等级较低的低合金钢的多层焊时，每层焊缝厚度过大时，对焊缝金属的塑性（主要表现在冷弯上）有不利影响。因此，对质量要求较高的焊缝，每层厚度最好不大于 4～5mm。

焊接层数主要根据钢板厚度、焊条直径、坡口型式和装配间隙等来确定，可做如下近似估算：

$$n=\delta/d$$

式中 n——焊接层数；

δ——工件厚度（mm）；

d——焊条直径（mm）。

（六）焊条角度的选择

焊接时焊条与焊件之间的夹角应为 70°～80°，并垂直于前后两个面。

六、焊条电弧焊焊基本操作技术

（一）焊条电弧焊操作的基本术语

1. 焊接位置

熔焊时，焊件接缝所处的空间位置，可用焊缝倾角和焊缝转角来表示，有平焊位置、立焊位置、横焊位置和仰焊位置等。

（1）平焊位置　在平焊位置进行的焊接，焊缝倾角为 0°，焊缝转角为 90°的焊接位置。

（2）横焊位置　在横焊位置进行的焊接，焊缝倾角为 0°或 180°，焊缝转角为 0°或 180°的对接位置。

（3）立焊位置　在立焊位置进行的焊接，焊缝倾角为90°（立向上）或270°（立向下）的焊接位置。

（4）仰焊位置　在仰焊位置进行的焊接，对接焊缝倾角为0°或180°，焊缝转角为270°的焊接位置。

2. 坡口

坡口是指根据设计或工艺要求，将焊件的待焊部位加工成一定几何形状，经装配后形成的沟槽。为了将焊件截面熔透并减少熔合比，常用的坡口形式有I形、V形、Y形、X形、U形、K形、J形等。

3. 坡口角度

坡口角度是指两坡口面之间的夹角。

4. 余高

余高是指超出母材表面连线上面的那部分焊缝金属的最大高度。

5. 焊道

焊道是指每一次熔敷所形成的一条单道焊缝。

6. 熔池

熔池是指熔焊时在焊接热源作用下，焊件上所形成的具有一定几何形状的液态金属部分。

7. 弧坑

弧坑是指电弧焊时，由于断弧或收弧不当，在焊道末端形成的低洼部分。

（二）定位焊知识

1. 定位焊

定位焊是焊前为装配和固定构件接缝的位置而焊接的短焊缝。定位焊也称点固焊，用来固定各焊接零件之间的相互位置，以保证整个结构得到正确的几何形状和尺寸。

定位焊缝一般比较短小，而且该焊缝作为正式焊缝留在焊接结构之中，故要求所使用的焊条或焊丝应与正式焊缝所使用的焊条或焊丝牌号相同。

2. 进行定位焊时的注意事项

1）定位焊缝比较短小，并且保证焊透，故选用直径小于4mm的焊条。又由于工作温度较低，热量不足而容易产生未焊透，故定位焊缝的焊接电流应比正式焊缝时大10%～15%。

2）定位焊缝有未焊透、夹渣、裂纹、气孔等焊接缺陷时，应该铲掉重新焊接，不允许留在焊缝内。

3）定位焊缝的起弧和收尾处应圆滑过渡。

3. 装配定位焊的要求

1）凡气割零件一律用铲或砂轮清除熔渣毛刺。

2）将零件焊缝两侧距焊缝20mm内的铁锈、氧化皮、油污及其他脏物清理干净。

3）为减少焊接变形，保证焊接质量，应严格按图样控制焊缝的坡口及装配间隙。

4）装配V形坡口对接板时，为减少焊接时的角变形，可预制反变形，即在焊缝处加一垫块，如图3-15所示。

5）应当减少或避免强行装配，需要锤击时，锤击处不得有明显的锤痕，锤痕深度应小于0.5mm，对大于0.5mm的锤痕及划伤，应焊补后磨平。

6）装配时，定位焊应使用与正式焊接相同牌号（型号）的焊接材料和焊接设备。

7）定位焊的焊条型号、直径与焊接电流的关系见表3-4。

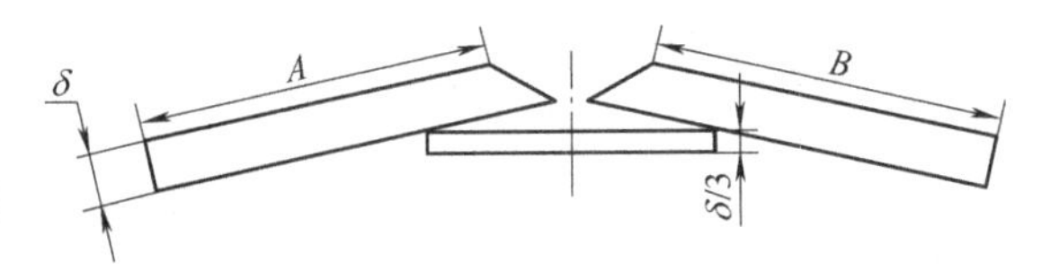

图3-15　反变形预制法

表3-4　定位焊的焊条型号、直径与焊接电流的关系

焊条直径 / 焊接电流 / 焊条型号	φ2.5	φ3.2	φ4.0
J422	70～90	100～130	100～200
A302	50～80	80～110	110～160

8）定位焊缝是正式焊缝的组成部分，定位焊的位置、长度、高度和数量可根据焊件的大小、母材厚度等具体情况灵活掌握。

9）对管与管、管与法兰的定位焊，可根据管径的大小，确定定位焊焊缝的数目，应尽量使其均匀分布。

（三）焊条电弧焊的操作要领

1. 引弧

焊条电弧焊施焊时，使焊条引燃焊接电弧的过程，称为引弧。常用的引弧方法有划擦法和直击法两种。

（1）划擦法

1）优点：易掌握，不受焊条端部清洁情况（有无熔渣）限制。

2）缺点：操作不熟练时，易损伤焊件。

3）操作要领：类似划火柴。先将焊条端部对准焊缝，然后将手腕扭转，使焊条在焊件表面上轻轻划擦，划的长度以20～30mm为佳，以减少焊件表面的损伤，然后将手腕扭平后迅速将焊条提起，使弧长约为所用焊条直径的1.5倍，做“预热”动作（即停留片刻），其弧长不变，预热后将电弧压短至与所用焊条直径相符。在始焊点做适量横向摆动，且在起焊处稳弧（即稍停片刻），以形成熔池后进行正常焊接，如图3-16a所示。

（2）直击法

1）优点：直击法是一种理想的引弧方法，适用于各种位置引弧，不易碰伤工件。

2）缺点：受焊条端部清洁情况限制，用力过猛时药皮易大块脱落，造成暂时性偏吹，操作不熟练时易粘于工件表面。

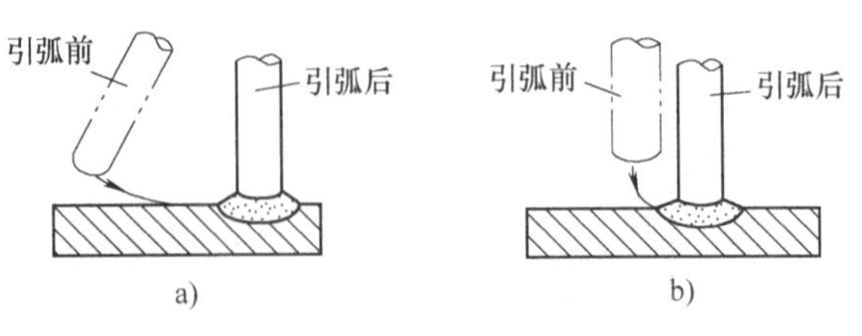

图3-16　引弧方法
a）划擦法　b）直击法

3）操作要领：焊条垂直于焊件，使焊条末端对准焊缝，然后将手腕下弯，使焊条轻碰焊件，引燃后，手腕放平，迅速将焊条提起，使弧长约为焊条直径的1.5倍，稍做

“预热”后，压低电弧，使弧长与焊条内径相等，且焊条横向摆动，待形成熔池后向前移动，如图 3-16b 所示。

影响电弧顺利引燃的因素有工件清洁度、焊接电流、焊条质量、焊条酸碱性、操作方法等。

（3）引弧注意事项

1）注意清理工件表面，以免影响引弧及焊缝质量。

2）引弧前应尽量使焊条端部焊芯裸露，若不裸露可用锉刀轻锉，或轻击地面。

3）引弧时，若焊条与工件出现粘连，应迅速使焊钳脱离焊条，以免烧损弧焊电源，待焊条冷却后，用手将焊条拿下。

4）引弧前应夹持好焊条，然后用正确操作方法进行焊接。

5）初学引弧时，要注意防止电弧光灼伤眼睛。对刚焊完的焊件和焊条头不要用手触摸，也不要乱丢，以免烫伤和引起火灾。

2. 运条

焊接过程中，焊条相对焊缝所做的各种动作的总称叫运条。在正常焊接时，焊条一般有三个基本运动相互配合，即沿焊条中心线向熔池送进、沿焊接方向移动、焊条横向摆动（平敷焊练习时焊条可不摆动），如图 3-17 所示。

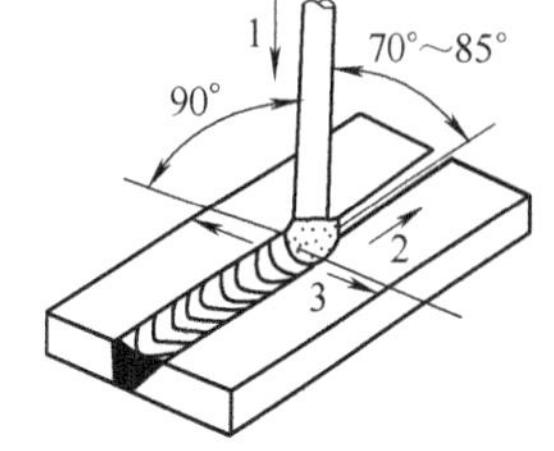

图 3-17　运条的三要素
1—送进　2—前进　3—摆动

（1）焊条送进　沿焊条中心线向熔池送进，主要用来维持所要求的电弧长度和向熔池添加填充金属。焊条送进的速度应与焊条熔化速度相适应，如果焊条送进速度比焊条熔化速度慢，电弧长度会增加；反之，如果焊条送进速度太快，则电弧长度迅速缩短，使焊条与焊件接触，造成短路，从而影响焊接过程的顺利进行。

（2）焊条纵向移动　焊条沿焊接方向移动，目的是控制焊道成形，若焊条移动速度太慢，则焊道会过高、过宽，外形不整齐，焊接薄板时甚至会发生烧穿等缺陷。若焊条移动太快，则焊条和焊件熔化不均造成焊道较窄，甚至发生未焊透等缺陷。只有速度适中时才能焊成表面平整、焊波细致而均匀的焊缝。

（3）焊条横向摆动　焊条横向摆动主要是为了获得一定宽度的焊缝和焊道，也是对焊件输入足够的热量，并进行排渣、排气等。

（4）焊条角度　焊接时工件表面与焊条所形成的夹角称焊条角度。焊条角度的选择应根据焊接位置、工件厚度、工作环境、熔池温度等来选择。

（5）常见运条方法的特点与应用范围　见表 3-5。

表 3-5　常见运条方法的特点与应用范围

运条方法	轨　迹	特　点	适用范围
直线形	→	焊条直线移动，不做摆动。焊缝宽度较窄，熔深大	适用于薄板 I 形坡口对接平焊，多层焊打底层焊接
往复直线形	⌐⌙⌐⌙⌐⌙⌐⌙⌐⌙⌐⌙ →	焊条末端沿着焊接方向做线形摆动。焊接速度快，焊缝窄，散热快	适用于接头间隙较大的多层焊的第一层焊缝或薄板焊接

（续）

运条方法	轨　迹	特　点	适用范围
月牙形		焊条末端沿着焊接方向做月牙形左右摆动，使焊缝宽度余高增加	适用于中厚板材对接平焊、立焊和仰焊等位置的层间焊接
锯齿形		焊条末端沿着焊接方向做锯齿形连续摆动，控制熔化金属的流动焊缝增宽	适用于中厚钢板对接平焊、立焊、仰焊以及角焊

3. 焊缝的起头

焊条在起弧点前面10mm左右，并引燃电弧，如图3-18所示，电弧引燃后，稍拉长移至起点，进行短时间的预热，然后压短电弧，待起始处形成熔池，且熔池形状、大小符合技术要求后，沿焊接方向（从左到右）开始均匀移动。

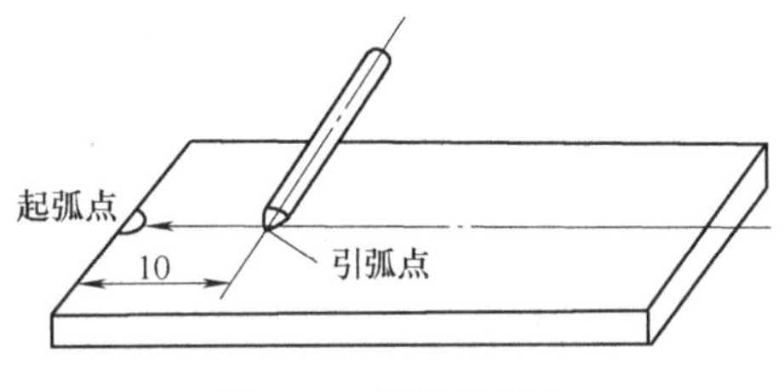

图3-18　焊缝的起头

4. 焊缝的收尾

焊接时电弧中断和焊接结束都会产生弧坑，常出现疏松、裂纹、气孔、夹渣等现象。为了克服弧坑缺陷，就必须采用正确的收尾方法。一般常用的收尾方法有以下三种：

（1）划圈收尾法　焊条移至焊缝终点时，做圆圈运动，直到填满弧坑再拉断电弧。此方法适用于厚板收尾，如图3-19a所示。

（2）反复断弧收尾法　焊条移至焊缝终点时，在弧坑处反复熄弧，引弧数次，直到填满弧坑为止。此方法一般适用于薄板和大电流焊接，不适用碱性焊条，如图3-19b所示。

（3）回焊收尾法　焊条移至焊缝收尾处即停住，并且改变焊条角度回焊一小段。此方法适用于碱性焊条，如图3-19c所示。

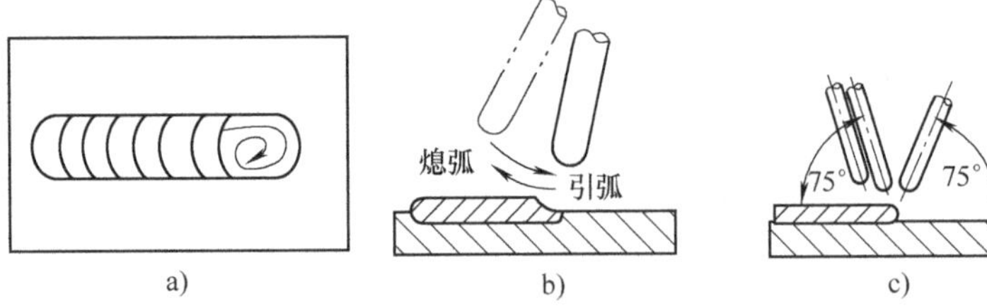

图3-19　焊缝的收尾方法

a）划圈收尾法　b）反复断弧收尾法　c）回焊收尾法

收尾方法的选用还应根据实际情况来确定，可单项使用，也可多项结合使用。无论选用何种方法都必须将弧坑填满，达到无缺陷为止。

5. 焊缝的接头

（1）焊道的连接方式　焊条电弧焊时，由于受到焊条长度的限制或操作姿势的变化，不可能一根焊条完成一条焊缝，因而出现了焊道前后两段的连接。焊道连接一般有以下几种方式。

1）后焊焊缝的起头与先焊焊缝的结尾相接。

2）后焊焊缝的起头与先焊焊缝的起头相接。

3）后焊焊缝的结尾与先焊焊缝的结尾相接。

4）后焊焊缝的结尾与先焊焊缝的起头相接。

（2）焊道连接注意事项

1）接头时引弧应在弧坑前 10mm 任何一个待焊面上进行，然后迅速移动到弧坑处划圈进行正常焊接，如图 3-20 所示。

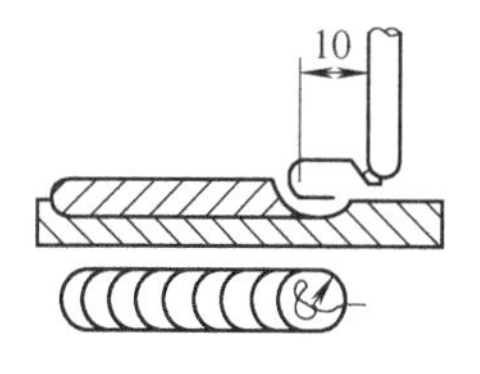

图 3-20　接头引弧处

2）接头时应对前一道焊缝端部进行认真地清理，必要时对接头处进行修整，这样有利于保证接头的质量。

3）温度越高，接头越平整。对于头尾相接的焊缝，接头动作要快，操作方法正确。

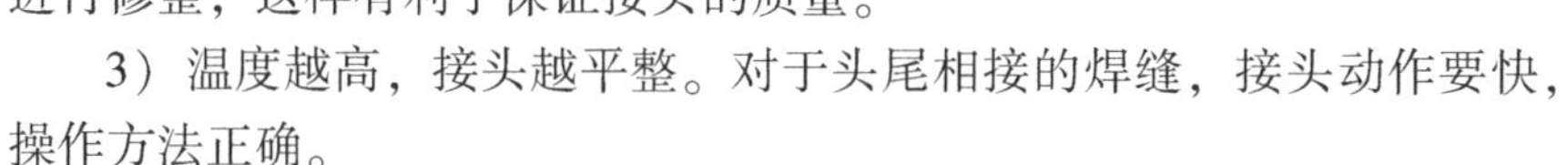

【焊条电弧焊技能训练】

技能训练一　酸性焊条平敷焊

［训练目标］

掌握焊条平敷焊的操作要领；会使用焊接设备，会调节焊接电流；能认识区分熔池和熔渣，掌握控制熔池温度、大小和形状的技能；掌握焊缝起头、收尾和接头的基本技能和操作要领；掌握酸性焊条的焊接特点和操作技能；初步掌握焊条角度、运条速度和电弧长度的控制。

1. 工作准备

（1）材料准备　材质为 Q235 钢，尺寸为 300mm × 200mm × 12mm，用滑石笔画间距为 20mm 的若干直线；焊条选用 E4303，焊条直径为 ϕ3. 2mm。

（2）焊接设备　ZX7-315 型逆变式焊条电弧焊机。

（3）工具准备　钢直尺、面罩、钢丝刷、滑石笔、锤子、活扳手、焊接检验尺等。

2. 技术要求

按照图 3-21 所示的要求，学习焊条平敷焊操作技能。

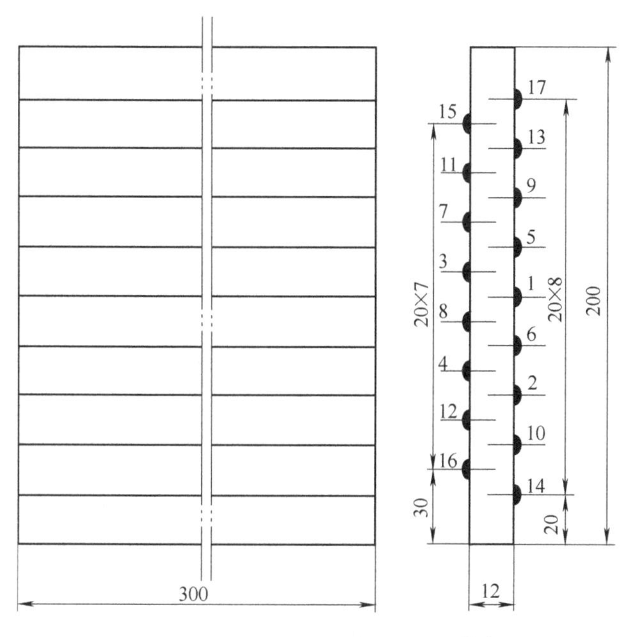

技术要求

焊接方法：焊条电弧焊

接头形式：敷焊

焊接位置：水平位置

试件材质：Q235

焊接材料：E4303, ϕ3.2mm

图 3-21　平敷焊施工图

3. 项目分析

平敷焊是所有焊接项目的基础，旨在训练操作者对电弧的认识，以及对熔池、熔渣的认识和控制能力，训练引弧、接头和收尾的操作技能，对于初学者来说具有一定的难度。平焊时，由于焊缝处于水平位置，熔滴主要靠自重过渡，所以操作比较容易。允许使用直径较大的焊条和较大的焊接电流，所以生产效率较高。但焊接规范选择得不当和操作不当时，容易在焊趾处形成未熔合和余高超标的缺陷。若运条不当和焊条角度不正确时，会出现熔渣和铁液混合在一起分不清的现象，甚至形成夹渣的缺陷。

Q235 钢属于低碳钢，强度等级较低，一般用在普通结构上，碳当量小于 0.4%，焊接性良好，无需采取特殊工艺措施。选用 E4303 酸性焊条施焊即可。

4. 操作步骤

（1）安全检查　焊工必须穿戴好棉质或皮质工作服、工作帽、焊工绝缘鞋（防砸绝缘鞋），工作服要宽松，裤脚盖住鞋盖（护脚盖），上衣盖住下衣，不要扎在腰带里；并戴平光防护眼镜、防尘卫生口罩，绝缘工作手套不要有油污，不可破漏，必要时佩戴耳塞等。牢记焊工操作时应遵循的安全操作规程，在作业中贯彻始终。

检查设备状态、电缆线接头是否接触良好，焊钳电缆是否松动破损，确认焊接电路地线连接可靠，避免因地线虚接线路降压变化而影响电弧电压稳定；避免因接触不良造成电阻增大而发热，烧毁焊接设备。检查安全接地线是否断开，避免因设备漏电造成人身安全隐患。

（2）焊前准备

1）焊机及辅助工具。本次项目可选弧焊变压器、ZX7-315 型弧焊逆变器。采用直流正接，即焊件接电源正极、焊钳接电源负极，如图 3-22 所示。

2）试件及焊接材料。

① 母材准备。检查钢板平面度，并修复平整。为保证焊接质量，需打磨试件表面，去除锈蚀、油污，露出金属光泽。

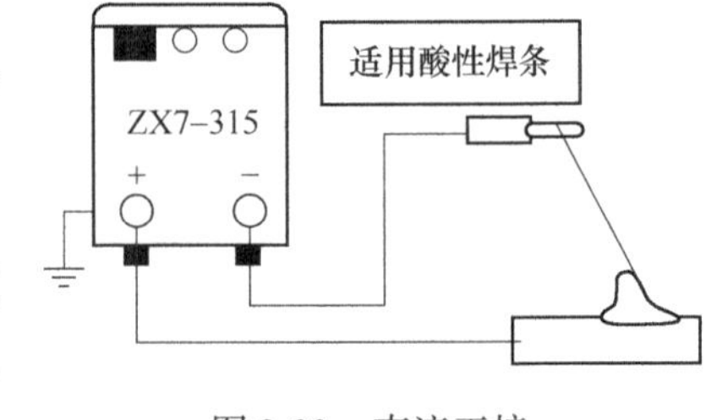

图 3-22　直流正接

酸性焊条对油锈不敏感，药皮中含有大量的酸性氧化物，可对油锈产生作用，有效消除气孔的产生。所以酸性焊条对焊件清理要求不严，如果焊件的锈蚀不严重，且对焊缝质量要求不高时，可不用清理。

② 焊条准备。选用 E4303，直径为 ϕ3.2mm。严格要求时进行 150 ~ 200℃ 烘干、1h 保温，去除焊条药皮中的水分，降低氢含量，避免产生气孔和冷裂纹。作为练习不需要烘干。

（3）选择焊接参数　平焊时为提高焊接效率，尽量选用较大的焊接参数。实际焊接中应根据焊接位置、试件厚度选择焊条直径，再根据焊条直径选择焊接电流。焊接参数的选择见表 3-6。

表 3-6　焊接参数的选择

试件厚度/mm	焊条直径/mm	焊接电流/A	运条方法
12	3.2	90 ~ 120	直线形

（4）装配与定位焊　本次任务为平敷焊，不需要装配，也不需要定位焊。只对母材进行矫平、除锈即可。为避免夹渣，可将试件焊缝倾角倾斜 2° ~ 3°，熔渣自动下流，不易与

熔池铁液混杂，如图3-23所示。

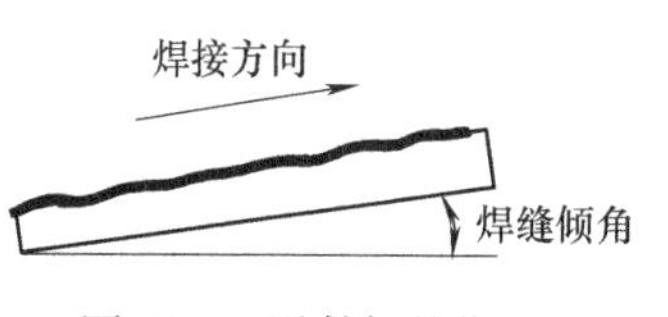

图3-23　平敷焊的位置

平敷焊一般采用蹲姿，且距工件的距离较近，有利于操作和观察熔池，两脚成70°～80°角，间距250mm左右，自然蹲下，左手握面罩，右手握焊钳，操作中持焊钳的胳膊应悬空。正确控制焊条角度，使熔渣与液态金属分离，防止熔渣前流，尽量采用短弧焊接。

（5）焊条的装夹　在焊钳的钳口有三条凹槽用来装夹焊条，与钳口角度分别是45°、90°、135°，如图3-24所示。装夹焊条时，可根据焊缝与操作者的相对位置决定焊条装夹在哪个凹槽里，以便保证焊条与焊缝的相对位置，又使操作者方便操作。左手握持遮光面罩，右手握持焊钳，蹲位平焊接时，选择合适的操作位置，焊接方向可以从左到右（右焊法），也可以从右到左（左焊法）。一般选择90°凹槽，正握焊钳，操作较为方便。

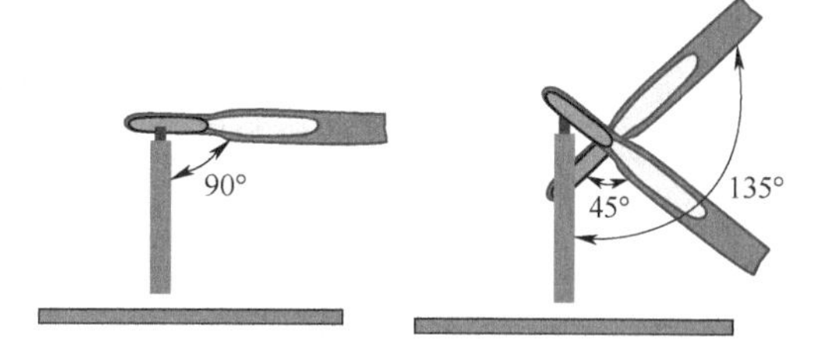

图3-24　焊条的装夹

（6）引弧　酸性焊条引弧较容易，同时为保证焊接表面质量，可采用直击法引弧。先将焊条对准距试件左边缘15～25mm焊缝，然后将手腕向下弯，轻轻触碰焊件，随后将焊条提起，产生电弧后，迅速调整手腕，控制电弧长度5～6mm。引弧后，稍微拉长电弧（大于焊条直径即可），手臂向试件左端边缘移动（相当于对焊缝起头部分进行电弧预热），当电弧到达试件边缘时，预热结束，压低电弧（小于焊条直径），稍作停顿，同时扭动手腕调整焊条角度，使前进角为80°～90°，工作角为90°。匀速移动电弧，并观察电弧燃烧情况，以及熔渣、铁液流动情况。焊缝的起头操作如图3-25所示。为保证焊接质量，电弧要适当地运动即运条，焊条的运动同时有三个方向：朝熔池方向逐渐送进、沿焊接方向移动和沿焊缝横向摆动，如图3-26所示。

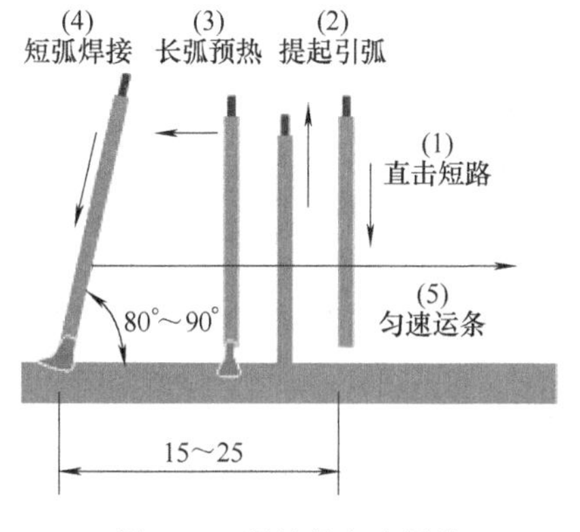

图3-25　焊缝的起头操作

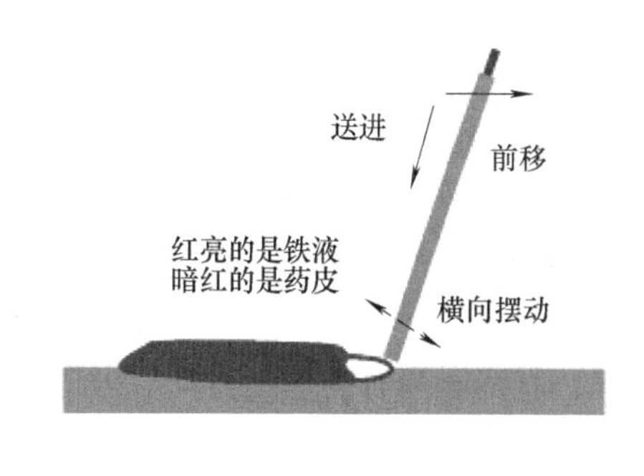

图3-26　焊接运条

根据任务，初学者可采用直线运条，以训练手臂控制电弧稳定匀速前进的能力。直线运条中，焊条同时有两个运动方向，即朝熔池方向逐渐送进和沿焊接方向移动。焊接中手腕一边匀速缓慢下压，以保证电弧长度；手臂一边匀速向右移动，以保证焊缝宽窄高低一致。

焊接过程中眼睛注视电弧燃烧情况、熔池长大情况，以及熔渣和铁液流动情况，并通过大脑中枢及时调整手臂动作，控制熔池、熔渣。正常情况下，熔池在电弧下后方，在熔渣下前方，呈蛋圆形紧跟电弧向前移动，而熔渣呈上浮状覆盖在熔池的后面紧跟熔池向前移动，如图 3-27（a）所示。

若出现熔渣超前，应将焊条前倾，并将焊条端部向后推顶，利用电弧力，将熔渣推后；若熔池、熔渣混渣不清，说明熔池温度不足，应该放慢前移速度，调大焊条角度，甚至调大焊接电流；若出现熔渣后拖，熔池变长完全暴露，说明熔池温度过高，或焊条角度太小，应加快前移速度，或调大焊条角度减小电弧力向后作用，如图 3-27b 所示。

（7）收弧　一根焊条即将焊完时，需要收弧处理。即在完成最后一两个熔池长度的焊道时，稍微加快焊接速度，以使最后焊道稍微低一些，断弧时要果断利落。

（8）接头　常用接头方法有热接头和冷接头两种。

1）冷接头：适于初学者，将焊缝收弧处的渣壳清除，在弧坑前方 10～15mm 处引弧，拉长电弧回焊，至弧坑处覆盖原弧坑 2/3，压低电弧稍作停顿，转入正常焊接，如图 3-28 所示。

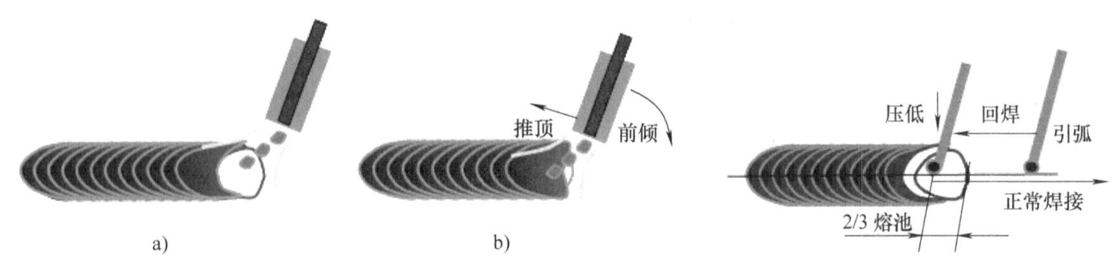

图 3-27　熔渣和熔池位置及熔渣超前处理图
a）正常熔渣和熔池位置　b）熔渣超前熔池位置

图 3-28　冷接头方法

2）热接头：不去渣壳，更换焊条动作要快，已焊的焊缝收弧处熔池还没有冷却，处于红热状态时，焊条端部对准原熔池直接引弧，引弧后稍微停顿，即转入正常焊接。此方法适于熟练焊工，初学者由于动作不协调，引弧不能一次成功，焊条易粘结。

（9）收尾　当焊接到达试件边缘时，试件整体温度升高，应采取合适的收尾方法，否则，焊缝结尾将产生弧坑裂纹、缩孔甚至烧穿。酸性焊条收尾的方法是反复断弧法收尾或画圆圈收尾。对于本次任务，可采用画圆圈收尾，在最后一个熔池长度的范围内控制电弧原地画圈，并逐渐提高电弧长度，待填满弧坑拉断电弧，如图 3-29 所示。

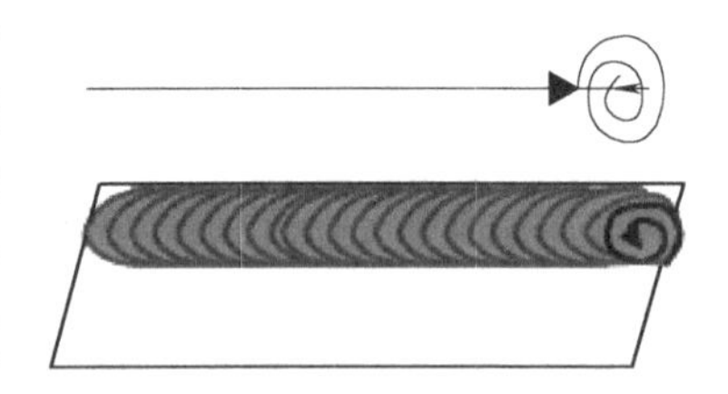

图 3-29　画圈收尾法

（10）清理现场　练习结束后，必须整理工具设备，关闭电源，清理打扫场地，将电缆线盘好，做到安全文明生产，并填写交班记录。

5. 注意事项

1）防触电、防电弧光灼伤眼睛。

2）对刚焊完的焊件和焊条头不要用手触摸，以免烫伤。

3）焊接工作结束后，应切断电源。待焊件冷却，并确认没有可凝烟气、火迹后方可离开操作间。

6. 评分标准

酸性焊条平敷焊评分标准见表 3-7。

表 3-7 酸性焊条平敷焊评分标准

类别	评分要素	序号	考核要求	配分	评分标准	得分
1	焊前准备	1	工件表面干净	4	清理不干净，1 处不合格扣 4 分	
2	焊缝外观质量	1	焊缝余高 2 ~ 3mm	15	连续 10mm 内余高 < 2mm 或 > 3mm 扣 5 分，累计 40mm 内余高 < 2mm 或 > 3mm 扣 10 分，累计 150mm 内余高 < 2mm 或 > 3mm 不得分	
		2	焊缝余高差 ±1mm	5	允许焊缝余高差 ±1mm，超过此范围不得分	
		3	焊缝宽度 8 ~ 13mm	15	焊缝宽度 < 8mm 或 > 13mm 扣 10 分，< 7mm 或 > 15mm 不得分	
		4	焊缝的宽度差 ±1mm	5	允许焊缝的宽度差 ±1mm，超过此范围不得分	
		5	焊缝边缘直线度 300mm 内	20	≥4mm 扣 20 分，> 3mm 且 < 4mm 或扣 15 分，> 2mm 且 < 3mm 扣 10 分，> 1mm 且 < 2mm 扣 5 分	
		6	咬边深度 0 ~ 0.5mm，咬边长度累计 < 5mm	6	咬边深度 > 0.5mm 或累计长度 > 5mm 扣 1 分，咬边深度 > 1.5mm 或累计长度 > 30mm 不得分	
		7	接头圆滑过度	14	每个接头脱节扣 3 分，每个接头过高扣 3 分	
		8	试件上不允许有引弧痕迹	5	每处扣 5 分，两处以上不得分	
3	安全文明生产	1	劳动保护用品穿戴整齐	3	穿戴不合格扣 3 分	
		2	遵守安全操作规程	4	不遵守安全操作规程扣 4 分	
		3	焊接完毕工作场地干净，工具摆放整齐	4	场地不干净扣 2 分，工具摆放不整齐扣 2 分	
4	综合			100	合计	

技能训练二 酸性焊条立敷焊

[训练目标]

掌握焊条立敷焊的操作要领；会使用焊接设备，会调节焊接电流；能认识区分熔池和熔渣，掌握控制熔池温度、大小和形状的技能；掌握焊缝起头、收尾和接头的基本技能和操作要领；掌握焊条角度、焊接电流对焊缝成形的影响；掌握酸性焊条的焊接特点和操作技能。

1. 工作准备

（1）材料准备 材质为 Q235 钢，尺寸为 300mm × 200mm × 12mm，用滑石笔等间距画若干直线；焊条选用 E4303，焊条直径为 ϕ3.2mm。

（2）焊接设备 ZX7-315 型逆变式焊机。

（3）工具准备 钢直尺、面罩、钢丝刷、滑石笔、锤子、活扳手、焊接检验尺等。

2. 技术要求

按照图 3-30 所示的要求，学习焊条立敷焊操作技能。

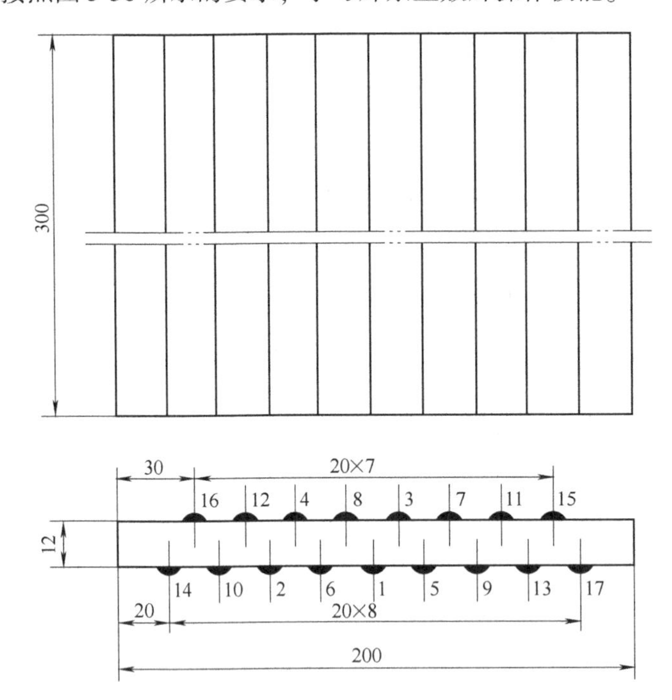

图 3-30　立敷焊施工图

3. 项目分析

立敷焊也是其他焊接项目的基础，旨在训练操作者的臂力，以及对熔池、熔渣的判断控制能力和立焊接头的方法技能，对于初学者来说具有一定的难度。

立敷焊时，由于焊缝处于垂直位置，熔滴主要靠电弧吹力、电磁力过渡，所以操作相对困难。因而需要采用短弧、较小直径的焊条和较小的焊接电流施焊，生产效率相对较低，但在生产中特别是在维修修复中经常遇到。若焊接规范选择得不当和操作不当时，容易形成未熔合、夹渣、咬边和焊缝余高超标，甚至产生焊瘤等缺陷。同时，又由于熔池和熔渣受重力影响下坠，熔渣和熔池清晰可见，给焊接操作带来有利因素，便于操作且易于控制。

4. 操作步骤

（1）安全检查　焊工必须穿戴好棉质或皮质工作服、工作帽、焊工绝缘鞋（防砸绝缘鞋），工作服要宽松，裤脚盖住鞋盖（护脚盖），上衣盖住下衣，不要扎在腰带里；并戴平光防护眼镜、防尘卫生口罩，绝缘工作手套不要有油污，不可破漏，必要时佩戴耳塞等。选用合适的遮光面罩护目玻璃色号。牢记焊工操作时应遵循的安全操作规程，在作业中贯彻始终。

检查设备状态、电缆线接头是否接触良好，焊钳电缆是否松动破损，确认焊接电路地线连接可靠，避免因地线虚接线路降压变化而影响电弧电压稳定；避免因接触不良造成电阻增大而发热，烧毁焊接设备。检查安全接地线是否断开，避免因设备漏电造成人身安全隐患。

（2）焊前准备

1）焊机及辅助工具。选用 ZX7-315 型逆变式焊机，采用直流正接。

在焊工作业区附近应准备好清渣锤、钢直尺、面罩、钢丝刷、滑石笔、锤子、活扳手、焊接检验尺等辅助工具和量具。

2）试件及焊接材料。

① 母材准备。检查钢板平面度，并修复平整。为保证焊接质量，需打磨试件表面，去除锈蚀、油污，露出金属光泽，避免产生气孔、裂纹等缺陷，且利于引弧。

② 焊条准备。选用 E4303 焊条，直径为 ϕ3. 2mm。并进行 150 ~ 200℃ 烘干、1h 保温，去除焊条药皮中的水分，避免产生气孔和冷裂纹。

（3）选择焊接参数　立焊时焊条直径最大不超过 5mm，且根据本次焊接任务，焊件厚度为 12mm，可选用直径为 3. 2mm 的焊条，立焊时的电流应比平焊小 10% ~ 15%，否则，熔池过大造成熔化金属下淌，不利于焊接。立敷焊焊接参数的选择见表 3-8。

表 3-8　焊接参数的选择

试件厚度/mm	焊条直径/mm	焊接电流/A	运 条 方 法
12	3. 2	85 ~ 105	锯齿形或月牙形

（4）装配与定位焊　本次任务为立敷焊，不需要装配，也不需定位焊。按图 3-30 所示要求在试件上用滑石笔画出若干距离相等的平行直线，将试件垂直固定在合适的高度即可，如图 3-31 所示。

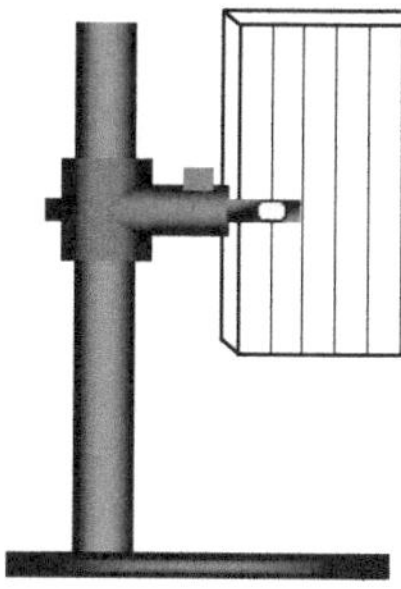

（5）施焊过程　立敷焊一般采用蹲姿，依据个人调整与工件的距离，有利于操作和观察熔池，两脚成 70° ~ 80°，自然蹲下，操作中胳膊悬空反握焊钳，以便于调整焊条角度，易于控制熔池温度，防止铁液流淌，采用短弧焊接。

图 3-31　焊件位置图

焊条采用划擦引弧，在距试件下端 20 ~ 30mm 处引燃电弧，下拉电弧至试件下端部，调整焊条角度使前进角成 85° ~ 90°，工作角成 90°，如图 3-32 所示。稍作停顿，采用短弧锯齿形向上均匀摆动，电弧摆动到焊缝两侧要适当停顿，使其熔合良好，避免因焊缝中间温度过高熔池下坠，造成焊缝中间凸起两侧咬边的缺陷。摆动幅度等于焊条直径的 3 ~ 5 倍，向上移动间距为 2 ~ 3mm，使后一焊道覆盖前焊道 2/3。引弧起焊方法如图 3-33 所示。

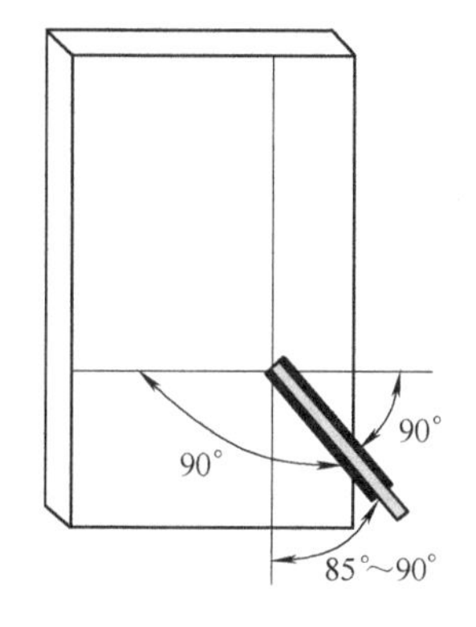

图 3-32　立敷焊焊条角度

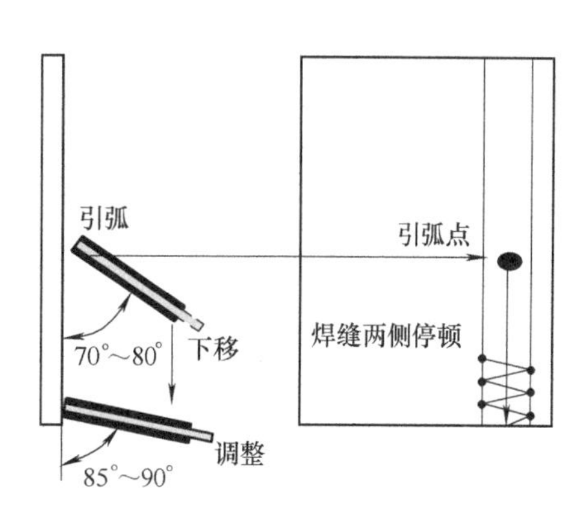

图 3-33　引弧起焊方法

一根焊条即将用完，应将电弧移至焊缝中央迅速拉断息弧。接头时，尽量采用热接头，迅速更换焊条，在熔池上方向下划擦引燃电弧，压弧坑2/3沿弧坑轮廓摆动一次，转为正常运条。在接头时，往往有铁液拉不开或熔渣、铁液混在一起的现象。这主要是由于更换焊条时间太长，引弧后预热不够引起的。产生这种现象时，可以将电弧稍微拉长一些，并在接头处适当延长停留时间，同时增大焊条角度，这样熔渣就会自然滚落下去。若采用冷接头，在弧坑下方引燃电弧，向上摆动至弧坑2/3处沿弧坑轮廓摆动一次，转为正常运条，如图3-34所示。

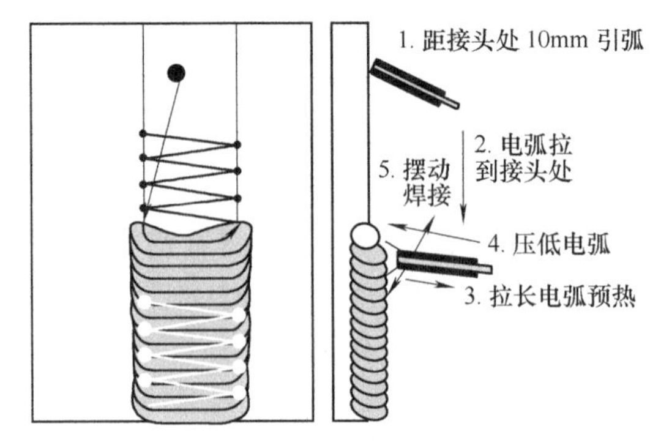

图3-34　接头

如采用冷接头，则需要清理弧坑处渣壳，对初学者，先用冷接头，熟练后再用热接头。

焊接过程注意观察熔池形状、大小变化，并灵活调整焊条角度、运条速度。

不同温度的熔池形状如图3-35所示。随着焊接持续进行，试件及熔池温度越来越高，焊条前进角应由下向上逐渐减小，如图3-36所示。焊至试件上端熔池温度达到最高，应进行收尾处理，可断弧焊接，直至填满弧坑，最终使焊缝高低宽窄一致，控制焊缝宽度在18～20mm之间，焊缝余高小于3mm。

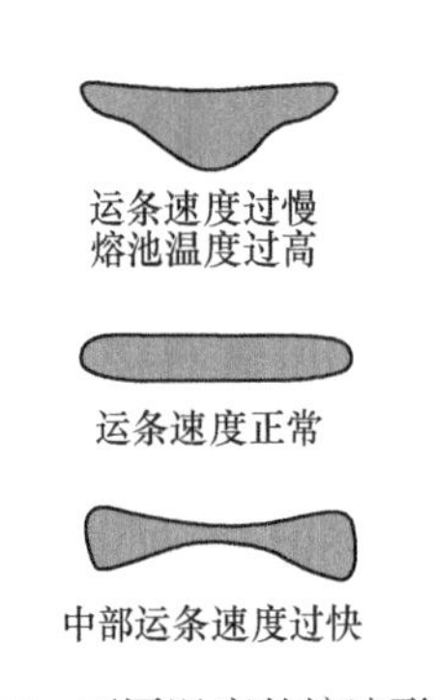

图3-35　不同温度的熔池形状

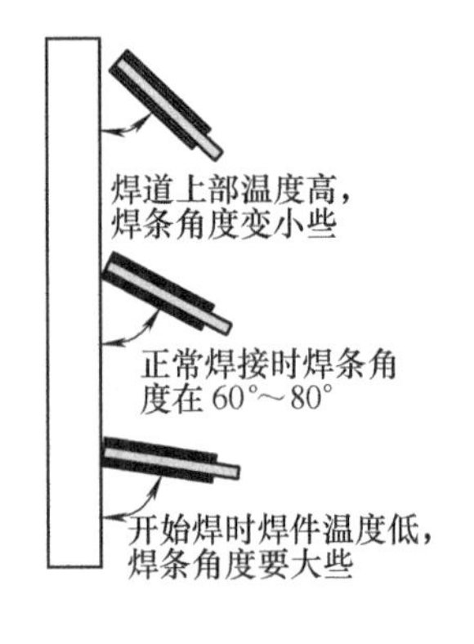

图3-36　焊接时焊条角度的变化

为控制焊接变形在最小范围内，正面焊完一道，翻过背面再焊一道，交替进行，直至焊道完全覆盖试件，再进行第二层焊接。

（6）清理现场　练习结束后，必须整理工具设备，关闭电源，清理打扫场地，将电缆线盘好，做到安全文明生产，并填写交班记录。

5. 注意事项

1）防触电、防电弧光灼伤眼睛。

2）对刚焊完的焊件和焊条头不要用手触摸，以免烫伤。

3）焊接工作结束后，应切断电源。待焊件冷却，并确认没有可凝烟气、火迹后方可离开操作间。

6. 评分标准

酸性焊条立敷焊评分标准见表3-9。

表 3-9　酸性焊条立敷焊评分标准

类别	评分要素	序号	考核要求	配分	评分标准	得分
1	焊前准备	1	工件表面干净	4	一处不合格扣 4 分	
2	焊缝外观质量	1	焊缝余高 2 ~ 5mm	15	连续 10mm 内余高 > 5mm 扣 5 分，累计 40mm 内余高 > 5mm 扣 10 分，累计 150mm 内余高 > 5mm 不得分	
		2	焊缝余高差 ± 1mm	5	允许焊缝余高差 ± 1mm，超过此范围不得分	
		3	焊缝宽度 16 ~ 18mm	15	允许焊缝宽度差 ± 2mm，在 100mm 范围内 < 14mm 或 > 20mm 扣 10 分，150mm 范围内 < 14mm 或 > 20mm 扣 15 分，超过长度 150mm 不在标准范围内不得分	
		4	焊缝的宽度差 ± 1mm	5	允许焊缝的宽度差 ± 1mm，超过此范围不得分	
		5	焊缝直线度 0 ~ 5mm	20	> 5mm 扣 5 分，> 8mm 扣 10 分，> 12mm 扣 15 分，> 15mm 不得分	
		6	咬边深度 0 ~ 0.5mm，咬边长度累计 < 4mm	6	咬边深度 > 0.5mm 或累计长度 > 5mm 扣 1 分，咬边深度 > 1.5mm或累计长度 > 30mm 不得分	
		7	接头圆滑过度	14	每个接头脱节扣 3 分，每个接头过高扣 3 分	
		8	试件上不允许有引弧痕迹	5	两处以上不得分	
3	安全文明生产	1	劳动保护用品穿戴整齐	3	穿戴不合格扣 3 分	
		2	遵守安全操作规程	4	不遵守安全操作规程扣 4 分	
		3	焊接完毕工作场地干净，工具摆放整齐	4	场地不干净扣 2 分，工具摆放不整齐扣 2 分	
4	综合			100	合计	

技能训练三　V 形坡口平对接焊

[训练目标]

掌握使用酸性焊条进行平板对接 V 形坡口平焊位置的单面焊双面成形焊接技术，学会选择电源极性，克服电弧偏吹，掌握多层焊的操作要领。

1. 工作准备

（1）材料准备　材质为 Q235 钢，尺寸为 300mm × 100mm × 12mm（每组两块），坡口形式为 V 形坡口，坡口面角度为 30° ± 2°；焊条选用 E4303，焊条直径为 ϕ3.2mm 和 ϕ4.0mm。

（2）焊接设备　ZX7-315 型逆变式焊机。

（3）工具准备　钢丝钳、面罩、钢丝刷、锉刀、锤子、錾子、活扳手、角向磨光机、焊接检验尺等。

2. 技术要求

1）焊接位置为平焊位置，单面焊双面成形。

2）钝边高度与间隙自定。

3）焊件一经施焊，不得任意更换和改变焊接位置。

4）定位焊时允许做成反变形。

5）不允许破坏焊缝原始表面。

6）时限：45min。时限是指由引弧开始至最后焊完熄弧的时间，包括过程清理及最终清理的时间，不包括施焊前清理、装配的时间。

3. 操作步骤

（1）试件装配　调直试板，修整坡口钝边，预留间隙，组装。试件装配尺寸见表3-10。

表3-10　试件装配尺寸

坡口面角度/（°）	钝边/mm	装配间隙/mm		错边量/mm	反变形角度/（°）
32±2	1~1.5	始焊点4	终焊点5	≤1	4~6

（2）定位焊　试件装配定位焊使用焊条与正式焊接时相同，定位焊缝的位置应在试件坡口内的两端，终焊端应多点些，防止在焊接过程中焊缝收缩造成未焊段坡口间隙变小影响焊接。定位焊缝的长度为10~15mm，厚度≤6mm，如图3-37所示。

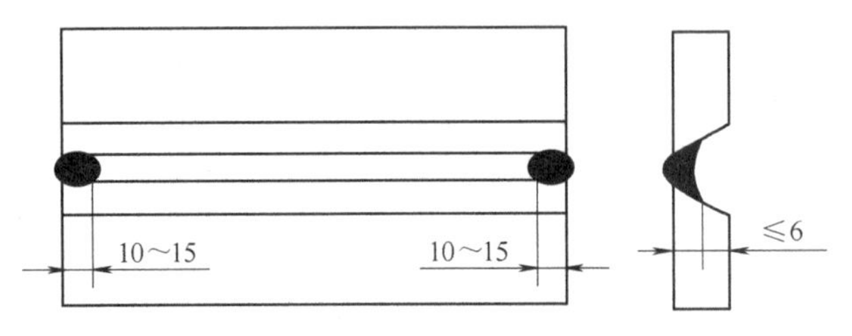

图3-37　定位焊缝的位置

（3）确定焊接参数　V形坡口平对接焊焊接参数见表3-11。

表3-11　V形坡口平对接焊焊接参数

焊接层次	焊接道次	焊条直径/mm	焊接电流/A	电源极性
打底层	1	ϕ3.2	85~95	正接或反接
填充层	2~3	ϕ4.0	130~150	正接或反接
盖面层	4	ϕ4.0	120~130	正接或反接

焊接工艺参数的选择主要根据工件厚度、接头形式、焊缝位置来定，由于平焊位置铁液容易下塌，打底焊时要选择好电流焊接，在保证焊透的情况下不要太大。

（4）操作要点

1）打底焊。采用灭弧焊法，从间隙小的一端定位焊点处起弧，再将电弧移到与坡口根部相接之处，以稍长的电弧（弧长约3.2mm）在该处摆动2~3个来回进行预热，然后立即压低电弧（弧长约2mm），此时焊条熔滴向母材过渡颗粒较大并集中于电弧中心处，将已熔化坡口两侧连在一起，形成一个椭圆形熔池。焊条继续向前运动，当清楚地观察到熔池前方

有一个与焊条直径相等圆孔（称熔孔）时，此时可听见电弧穿过间隙发出“噗噗”声，表示坡口根部已熔透。这时应立即提起焊条灭弧，以防止熔池温度过高而形成焊瘤。灭弧后，熔池温度迅速下降，通过护目镜可清楚地看见原先白亮的金属熔池迅速凝固，由熔池轮廓大亮点直到中心处，这时迅速在停弧处引燃电弧，稍作停顿并在坡口根部做月牙形或锯齿形摆动，这样电弧一半将前方坡口完全熔化，另一半将已凝固熔池的一部分重新熔化，从而形成一个新熔池和熔孔，新熔池一部分压在原先熔敷金属上与母材及原先熔池形成良好熔合，如此往复，直至焊完为止。打底焊的焊接方法如图 3-38 所示。

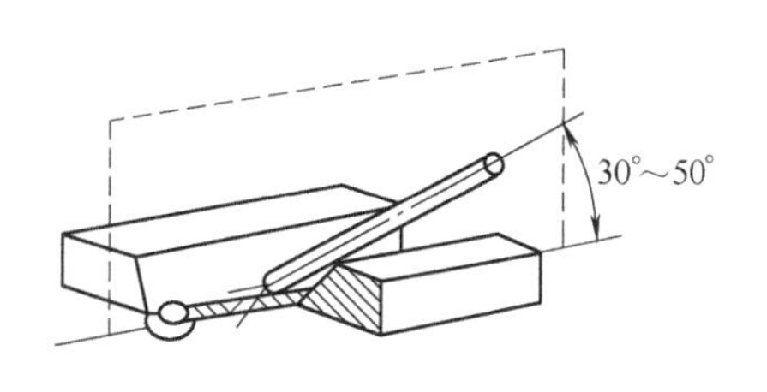

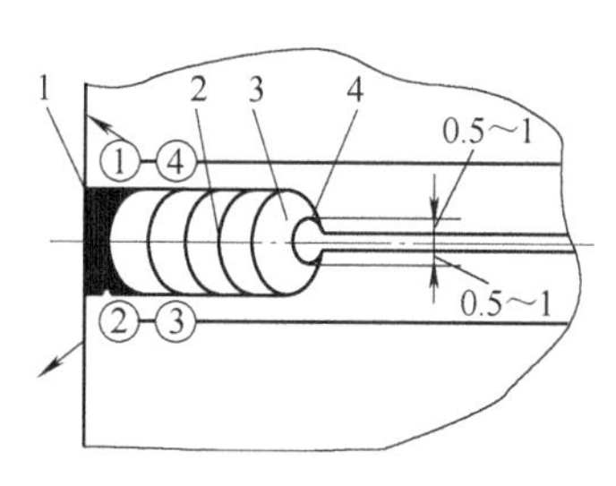

图 3-38　打底焊的焊接方法

1—定位焊缝　2—焊道　3—熔池　4—熔孔

打底焊的操作要领：

① 看。要认真观察熔池的形状和熔孔的大小。在焊接过程中注意将熔渣与液态金属分开。熔池是明亮且清晰的，熔渣在熔池内是黑色的。熔孔大小以电弧能将两侧钝边完全熔化并深入每侧母材 0.5～1mm 为好。熔孔过大，背面焊缝余高过高，甚至形成收缩气孔、焊瘤或烧穿。熔孔过小，坡口两侧根部容易造成未焊透，甚至出现夹渣。

② 听。在焊接过程中，电弧击穿焊件坡口根部时会发出“噗噗”的声音，表明焊缝熔透良好。如果没有这种声音出现则表明坡口根部没有被电弧击穿。继续向前焊接，会造成未焊透缺陷。所以，在焊接时，应认真听电弧击穿焊件坡口根部发出的“噗噗”声音。

③ 准。在焊接过程中，要准确掌握好熔孔的形成及尺寸。即每一个新焊点与前一个焊点搭接 2/3，保持电弧的 1/3 部分在焊件背面燃烧，用于加热和击穿坡口根部钝边，形成新的焊点。与此同时，在控制熔孔尺寸的过程中，电弧将坡口两侧钝边完全熔化，并准确地深入每侧母材 0.5～1mm。

④ 更换焊条前，压低电弧向熔池前沿连续过渡一二滴熔滴，使其背面饱满，防止形成冷缩孔，随即熄弧，更换焊条要快，并迅速地进行接头。

接头时，在图 3-39 中①所示的位置重新引弧，沿焊道焊至接头处②的位置，做长弧预热来回摆动几下之后（③④⑤⑥），在位置⑦压低电弧。当出现熔孔并听到“噗噗”声时，迅速熄弧。这时接头操作结束，转入正常灭弧焊法。

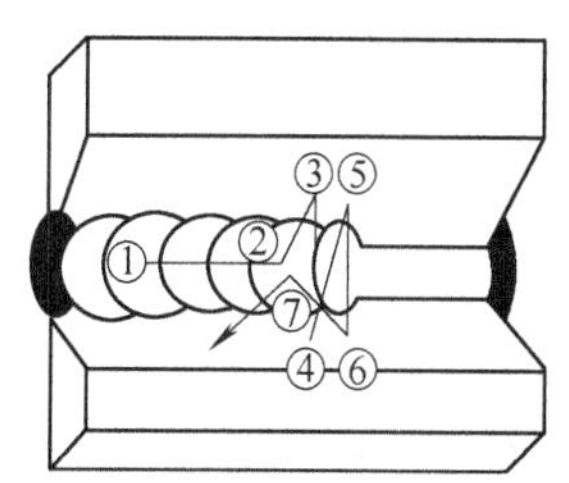

图 3-39　底层接头时的电弧轨迹

2）填充焊。焊前应把打底层进行认真地清渣处理，若有缺陷需用角向磨光机或錾子进行修整，直至无缺陷为止。填充焊电流应稍大，焊缝不应一次焊得太厚，运条至坡口两侧时应稍作停顿且压低电弧，待坡口两侧熔合好后方可移动。焊接速度应稍快，否则会出现夹渣。填充焊时应注意层与层之间熔合良好，避免出现未熔合现象。填充焊时起头不应过高，以平为基准。

填充焊时的引弧、运条及焊条角度如图 3-40 所示，采用小锯齿形或月牙形运条方法焊接，并在坡口两边稍作停顿，以便与母材熔合好。

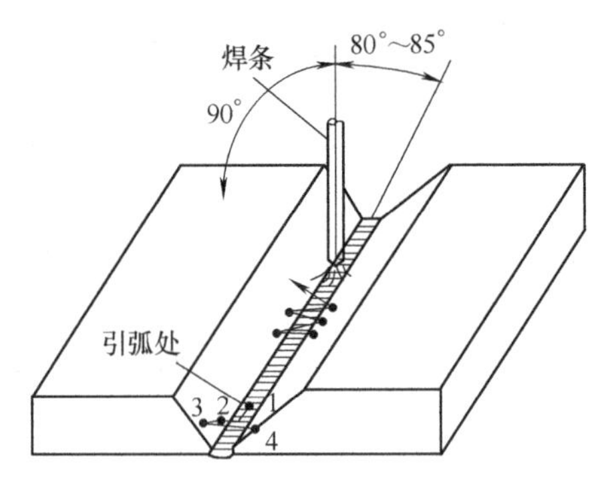

图 3-40　填充焊时的引弧、运条及焊条角度

3）盖面焊。正面最后一道焊缝属于盖面焊。盖面焊的质量关系焊件的外观质量是否合格，对焊接变形和焊缝的尺寸与外观起重要作用。

盖面焊时，焊接电流要低于填充层 10% ~15%，采用锯齿形或月牙形运条法，焊条与焊接方向倾角为 75° ~85°。焊接过程中，焊条摆动幅度要比填充层大，且摆动幅度一致，运条速度均匀，在坡口两侧要稍作停顿，随时注意坡口边缘良好熔合，防止咬边。焊条的摆幅由熔池的边缘确定，保证熔池的边缘不得超过焊件表面坡口棱边 2mm。否则，焊缝超宽会影响表面焊缝质量。

盖面焊焊接接头时，应将接头处的熔渣轻轻敲掉仅露出弧坑，然后，在弧坑前 10mm 处引燃电弧，拉长电弧至弧坑，保持一定弧长，靠电弧的喷射效果使熔池边缘与弧坑边缘相吻合，此时，焊条立即向前移动，转入正常的盖面焊操作。盖面焊的运条方法及接头方法如图 3-41 所示。

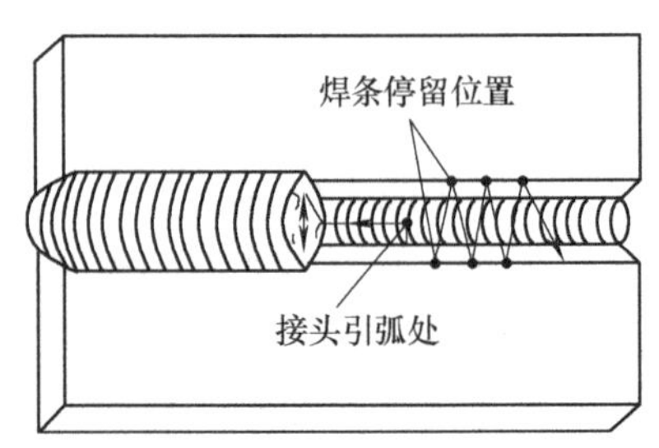

图 3-41　盖面焊的运条方法及接头方法

（5）注意事项

1）操作过程中，要随时观察熔池与熔渣是否可以分清。若熔渣超前，熔池与熔渣分不清，即电弧在熔渣后方时（焊接电流过小），很容易产生夹渣的缺陷；若熔渣明显拖后，熔池裸露出来（焊接电流过大），会使焊缝成形粗糙。

2）打底层断弧焊单面焊双面成形的操作要领是：电弧要短，所送熔滴要少，形成焊道要薄，断弧节奏要快。

3）当完成打底层焊道长度的 2/3 时，焊件的温度已经升高，有时还会出现坡口间隙过小现象，应根据实际情况，适当调整燃弧和熄弧时间，确保整条焊道背面成形均匀。

4）填充焊的最后一层焊道要低于焊件表面，且有一定下凹，千万不能超出坡口面的棱边，否则会影响盖面焊缝的成形。

5）在单面焊双面成形过程中应牢记“眼精、手稳、心静、气匀”的操作要领。“眼精”是指焊工的眼睛要时刻注意观察焊接熔池的变化，注意熔孔尺寸、后面的焊点与前一个焊点重合面积的大小、熔池中液态金属与熔渣的分离等。“手稳”是指眼睛看到何处，焊条就应该按选用的运条方法、合适的弧长准确无误地送到何处，以保证正、背两面焊缝表面成形良好。“心静”是要求焊工在焊接过程中，专心焊接，别无他想。“气匀”是指焊工在焊接过程中，无论是站姿施焊、蹲姿施焊还是坐姿施焊，都要求焊工能保持呼吸平稳均匀，既不要大憋气，以免焊工因缺氧而烦躁，影响发挥焊接技能，也不要大喘气，以免焊工身体上下浮动而影响手稳。“心静、气匀”是前提，只有做到“心静、气匀”，焊工的“眼精、手稳”才能发挥作用。需要焊工在焊接实践中仔细体会和运用这一操作要领。

4. 注意事项

1）文明实习。

2）焊前焊机外壳应有保护接地线。

3）防触电、防电弧光灼伤眼睛。

4）对刚焊完的焊件和焊条头不要用手触摸，以免烫伤。

5）焊接工作结束后，应切断电源。待焊件冷却，并确认没有可凝烟气、火迹后方可离开操作间。

5. 评分标准

V 形坡口平对接焊见表 3-12。

表 3-12　V 形坡口平对接焊评分标准

检查项目	评判标准及得分	评判等级				数据	得分
		Ⅰ	Ⅱ	Ⅲ	Ⅳ		
焊缝余高	尺寸标准/mm	0~2	>2~3	<3~4	<0，>4		
	得分标准	4 分	3 分	2 分	0 分		
焊缝高度差	尺寸标准/mm	≤1	>1~2	>2~3	>3		
	得分标准	6 分	4 分	2 分	0 分		
焊缝宽度	尺寸标准/mm	18~21	17~22	16~23	<16，>23		
	得分标准	4 分	2 分	1 分	0 分		
焊缝宽度差	尺寸标准/mm	≤1.5	>1.5~2	>2~3	>3		
	得分标准	6 分	4 分	2 分	0 分		
咬边深度	尺寸标准/mm	无咬边	≤0.5		>0.5		
	得分标准	10 分	每 2mm 扣 1 分		0 分		
正面成形	标准	优	良	中	差		
	得分标准	6 分	4 分	2 分	0 分		
背面成形	标准	优	良	中	差		
	得分标准	4 分	2 分	1 分	0 分		
背面凹	尺寸标准/mm	0~0.5	>0.5~1	<1~2	>2		
	得分标准	3 分	2 分	1 分	0 分		
背面凸	尺寸标准/mm	0~0.5	>0.5~1	<1~2	>2		
	得分标准	3 分	2 分	1 分	0 分		
角变形	尺寸标准/（°）	0~1	>1~2	<2~3	>3		
	得分标准	4 分	3 分	1 分	0 分		
综合		合计					

焊缝外观（正、背）成形评判标准			
优（50 分）	良（40 分）	中（30 分）	差（20 分）
焊缝成形美观，焊缝均匀、细密，高低宽窄一致	焊缝成形较好，焊缝均匀、平整	焊缝成形尚可，焊缝平直，	焊缝弯曲，高低、宽窄明显

注：表面有裂纹、夹渣、气孔、未熔合等缺陷或出现焊件修补、未焊完，该项作 0 分处理。

技能训练四　V 形坡口立对接焊

［训练目标］

掌握使用碱性焊条进行平板对接 V 形坡口立焊位置的单面焊双面成形焊接技术，掌握月牙形和锯齿形运条方法，能控制熔池的形状与温度，防止焊道中间过高。

1. 工作准备

（1）材料准备　材质为 Q235 钢，尺寸为 300mm×100mm×12mm（每组两块），坡口形式为 V 形坡口，坡口面角度为 30°±2°；焊条选用 E5015，焊条直径为 ϕ3. 2mm。

（2）焊接设备　ZX7-315 型逆变式焊机。

（3）工具准备　钢丝钳、面罩、钢丝刷、锉刀、锤子、錾子、活扳手、角向磨光机、焊接检验尺等。

2. 技术要求

1）焊缝表面均匀，接头不应接偏或脱节，焊波不应有脱节。

2）焊缝的余高和熔宽应基本均匀，不应有过高或过宽、过窄现象。

3）无明显的咬边，焊缝反面应无烧穿和下塌等缺陷。

4）焊缝表面无夹渣、气孔、未焊透等缺陷。

5）焊后的焊件上不应有引弧痕迹。

6）时限：45min。时限是指由引弧开始至最后焊完熄弧的时间，包括过程清理及最终清理的时间，不包括施焊前清理、装配的时间。

3. 操作步骤

试件装配→定位焊→确定焊接参数→打底焊→填充焊→盖面焊→清理试件→检验焊接质量。

（1）试件装配　调直试板，修整坡口钝边，预留间隙，组装。试件装配尺寸见表 3-13。

表 3-13　试件装配尺寸

坡口面角度/（°）	钝边/mm	装配间隙/mm		错边量/mm	反变形角度/（°）
32±2	1~1.5	始焊点 3	终焊点 4	≤1	3~5

（2）定位焊　试件装配定位焊使用焊条与正式焊接时相同，定位焊缝的位置应在试件坡口内的两端，终焊端应多点些，防止在焊接过程中焊缝收缩造成未焊段坡口间隙变小影响焊接。定位焊缝的长度为 10~15mm，厚度≤6mm，如图 3-37 所示。

（3）确定焊接参数　V 形坡口立对接焊焊接参数见表 3-14。

表 3-14　V 形坡口立对接焊焊接参数

焊接层次	焊接道次	焊条直径/mm	焊接电流/A	电源极性
打底层	1	ϕ3. 2	75~85	直流反接
填充层	2~3	ϕ3. 2	85~115	直流反接
盖面层	4	ϕ3. 2	85~115	直流反接

焊接参数的选择主要根据工件厚度、接头形式、焊缝位置来定，由于立焊位置铁液容易下坠，打底焊时要选择好电流焊接。

（4）操作要点

1）打底焊。立焊打底层采用灭弧法焊接，焊条角度如图 3-42 所示。焊条与焊件之间的角度为 90°，焊条与焊缝之间的角度为 70°～80°。

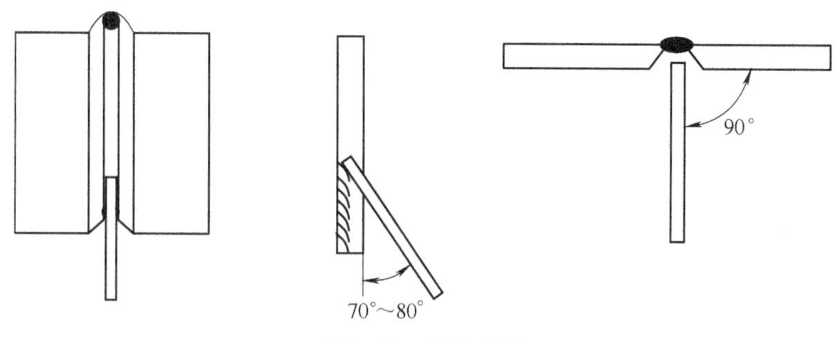

图 3-42 焊条角度

① 将试件固定在操作架上，间隙小的一端在下方，间隙大的一端在上方，焊接方向自下而上，控制引弧位置。开始施焊时，焊条在试件的下端定位焊缝上，通过划擦引燃电弧。电弧燃烧稳定形成熔池后，焊条左右摆动，采用灭弧焊法。在熔池还没有完全冷却时立即在坡口的一侧熔池边引燃电弧，带至坡口另一侧，熔池边缘熔合良好，形成熔池并打开熔孔后，再迅速灭掉电弧，这样反复焊接直至焊完。打底焊的运条方法如图 3-43 所示。

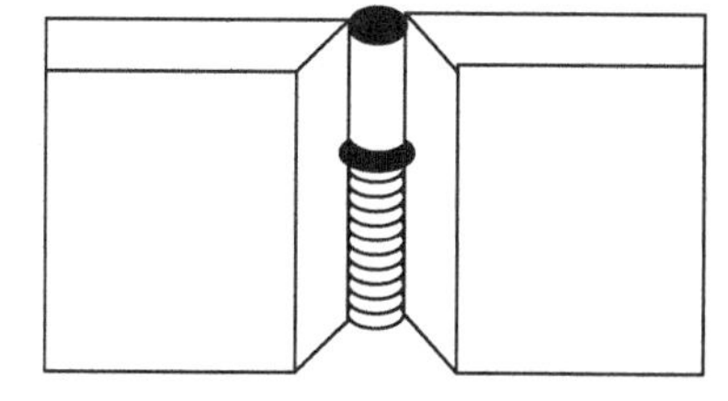

图 3-43 打底焊的运条方法

② 接头时采用热接法，要求换焊条的速度要快，当前一根焊条的收头熔池还没有完全冷却时，在熔池下方 10mm 处引弧，摆动向上施焊到原弧坑处，焊条角度大于正常焊接角度 10°左右，电弧向坡口背面压送，稍作停留，坡口被击穿并形成熔孔时，焊条倾角恢复正常角度，然后正常焊接。

2）填充焊。

① 填充层施焊前应将打底层的熔渣和飞溅清理干净，打底层接头处应修复平整，填充层的焊条角度为 70°～80°，开始填充时，焊条在焊缝的上端划擦引弧，引燃电弧后，起头焊条摆动稍慢，待温度合适后再做横向摆动，注意观察熔池要保持水平状态，焊条做横向摆动时，跨度不要过大，在坡口两侧停顿的时间要长些，中间过渡要快。填充焊的运条方法如图 3-44 所示。

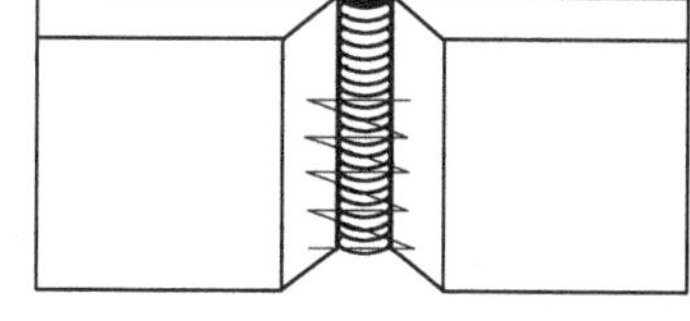

图 3-44 填充焊的运条方法

② 填充焊接头时更换焊条的速度要快，在熔池还未完全冷却时，在收头熔池的上方 10～15mm 处划擦引弧，然后把焊条拉到收头熔池处，稍加停顿，把弧坑填满即可正常施焊。填充层焊完后的焊缝比坡口边缘低 0.5～1mm，使焊缝平整或成凹形。

3）盖面焊。

① 盖面层施焊应将前一层的熔渣和飞溅清除干净。施焊时的焊条角度运条方法、接头方法与填充层相同。

② 盖面层要满足焊缝外形尺寸的要求，运条速度要均匀，摆动要有规律，运条到焊缝

两边，并稍作停留，这样才能有利于熔滴过渡和防止咬边，以保证焊缝完美。盖面焊的运条方法如图3-45所示。

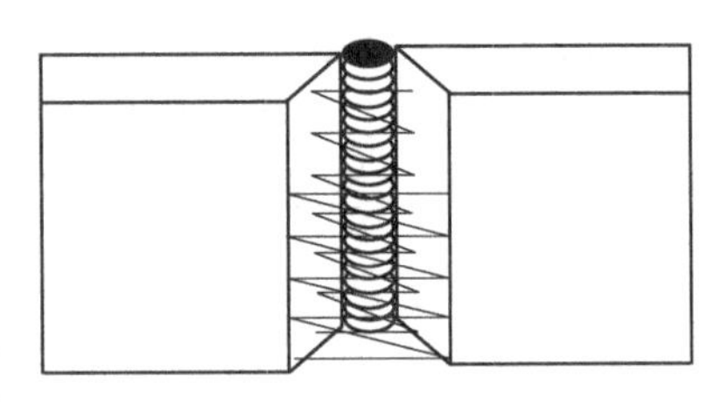

图3-45　盖面焊的运条方法

（5）操作要点

1）V形坡口立对接焊对于初学者来说，操作难度比较大。首先来了解一下什么是“一流三度”，“一流”就是电流，在焊接过程中电流起着很大的作用，调节电流时要了解焊接参数，按焊接参数来执行。“三度”就是“焊条角度”“焊接速度”“电弧长度”。在焊接过程中，“焊条角度”是非常重要的，焊条角度不正确对焊接质量会有影响。在焊接过程中，“焊接速度”过快，焊缝较窄易发生未焊透等缺陷，焊接速度过慢，则焊缝过高、过宽，外形不整，所以要根据焊缝的宽窄来灵活掌握。“电弧长度”大于焊条直径时称为长弧，小于焊条直径时称为短弧。在V形坡口立对接焊时，打底焊采用短弧以保证焊透。填充焊和盖面焊时可使电弧稍长些，但不应超过焊条的直径，以提高电弧的稳定性。因此，只有掌握好“一流三度”的要领才能保证焊接的质量。

2）下面再了解一下什么是“一稳二看三准”。“稳”主要是蹲稳、手稳，焊接时要求电弧稳，才能保证焊接的质量。“看”就是要注意观察熔池形状和熔孔的大小，使熔池形状基本一致，熔孔大小均匀，并保持熔池清晰、明亮，熔渣和铁液要分清。“准”是要求每次引弧的位置要准确，即不能超前，又不能拖后，两个熔池接得要恰到好处。

以上就是要了解掌握的“一流三度”和“一稳二看三准”的要领，只有掌握好才能提高焊接水平。

4. 注意事项

1）文明实习。

2）焊前焊机外壳应有保护接地线。

3）防触电、防电弧光灼伤眼睛。

4）对刚焊完的焊件和焊条头不要用手触摸，以免烫伤。

5）防烟尘和有害气体。

6）焊接工作结束后，应切断电源。待焊件冷却，并确认没有可凝烟气、火迹后方可离开操作间。

5. 评分标准

V形坡口立对接焊评分标准见表3-12。

技能训练五　V形坡口横对接焊

［训练目标］

掌握使用酸性焊条进行平板对接V形坡口横焊位置的单面焊双面成形焊接技术，能控制熔池的形状防止焊道上边缘产生咬边。

1. 工作准备

（1）材料准备　材质为Q235钢，尺寸为300mm×100mm×12mm（每组两块），坡口形式为V形坡口，坡口面角度为30°±2°；焊条选用E5015，焊条直径为ϕ3.2mm。

（2）焊接设备　ZX7-315型逆变式焊机。

（3）工具准备　钢丝钳、面罩、钢丝刷、锉刀、锤子、錾子、活扳手、角向磨光机、焊接检验尺等。

2. 技术要求

1）焊接位置为横焊位置，单面焊双面成形。

2）钝边高度与间隙自定。

3）焊件一经施焊，不得任意更换和改变焊接位置。

4）定位焊时允许做成反变形。

5）不允许破坏焊缝原始表面。

6）时限：45min。时限是指由引弧开始至最后焊完熄弧的时间，包括过程清理及最终清理的时间，不包括施焊前清理、装配的时间。

3. 操作步骤

试件装配→定位焊→确定焊接参数→打底焊→填充焊→盖面焊→清理试件检验焊接质量。

（1）试件装配 调直试板，修整坡口钝边，预留间隙，组装。试件装配尺寸见表3-15。

表3-15 试件装配尺寸

坡口面角度/（°）	钝边/mm	装配间隙/mm		错边量/mm	反变形角度/（°）
32±2	1~1.5	始焊点3	终焊点4	≤1	3~4

（2）定位焊 试件装配定位焊使用焊条与正式焊接时相同，定位焊缝的位置应在试件坡口内的两端，终焊端应多点些，防止在焊接过程中焊缝收缩造成未焊段坡口间隙变小影响焊接。定位焊缝的长度为10~15mm，厚度≤6mm，如图3-37所示。

（3）确定焊接参数 V形坡口横对接焊焊接参数见表3-16。

表3-16 V形坡口横对接焊焊接参数

焊接层次	焊接道次	焊条直径/mm	焊接电流/A	电源极性
打底层	1	ϕ3.2	75~85	直流反接
填充层	2~3	ϕ3.2	100~130	直流反接
盖面层	4	ϕ3.2	100~120	直流反接

在横焊时，熔化金属在自重作用下易下坠，在焊缝上侧易产生咬边，下侧易产生下坠或焊瘤等缺陷。因此，要选用较小直径的焊条，小的焊接电流，多层多道焊，短弧操作。

1）焊道分布单面焊，四层七道，如图3-46所示。

2）试板固定在垂直面上，焊缝在水平位置，间隙小的一端放在左侧。

3）横焊时打底焊层的焊条角度如图3-47所示。

（4）操作要点

1）打底焊。采用连弧焊，焊接时在始焊端的定位焊缝处引弧，稍作停顿预热，然后上下摆动向右施焊，待电弧到达定位焊缝的前沿时，将焊条向试件背面压，同时稍停顿。这时可以看到试板坡口根部被熔化并击穿，形成了熔孔，此时焊条可上下做锯齿形摆动，如图3-48所示。

为保证打底焊道获得良好的背面焊缝，电弧要控制短些。焊条摆动，向前移动的距离不宜过大。焊条在坡口两侧停留时要注意，上坡口停留的时间要稍长。焊接电弧的1/3保持在熔池前，用来熔化和击穿坡口的根部。电弧的2/3覆盖在熔池上并保持熔池的形状和大小基本一致，还要控制熔孔的大小，使上坡口面熔化1～1.5mm，下坡口面熔化约0.5mm，保证坡口根部熔合好，如图3-49所示。在施焊时，若下坡口面熔化太多，试板背面焊道易出现下坠或产生焊瘤。

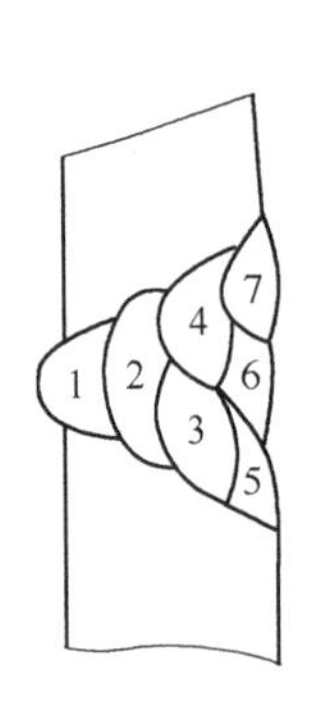

图3-46　平板对接横焊焊道分布

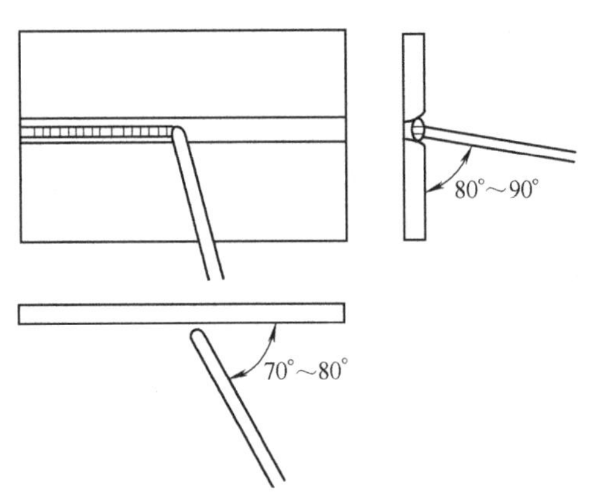

图3-47　横焊时打底焊层的焊条角度

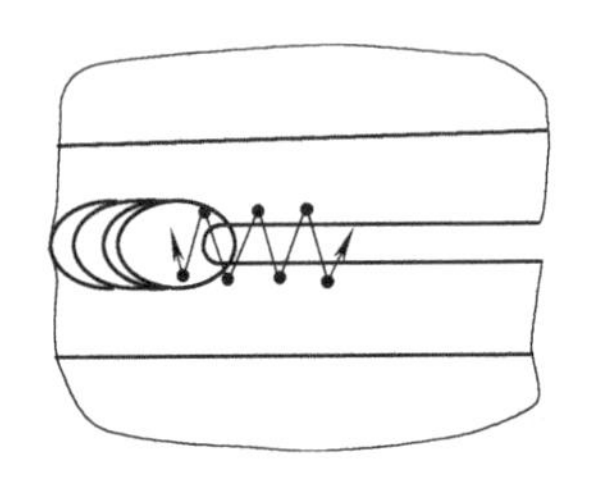

图3-48　打底焊的运条方法

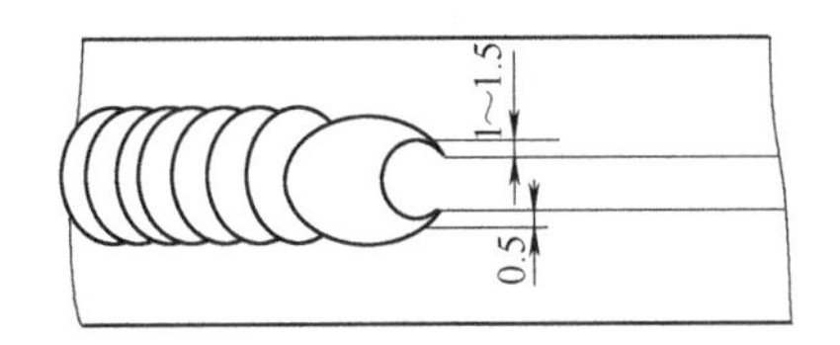

图3-49　横焊时的熔孔

收弧的方法是，当焊条即将焊完需要更换焊条收弧时，将焊条向焊接的反方向拉回1～1.5mm，并逐渐抬起焊条，使电弧迅速拉长，直至熄灭。这样可以把收弧缩孔消除或带到焊道表面，以便在下一根焊条焊接时将其熔化掉。

2）填充焊。在焊填充层时，必须保证熔合良好，防止产生未熔合及夹渣。

填充层在施焊前，先将打底层的焊渣及飞溅清除干净，焊缝接头过高的部分应打磨平整，然后进行填充层焊接。

第一层填充焊道为单层单道，焊条的角度与打底层相同，但摆幅稍大些。焊第一层填充焊道时，必须保证打底焊道表面及上、下坡口面处熔合良好，焊道表面平整。

第二层填充焊有两条焊道，焊条角度如图3-50所示。焊第二层下面的填充焊道时，电弧对准第一层填充焊道的下沿，并稍摆动，使熔池能压住第二层焊道的1/2～2/3。

焊第二层上面的填充焊道时，在电弧对准第一层填充焊道的上沿时稍摆动，使熔池正好填满空余位置，使表面平整。

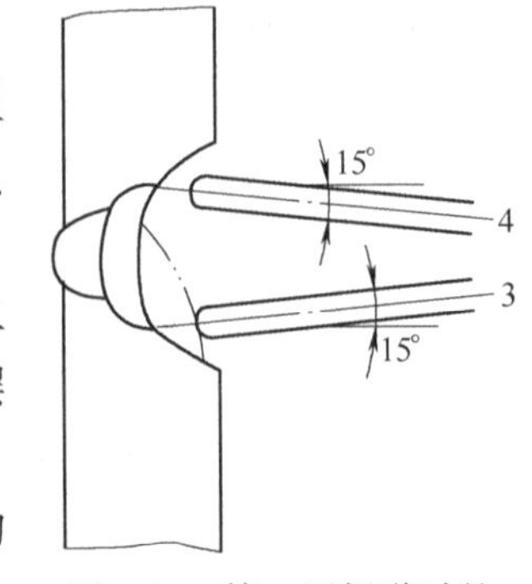

图3-50　第二层焊道时的焊条角度

当填充层焊缝焊完后，其表面应距下坡口表面约2mm，距上

坡口约0.5mm，不要破坏坡口两侧棱边，为盖面层施焊打好基础。

3）盖面焊。在盖面层施焊时，焊条与试件的角度如图3-51所示。焊条与焊接方向的角度与打底焊相同，盖面层焊缝共三道，依次从下往上焊接。

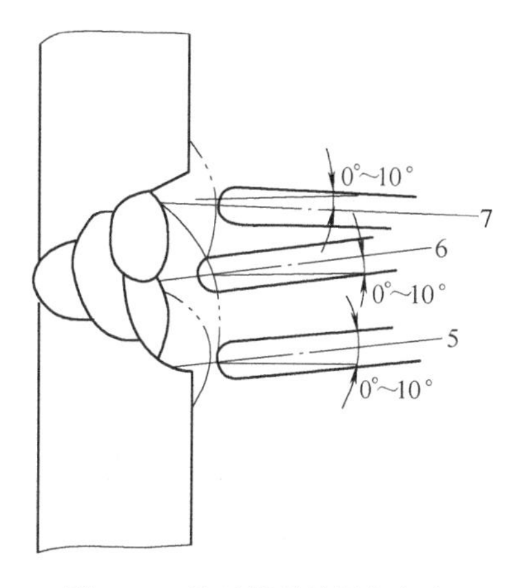

图3-51　盖面焊道的焊条角度

在焊盖面层时，焊条摆幅和焊接速度要均匀，并采用较短的电弧，每条盖面焊道要压住前一条填充焊道的2/3。

在焊接最下面的盖面焊道时，要注意观察试板坡口下边的熔化情况，保持坡口边缘均匀熔化，并避免产生咬边、未熔合等现象。

在焊中间的盖面焊道时，要控制电弧的位置，使熔池的下沿在上一条盖面焊道的1/3~2/3处。

上面的盖面焊道是接头的最后一条焊道，操作不当容易产生咬边，铁液下淌。在施焊时，应适当增大焊接速度或减小焊接电流，将铁液均匀地熔合在坡口的上边缘。适当地调整运条速度和焊条角度，避免铁液下淌、产生咬边，以得到整齐、美观的焊缝。

4. 注意事项

1）文明实习。

2）焊前焊机外壳应有保护接地线。

3）防触电、防电弧光灼伤眼睛。

4）对刚焊完的焊件和焊条头不要用手触摸，以免烫伤。

5）焊接工作结束后，应切断电源。待焊件冷却，并确认没有可凝烟气、火迹后方可离开操作间。

5. 评分标准

V形坡口横对接焊评分标准见表3-12。

技能训练六　V形坡口仰对接焊

［训练目标］

掌握使用酸性焊条进行平板对接V形坡口仰焊位置的单面焊双面成形焊接技术，能控制熔池的形状与温度，学会焊接推力电流的正确使用。

1. 工作准备

（1）材料准备　材质为Q235，尺寸为300mm×100mm×12mm（每组两块），坡口形式为V形坡口，坡口面角度为30°±2°；焊条选用E5015，焊条直径为ϕ3.2mm。

（2）焊接设备　ZX7-315型逆变式焊机。

（3）工具准备　钢丝钳、面罩、钢丝刷、锉刀、锤子、錾子、活扳手、角向磨光机、焊接检验尺等。

2. 技术要求

1）焊接位置为仰焊位置，单面焊双面成形。

2）钝边高度与间隙自定。

3）焊件一经施焊，不得任意更换和改变焊接位置。

4）定位焊时允许做成反变形。

5）不允许破坏焊缝原始表面。

6）时限：45min。时限是指由引弧开始至最后焊完熄弧的时间，包括过程清理及最终清理的时间，不包括施焊前清理、装焊的时间。

3. 操作步骤

（1）试件装配　调直试板，修整坡口钝边，预留间隙，组装。试件装配尺寸见表3-17。

表3-17　试件装配尺寸

坡口面角度/（°）	钝边/mm	装配间隙/mm		错边量/mm	反变形角度/（°）
32±2	1~1.5	始焊点4	终焊点5	≤1	3~4

（2）定位焊　试件装配定位焊使用焊条与正式焊接时相同，定位焊缝的位置应在试件坡口内的两端，终焊端应多点些，防止在焊接过程中焊缝收缩造成未焊段坡口间隙变小影响焊接。定位焊缝的长度为10~15mm，厚度≤6mm，如图3-37所示。

试板材料为Q235钢，厚度为12mm，V形坡口（坡口面两边的合成角度不大于65°），钝边高度为1.0~1.5mm。装配时末端间隙略大于始端间隙，并预留适当的反变形量。对接仰焊的装配尺寸如图3-52所示。

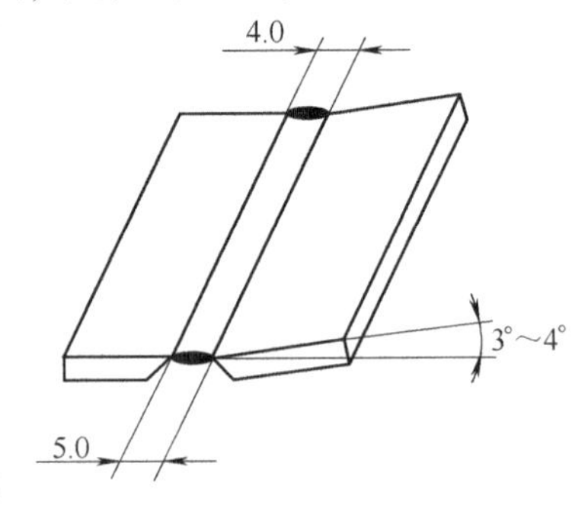

图3-52　对接仰焊的装配尺寸

为保证熔滴能顺利过渡至试件背面，所以采用较大的根部间隙。采用灭弧焊方法对接仰焊打底层的焊接参数见表3-18。

表3-18　对接仰焊打底层的焊接参数

试板厚度/mm	焊条直径/mm	焊接电流/A	焊条型号
12	3.2	90~110	E5015

（3）打底焊　仰板直流反接灭弧打底的操作要领：焊接打底层时易在焊缝背面产生塌陷，为达到单面焊双面成形的目的，使背面焊缝成形良好，仰焊打底层的操作具有较大的难度。打底层采用灭弧焊时的焊条角度如图3-53所示。

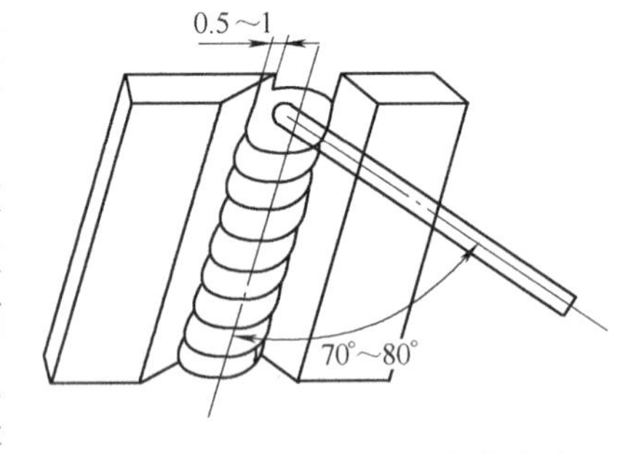

图3-53　仰焊打底焊时的焊条角度

开始焊接时，首先在距定位焊缝10~15mm处的坡口一侧引弧，然后将电弧拉回至定位焊缝上，借助定位焊缝连弧加热坡口根部，到接头处迅速压低电弧将熔滴送到焊缝根部，并借助电弧吹力作用尽量向坡口根部、背面输送熔滴；同时将其稍向左右摆动，以便于形成熔池和熔孔，并保证接头熔合良好。仰焊时第一个熔孔形成后立即熄弧以冷却熔池。再次引弧时，在第一个熔池前一侧坡口面上，即在熔孔的边缘用接触法引弧，电弧引燃后，听到电弧击穿声时，控制焊条不要摆动，使电弧燃烧0.8~1s，并保持弧柱长度1/2穿过熔孔。然后急速拉回侧后方熄弧。仰焊打底层采用灭弧焊的操作手法如图3-54所示。

电弧燃烧时焊条不应做大幅度摆动，运条速度要快，如果焊条摆动幅度过大，液态金属受电弧的吹力就越小，且重力的作用位置发生改变，将使熔池金属下坠倾向增大。熄弧动作应迅

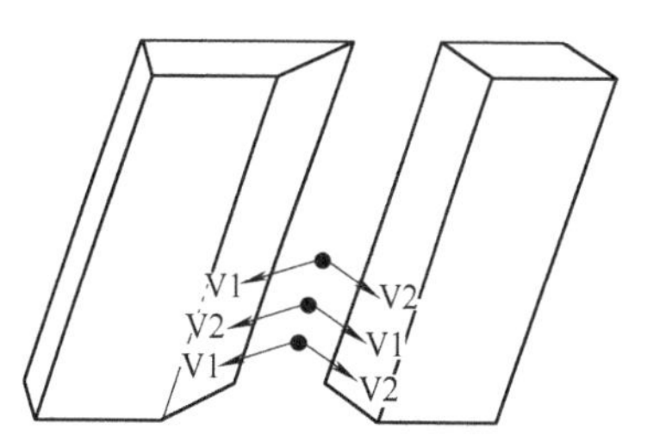

图 3-54　仰焊打底层采用灭弧焊的操作手法

速利落，以免焊道背面产生塌陷，使正面铁液下坠形成焊瘤。施焊过程中，焊件背面应保持焊缝凸起，穿透熔孔的位置要准确，每侧坡口穿透尺寸为 1～1.5mm。为了更好地掌握焊接方法、灵活调整焊条角度、控制电弧长度应注意以下几点：

1）在使用碱性焊条时，不能像酸性焊条那样靠长弧预热或跳弧控制熔池温度，必须采用短弧焊，否则容易产生气孔。

2）更换焊条熄弧前，为防止产生弧坑缩孔，要在熔池边缘部位迅速向背面补充 2～3 滴液态金属，然后向后侧方衰减灭弧。

3）接头时动作要快，最好在熔池尚处于红热状态下引弧施焊。接头位置应选在熔池前缘，当听到试板背面电弧穿透声后，焊条立即做收弧、旋转动作，再运条前进。

（4）填充焊　施焊前要认真清理前一层的焊渣、飞溅，尤其是焊道两侧的焊渣必须清理干净，防止焊接时产生夹渣。接头处焊道凸起部分或焊瘤应錾削平，采用锯齿形运条法焊接填充层。操作时要注意坡口两侧的熔合情况，运条至坡口两侧时焊条可做适当偏转、停留，灵活调整电弧与坡口间的角度。

焊接时应注意以下几点：

1）焊接第一道填充层时，在施焊时必须注意与打底层焊道应充分熔合，并不应出现凸形焊道，采用小幅摆动，摆动时在焊道两侧与坡口面的夹角处做少许停留，使夹角处熔化充分。焊成的焊道要光滑平整，为随后的第二道填充焊道施焊创造良好的条件。

2）焊接第二道填充时，由于焊缝宽度增大，焊条摆动的幅度也随之加大，注意不要将电弧摆出坡口外，造成坡口损伤。同时应严格控制预留坡口的深度，（预留坡口的深度过深或过浅，都会影响盖面层的施焊，一般深度以 1～1.5mm 为宜），为盖面层施焊打好基础。

3）焊接时用短弧操作，弧长最好控制在 3mm 以下，以防止产生气孔。填充层焊道表面要整齐、平滑，可采用锯齿形或月牙形运条方法施焊，如图 3-55 所示。

（5）盖面焊　盖面层施焊前，应将前一层的熔渣和飞溅清除干净。施焊的焊条角度、运条方法及接头方法与填充层相同，但焊条横向摆动的幅度比填充层更宽，摆至坡口两侧时应将电弧进一步缩短，并稍加停顿，让熔池边缘压住坡口边 1～2mm 为宜。注意两侧熔合情况，熔池填满后再做摆动，避免咬边。焊条摆动时中间过渡要快而稳，防止熔池金属下坠而产生焊瘤，最后还要保持焊条角度始终一致，焊条不能压挤熔池，使焊缝表面铁液过渡圆滑。

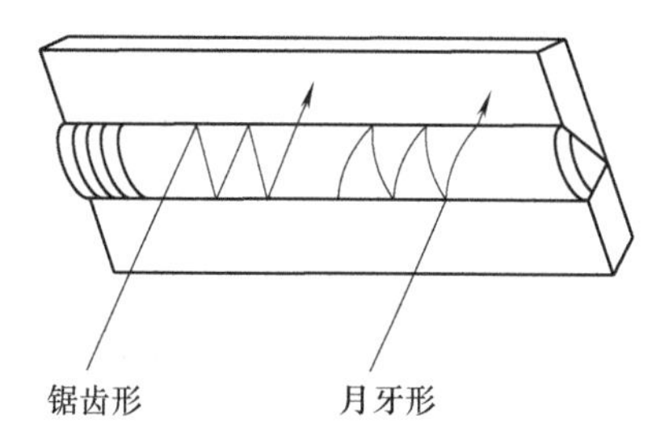

图 3-55　填充层焊道的运条方法

特别提示：

要控制好电弧高度和电弧在坡口两侧的停顿时间，防止咬边与焊瘤，控制好盖面焊缝的外形尺寸。清理试件时，不能破坏焊缝原始表面。

4. 注意事项

1）文明实习。

2）焊前焊机外壳应有保护接地线。

3）防触电、防电弧光灼伤眼睛。

4）对刚焊完的焊件和焊条头不要用手触摸，以免烫伤。

5）焊接工作结束后，应切断电源。待焊件冷却，并确认没有可凝烟气、火迹后方可离开操作间。

5. 评分标准

V 形坡口仰对接焊评分标准见表 3-12。

技能训练七　V 形坡口转动管对接焊

[训练目标]

掌握使用酸性焊条进行 V 形坡口单面焊双面成形的转动管焊接的操作要领。

1. 工作准备

（1）材料准备　材质为 Q235，尺寸为 ϕ159mm × 8mm（每组两根），坡口形式为 V 形坡口，坡口面角度为 30° ±2°；焊条选用 E4303，焊条直径为 ϕ3.2mm。

（2）焊接设备　ZX7-315 型逆变式焊机。

（3）工具准备　钢丝钳、面罩、钢丝刷、锉刀、锤子、錾子、活扳手、角向磨光机、焊接检验尺等。

2. 技术要求

1）焊接位置为水平转动焊，单面焊双面成形。

2）钝边高度与间隙自定。

3）焊缝的余高和熔宽应基本均匀，不应有过高或过宽、过窄现象。

4）定位焊时允许做成反变形。

5）不允许破坏焊缝原始表面。

6）时限：45min。时限是指由引弧开始至最后焊完熄弧的时间，包括过程清理及最终清理的时间，不包括施焊前清理、装焊的时间。

3. 操作步骤

（1）焊前清理　为防止焊接过程中出现气孔，装配前必须把试件清理干净，将坡口和靠近坡口边缘内、外两侧 15 ~ 20mm 处用锉刀清理干净，直至发出金属光泽。

（2）试件装配　试件装配尺寸见表 3-19。

表 3-19　试件装配尺寸

坡口面角度/（°）	钝边/mm	装配间隙/mm	错边量/mm	反变形角度
60	1 ~ 1.5	3.2 ~ 4.0	≤1	始焊端间隙小些

（3）定位焊　定位焊所使用的焊接材料和焊接工艺必须与正式焊接的要求相同。

定位焊前要检查一下对口间隙是否准确，试件接地是否良好，定位焊缝的位置应固定在试件坡口上（图 3-56）：*A*、*C* 两点间的间隙约为 3.0mm，*A*、*B* 两点的间隙约为 3.5mm，*B*、*C* 两点的间隙约为 4.0mm。定位焊缝长 10 ~ 15mm，厚度为 3mm 左右，定位焊后应仔细检查焊缝质量，管子的轴线必须对正，确认无任

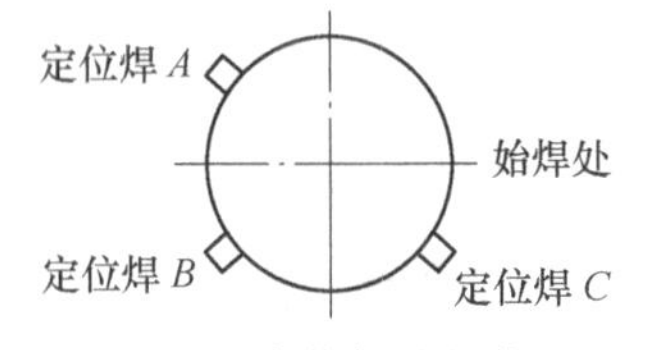

图 3-56　定位焊缝的位置

何问题后，把定位焊缝的两端修成斜坡形，以便接头，定位焊缝如有问题，应将定位焊缝清除并打磨干净，重新进行定位焊。

转动管焊接参数见表3-20。

表3-20 转动管焊接参数

焊接层次	焊条直径/mm	焊接电流/A	电源极性
打底层	ϕ3.2	85~100	直流正接
填充层	ϕ3.2	80~100	直流正接
盖面层	ϕ3.2	80~100	直流正接

（4）打底焊

1）打底焊采用灭弧焊方法。管子的焊缝是环形的，在焊接过程中需经立焊和平焊两种位置，由于焊缝位置的变化，改变了熔池所处的空间位置，操作比较困难，焊接时焊条角度应随着焊接位置的不断变化而随时调整，如图3-57所示。

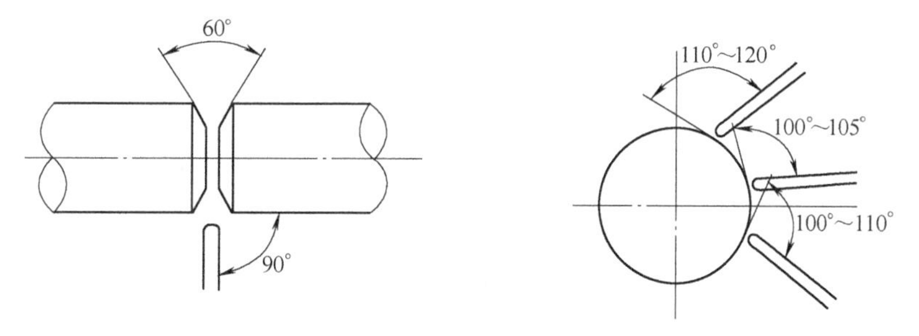

图3-57 打底焊时的焊条角度

2）转动管焊接时要从 C 点的定位开始，起焊时采用划擦法将电弧在左坡口内引燃，将电弧引到 C 点处，采用长弧预热 C 点处经过2~3s，定位焊点出现了熔化状态（即金属表面有“汗珠”时），立即压低电弧，焊条向坡口部压送，熔化并击穿坡口根部，将熔滴送至坡口背面，此时可听见背面电弧的穿透声“噗噗”声，这时便形成了第一个熔池，第一个熔池形成后，立即将焊条向焊接的上方迅速灭弧，使熔池降温，待熔池变暗时，即重新引弧，这时便形成第二个熔池，如此反复。

3）要均匀地采用两边慢中间快的方法向前施焊，除了选择焊接电流之外，引弧动作要准确和稳定，灭弧动作要果断且要保持短弧，电弧在坡口两侧停留时间不宜过长（两侧停留时间1~2s）。

4）施焊时要注意把握住“三个方法”和“四个要领”。三个方法是“一看二听三准”。“看”就是要注意观察熔池形状和熔孔的大小，使熔池形状基本一致，熔孔大小均匀，并要保持熔池清晰、明亮，熔渣和铁液要分清；“听”是听清电弧击穿试件根部“噗噗”声；“准”是要求每次引弧的位置与熔池前沿的位置要准确，既不能超前又不能拖后，后一个熔池搭接前一个熔池2/3左右。四个要领是“一流三度”。“一流”就是电流，调节电流是关键，不管是打底焊、填充焊，还是盖面焊，都要把焊接电流调整合适。“三度”是指“电弧长度”“焊条角度”和“焊接速度”。在这三度中电弧长是关键，只有把电弧长度掌握好，才能表明手把是否稳定，才能保证焊缝良好的成形，但其他两度也是非常重要的。焊接时焊条与焊件之间的角度是不断变化的，并垂直于左右两个面。在刚开始焊接时，焊件和焊条的温度都是低的，熔化速度慢，所以要求开始焊接时，焊接速度越慢越好。

5）转动管的焊接是从立和平的基础上焊接的，焊接立焊位置时，焊条向试件坡口内的给送应深些。电弧弧柱透过内壁约1/3，熔化坡口根部边缘两侧，横向摆动采用“一字形”，如图3-58所示。平焊位置焊条向试件坡口内的送给应比立焊浅些，弧柱透过内壁约1/4，熔化坡口根部边缘的两侧，采用“月牙形”，如图3-59所示，以防背面焊缝过高和产生焊瘤、气孔等缺陷。

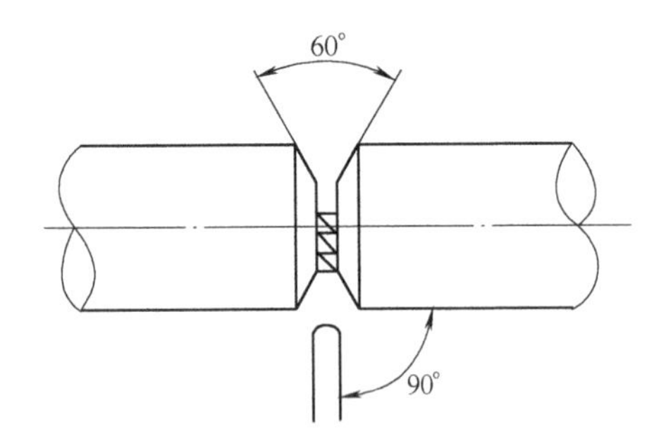

图3-58　打底立焊一字形运条

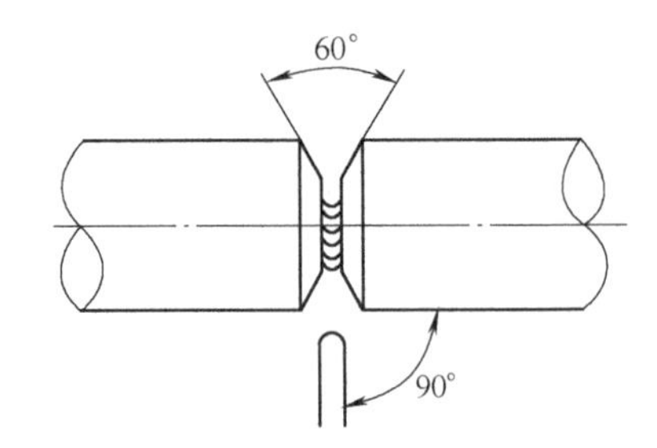

图3-59　打底平焊月牙形运条

6）在更换焊条进行焊缝中间接头时，有热接法和冷接法。热接法更换焊条要迅速，在前一根焊条的熔池没有完全冷却时，呈红热状，在熔池前面5～10mm处引弧，待电弧燃烧后，将焊条施焊至熔孔将焊条稍向坡口里压送，听到击穿声即可断弧，然后按前面介绍的焊法继续向前施焊。冷接法在施焊前，先将收弧处焊道打磨成缓坡状，然后按热接头的引弧位置和操作方法进行焊接，一周焊缝接头封闭时，要将电弧稍向坡口内压送，快到离闭合点3～4mm时就要采取连弧运条方法焊接，并轻轻向坡口根部压送便可封闭，然后继续向前施焊10mm左右，填满弧坑收弧。

7）转动管焊接过程中，主要是打底焊。要注意控制好电弧长度根据不同的焊接位置及时调整焊条角度，控制好熔池形状，在保证内部透度均匀的同时，还应使焊缝正面平整，坡口两侧过渡圆滑，没有死角。

（5）填充焊

1）填充层施焊前，应先将打底层的熔渣和飞溅清理干净并将打底层焊缝接头处修磨平整，填充层焊接时采用连弧焊方法，焊条与焊件及焊接方向的角度基本上是和打底焊相同的，不同的地方是采用连弧焊法角度的变化速度要快一些，采用“一字形”运条方法，焊条摆动的幅度不宜太大，采用短弧焊接，电弧在焊缝中间过渡要快，坡口两侧要稍加停顿，停顿时间为2～3s，形成平整或中间稍凹形焊缝。填充层焊完后的焊缝应比坡口边缘稍低1～1.5mm。要保持坡口边缘的原始状态，以确保盖面层施焊时能看清坡口边缘，确保盖面焊缝的直线度，填充焊的运条方法与焊条角度变化如图3-60和图3-61所示。

2）焊接填充层焊缝的中间接头时，更换焊条的速度要快，在收弧熔池前10～15mm处引燃电弧，然后将焊条迅速带至收头熔池内，按收头熔池的形状将其填满，然后正常焊接。

3）在填充层从立位至平位的焊接过程中，电流要根据焊接位置的不同而有所变化，平位稍大点，以确保铁液能够均匀正常的过渡。

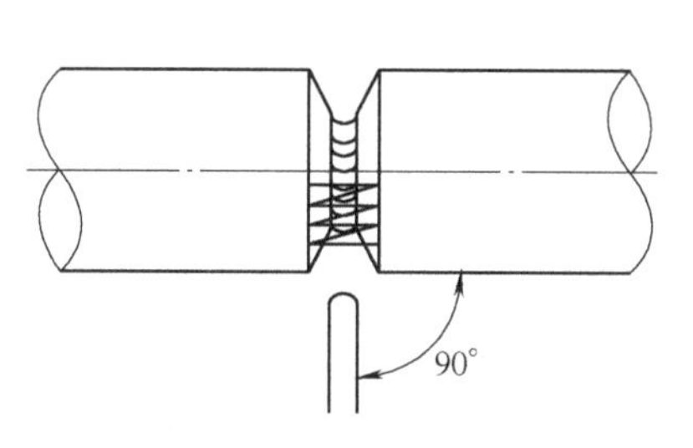

图 3-60　填充焊一字形运条方法

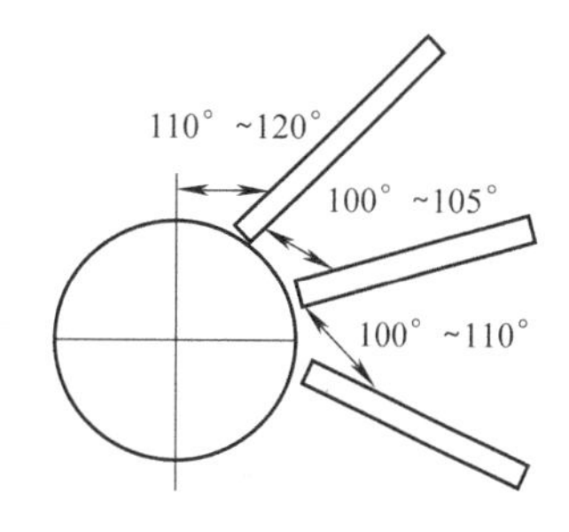

图 3-61　填充焊的焊条角度

（6）盖面焊

1）盖面焊要求保证焊缝尺寸，外形美观，熔合好无缺陷，盖面层施焊前应将填充层的熔渣、飞溅清除干净，施焊时的焊条角度与运条方法均同填充焊，但焊条水平横向摆动的幅度比填充焊更大些，当摆至坡口两侧时，电弧应进一步缩短，并要稍作停顿以避免产生咬边。从一侧摆至另一侧时应稍快一些，采用的运条方法是“一字形”（图3-62），以防止熔池金属下坠而产生焊瘤。

2）处理好盖面层焊缝中间接头是焊好盖面层焊缝的主要一环，当接头位置偏下时，接头处过高，位置偏上时，造成焊缝脱节，焊缝接头方法同填充层，但要求操作者的动作更准确到位。

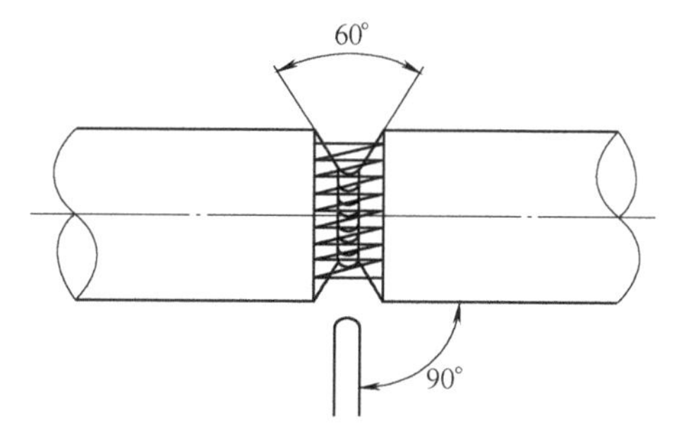

图 3-62　盖面焊一字形运条方法

3）盖面焊时，要及时调整好电流和焊条角度，焊条角度调整得是否到位，直接影响盖面焊缝的成形质量。盖面焊的焊条角度变化如图 3-61 所示。

4. 注意事项

1）文明实习。

2）焊前焊机外壳应有保护接地线。

3）防触电、防电弧光灼伤眼睛。

4）对刚焊完的焊件和焊条头不要用手触摸，以免烫伤。

5）焊接工作结束后，应切断电源。待焊件冷却，并确认没有可凝烟气、火迹后方可离开操作间。

5. 评分标准

V 形坡口转动管对接焊评分标准见表 3-21。

表 3-21　V 形坡口转动管对接焊评分标准

检查项目	评判标准及得分	评判等级				数据	得分
		Ⅰ	Ⅱ	Ⅲ	Ⅳ		
焊缝余高	尺寸标准/mm	0～2	>2～3	<3～4	<0，>4		
	得分标准	4 分	3 分	2 分	0 分		
焊缝高度差	尺寸标准/mm	≤1	>1～2	>2～3	>3		
	得分标准	6 分	4 分	2 分	0 分		

（续）

检 查 项 目	评判标准及得分	评 判 等 级				数　据	得　分
		Ⅰ	Ⅱ	Ⅲ	Ⅳ		
焊缝宽度	尺寸标准/mm	14~16	>16~17	>17~18	<14，>18		
	得分标准	4分	2分	1分	0分		
焊缝宽度差	尺寸标准/mm	≤1.5	>1.5~2	>2~3	>3		
	得分标准	6分	4分	2分	0分		
咬边深度	尺寸标准/mm	无咬边	≤0.5		>0.5		
	得分标准	10分	每2mm扣1分		0分		
正面成形	标准	优	良	中	差		
	得分标准	6分	4分	2分	0分		
背面成形	标准	优	良	中	差		
	得分标准	4分	2分	1分	0分		
背面凹	尺寸标准/mm	0~0.5	>0.5~1	<1~2	>2		
	得分标准	3分	2分	1分	0分		
背面凸	尺寸标准/mm	0~0.5	>0.5~1	<1~2	>2		
	得分标准	3分	2分	1分	0分		
角变形角度	尺寸标准/（°）	0~1	>1~2	<2~3	>3		
	得分标准	4分	3分	1分	0分		
综合		合计					

焊缝外观（正、背）成形评判标准

优（50分）	良（40分）	中（30分）	差（20分）
焊缝成形美观，焊缝均匀、细密，高低宽窄一致	焊缝成形较好，焊缝均匀、平整	焊缝成形尚可，焊缝平直	焊缝弯曲，高低、宽窄明显

注：表面有裂纹、夹渣、气孔、未熔合等缺陷或出现焊件修补、未焊完，该项作0分处理。

技能训练八　V形坡口水平固定管对接焊

[训练目标]

掌握使用酸性焊条进行V形坡口单面焊双面成形的水平固定管焊接的操作要领。

1. 工作准备

（1）材料准备　材质为Q235钢，尺寸为ϕ159mm×8mm（每组两根），坡口形式为V形坡口，坡口面角度为30°±2°；焊条选用E4303，焊条直径为ϕ3.2mm。

（2）焊接设备　ZX7-315型逆变式焊机。

（3）工具准备　钢丝钳、面罩、钢丝刷、锉刀、锤子、錾子、活扳手、角向磨光机、焊接检验尺等。

2. 技术要求

1）焊接位置为水平固定焊，单面焊双面成形。

2）钝边高度与间隙自定。

3）焊缝的余高和熔宽应基本均匀，不应有过高或过宽、过窄现象。

4）不允许破坏焊缝原始表面。

5）时限：45min。时限是指由引弧开始至最后焊完熄弧的时间，包括过程清理及最终清理的时间，不包括施焊前清理、装焊的时间。

3. 操作步骤

试件装配→确定单面焊双面成形水平固定管焊接工艺参数→打底焊→填充焊→盖面焊→清理试件整理现场→质量检查和评分。

（1）试件装配

1）焊前清理。为防止焊接过程中出现气孔，装配前必须把试件清理干净，将坡口和靠近坡口边缘内外两侧15～20mm处用锉刀清理干净，直至发出金属光泽。

水平固定管试件装配尺寸见表3-22。

表3-22　水平固定管装配尺寸

坡口面角度/（°）	钝边/mm	装配间隙/mm	错边量/mm	反变形角度
32±2	0.5～1.5	3.0～3.5	≤1	上大下小

2）定位焊。定位焊所使用的焊接材料和焊接工艺必须与正式焊接的要求相同，定位焊前要检查一下对口间隙是否准确，试件接地是否良好，定位焊缝的位置应固定在试件坡口上（图3-63），*A*、*B*两点的间隙约为3.50mm，*A*、*C*两点的间隙约为3.0mm。定位焊缝长10～15mm，厚度为3mm左右，定位焊后应仔细检查焊缝质量，管子的轴线必须对正，确认无任何问题后，把定位焊缝的两端修成斜坡形，以便接头，定位焊缝如有问题，应将定位焊缝清除并打磨干净，重新进行定位焊。

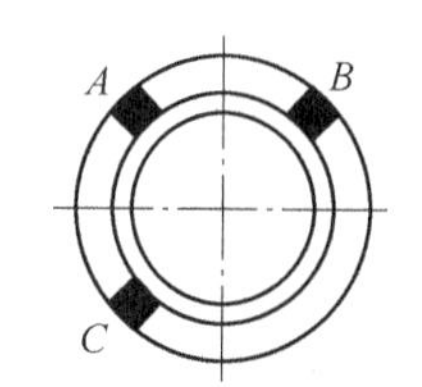

图3-63　定位焊缝的位置

（2）水平固定管焊接参数　见表3-23。

表3-23　水平固定管焊接参数

焊接层次	焊接道次	焊条直径/mm	焊接电流/A	电源极性
打底层	1	ϕ3.2	85～90	直流正接
填充层	2～3	ϕ3.2	85～100	直流正接
盖面层	4	ϕ3.2	85～95	直流正接

（3）打底焊　打底层的焊接采用灭弧焊方法。管子的焊缝是环形的，在焊接过程中需经过仰焊、立焊、平焊等几种位置。由于焊缝位置的变化，改变了熔池处的空间位置，操作比较困难，焊接时焊条角度应随着焊接位置的不断变化而随时调整，如图3-64所示。

焊接时，沿管子的垂直中心线分成前、后两半周施焊，如图3-65所示。

先焊前半周，引弧和收弧部位超过中心线5～

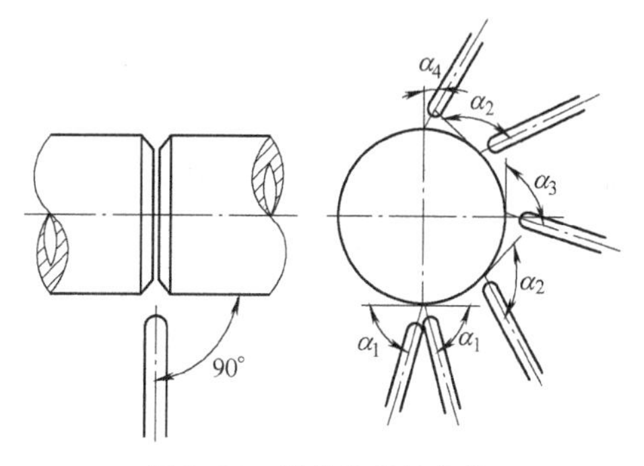

图3-64　焊条角度的变化

10mm。焊接从仰焊位置开始，起焊时采用划擦法在坡口内引燃电弧，送至坡口根部，待形成局部焊缝并看到坡口两侧金属即将熔化时，把焊条向坡口根部压送，将电弧送出透过内壁的1/2，熔化并击穿坡口的根部，此时可以听到背面电弧的击穿声，并形成第一个熔池。第一个熔池形成后，立即将焊条抬起熄弧，使熔池降温，待熔池变成暗红时重新引燃电弧并压低电弧向上给送，形成第二个熔池，如此反复。

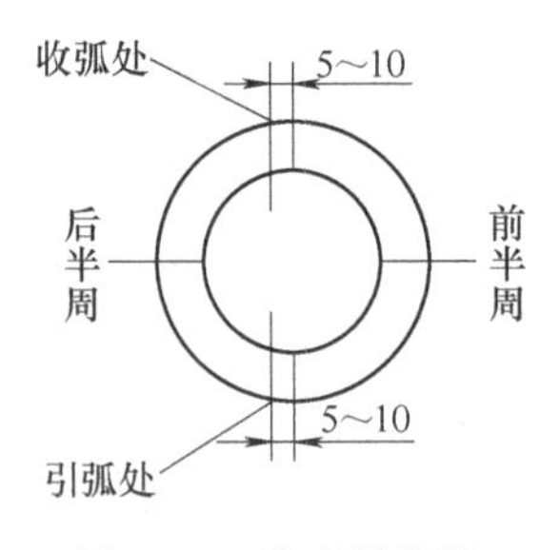

图3-65　前半周焊接引弧和收弧处

在仰焊时，焊条应向上顶送得深一些，尽量把电弧压短，防止产生内凹、未熔合、夹渣等缺陷。立焊和平焊时，焊条向试件坡口里面压送的深度应比仰焊浅些，留有1/3的电弧击穿根部钝边，防止因温度过高造成背面焊缝超高或产生焊瘤等缺陷。

收弧方法：当一根焊条即将焊完准备灭弧时，要沿着熔池向后给坡口的位置补充2~3滴铁液，使熔池缓冷，以防止突然熄弧造成弧坑处产生缩孔、裂纹等缺陷。

在更换焊条进行焊缝的中间接头时，有热接法和冷接法两种。

热接法更换焊条的速度要快，在收头熔池还没有完全冷却而收头熔池后焊缝呈红热状态时，立即在熔池后5~10mm的地方将电弧引燃，待电弧燃烧稳定后，左右摆动焊至收头熔孔处，并将焊条向坡口内压送，当听到击穿声并稍作停顿后，即可断弧，然后正常施焊。冷接法在接头前先将收口熔池修磨成缓坡状，再按热接法的接头方法进行操作。

焊接后半周前，要先将前半周焊缝起头处修磨成缓坡状，然后在缓坡后焊缝5~10mm处引燃电弧，左右摆动焊条，焊至缓坡末端时将焊条向上顶送，听到击穿声，根部焊透形成熔孔后即正常施焊，方法同前半周。焊至水平位置最后封口收头前，要先把前半周焊缝收头处熔池修磨成缓坡。焊至此处时，将电弧略向坡口内压送，速度减慢，连弧焊过前半周焊缝约10mm，填满弧坑熄灭电弧即可。施焊过程中，经过定位焊点时的接头方法与最后封口的接头方法相同。

在整道焊缝的焊接过程中，综合了钢板仰位、立位、平位打底层的焊接方法。

水平固定钢管焊接时，仰焊位置易造成凹陷，焊接时要控制好电弧长度。焊接过程中，根据不同的焊接位置及时调整焊条角度，控制好熔池形状，在保证内部透度的同时，还应使焊缝正面平整，坡口两侧过渡圆滑，没有死角。

（4）填充焊　填充层施焊前，应先将打底层的熔渣、飞溅清理干净，并将打底层焊缝接头处修磨平整。同样分两半周自下至上焊接，起头、收头方法同打底层。填充层焊接时采用连弧焊方法，焊条与焊件及焊接方向的角度如图3-66所示。

采用小8字形运条方法。焊条摆动的幅度不宜太大，电弧应控制得短些，电弧在焊缝中间过渡要快，坡口两侧要稍加停顿，形成中间较薄的凹形焊缝。

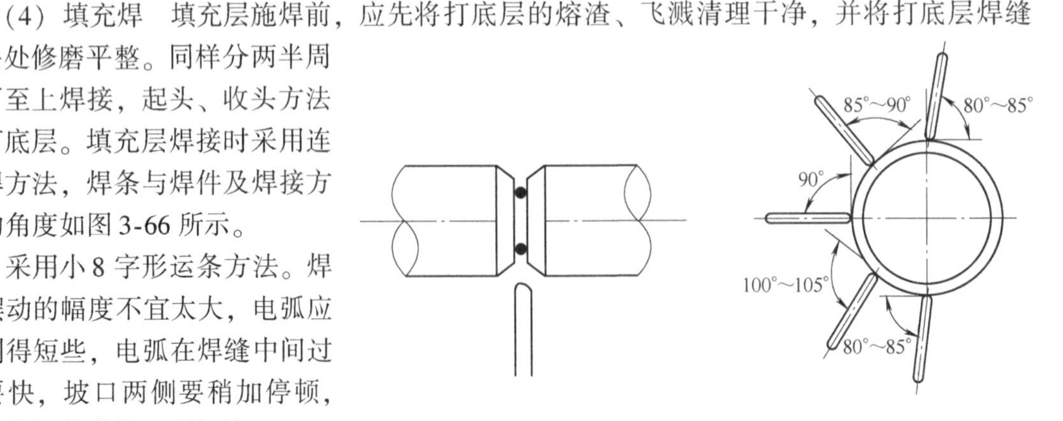

图3-66　焊条与焊件及焊接方向的角度

填充层焊完后的焊缝应比坡口边缘稍低1～1.5mm，保持坡口边缘的原始状态，以确保盖面层施焊时能看清坡口边缘，确保盖面焊缝的直线度。

焊接填充层焊缝的中间接头时，更换焊条的速度要快，在收弧熔池前10～15mm处引燃电弧，然后将焊条迅速带至收头熔池内，按收头熔池的形状将其填满，然后正常焊接。进行中间接头时，切不可直接在收头熔池内引弧接头，这样易使焊条端部的裸露焊芯在引弧时，因无药皮的保护而产生的密集气孔残留在接头焊缝中，因而影响焊缝的内部质量。

在填充层从仰位至平位的焊接过程中，电流要根据焊接位置的不同而有所变化，即仰位略小一点，平位稍大一点，以确保铁液能够均匀正常地过渡。

（5）盖面焊　盖面层施焊前应将填充层的熔渣、飞溅清理干净。施焊时的焊条角度和运条方法与填充层基本相同，但焊条水平横向摆动的幅度应比填充层更宽一些。当电弧摆至两端坡口边缘时，电弧要进一步压低，并稍加停顿，熔池边缘熔出坡口棱边1～2mm为宜，从一侧摆至另一侧时，动作要稍快，以防止熔池金属下坠而形成焊瘤。

盖面层焊缝中间接头质量的好坏直接影响盖面焊缝的外观成形。当接头位置偏下时，接头处偏高，位置偏上时，则造成焊缝脱节。盖面层的接头方法与填充层相同，但要求操作者的动作更准确到位。

盖面焊时一定要根据管子从下至上的弧度，及时调整焊条角度。焊条角度调整得是否到位，直接影响盖面焊缝的成形质量。

4. 评分标准

V形坡口水平固定管对接焊评分标准见表3-21。

【中级工考试训练】

（一）知识试题

1. 单项选择题

（1）水平固定管对接组装时，按规范和焊工技艺确定组对间隙，而且一般应（　　）。

A. 上大下小　　B. 上小下大　　C. 上下一样　　D. 左大右小

（2）焊条电弧焊Y形坡口的坡口角度一般为（　　）。

A. 40°　　B. 60°　　C. 70°　　D. 80°

（3）采用碱性焊条，焊前应在坡口及两侧各（　　）mm范围内，将锈、水、油污等清理干净。

A. 15～20　　B. 25～30　　C. 35～40　　D. 45～60

（4）管件对接的定位焊缝长度一般为10～15mm，厚度一般为（　　）mm。

A. 1　　B. 2～3　　C. 4　　D. 5

（5）低碳钢Q235钢板对接时，焊条应选用（　　）。

A. E7015　　B. E6015　　C. E5515　　D. E4303

（6）焊条电弧焊立焊操作时，发现椭圆形熔池下部边缘由比较平直轮廓变成鼓肚变圆时，表示熔池温度已稍高或过高，应立即灭弧，降低熔池温度，以避免产生（　　）。

A. 咬边　　B. 焊瘤　　C. 烧穿　　D. 夹渣

（7）焊前应对焊割场地进行安全检查，但（　　）不属于场地安全检查的内容。

A. 易燃易爆物是否采取安全措施　　B. 有无水源与消防灭火器材

C. 气瓶与明火热源的距离是否符合要求　　D. 地面是否干净卫生

(8) 用焊条 E5015 焊接 16Mn 钢板对接时，焊机应选用（　　）。

A. BX1-400　　B. BX3-400　　C. BX3-300　　D. ZX7-400

(9) 板件对接组装时，应按规范和焊工技艺确定组对间隙，且要求（　　）。

A. 终焊端比始焊端间隙略大　　B. 终焊端比始焊端间隙略小

C. 终焊端比始焊端间隙一样　　D. 终焊端间隙为零

(10) 小径管（ϕ60mm 以下）对接件定位焊，一般在坡口内点焊（　　）处。

A. 1　　B. 2　　C. 3　　D. 4

(11) 管件对接的定位焊缝长度一般为（　　）mm，厚度一般为 2~3mm。

A. 5~10　　B. 10~15　　C. 20~25　　D. 30~35

(12) 大径管（ϕ159mm 以上）对接件定位焊，一般在坡口内点焊（　　）处。

A. 1　　B. 2　　C. 3　　D. 4

(13) 中径管（$\phi60 \sim \phi133$mm）对接件定位焊，一般在坡口内点焊（　　）处。

A. 1　　B. 2　　C. 3　　D. 4

(14) 板对接时，焊前应在坡口及两侧各（　　）mm 范围内，将锈、水、油污等清理干净。

A. 5　　B. 20　　C. 30　　D. 40

(15) 在用碱性焊条电弧焊时，药皮中的（　　）和氢在高温下会产生氟化氢，氟化氢是一种具有刺激气味的无色气体。

A. 碳酸钙　　B. 水分　　C. 氧化锰　　D. 萤石

(16) 焊接结构刚性越大，板厚越大，焊接引起的变形（　　）。

A. 一样　　B. 越大　　C. 越小　　D. 略大

(17) 厚度 12mm 钢板对接，焊条电弧焊立焊，单面焊双面成形时，预置反变形量一般为（　　）。

A. 0°　　B. 1°~2°　　C. 3°~4°　　D. 5°~6°

(18) 焊工在有积水的地面焊接、切割时，应穿经过（　　）耐压试验合格的防水橡胶鞋。

A. 3000V　　B. 4000V　　C. 5000V　　D. 6000V

(19) 下列选项中（　　）不是焊前预热的作用与目的。

A. 降低焊后冷却速度，减小淬硬倾向　　B. 有利于扩散氢的逸出

C. 防止夹渣

(20) 下列选项中，（　　）不是钛钙型焊条药皮的特点。

A. 电弧稳定，飞溅少　　B. 脱渣容易，焊缝成形好

C. 适用于全位置焊接　　D. 对工件上的锈、水、油污敏感性大

(21) Y 形坡口角度越大，焊缝产生的角变形（　　）。

A. 越小　　B. 越大　　C. 一样　　D. 略小

(22) 克服电弧磁偏吹的方法不包括（　　）。

A. 改变地线位置　　B. 增加焊接电流　　C. 压低电弧　　D. 改变焊条角度

(23) E5015 焊条通常采用的是（　　）。

A. 交流　　B. 直流正接　　C. 直流反接　　D. 任意

(24) 中厚板对接接头的打底焊最好采用直径不超过（　　）的焊条。

A. 2.5mm　　B. 3.2mm　　C. 4mm　　D. 5mm

(25) 焊接过程中需要焊工调节的焊接参数是（　　）。

A. 焊接电源　　B. 药皮类型　　C. 焊接电流　　D. 焊接位置

(26) 定位焊时焊接电流应比正式焊接时（　　）。

A. 低5%～10%　　B. 低10%～15%　　C. 高10%～15%　　D. 高15%～20%

2. 判断题

(1) 16Mn钢焊条电弧焊时，焊条应用最多的是E5015和E5016；对于要求不高的构件，也可采用E5003焊条。（　　）

(2) 低碳钢20g钢板对接时，焊条应选用E4303。（　　）

(3) 用焊条E5015焊接16Mn钢板对接时，焊机应选用ZX5-400或ZX7-400。（　　）

(4) 焊接坡口的根部间隙越大，则焊接变形越大。（　　）

(5) 焊条电弧焊Y形坡口的坡口角度一般为60°。（　　）

(6) 焊条药皮的组成物主要有稳弧剂、造气剂、造渣剂、脱氧剂和合金剂等。（　　）

(7) 除了运条横向摆动宽度之外，电弧电压是影响单道焊缝宽度的主要因素。（　　）

(8) 焊接场地应保持必要的通道，人行通道宽度应不小于1.5m。（　　）

(9) 焊工应有足够的作业面积，作业面积应不小于$4m^2$。（　　）

(10) 选用碱性焊条是防止冷裂纹措施之一。（　　）

(11) 安装弧焊电源时，必须装有单独使用的电源开关。（　　）

(12) 室外临时使用电源时，临时动力线不得沿地面拖拉，架设高度应不低于2.5m。（　　）

(13) 焊工临时离开焊接现场时，可不必切断电源。（　　）

(14) 专用焊接软电缆是用多股纯铜细丝制成的导线。（　　）

(15) 焊接电缆使用时，可盘绕成圈状，以防产生感抗影响焊接电流。（　　）

(16) 不论何种焊接方法阳极温度总是大于阴极温度。（　　）

(17) 焊条偏心是引起磁偏吹的原因之一。（　　）

(18) 采用交流电时因极性不断变化，因此磁偏吹现象更为严重。（　　）

(19) 焊接参数对保证焊接质量是十分重要的。（　　）

(20) 直流焊接时焊条接电源正极的接法叫正接。（　　）

(21) 焊接电流是焊条电弧焊中最重要的参数。（　　）

(22) 焊接打底焊道时，为保证焊透，焊接电流要大些。（　　）

(23) 立焊、横焊时选用的电流要比平焊时的大些。（　　）

(24) 焊接时为了看清熔池，尽量采用长弧焊接。（　　）

(25) 中厚板焊接必须采用多层焊和多层多道焊。（　　）

(26) 碱性焊条收弧时不宜采用反复断弧收弧法。（　　）

(27) 定位焊只是为了装配和固定接头位置，因此要求与正式焊接可以不一样。（　　）

(28) 焊条直径实际上是指焊芯的直径。（　　）

（二）技能试题

第一题　焊条电弧焊钢板对接立焊

1. 操作要求

1）焊接方法为焊条电弧焊。

2）焊接位置为立焊（向上）。

3）焊件坡口形式为V形坡口，坡口面角度为32°±2°。

4）钝边高度与间隙自定。

5）试件坡口两端不得安装引弧板。

6）焊前焊件坡口两侧10～20mm应清油除锈，试件正面坡口内两端点固，长度≤20mm，定位焊时允许做反变形。

7）定位装配后，将装配好的试件固定在操作架上；试件一经施焊不得任意更换和改变焊接位置。

8）焊接过程中劳保用品穿戴整齐，焊接工艺参数选择正确，焊后焊件保持原始状态。

9）焊接完毕，关闭电焊机，工具摆放整齐，场地清理干净。

2. 准备工作

（1）材料准备　Q235钢，钢板2块，尺寸为300mm×100mm×12mm，坡口面角度为32°±2°；焊条选用E4303，焊条直径为ϕ3.2mm或ϕ4.0mm。

（2）设备准备　交流弧焊机1台。

（3）工具准备　台虎钳、钢丝钳、锤子、钢丝刷、锉刀、活扳手、台式砂轮或角向磨光机等。

（4）劳保用品准备　自备。

3. 考核时限

基本时间：准备时间30min，正式操作时间60min。

时间允许差：每超过5min扣总分1分，不足5min按5min计算，超过额定时间15min不得分。

4. 评分项目及标准

序号	评分要素	配分	评分标准	得分
1	焊前准备	20	1. 工件清理不干净，点固定位不正确，扣5～10分 2. 焊接参数调整不正确，扣5～10分	
2	焊缝外观质量	60	1. 焊缝余高>4mm，扣6分 2. 焊缝余高差>3mm，扣6分 3. 焊缝宽度差>3mm，扣6分 4. 背面余高>3mm，扣6分 5. 焊缝直线度误差>2mm，扣6分 6. 角变形>3°，扣6分 7. 错边>1.2mm，扣6分 8. 背面凹坑深度>1.2mm或长度>26mm，扣6分 9. 咬边深度≤0.5mm，累计长度每5mm扣1分；咬边深度>0.5mm或累计长度>26mm，扣12分	

（续）

序　号	评分要素	配　分	评分标准	得　分
2	焊缝外观质量	60	注意：①焊缝表面不是原始状态，有加工、补焊、返修等现象，或有裂纹、气孔、夹渣、未焊透、未熔合等任何缺陷存在，此项考核按不合格论 ② 焊缝外观质量得分低于36分，此项考核按不合格论	
3	安全文明生产	20	1. 劳保用品穿戴不全，扣2～5分 2. 焊接过程中有违反安全操作规程的现象，根据情况扣5～10分 3. 焊接完毕，场地清理不干净，工具码放不整齐，扣2～5分	
4	综合	100	合计	

第二题　焊条电弧焊钢板对接横焊

1. 操作要求

1）焊接方法为焊条电弧焊。

2）焊接位置为横焊。

3）焊件坡口形式为V形坡口，坡口面角度为32°±2°。

4）钝边高度与间隙自定。

5）试件坡口两端不得安装引弧板。

6）焊前焊件坡口两侧10～20mm应清油除锈，试件正面坡口内两端点固，长度≤20mm，定位焊时允许做反变形。

7）定位装配后，将装配好的试件固定在操作架上；试件一经施焊不得任意更换和改变焊接位置。

8）焊接过程中劳保用品穿戴整齐，焊接工艺参数选择正确，焊后焊件保持原始状态。

9）焊接完毕，关闭电焊机，工具摆放整齐，场地清理干净。

2. 准备工作

（1）材料准备　Q235钢，钢板2块，尺寸为300mm×100mm×12mm，坡口面角度为32°±2°；焊条选用E4303，焊条直径为ϕ3.2mm或ϕ4.0mm。

（2）设备准备　交流弧焊机1台。

（3）工具准备　台虎钳、钢丝钳、锤子、钢丝刷、锉刀、活扳手、台式砂轮或角向磨光机等。

（4）劳保用品准备　自备。

3. 考核时限

基本时间：准备时间30min，正式操作时间60min。

时间允许差：每超过5min扣总分1分，不足5min按5min计算，超过额定时间15min不得分。

4. 评分项目及标准

序　号	评分要素	配　分	评分标准	得　分
1	焊前准备	20	1. 工件清理不干净，点固定位不正确，扣5～10分 2. 焊接参数调整不正确，扣5～10分	

（续）

序　号	评分要素	配　分	评分标准	得　分
2	焊缝外观质量	60	1. 焊缝余高 >4mm，扣 6 分 2. 焊缝余高差 >3mm，扣 6 分 3. 焊缝宽度差 >3mm，扣 6 分 4. 背面余高 >3mm，扣 6 分 5. 焊缝直线度误差 >2mm，扣 6 分 6. 角变形 >3°，扣 6 分 7. 错边 >1. 2mm，扣 6 分 8. 背面凹坑深度 >1. 2mm 或长度 >26mm，扣 6 分 9. 咬边深度 ≤0. 5mm，累计长度每 5mm 扣 1 分；咬边深度 > 0. 5mm 或累计长度 >26mm，扣 12 分 注意：①焊缝表面不是原始状态，有加工、补焊、返修等现象，或有裂纹、气孔、夹渣、未焊透、未熔合等任何缺陷存在，此项考核按不合格论 ② 焊缝外观质量得分低于 36 分，此项考核按不合格论	
3	安全文明生产	20	1. 劳保用品穿戴不全，扣 2 ~ 5 分 2. 焊接过程中有违反安全操作规程的现象，根据情况扣 5 ~ 10 分 3. 焊接完毕，场地清理不干净，工具码放不整齐，扣 2 ~ 5 分	
4	综合	100	合计	

第三题　焊条电弧焊钢管对接水平转动单面焊双面成形

1. 操作要求

1）焊接方法为焊条电弧焊。

2）焊接位置为水平转动焊。

3）焊件坡口形式为 V 形坡口，坡口面角度为 32° ±2°。

4）钝边高度与间隙自定。

5）焊前焊件坡口两侧 10 ~ 20mm 应清油除锈，坡口内点固两点，长度≤20mm，定位焊时允许做反变形。

6）定位装配后，将装配好的试件放在操作架上。

7）焊接过程中劳保用品穿戴整齐；焊接工艺参数选择正确，焊后焊件保持原始状态。

8）焊接完毕，关闭电焊机，工具摆放整齐，场地清理干净。

2. 准备工作

（1）材料准备　20 钢，尺寸为 ϕ108mm ×8mm ×100mm 的钢管两节，坡口面角度为 32° ± 2°；焊条选用 E4303，焊条直径为 ϕ2. 5mm 或 ϕ3. 2mm。

（2）设备准备　交流弧焊机 1 台。

（3）工具准备　台虎钳、钢丝钳、锤子、钢丝刷、锉刀、活扳手、台式砂轮或角向磨光机等。

（4）劳保用品准备　自备。

3. 考核时限

基本时间：准备时间 30min，正式操作时间 40min。

时间允许差：每超过 5min 扣总分 1 分，不足 5min 按 5min 计算，超过额定时间 15min

不得分。

4. 评分项目及标准

序　号	评分要素	配　分	评分标准	得　分
1	焊前准备	20	1. 工件清理不干净，点固定位不正确，扣5～10分 2. 焊接参数调整不正确，扣5～10分	
2	焊缝外观质量	60	1. 焊缝余高>4mm，扣6分 2. 焊缝余高差>2mm，扣6分 3. 焊缝宽度差>3mm，扣6分 4. 背面余高>3mm，扣6分 5. 焊缝直线度误差>2mm，扣6分 6. 咬边深度≤0.5mm，累计长度每5mm扣1分；咬边深度>0.5mm或累计长度>34mm，扣12分 7. 背面凹坑深度≤1.6mm，累计总长度每5mm扣1分；背面凹坑深度>1.6mm或累计总长度>34mm，扣12分 8. 错边>0.8mm，扣6分 注意：①焊缝表面不是原始状态，有加工、补焊、返修等现象，或有裂纹、气孔、夹渣，未焊透、未熔合等任何缺陷存在，此项考核按不合格论 ② 焊缝外观质量得分低于36分，此项考核按不合格论	
3	安全文明生产	20	1. 劳保用品穿戴不全，扣2～5分 2. 焊接过程中有违反安全操作规程的现象，根据情况扣5～10分 3. 焊接完毕，场地清理不干净，工具码放不整齐，扣2～5分	
4	综合	100	合计	

第四题　钢管水平固定焊

1. 操作要求

1）采用焊条电弧焊。

2）焊件坡口形式为V形坡口，坡口面角度为32°±2°。

3）焊接位置为水平固定。

4）钝边高度与间隙自定。

5）焊前焊件坡口两侧10～20mm应清油除锈，坡口内点固两点，长度≤20mm，定位焊位置应不位于管道横截面上相当于“时钟6点”位置，定位焊时允许做反变形。

6）定位装配后，将装配好的试件固定在操作架上；试件一经施焊不得任意更换和改变焊接位置。

7）焊接过程中劳保用品穿戴整齐，焊接工艺参数选择正确，焊后焊件保持原始状态。

8）焊接完毕，关闭电焊机，工具摆放整齐，场地清理干净。

2. 准备工作

（1）材料准备　20钢钢管2节，尺寸为ϕ108mm×8mm×100mm；焊条选用E5015或E4303，焊条直径为ϕ3.2mm或ϕ4.0mm。

（2）设备准备　直流焊机1台。

（3）工具准备　台虎钳、钢丝钳、锤子、钢丝刷、锉刀、活扳手、焊条保温桶、台式砂轮或角向磨光机、焊缝测量尺等。

（4）劳保用品准备　自备。

3. 考核时限

基本时间：准备时间30min，正式操作时间60min。

时间允许差：每超过时间定额5min，从总分中扣除1分，不足5min按5min计算，最长不得超过15min。

4. 评分项目及标准

序　号	评分要素	配　分	评分标准	得　分
1	焊前准备	20	1. 工件清理不干净，点固定位不正确，扣5～10分 2. 焊接参数调整不正确，扣5～10分	
2	焊缝外观质量	60	1. 焊缝余高>4mm，扣6分 2. 焊缝余高差>2mm，扣6分 3. 焊缝宽度差>3mm，扣6分 4. 背面余高>3mm，扣6分 5. 焊缝直线度误差>2mm，扣6分 6. 咬边深度≤0.5mm，累计长度每5mm扣1分；咬边深度>0.5mm或累计长度>34mm，扣12分 7. 背面凹坑深度≤1.6mm，累计总长度每5mm扣1分；背面凹坑深度>1.6mm或累计总长度>34mm，扣12分 8. 错边>0.8mm，扣6分 注意：①焊缝表面不是原始状态，有加工、补焊、返修等现象，或有裂纹、气孔、夹渣、未焊透、未熔合等任何缺陷存在，此项考核按不合格论 ② 焊缝外观质量得分低于36分，此项考核按不合格论	
3	安全文明生产	20	1. 劳保用品穿藏不全，扣2～5分 2. 焊接过程中有违反安全操作规程的现象，根据情况扣5～10分 3. 焊完后场地清理不干净，工具码放不整齐，扣2～5分	
4	综合	100	合计	

第四单元

二氧化碳气体保护焊

一、概述

20世纪50年代初期，苏联和日本等国研究成功了二氧化碳（CO_2）气体保护焊，我国从1955年开始研究CO_2气体保护焊，并于20世纪60年代初开始用于生产。目前CO_2气体保护焊已在造船、机车制造、汽车制造、石油化工、工程机械、农业机械等部门广泛应用，是焊接黑色金属材料重要的熔焊方法之一，是优质、高效、低成本的焊接方法。在许多金属结构的生产中已逐渐取代了焊条电弧焊和埋弧焊。

（一）二氧化碳气体保护焊的原理

二氧化碳气体保护焊是利用CO_2作为保护气体的一种熔化极气体保护焊的焊接方法，简称CO_2焊，如图4-1所示。

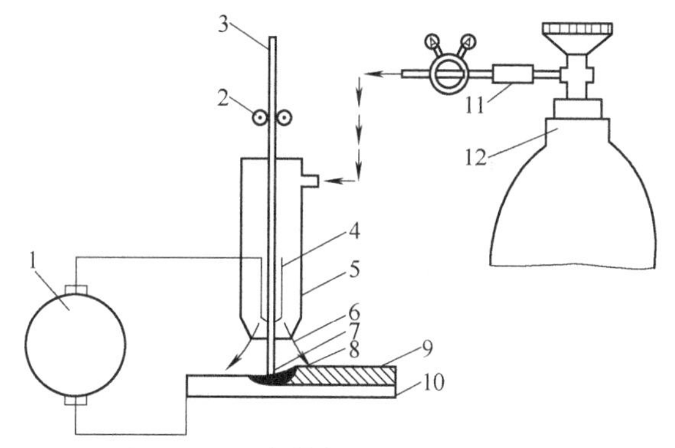

图4-1　CO_2气体保护焊的过程示意图

1—焊接电源　2—送丝滚轮　3—焊丝　4—导电嘴　5—喷嘴　6—CO_2气体　7—电弧　8—熔池　9—焊缝　10—焊件　11—预热干燥器　12—CO_2气瓶

由于CO_2气体比空气密度大，因此从喷嘴5中喷出的CO_2气体可以在电弧区形成有效的保护层，防止空气进入熔池，特别是空气中氮的有害影响。熔化电极（焊丝）3通过送丝滚轮2不断地送进，与焊件10之间产生电弧，在电弧热的作用下，熔化焊丝和焊件形成熔池，随着焊枪的移动，熔池凝固形成焊缝。

CO_2焊按焊接不同的焊丝直径可分为细丝CO_2焊（焊丝直径≤1.2mm）及粗丝CO_2焊（焊丝直径≥1.6mm）。由于细丝CO_2焊的工艺比较成熟，因此应用最为广泛。另外，按操作方法可分为CO_2半自动焊和CO_2自动焊两种。它们的区别在于CO_2半自动焊是手工操作完成热源的移动，而送丝、送气等与CO_2自动焊一样，是由相应的机械装置来完成。因为CO_2半自动焊机动灵活，适用于各种焊缝的焊接，所以这里主要介绍CO_2半自动焊。

（二）二氧化碳气体保护焊的特点及应用

1. CO_2 焊的特点

（1）优点

1）焊接生产率高。由于焊接电流密度较大，电弧热量利用率较高，以及焊后不需清渣，因此提高了生产率。CO_2 焊的生产率比普通的焊条电弧焊高 2～4 倍。

2）焊接成本低。CO_2 气体来源广，价格便宜，而且电能消耗少，故使焊接成本降低。通常 CO_2 焊的成本只有埋弧焊或焊条电弧焊的 40%～50%。

3）焊接变形小。由于电弧加热集中，焊件受热面积小，同时 CO_2 气流有较强的冷却作用，所以焊接变形小，特别适宜于薄板焊接。

4）焊接质量较高。对铁锈敏感性小，焊缝含氢量少，抗裂性能好。

5）适用范围广。可实现全位置焊接，并且对于薄板、中厚板甚至厚板都能焊接。

6）操作简便。焊后不需清渣，且是明弧，便于监控，有利于实现机械化和自动化焊接。

（2）缺点

1）不够灵活，CO_2 焊的焊枪和送丝机构较重，在小范围内操作时不够灵活，特别是使用水冷焊枪时很不方便。

2）抗风能力差，给室外作业带来一定困难。

3）不能焊接容易氧化的非铁金属。

4）焊接飞溅严重，熔池在液态时，CO 气体从熔池中逸出，会产生飞溅，熔滴因 CO 逸出而爆破，飞溅更大。当采用超低碳合金焊丝或药芯焊丝，或在 CO_2 中加入 Ar，都可以降低焊接飞溅。

CO_2 焊的缺点可以通过提高技术水平和改进焊接材料、焊接设备加以解决，而其优点却是其他焊接方法所不能比的。因此，可以认为 CO_2 焊是一种高效、低成本、节能的焊接方法。

2. CO_2 焊的应用

CO_2 焊主要用于焊接低碳钢及低合金钢等钢铁材料。对于不锈钢，由于焊缝金属有增碳现象，影响耐晶间腐蚀性能，所以只能用于对焊缝性能要求不高的不锈钢焊件。此外，CO_2 焊还可用于耐磨零件的堆焊、铸钢件的补焊等方面。目前 CO_2 焊已在汽车制造、机车和车辆制造、化工机械、农业机械、矿山机械等部门得到了广泛的应用。

二、焊接材料

这里只讨论 CO_2 焊常用的气体及焊丝。

（一）气体

1. CO_2 气体

（1）CO_2 气体的性质　在通常状况下 CO_2 是一种无色、无臭、无味的气体，密度为 $1.977kg/m^3$，比空气密度大（空气的密度为 $1.29kg/m^3$）。CO_2 可以排走空气，对焊接区域具有较好的保护性能。CO_2 的电离电位为 1.43V，电弧稳定电压为 26～28V，与焊接电弧最稳定的 Ar 气体电弧接近，因此，CO_2 焊接时电弧燃烧稳定。

CO_2 常温下为气态，不加压力冷却时，CO_2 直接由气态变成固态叫作干冰。温度升高时，干冰升华直接变成气态。因空气中的水分不可避免地会凝结在干冰上，使干冰升华时产生的 CO_2 气体中含有大量水分，故固态 CO_2 不能用于焊接。

常温下 CO_2 加压至5~7MPa时变成液体。常温下液态 CO_2 比水的密度小，其沸点为-78℃。在0℃和0.1MPa时，1kg的液态 CO_2 可产生509L的 CO_2 气体。

（2）CO_2 气体纯度对焊缝质量的影响　CO_2 气体的纯度对焊缝金属的致密性和塑性有很大的影响。CO_2 气体中的主要杂质是水分和氮气。氮气一般含量较少，危害较小。水分的危害较大，随着 CO_2 气体中水分的增加，焊缝金属中的扩散氢含量也增加，焊缝金属的塑性变差，容易出现气孔，还可能产生冷裂纹。

根据 CO_2 焊工艺规程 JB/T 9186—1999 规定，焊接用 CO_2 气体的纯度不应低于99.5%（体积分数），其含水量不超过0.005%（质量分数）。

（3）瓶装 CO_2 气体　工业上使用的瓶装液态 CO_2 既经济又方便。钢瓶主体喷成铝白色，用黑漆标明“液化二氧化碳”字样。

容量为40L的标准钢瓶，可灌入25kg液态的 CO_2，约占钢瓶容积的80%，其余20%的空间充满了 CO_2 气体，气瓶压力表上指示的就是这部分气体的饱和压力，它的值与环境温度有关。温度高时，饱和气压增高；温度降低时，饱和气压降低。因此，应防止 CO_2 气瓶靠近热源或在烈日下暴晒，以免发生爆炸事故。当气瓶内的液态 CO_2 全部挥发成气体后，气瓶内的压力才逐渐下降。

液态 CO_2 中可溶解约0.05%（质量分数）的水，多余的水沉在瓶底，这些水和液态 CO_2 一起挥发后，将混入 CO_2 气体中一起进入焊接区。溶解在液态 CO_2 中的水也可蒸发成水蒸气混入 CO_2 气中，将影响气体的纯度。水蒸气的蒸发量与气瓶中气体的压力有关，气瓶内压力越低，水蒸气含量越高。

（4）CO_2 气体的提纯　目前国内焊接使用的 CO_2 气体，主要是酿造厂、化工厂的副产品，含水量较高，纯度不稳定。为保证焊接质量，应对这种瓶装 CO_2 气体进行处理，以减少其中的水分和空气。

焊接现场采取以下措施，可有效地降低 CO_2 气中水分的含量。

1）将新灌气瓶倒置1~2h后，打开阀门，可排出沉积在下面的自由状态的水。根据瓶中含水量的不同，每隔30min左右放一次水，需放水2~3次。然后将气瓶放正，开始焊接。

2）更换新气时，先放气2~3min，以排除装瓶时混入的空气和水分。

3）必要时可在气路中设置高压干燥器和低压干燥器。用硅胶或脱水硫酸铜做干燥剂。用过的干燥剂经烘干后可反复使用。

4）气瓶中压力降到1MPa时，停止用气。

当气瓶中液态 CO_2 用完后，气体的压力将随气体的消耗而下降。当气瓶压力降至1MPa以下时，CO_2 中所含的水分将增加1倍以上，如果继续使用，焊缝中将产生气孔。

焊接对水比较敏感的金属时，当瓶中气压降至1.5MPa时就不宜再用了。

2. 其他气体

（1）氩气　氩气是无色、无味、无嗅的惰性气体，比空气密度大，密度为1.784kg/m^3（空气密度为1.29kg/m^3）。

瓶装氩气最高充气压力为15MPa，气瓶为银灰色，用深绿漆标明“氩气”两字。

混合气体保护焊时，需使用氩气，主要用于焊接含合金元素的低合金高强度钢。为了确保焊缝质量，焊接低碳钢时也采用混合气体保护焊。

（2）氧气　氧是自然界的重要元素，在空气中按体积算约占21%，在常温下它是一种无色、无味、无嗅的气体，分子式为O_2，在标准状态下（即0℃和0.1MPa气压下）密度为$1.43kg/m^3$，比空气密度大（空气密度为$1.29kg/m^3$）。在-182.96℃时变成浅蓝色液体（液态氧），在-219℃时变成淡蓝色固体（固态氧）。

氧气本身不会燃烧，它是一种活泼的助燃气体。氧的化学性质极为活泼，能同很多元素化合生成氧化物，焊接过程中使合金元素氧化，起有害作用。

工业用气体氧分为两级：一级氧纯度不低于99.2%，二级氧纯度不低于98.5%。氧气纯度对气焊、气割的效率和质量有一定的影响。一般情况下，使用二级纯度的氧气就能满足气焊和气割的要求。对于切割质量要求较高时，应采用一级纯度的氧气。混合气体保护焊时，应使用一级氧气。

通常瓶装氧气容积为40L，工作压力为15MPa，瓶体为淡（酞）蓝色，用黑漆标明“氧”字样，钢瓶应放在远离火源及高温区（10m以外的地方），不能暴晒，严禁与油脂类物品接触。

（3）混合气　进行混合气体保护焊时，多使用预先混合好的瓶装混合气体。焊接保护混合气见表4-1。

表4-1　焊接保护混合气

背景气（主组分气）	混入气（次组分气）	混合范围	允许气压（35℃）/MPa
Ar	O_2	1%～12%	9.8
	H_2	1%～15%	
	N_2	0.2%～1%	
	CO_2	18%～22%	
	He	50%	
He	Ar	25%	
Ar	CO_2	5%～13%	
	O_2	3%～6%	
CO_2	O_2	1%～20%	
Ar	O_2	3%～4%	
	N_2	(900～1000)$\times10^{-6}$	

（二）焊丝

CO_2焊焊丝可以分成两大类：实芯焊丝和药芯焊丝。

1. 实芯焊丝

从CO_2焊的冶金特点看，要想得到较高的力学性能，防止产生气孔和减少飞溅，必须选用含有脱氧元素的低碳高锰合金钢焊丝。以Si、Mn联合脱氧的焊丝碳含量一般限制在0.15%（质量分数）以下。焊丝的表面一般都有镀铜层，防止生锈改善导电性能，减少送丝阻力。也有的焊丝表面涂上一层碱金属或碱土金属及化合物，如$CaCO_3$、K_2CO_3和Na_2CO_3等，以提高焊丝的电子发射能力，使熔滴细化，减少飞溅，改善焊缝成形性。

对各种金属材料，要选择不同化学成分的焊丝，以满足焊接工艺及焊缝力学性能的要求。常用碳钢、低合金结构钢CO_2焊实芯焊丝见表4-2。

表 4-2　常用碳钢、低合金结构钢 CO_2 焊实芯焊丝

牌　　号	GB 标准	AWS 标准	主 要 用 途
MG80-G	ER80-G	ER110S-G	焊接 790MPa 抗拉强度等级的高强钢
MG70-G	ER70-G	ER100S-G	焊接 700MPa 抗拉强度等级的高强钢
MG60-G	ER60-G	ER90S-G	焊接 600MPa 抗拉强度等级的高强钢
MG50-6	ER50-6	ER70S-6	焊接低碳钢及 500N/mm^2 抗拉强度等级的高强钢
MG50-Ti	ER50-G	ER70S-G	适宜于高速焊接，尤其适宜于大电流焊接
MG50-4	ER50-4	ER70S-4	1. 钣金薄板焊接；2. 钢管焊接
MG49-1	ER49-1		焊接低碳钢及某些低合金钢结构

2. 药芯焊丝

药芯焊丝是由薄钢带卷成圆形钢管或异形钢管的同时，填进一定成分的药粉，经拉制而成的一种焊丝。药芯焊丝根据制造方法的不同分为无缝药芯焊丝和有缝药芯焊丝。根据焊丝截面的不同，可分为 O 形、T 形、中间填丝形和梅花形等，如图 4-2 所示。常用 CO_2 焊药芯焊丝见表 4-3。

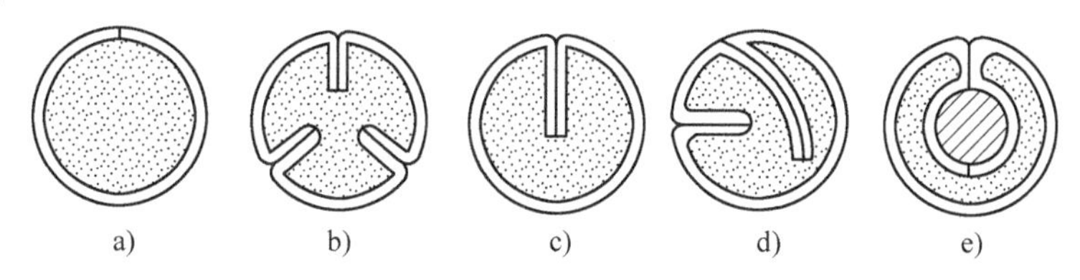

图 4-2　药芯焊丝截面形状

a) O 形　b) 梅花形　c) T 形　d) E 形　e) 中间填丝形

表 4-3　常用 CO_2 焊药芯焊丝

牌　号	GB 标准	AWS 标准	主 要 用 途
YJ501-1L	E501T-1L	E71T-1C-J	低碳钢及相应强度低合金结构钢焊接用
YR402	621T1-B3C	E91T1-B3C	2. 25% Cr ~ 1% Mo 耐热抗氢腐蚀钢焊接用
YR302	E551T1-B2C	E81T1-B2C	1% Cr ~ 0. 5% Mo 耐热抗氢腐蚀钢焊接用
J601Ni-1	E551T1-Ni1C	E81T1-Ni1C	用于 550MPa 抗拉强度等级低合金高强度钢的焊接
YJ501NiCrCu-1			适用于 09CuPCrNi、09CuTiRE、09CuPRE 钢的铁路机车车辆、集装箱等钢结构的焊接
YJ551NiCrCu-1	E551T1-W2C	E81T1-W2C	用于 550MPa 抗拉强度等级耐候钢结构的焊接，如铁路机车车辆、近海工程、桥梁等结构的焊接
YJ507-1	E500T-5	E70T-5C	重要的低碳钢及相应强度高强钢焊接用
YJ501-1	E501T-1L	E71T-1C	低碳钢及相应强度低合金结构钢焊接用
CE71T-1	E501T-1	E71T-1C	低碳钢及相应强度低合金结构钢焊接用
YJ601Ni2-1	E551T1-Ni2C	E81T1-Ni2C	用于 550MPa 抗拉强度等级低合金高强度钢的焊接
YJL50G		EG70T-2	用于立焊船舶的外壳及各种内部构件、贮罐侧板和桥梁的箱式梁腹板、冶金高炉等中厚板的对接焊缝
YJ501Ni-1	E491T1-Ni1C	E71T1-GC	低温钢和低合金结构钢的焊接
YJ502-1	E500T-1	E70T-1C	低碳钢及相应强度低合金结构钢的焊接

三、二氧化碳气体保护焊设备

CO_2 半自动焊设备主要由焊接电源、焊枪、送丝系统、供气系统及控制系统等部分组成，如图 4-3 所示。

（一）焊接电源

1. 对焊接电源的要求

1）具有平的或缓降的外特性。

2）具有合适的空载电压。

3）具有良好的动特性。

4）具有合适的调节范围。

2. 常用焊接电源

CO_2 焊焊机为直流弧焊机，按电源的类型可分为抽头式硅整流电源 CO_2 弧焊机、晶闸管整流式电源 CO_2 弧焊机和逆变器式电源 CO_2 弧焊机。

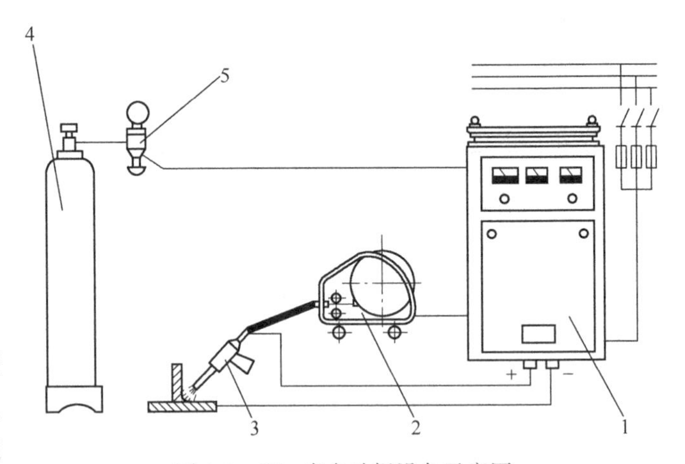

图 4-3　CO_2 半自动焊设备示意图

1—电源　2—送丝机　3—焊枪　4—气瓶　5—减压流量调节器

常用 CO_2 半自动焊弧焊机的性能参数见表 4-4。

表 4-4　常用 CO_2 半自动焊弧焊机的性能参数

半自动焊机		焊接电源										焊枪行走小车	应用特点
型号	名称	输入电压/V	相数	空载电压/V	外特性	额定输出电流/A	额定负载持续率	其他	焊丝直径/mm	送丝速度/(m/min)	送丝方式		
NBC-160	CO_2 半自动焊弧焊机	380	3	185～28	硅整流平特性	160 124	60 100	额定工作电压 22V	0.6 0.8 1.0	3～11	拉丝	Q-Ⅱ型空冷枪带焊丝盘	焊板厚 0.6～3mm 的薄板，短路过渡
NBC-200		380	3	175～28.5	硅整流平特性	200	60	工作电压 17～24V 电流范围 60～200A	0.8～1.2	—	推丝	鹅颈式焊枪	可焊接低碳钢和不锈钢
NBC-500S		380	3	75	硅整流平特性	500	75	工作电压 15～40V 电流范围 100～500A	1.2～2.0	8	推丝	鹅颈式焊枪	可焊接低碳钢和不锈钢
NBC-630		380	3	—	晶闸管整流平特性	630	60	工作电压 19～44V 电流范围 110～630A	1.0～1.6	2～16	推丝	鹅颈式焊枪	CO_2 焊

（二）供气系统

CO_2 焊焊机的供气系统向焊枪提供一定纯度、一定压力和一定流量的 CO_2 保护气体，保证焊枪喷嘴外围形成稳定的保护气罩。

CO_2 半自动焊的供气系统如图 4-4 所示。它由气瓶、减压阀、预热器、流量计、干燥器、电磁气阀等组成。气瓶阀门打开后，高压下被液化的 CO_2 汽化，变成高压 CO_2 气体，从瓶内涌出。液体 CO_2 经过瓶阀时变为气体，要吸收大量的热量，同时，CO_2 经减压阀后，体积膨胀，温度下降，为此，在瓶阀出口要装设气体预热器。因 CO_2 气体中含有水分，所以，在气体的高压状态（减压阀之前）时就应先经干燥器除去水分，然后经减压阀减到焊接使用的压力（0.1 ~ 0.2MPa）。与此同时，将 CO_2 气体的流量也调到常用的流量（15 ~ 20L/h）后，再经低压干燥器除去水分。最后将 CO_2 气体引至弧焊机机箱内的控制箱，CO_2 气体在控制箱经过电磁气阀的“开—关”控制，输送到焊枪。

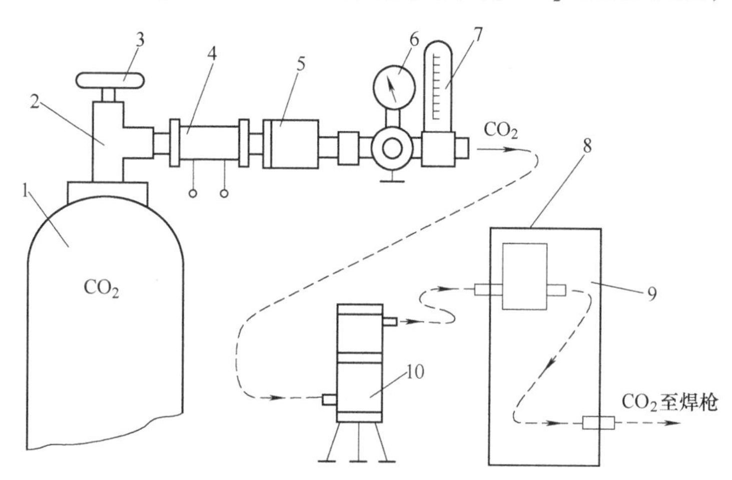

图 4-4　CO_2 半自动焊的供气系统

1—CO_2 气瓶　2—气瓶阀　3—手轮　4—预热器　5—高压干燥器　6—减压阀　7—流量计　8—电磁气阀　9—弧焊机控制箱　10—低压干燥器

1. 预热器

预热器用来对气瓶输出的 CO_2 气体进行加热，以补偿液态 CO_2 汽化时吸热和 CO_2 气体在减压时体积膨胀所损失的热量。预热器对防止 CO_2 气体管路冻结有很大的作用。

2. 减压阀

减压阀是气体压力和流量的单向调节器件，兼有压力测量作用。气体压力调节是将高压气瓶的高压气体经减压阀的精细调节，降至用户所要求的数值之后，再向外输出。气体流量调节与压力调节同步，气体的压力大，流量就大，反之亦然。减压阀只能测量气体的压力，不能测量气体的流量。

3. 流量计

流量计是对保护气体流量的大小进行精确测量和调节的器件。

4. 干燥器

干燥器是去除 CO_2 气体中水分和杂质的装置。干燥器分高压干燥器和低压干燥器两种。高压干燥器用在气体未经减压之前，而低压干燥器则用在气体减压之后。干燥器内装极易吸收水分的干燥剂，当气体进入干燥器穿过干燥剂时，气体中的水分被干燥剂所吸收，从干燥器流出的气体所含水分便显著减少。

5. 电磁气阀

电磁气阀是使气路打开或关闭的控制元件。电磁气阀安装在 CO_2 焊弧焊机的控制箱中。

（三）送丝系统及焊枪

1. 送丝系统

（1）送丝系统的组成　CO_2 焊不论是自动焊还是半自动焊，都采用自动送丝系统。焊丝的送丝系统由电动机、减速器、送丝滚轮、压紧轮及调节装置和校直轮及调整装置等构件组成。

如图4-5所示，焊丝从焊丝盘中引出，经校直轮校直后，通过送丝滚轮和压紧轮的挤压而产生送丝力，使焊丝进入焊枪的导电嘴并输出，进行焊接。送丝滚轮的转动由送丝电动机经减速之后驱动，送丝的压紧轮可以通过调节螺母来调节。焊丝校直的效果也可以由中间的校直调节轮进行调整。

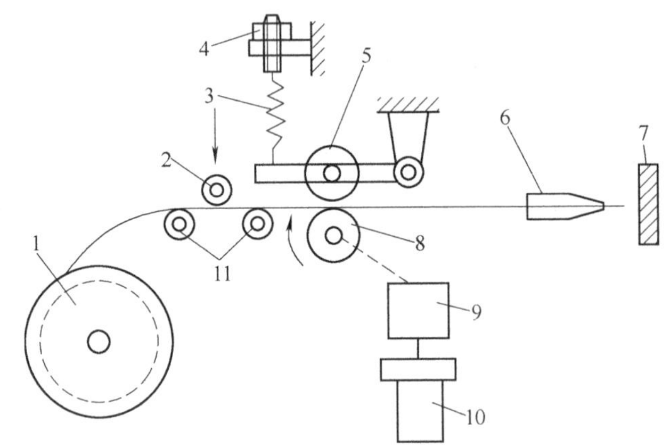

图4-5　CO_2 焊弧焊机送丝系统的基本组成

1—焊丝盘　2—校直调节轮　3—压紧弹簧　4—调节螺母　5—压紧轮　6—焊枪导电嘴　7—焊件　8—送丝滚轮　9—减速器　10—电动机　11—校直支撑轮

CO_2 焊的送丝采用等速送丝，焊接电流主要按送丝速度来调节。送丝是否均匀、稳定至关重要，直接影响熔滴过渡、焊缝成形和电弧的稳定性。因此，送丝机构不但要保证送丝速度稳定，还要调速方便和结构牢固轻巧。

（2）送丝方式　CO_2 焊的送丝方式有推丝式送丝、拉丝式送丝、推拉式送丝三种，如图4-6所示。

1）推丝式送丝。推丝式送丝方式如图4-6a所示。焊丝从送丝滚轮推出，需要经过3～5m导丝软管的传输，才能进入焊枪的导电嘴并输出。这种送丝方式结构简单，焊枪操作轻便，特别是送丝机构独立，维修和调整都很方便。但由于这种送丝方式焊丝受到的阻力较大，存在焊接过程中送丝速度不稳的隐患，同时焊枪的导丝软管长度受限，使焊枪的活动半径受到制约，通常只能在离送丝机构3～5m的范围内操作。

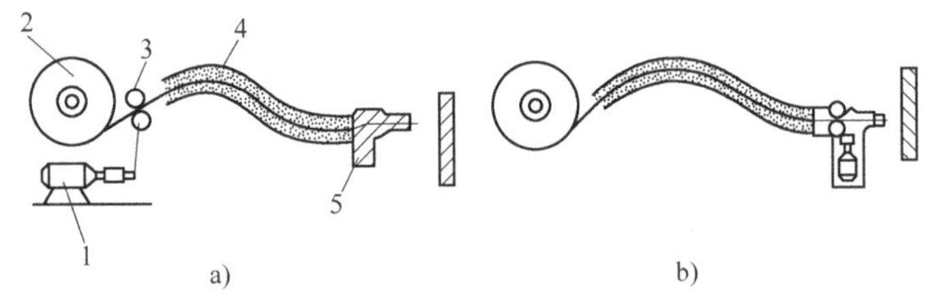

2）拉丝式送丝。拉丝式送丝方式如图4-6b所示。这种送丝方式将送丝机构和焊枪制成一体，送丝速度均匀、稳定，送丝阻力小。但焊枪结构复杂、质量大，增加了劳动强度。为了减小手持焊枪的质量，只能选用 $\phi0.8$mm以下的焊丝，并且焊丝盘质量应控制在0.5～1.0kg。

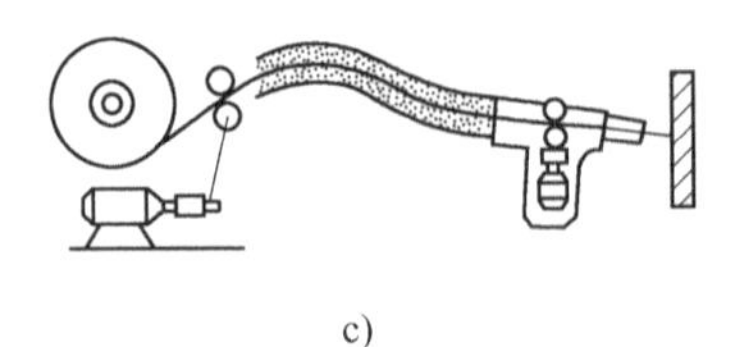

图4-6　送丝方式

a）推丝式　b）拉丝式　c）推拉式

1—电动机　2—焊丝盘　3—送丝滚轮　4—送丝软管　5—焊枪

3）推拉式送丝。推拉式送丝方式如图4-6c所示。这种送丝方式是上述两种送丝方式的组合，送丝时以推为主。由于焊枪上装有拉丝轮，可以克服焊丝通过导丝软管时的摩擦阻力，导丝软管的长度可以加长到20m，使弧焊机的应用范围显著扩大。推拉式送丝方式可以多级串联使用，大大增加了操作的灵活性。

2. 焊枪

焊枪的作用是导电、导丝、导气。焊枪按送丝方式分为推丝式焊枪和拉丝式焊枪，按结构可分为手枪式焊枪和鹅颈式焊枪。

焊枪在焊接过程中，电弧除熔化焊丝和焊件外，也对焊枪加热。另外，焊枪传导电流的过程中，导体的电阻热也加热焊枪。因此，为保证焊接工作顺利地进行，焊枪必须有冷却系统。焊枪的冷却方法有两种：一种是利用CO_2保护气体经过枪体，带走一部分热量的自然冷却方法，这种方法被称为气冷（或叫自冷）；另一种是采用冷却水循环流经焊枪内部带走热量的方法，这种冷却方法称为水冷。

（1）手枪式CO_2半自动焊枪　手枪式CO_2半自动焊枪是专为小容量半自动CO_2弧焊机使用细焊丝（$\phi0.5 \sim \phi1.0$mm）而设计的焊枪。焊枪上除了枪体部分之外，还有焊丝盘、送丝机构和微型电动机。微型电动机转动而带动减速器，使送丝滚轮旋转，拉动焊丝使之通过焊枪的导丝管到达电弧区进行焊接。这种送丝方式被称为拉丝式，因此，这种焊枪也被称为拉丝焊枪。

手枪式CO_2半自动焊枪的内部结构如图4-7所示。此焊枪只适用$\phi0.5 \sim \phi1.0$mm的焊丝，焊丝盘一次装0.7kg焊丝，采用CO_2气体自冷系统（没有水冷系统），是为小电流（小于200A）CO_2半自动弧焊机配套的专用焊枪。

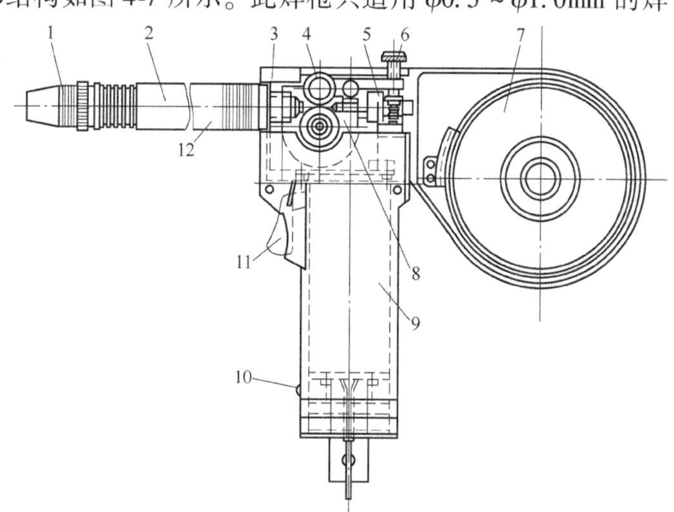

图4-7　手枪式CO_2半自动焊枪的内部结构

1—喷嘴　2—外套　3—绝缘外壳　4—送丝滚轮　5—导丝管　6—调节螺杆　7—焊丝盘　8—减速器　9—电动机　10—退丝按钮　11—扳机　12—进气口

（2）鹅颈式CO_2半自动焊枪　鹅颈式CO_2半自动焊枪头部有细长弯管犹如鹅颈，故此得名。此焊枪适用于较粗的焊丝和较大的焊接电流，并且轻便灵活，焊工可在空间各个方向进行施焊，是当前普遍应用的CO_2半自动焊枪。鹅颈式CO_2半自动焊枪的焊丝是从送丝机构经导丝管输送出来的。其冷却系统有气冷式和水冷式两种。

鹅颈式CO_2半自动气冷焊枪的结构如图4-8所示。利用CO_2保护气体通过导管到达喷嘴，将枪内的多余热量带走。CO_2气冷焊枪一般为中小功率（电流）的焊枪。

鹅颈式CO_2半自动水冷焊枪的结构如图4-9所示。在气冷焊枪的基础上，于导气管路上加焊了一个铜制的循环水套和进水、回水管路，依靠循环的冷却水将焊枪的积热带走。CO_2水冷焊枪一般为大功率焊枪，较少使用。

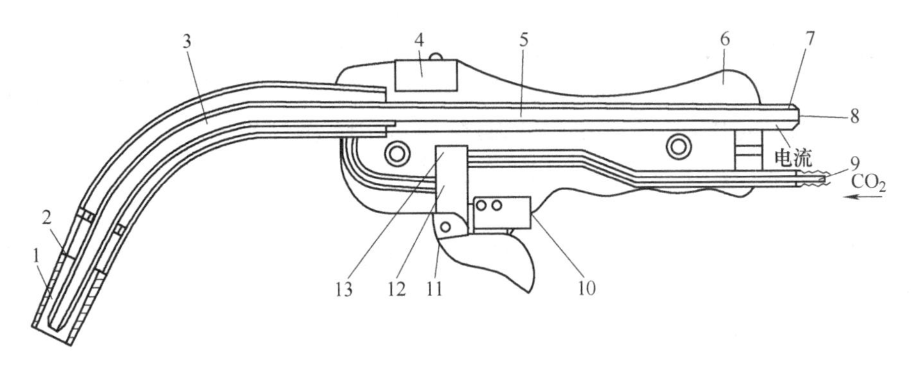

图 4-8　鹅颈式 CO_2 半自动气冷焊枪的结构

1—喷嘴　2—导电嘴　3—导丝导电管　4—回丝开关　5—导电杆　6—手把　7—钢套
8—焊丝入口　9—CO_2 入口　10—焊接开关　11—扳手　12—弹簧　13—气阀

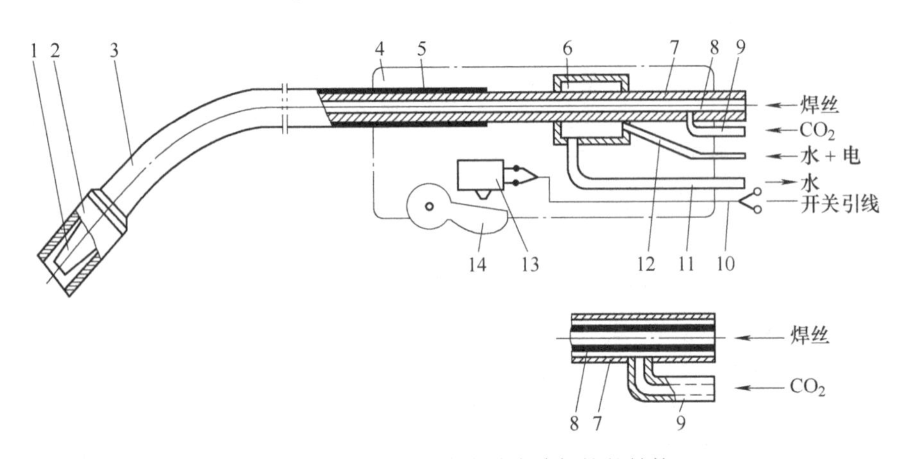

图 4-9　鹅颈式 CO_2 半自动水冷焊枪的结构

1—导电嘴　2—喷嘴　3—枪管　4—把手　5—绝缘　6—水冷套　7—导气管　8—导丝管
9—CO_2 入口　10—双芯电线　11—回水管　12—进水及接电管　13—微动开关　14—按钮

（3）CO_2 半自动焊枪的零件

1）导电嘴。导电嘴既导丝又导电，是焊枪完成导电、输导焊丝的重要零件。对导电嘴的要求是：焊丝经过导电嘴时应减小摩擦，顺利通过；导电良好，使用寿命长。

导电嘴的制造材料可用纯铜和铬青铜。铬青铜的导电嘴耐磨性好，使用寿命要长一些。

导电嘴的形状及尺寸如图 4-10 所示。

2）喷嘴。喷嘴装在焊枪的最前端。焊接时，保护气体从喷嘴喷出形成层流保护气罩，笼罩电弧区，对熔池起保护作用。

喷嘴工作条件恶劣，受电弧高温烘烤。当喷嘴内腔受到焊接飞溅颗粒的黏附时，会使保护气流紊乱。喷嘴的结构形状如图 4-11 所示。

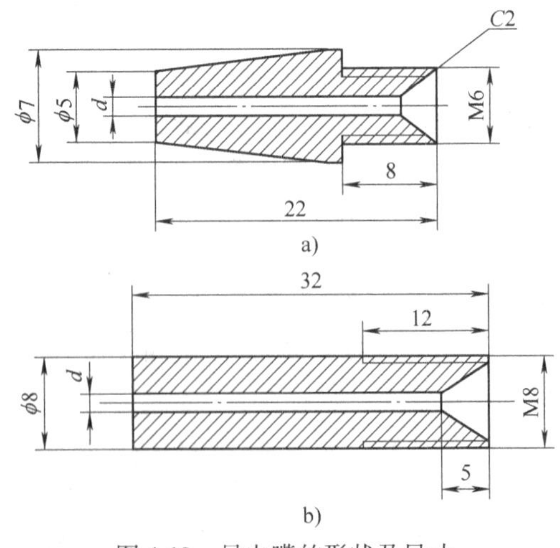

图 4-10　导电嘴的形状及尺寸

a）锥形嘴，多用于 $\phi \leq 1.2$mm 的细丝
b）柱形嘴，多用于 $\phi \geq 1.6$mm 的粗丝

喷嘴是用金属材料制成的，一般为黄铜。CO_2 焊枪使用前在喷嘴的内外表面涂一层耐高温的硅油，能容易地清除飞溅颗粒，提高使用效果，延长使用寿命。

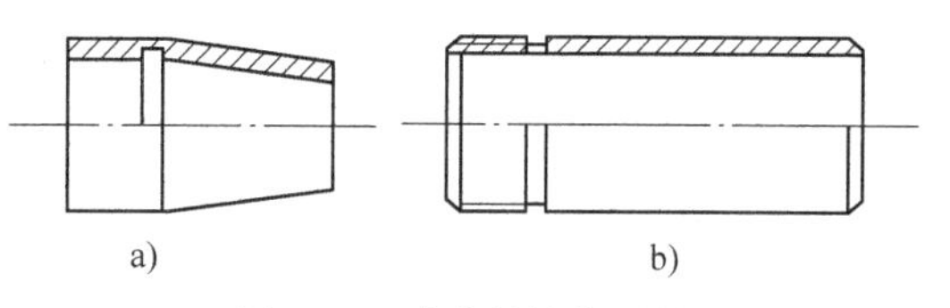

图 4-11　喷嘴的结构形状

a）圆锥形　b）圆柱形

3）导丝管。鹅颈式 CO_2 半自动焊枪的后面都拖带一根软管。软管用复合材料制成，为焊枪输送保护气体、焊丝和焊接电流，水冷式焊枪还要引入和排出冷却水。导丝管在软管中承担输送焊丝的任务。导丝管是由细弹簧钢丝连续密绕制成的螺旋弹簧软管，其内径应均匀一致，与焊丝的摩擦力要小，应有良好的弹性和挺括度。

在焊枪工作时，导丝管内壁受到焊丝的连续摩擦，尤其是焊丝经过送丝滚轮挤压之后，焊丝表面变得粗糙，摩擦力更大，使导丝管内径尺寸变大，形状变得不规则，这样就会影响送丝速度的稳定性和增大导电嘴的消耗。导丝管属于易损件，需要适时更换。

目前，鹅颈式焊枪上用工程塑料管来代替螺旋弹簧管导丝，既耐磨又有一定的弹性和挺括度，可以保证焊丝送丝速度的稳定性。

（四）控制系统

控制系统的作用是对供气、送丝和供电系统实现控制。一般控制程序框图如图 4-12 所示。对于水冷焊枪，还需控制水压开关动作，保证冷却水未流经焊枪时，焊接系统不能启动工作，以保护焊枪避免过热而烧坏。

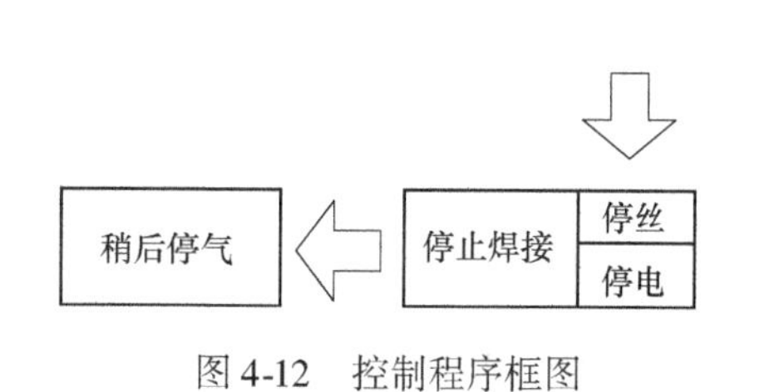

图 4-12　控制程序框图

（五）焊接设备的安装、使用与维护

1. 二氧化碳气体保护焊机的安装

1）焊机应安装在环境温度不高于 40℃，相对湿度低于 90%（25℃），无腐蚀性气体、水分、蒸汽、化学性沉积、尘垢、霉菌及其他爆炸性介质的地方。同时焊机不应受到严重的振动和撞击。

2）安装或长时间不用的焊机，在使用前必须检查焊机的绝缘电阻不小于 5MΩ，输出侧对地绝缘电阻不小于 2MΩ。如若低于上述值时焊机应先进行干燥处理后再使用。

注意：

检查时应先将输出接线端短路。

3）安装时应注意：一是焊机应可靠接地；二是电路及气路连接的正确。

气路连接次序：气瓶→预热器→减压阀→焊机→焊枪；电路连接次序：将焊机接到三相（380V、50Hz）电源上，将焊枪控制电缆接到插座上，将焊枪、焊接电缆接到焊机输出端"＋"极上，将焊接工件电缆接到焊机输出端"－"极上，将预热器电源线接到焊机预热器插座上。

2. 二氧化碳气体保护焊机的使用

上述连接完毕后，可以给焊机通电。打开位于焊机前面板上的控制“电源”开关，指示灯亮。将焊丝通过送丝轮及焊枪、导电嘴，并检查焊丝运行情况，应无阻塞现象。打开预热器的开关及减压阀，打开“检气”开关，检查并调整保护气体流量，完毕后关闭“检气”开关。上述准备工作完成后，即可进行焊接，焊接按钮位于焊枪上，按下即可进行焊接，松开焊接即停止。焊接规范调整由位于面板上的电压调节及送丝速度旋钮完成。

3. 二氧化碳气体保护焊机的维护

1）必须按照相应的负载持续率使用焊机。

2）经常注意导电嘴的磨损情况，如磨损严重需更换。

3）定期检查送丝机构、送丝轮是否磨损严重。

4）不要磕碰焊枪，严禁将焊枪用后放在工作台上，焊把线不要用力拉扯，也不要挤压。

5）经常保持焊机清洁。

四、二氧化碳气体保护焊熔滴过渡与焊接参数

（一）二氧化碳气体保护焊熔滴过渡形式

CO_2 焊是一种熔化极电弧焊的焊接方法。焊丝除了作为电极起导电作用之外，焊丝末端因接受电弧热量而熔化，在焊丝末端形成熔滴。熔滴由小而大，然后脱落，穿过电弧空间过渡到熔池中去，与已被熔化的母材金属共同形成焊缝，整个过程称为熔滴过渡。

CO_2 焊的熔滴过渡有三种形式：短路过渡、颗粒过渡和射流过渡。

1. 短路过渡

当进行短弧 CO_2 焊时，采用细焊丝（$\phi \leqslant 1.2$mm），使用小焊接电流，低电弧电压。因弧长较短（2～3mm），焊丝末端形成的熔滴在尚未充分长大且未脱落时便与熔池的表面接触，形成电弧两极的短路，在短路电流产生的电磁收缩力、熔滴自身重力和熔池表面张力等作用下，迅速进入熔池的过程叫熔滴短路过渡。

CO_2 焊熔滴短路过渡过程如图 4-13 所示。电弧加热焊丝末端，使之熔化后形成熔滴，如图 4-13a 所示。熔滴不断长大，使电弧缩短，熔滴接近熔池，如图 4-13b 所示。随后熔滴接触熔池表面，电弧两极短路，电弧熄灭，熔滴开始向熔池过渡，如图 4-13c 所示。由于短路焊接电流增大，电磁收缩力也增大，在电磁收缩力的作用下，处于熔池和焊丝之间的短路熔滴很快变细，成为缩颈小桥，如图 4-13d 所示。熔滴完全进入熔池，短路电路被爆断，有少量金属飞溅，电弧重新燃起，如图 4-13e 所示。

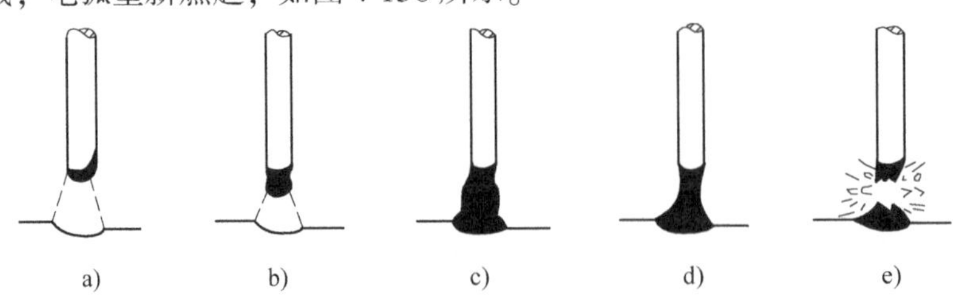

图 4-13　CO_2 焊熔滴短路过渡过程

a）电弧燃烧，熔滴初成　b）熔滴成长，弧长缩短　c）熔滴短路，电弧熄灭
d）熔滴搭桥，仍无电弧　e）小桥爆断，电弧复燃

短路过渡时电弧稳定，飞溅小，焊缝成形好，被广泛用于薄板和空间位置的焊接。短路过渡时，熔滴越小，过渡越快，焊接过程越稳定。也就是说，短路的频率越高，焊接过程越稳定。为了获得最高的短路频率，要选择最合适的电弧电压，对于直径为0.8～1.2mm的焊丝，电弧电压为20V左右，最高短路频率约100Hz。

当采用短路过渡形式焊接时，由于电弧不断地发生短路，可听见均匀的“啪啪”声。当电弧电压太低时，则弧长很短，短路频率很高，电弧燃烧时间短，可能焊丝端部还来不及熔化就插入熔池，发生固体短路。因短路电流很大，致使焊丝突然爆断，产生严重的飞溅，使焊接过程极不稳定。

2. 颗粒过渡

当进行长弧CO_2焊时，要使用较大的焊接电流和较高的电弧电压。因弧长较长（约5mm），焊丝末端生成的熔滴得以充分地长大，在斑点压力（电弧空间的带电质点对焊丝电极斑点的作用力）、熔滴自身重力和熔池表面张力等作用下脱落，经过电弧空间而落入熔池的过程称为熔滴颗粒过渡。

颗粒过渡的每一个熔滴都经过了生成、长大、脱落和进入熔池这几个清晰而完整的过程。CO_2焊熔滴颗粒过渡过程如图4-14所示。

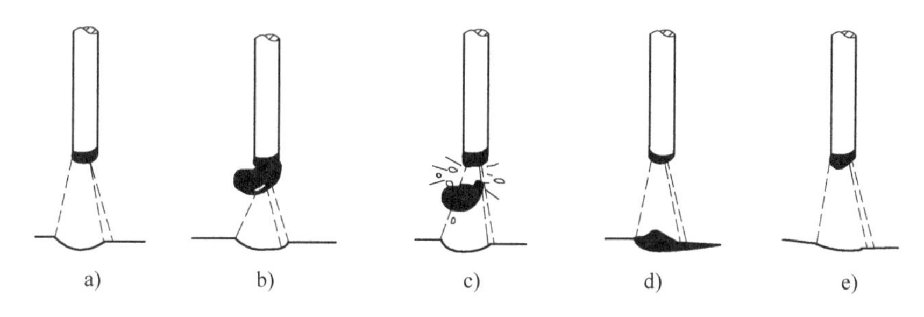

图4-14 CO_2焊熔滴颗粒过渡过程

a）电弧燃烧，熔滴渐成 b）斑点压力，熔滴横长 c）熔滴爆断，电弧波动
d）滴入熔池，电弧变短 e）熔滴沉入，弧长恢复

颗粒过渡的熔滴粒度的大小主要与焊接电流有关。当焊接电流较大时，熔滴较小，过渡频率较高，此时飞溅少，焊接过程稳定，焊缝成形良好，焊丝熔化效率高，适于中、厚板的焊接。当电弧电压较高、弧长较长但焊接电流较小时，熔滴较大，焊丝端部形成的熔滴不仅左右摆动，而且上下跳动，最后落入到熔池中，因此，飞溅较多，焊缝成形不好，焊接过程很不稳定，没有应用价值。

3. 射流过渡

当进行长弧CO_2焊时，在颗粒过渡的基础上，再增大焊接电流，则焊丝熔化速度增大，焊丝末端的熔化金属受到强大的电磁力和等离子流力的作用，呈细小熔滴脱离焊丝，沿着焊丝中轴线迅速地通过电弧而落入熔池的过程称为熔滴射流过渡。射流过渡又称喷射过渡。射流过渡的熔滴直径约为焊丝直径的一半。CO_2焊射流过渡过程如图4-15所示。

射流过渡有两种形态。一种如图4-15所示，表现为电流大、电弧电压高，电弧产生在焊件钢板表面以上，称为明弧射流过渡。另一种如图4-16所示，表现为电流大、电弧电压较低，电弧潜入到焊件表面以下，称为潜弧射流过渡。

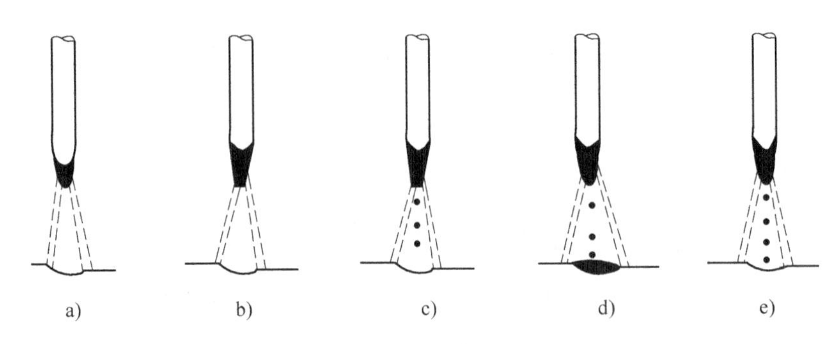

图 4-15　CO_2 焊熔滴射流过渡过程

a）电弧燃烧，丝端即熔　b）电磁力强，细滴速成　c）沿弧中轴，细滴如流
d）穿过电弧，注入熔池　e）熔滴连注，电弧稳定

CO_2 焊的射流过渡从明弧转变成潜弧，是在粗焊丝、大焊接电流和低电弧电压的条件下发生的。在这样的条件下，电流增大，母材的熔深也增大。当焊丝深入到熔池里，便自然地形成一个稳定的弧腔，这时的电流就是潜弧射流过渡的临界电流。这种潜弧 CO_2 焊，由于有较大的熔深（一般可达 10mm），特别适合于厚板结构件的焊接（特别是船形位置），焊接生产率很高。

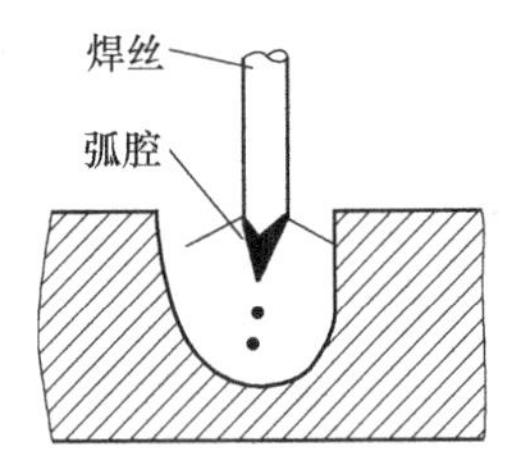

图 4-16　潜弧射流过渡

（二）二氧化碳气体保护焊焊接参数

CO_2 焊焊接参数包括焊丝直径、焊接电流、电弧电压、焊接速度、气体流量、焊丝伸出长度、焊枪喷嘴高度、焊枪倾斜角度、焊接电路电感和电源极性等。

1. 焊丝直径

焊丝直径越粗，允许使用的焊接电流越大，通常根据焊件的厚薄、施焊位置及效率等要求来选择。焊接薄板或中厚板的立、横、仰焊缝时，多采用 ϕ1.6mm 及其以下的焊丝。板厚、施焊位置和焊丝直径间的关系见表 4-5。

表 4-5　板厚、施焊位置和焊丝直径间的关系

焊丝直径/mm	焊件厚度/mm	施焊位置	熔滴过渡形式
0.8	1～3	各种位置	短路过渡
1.0	1.5～6	各种位置	短路过渡
1.2	2～12	各种位置	短路过渡
	中厚	平焊、平角焊	细颗粒过渡
1.6	6～25	各种位置	短路过渡
	中厚	平焊、平角焊	细颗粒过渡
2.0	中厚	平焊、平角焊	细颗粒过渡

焊丝直径与焊丝导电的电流密度有直接关系。焊接电流相同时，焊丝越细，电流密度就越大。较大的电流密度一方面使电弧燃烧的稳定性得到提高，另一方面将使焊后焊缝的熔深加大。因此，熔深将随着焊丝直径的减小而增加。

焊丝直径对焊丝的熔化速度也有明显影响。由于电流密度的增加也使焊丝的熔化速度加

快，当焊接电流相同时，焊丝越细则熔敷速度越快。

目前，国内普遍采用的焊丝直径有 ϕ0.8mm、ϕ1.0mm、ϕ1.2mm、ϕ1.6mm 和 ϕ2.0mm 几种。直径为 3～4.5mm 的粗焊丝近来也开始使用。

2. 焊接电流

焊接电流是 CO_2 焊的重要参数。焊接电流直接影响焊接电弧的稳定性、焊缝的熔深和焊丝的熔化速度即焊接生产效率。

在焊丝直径相同的条件下，焊接电流越大，焊件熔化的就越深。若焊接电流过小，不但电弧不稳，甚至会引不起电弧。若要获得大熔深，就应加大电流。但大电流焊接时有可能烧穿焊件，因而又需要减小电流。因此，焊接电流的调节直接影响焊接质量。焊接电流的大小还决定了焊丝的熔化速度，焊接电流越大，焊丝熔化得越快，近似于正比变化，这一规律常被用于焊接电流的调节。

实际选用焊接电流时，除了熔深和焊接生产率的要求外，还要与焊丝直径和电弧电压相匹配。电弧电压主要影响焊缝形状的宽度，不考虑与电压匹配，单纯调整、增大焊接电流时，会得到深而窄的不良焊缝，甚至会产生气孔缺陷。

焊丝直径、焊接电流与电弧电压的最佳匹配区域如图 4-17 所示。焊接电流、电弧电压与焊丝直径三者的应用关系见表 4-6。

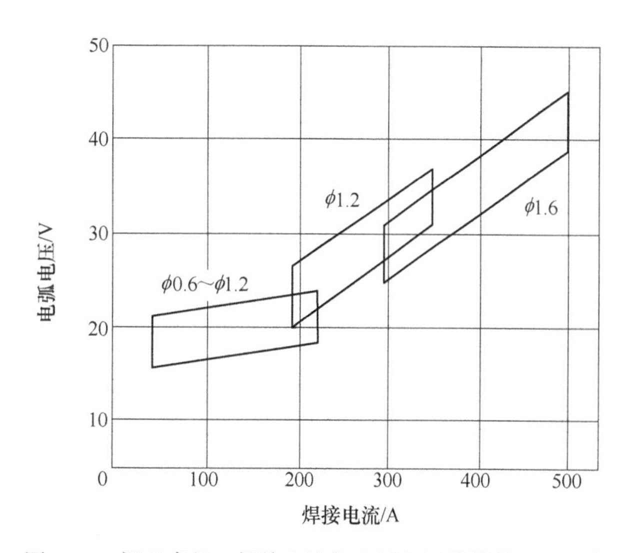

图 4-17　焊丝直径、焊接电流与电弧电压的最佳匹配区域

表 4-6　焊接电流、电弧电压与焊丝直径三者的应用关系

焊丝直径/mm	0.5	0.6	0.8	1.0	1.2	1.2	1.6	1.6	2.0	2.5	3.0
焊接电流/A	30～60	35～70	50～100	70～120	90～150	160～350	140～200	200～500	200～600	300～700	500～800
电弧电压/V	16～18	17～19	18～21	19～22	20～23	25～35	21～24	26～40	26～40	28～42	32～44
电弧长短	短弧	短弧	短弧	短弧	短弧	长弧	短弧	长弧	长弧	长弧	长弧

通常使用 ϕ0.8～ϕ1.6mm 的焊丝，短路焊接电流在 40～230A 范围内，可进行短路过渡、全位置焊接；细颗粒过渡的焊接电流在 250～500A 范围内，对于焊接电流大于 250A，不论哪种直径的焊丝在焊接稳定时，都难以进行短路过渡，只能是滴状过渡，不能进行全位置焊接，只适合中厚板的平焊、角焊和横焊位置焊接。

3. 电弧电压

电弧电压的大小取决于电弧的长度并决定熔滴过渡的形式。短路过渡是电弧较稳定的焊接方式。短路过渡的条件是弧长较短，电弧电压较低。图 4-18 所示为短路过渡焊接时适用的电弧电压和焊接电流范围。当电弧电压过高，高于最佳范围的上限时，会使短路过渡受到破坏，转成滴状过渡。大熔滴过渡会产生很大的飞溅，使电弧不稳定。当电弧电压小于该范围下限时，熔滴过渡形成的短路小桥不易被拉断，容易产生焊丝固体短路，导致产生很大的飞溅，甚至使固体焊丝成段状飞溅。因此，电弧电压是 CO_2 焊的重要参数，直接影响焊接电弧的稳定性、飞溅量的大小和熔滴过渡形式。

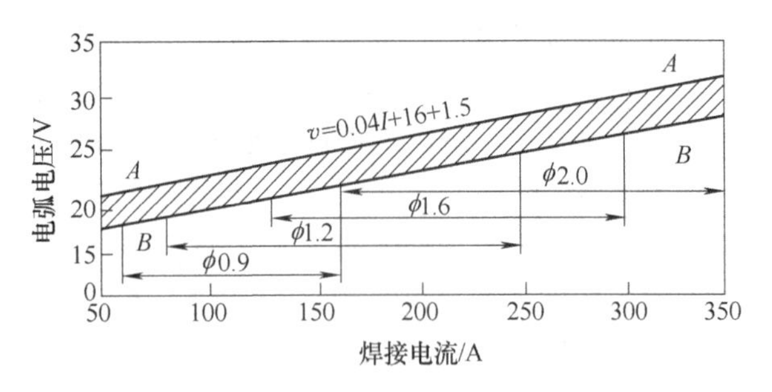

图 4-18　短路过渡焊接时适用的电弧电压和焊接电流范围

电弧电压另一个重要的作用就是决定焊缝的形状参数。如图 4-19b 所示，电弧电压越高，电弧笼罩的范围就越大，所以，焊缝的熔化宽度 B 增大，而熔深 H 和余高 h 也会相应地减小。

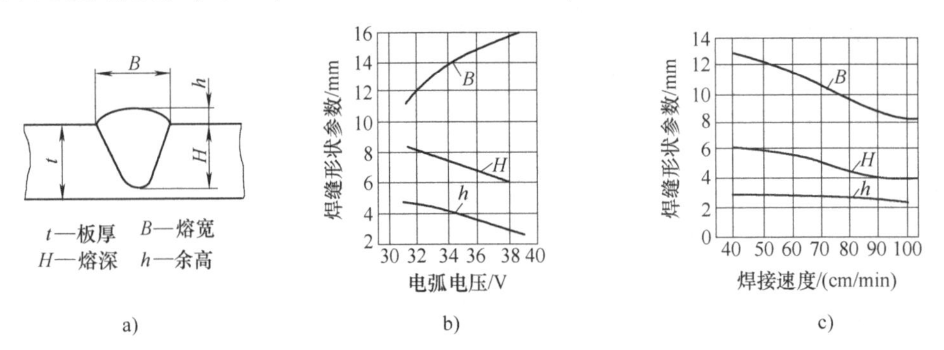

图 4-19　焊缝形状与电弧电压及焊接速度的关系

a）焊缝形状参数　b）电弧电压对焊缝形状的影响　c）焊接速度对焊缝形状的影响

电弧电压反映了电弧长度。电弧电压过高，实际弧长就过大，而焊枪喷嘴到焊件之间的距离过大，CO_2 气体的保护效果变差，焊接时极易出现气孔。

4. 焊接速度

焊接速度直接影响焊缝成形，如图 4-19c 所示。当其他焊接参数稳定不变时，焊接速度增加，会使焊缝的熔深、熔宽和余高均减小。反之，焊接速度变慢，会使焊缝的熔深、熔宽和余高均增加。

焊接速度不当，会造成焊接缺陷。焊接速度过快，使填充金属来不及填满边缘被熔化处，因此，会产生焊缝两侧边缘处咬边的缺陷。焊接速度过低，熔池中的液态金属会溢出，流到电弧移动的前面，当电弧移动到此处时，电弧便在液态金属的表面上燃烧，使焊缝熔合不良，形成未焊透的缺陷。

5. 气体流量

CO_2 气体流量的大小直接关系到保护气罩的挺括度，从而决定着气罩的保护范围（平均保护直径）。气体流量太小时，保护气体挺括度不足，保护效果差，易产生气孔；气体流量过大时，会将外界空气卷入焊接区，降低保护效果。当焊接电流较大、焊接速度较快、焊丝伸出长度较长时，气体流量应适当加大。通常，细丝小电流短路过渡时，气体流量在 5～15L/min 范围内；粗丝大电流颗粒过渡自动焊时，气体流量在 15～25L/min 范围内。

6. 焊丝伸出长度

焊丝伸出长度是指焊丝从导电嘴端口伸出到焊丝末端电弧斑点的长度。

焊丝伸出长度过大时，焊丝电阻热剧增，焊丝过热而熔化过快，甚至成段熔断，会导致飞溅严重和电弧不稳，焊接电流下降，电弧的熔透能力下降，易产生未焊透，焊缝成形不良，还能引起气体保护作用减弱，焊缝易生成气孔等。焊丝伸出长度过小时，焊接电流较大，短路频率较高，喷嘴高度过低，飞溅颗粒易堵塞喷嘴，使气流紊乱，保护作用下降。

根据生产经验，合适的焊丝伸出长度为焊丝直径的十倍左右，一般在 5 ~ 25mm 范围内。

7. 焊枪喷嘴高度

焊枪喷嘴高度是指焊枪喷嘴端面到焊件表面的距离。由于导电嘴内缩，焊接时测量焊丝的伸出长度较难，实际操作时是用导电嘴与焊件之间的距离代替的。焊工可以根据这一点，用焊枪高度调节焊丝伸出长度及焊件的受热量。焊枪喷嘴高度的推荐值见表 4-7。

表 4-7　焊枪喷嘴高度推荐值

焊接电流/A	导电嘴—焊件间距/mm	焊接电流/A	导电嘴—焊件间距/mm
<250	6 ~ 15	≥250	15 ~ 25

8. 焊枪倾斜角度

焊枪倾斜角度是指喷嘴轴线与焊缝轴线的垂直面之间的夹角。具有倾斜角度的焊枪在施焊时，按焊接方向又可分为前倾角和后倾角，如图 4-20a、b 所示。一般焊枪的倾斜角度为 10° ~20°。

焊枪前倾时，电弧的弧焰总是使焊件前方未熔化的母材预热，消耗一部分电弧热量，另外，电弧吹力使一部分已熔化的液态金属被排挤到电弧前方，从而使焊缝获得较大的熔宽，而熔深就变得较浅，故焊缝成形为宽而浅的焊缝，如图 4-20c 所示。

反之，焊枪后倾时，由于电弧始终指向熔池后方已熔化了的金属，电弧吹力使熔化金属排开，并继续深入熔化，所以，能够得到深而窄的焊缝，如图 4-20d 所示。

9. 焊接电路电感

CO_2 焊使用的是直流弧焊电源，故电路电感也称为直流电感。焊接电路电感由直流电抗器产生，串接在焊接电路里，可抑制不同的电流波动。

焊接电路电感主要抑制焊接短路电流的上升速度和短路电流峰值，可以使短路电流缓慢增加，使峰值不会太高。这样，就使电流变化趋于平稳。由于电感的作用，电弧的稳定性提高。因此，增大电感，焊接飞溅会明显下降。

表 4-8 给出了不同直径焊丝焊接时焊接电路所需的直流电感值的范围。对于滴状过渡的 CO_2 焊来说，电路电感对抑制飞溅的作用不大，一般可不要求在焊接电路中串接电感元件。

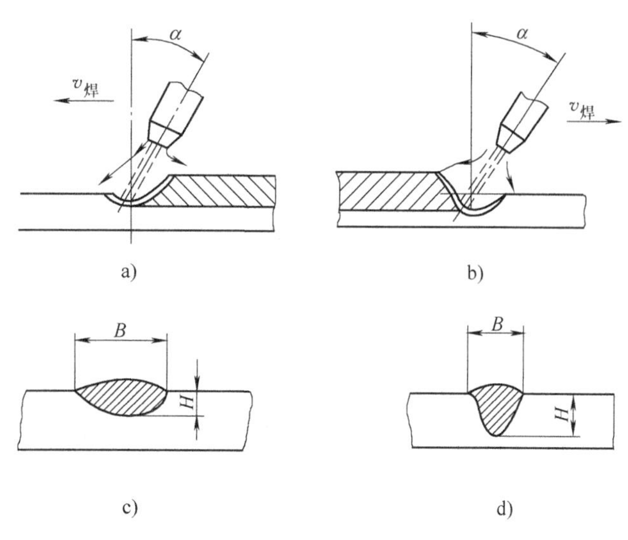

图 4-20　焊枪倾角及其对焊缝的影响

a）前倾角焊接　b）后倾角焊接

c）前倾角焊缝：浅而宽　d）后倾角焊缝：深而窄

表 4-8　不同的焊丝直径和电流所需要的直流电路电感

焊丝直径/mm	送丝速度/(cm/min)	焊接电流/A	电弧电压/V	短路电流增长速度/(kA/s)	电路电感/mH
0.8	50	100	18	50～150	0.01～0.08
1.2	25	130	19	40～130	0.01～0.16
1.6	17.5	160	20	20～75	0.30～0.70

10. 电源极性

直流反接时（反极性），焊件接阴极，焊丝接阳极，焊接过程稳定，飞溅小，熔深大。

直流正接时（正极性），焊件接阳极，焊丝接阴极，在电流相同时，焊丝熔化快（其熔化速度是反极性的16倍），熔深较浅，堆高大，稀释率较小，飞溅较大。

根据这些特点，CO_2 焊通常采用直流反接，正极性焊接主要用于堆焊、铸铁补焊及大电流高速 CO_2 焊。

五、二氧化碳气体保护焊基本操作技术

CO_2 焊的质量是由焊接过程的稳定性决定的。而焊接过程的稳定性，除通过调节设备选择合适的焊接参数外，更主要的是取决于焊工实际操作的技术水平。因此每个焊工都必须熟悉 CO_2 焊的注意事项，并掌握基本操作手法，才能根据不同的实际情况，灵活地运用这些技能，获得满意的效果。

（一）操作注意事项

1. 选择正确的持枪姿势

由于 CO_2 焊的焊枪比焊条电弧焊焊钳重，焊枪后面又拖了一根沉重的送丝导管，因此焊工手持焊枪焊接是较吃力的，为了能长时间坚持生产，每个焊工都应根据焊接位置，选择正确的持枪姿势。采用正确的持枪姿势，焊工既不感到别扭，又能长时间稳定地进行焊接。

正确的持枪姿势应满足以下条件：

1）操作时用身体的某个部位承担焊枪的自重，通常手臂都处于自然状态，手腕能灵活带动焊枪平移或转动，不感到太累。

2）焊接过程中，软管电缆最小的曲率半径应大于300mm，焊接时可随意拖动焊枪。

3）焊接过程中，能维持焊枪倾角不变，还能清楚、方便地观察熔池。

4）将送丝机放在合适的地方，保证焊枪能在需焊接的范围内自由移动。

图 4-21 所示为焊接不同位置焊缝时的正确持枪姿势。

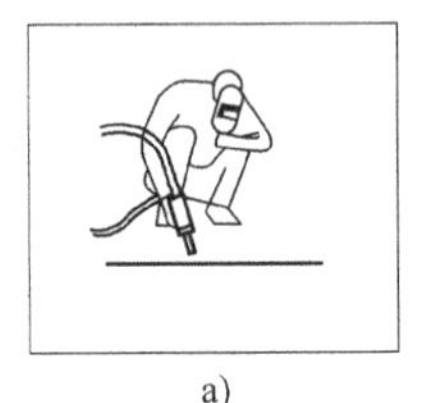
a)

b)

c)

d)

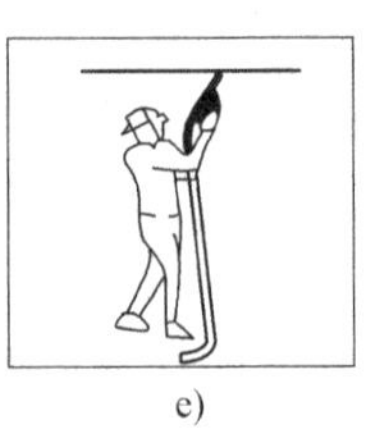
e)

图 4-21　焊接不同位置焊缝时的正确持枪姿势

a）蹲位平焊　b）坐位平焊　c）立位平焊　d）站位立焊　e）站位仰焊

2. 保持焊枪喷嘴与工件合适的相对位置

CO_2 焊焊接过程中，焊工必须使焊枪与工件间保持合适的相对位置。主要是正确控制焊枪喷嘴与工件间的距离。若距离过大，电弧不稳，CO_2 气体保护不良，当喷嘴高度超过30mm 时，焊缝中将产生气孔。若距离过小喷嘴内外易黏附飞溅颗粒，同时遮挡操作者观察熔池和焊缝的视线。一般喷嘴与焊件的距离保持 15～20mm 为宜。

3. 选择正确的焊接方向

CO_2 焊可以按照焊枪的移动方向（向左或向右）分为右焊法和左焊法，如图 4-22 所示。

采用右焊法时，熔池的可见度及气体保护效果较好，但因焊丝直指熔池，电弧将熔池中的液态金属向后吹，容易造成余高和焊波过大，影响焊缝成形。并且焊接时喷嘴挡住待焊的焊缝，不便于观察焊缝的间隙，容易焊偏。

采用左焊法时，喷嘴不会挡住视线，能够清楚地看见焊缝，故不容易焊偏，并且熔池受到的电弧吹力小，能得到较大熔宽，焊缝成形美观。所以，左焊法应用比较普遍，是 CO_2 焊常用的焊接方法。但左焊法焊枪倾角不能过大，否则保护效果不好，容易产生气孔。

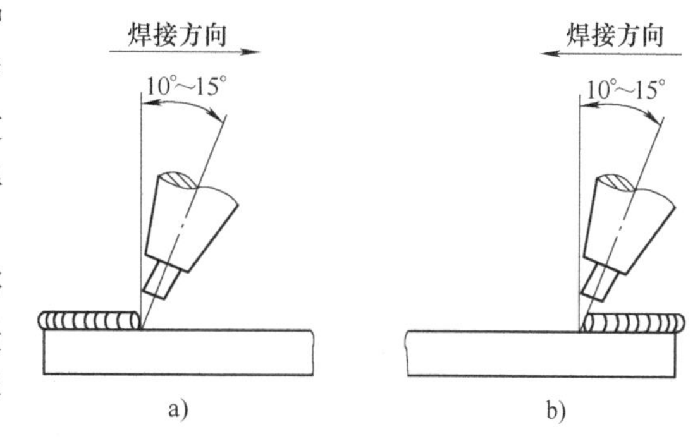

图 4-22 CO_2 焊的右焊法和左焊法示意图
a）右焊法 b）左焊法

4. 正确选择焊枪的摆动方式

CO_2 焊焊枪的摆动方式有直线移动法和横向摆动法。

直线移动法主要用于薄板焊接和中厚板 V 形坡口的打底层焊接。这种方法焊出的焊道宽度较窄。

横向摆动法包括锯齿形、月牙形、正三角形、斜圆圈形等摆动方式。锯齿形摆动方式主要用于根部间隙较小焊缝的焊接；月牙形摆动方式常用于厚板填充层及盖面层的焊接；正三角形和斜圆圈形摆动方式通常用于角接头和多层焊。横向摆动时，以手臂为主进行操作，手腕起辅助作用。摆动幅度不能太大，且左右摆幅要大体相同。

（1）直线移动法的操作要领　直线移动法要求焊枪移动速度要均匀一致，而且喷嘴与母材间的距离也要保持稳定。如果喷嘴与母材之间的间距波动大，则焊丝伸出长度会产生变化、焊丝的熔化速度也会变化、熔深不均匀，导致焊缝外观高低不平。

另外，电弧中心线要始终对准熔池前端，若电弧中心线保持在熔池后端，液态金属就会向前流淌而造成熔合不良，易产生未焊透缺陷。

（2）横向摆动法的操作要领　对接平焊 CO_2 焊时，应根据坡口间隙的大小采用不同的焊枪摆动方式。当坡口间隙为 0.2～1.4mm 时，一般采用直线移动法或者小幅度横向摆动；当坡口间隙为 1.2～2.0mm 时，采用锯齿形的小幅度摆动，如图 4-23a 所示，并且在焊道中心移动稍快些，而在坡口两侧要停留 0.5～1s；当坡口间隙更大时，焊枪摆动方式在横向摆动的同时还要前后摆动，如图 4-23b 所示。焊接平角焊缝时，为了使单道焊缝得到较大的焊脚尺寸，可以采用小电流、做前后摆动的方法。焊接船形焊角焊缝时，可以采用月牙形摆动的方法。

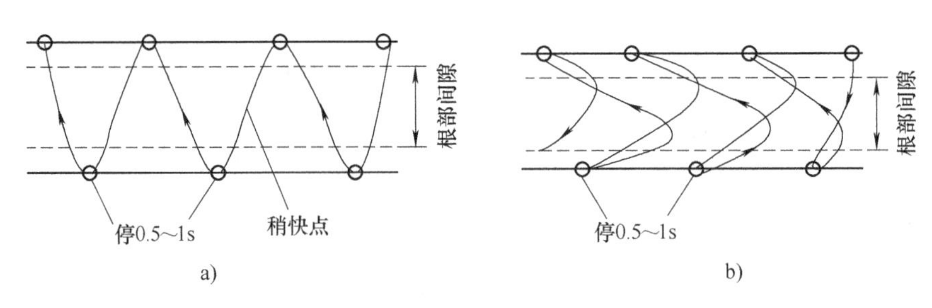

图 4-23　CO_2 焊焊枪摆动方式

a）间隙为 1.2 ~ 2mm 时，采用锯齿形摆动　b）间隙较大时，采用倒退月牙形摆动

（二）基本操作技术

跟焊条电弧焊一样，CO_2 焊的基本操作技术也是引弧、收弧、接头、摆动等。由于没有焊条送进运动，焊接过程中只需维持弧长不变，并根据熔池情况摆动和移动焊枪就行了，因此 CO_2 焊操作比焊条电弧焊容易掌握。

1. 引弧

CO_2 焊与焊条电弧焊引弧的方法稍有不同，不采用划擦式引弧，主要是碰撞引弧，但引弧时不必抬起焊枪。具体操作步骤如下：

1）引弧前先按遥控盒上的点动开关或按焊枪上的控制开关，点动送出一段焊丝，焊丝伸出长度小于喷嘴与工件间应保持的距离，超长部分应剪去，如图 4-24 所示。若焊丝的端部出现球状时，必须预先剪去，否则引弧困难。

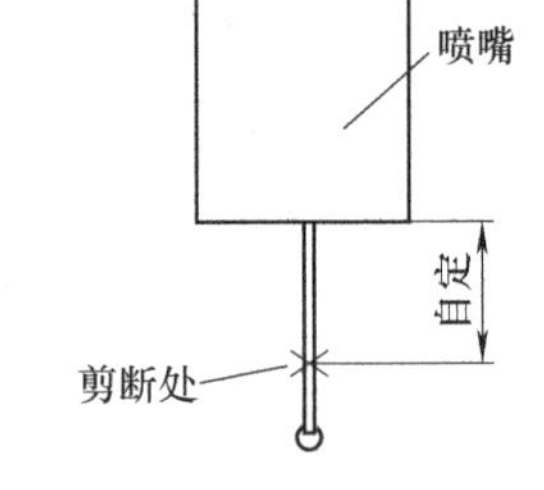

图 4-24　引弧前剪去超长的焊丝

2）将焊枪按要求（保持合适的倾角和喷嘴高度）放在引弧处，注意此时焊丝端部与工件未接触（距离 2 ~ 3mm），喷嘴高度由焊接电流决定，如图 4-25 所示。

3）按动焊枪上的控制开关，焊机自动提前送气，延时接通电源，保持高电压，慢送丝，当焊丝碰撞工件短路后，自动引燃电弧。

短路时，焊枪有自动顶起的倾向，如图 4-26 所示，故引弧时要稍用力下压焊枪，防止因焊枪抬起太高，电弧太长而熄灭。

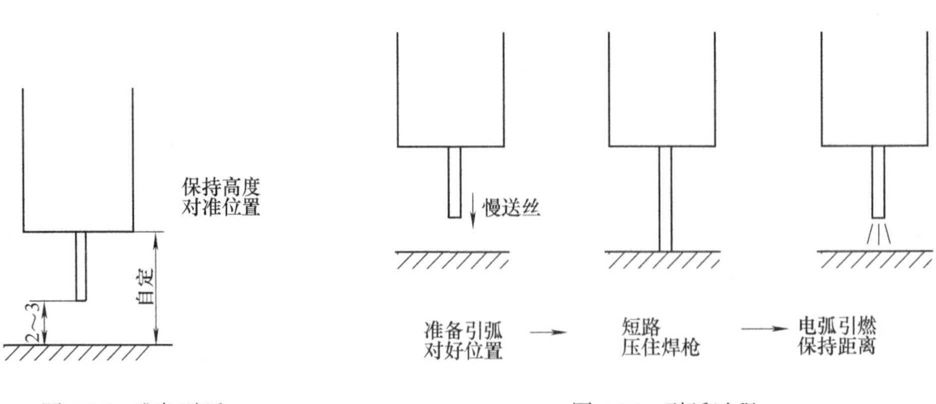

图 4-25　准备引弧

图 4-26　引弧过程

注意：

一般情况下，始焊端易出现焊道过高、熔深不足等缺陷。为避免这些缺陷，先将电弧稍微拉长一些，对该端部进行适当的预热，然后再压缩电弧至正常长度，进行正常焊接，以避免焊缝起弧处出现未焊透、熔透、气孔等缺陷；焊接重要焊缝时，最好加上引弧板，在引弧板上引弧，如果不能加引弧板，半自动焊时一般在离始焊端10～20mm处引弧，然后将电弧移向始焊端，如图4-27所示。

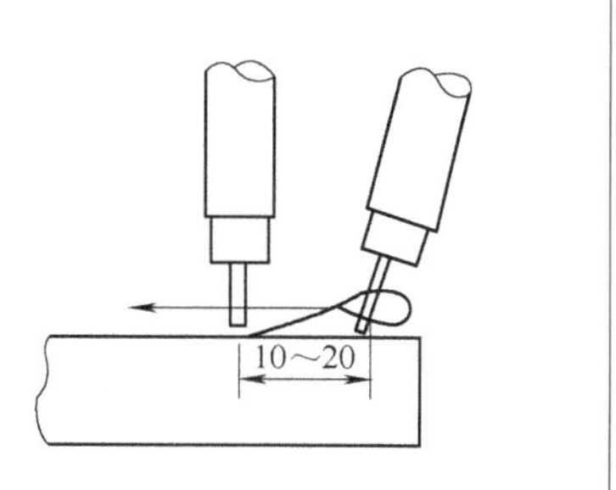

图4-27　在始焊端10～20mm处引弧

2. 焊接

引燃电弧后，通常都采用左焊法。焊接过程中，焊工的主要任务是保持焊枪合适的倾角和喷嘴高度，沿焊接方向尽可能地均匀移动，还要依靠在焊接过程中看到的熔池的情况、电弧的稳定性、飞溅的大小以及焊缝成形的好坏来判断焊接工艺参数的选择是否合适并做出相应调整。

具体焊接技术在二氧化碳气体保护焊技能训练章节中详述。

3. 收弧

CO_2焊的收弧技术掌握不好，可能出现弧坑、焊丝与焊件粘连、焊丝与导电嘴焊在一起、焊丝末端出现球状端头（俗称小球）等问题。

（1）使用普通CO_2弧焊机的收弧技术　CO_2弧焊机中不带有收弧控制电路或填满弧坑控制电路的弧焊机，均为普通弧焊机。使用普通CO_2弧焊机收弧时应多次、反复地按动装在焊枪手柄上的“通断”按钮。弧焊机在第一次按切断按钮（停焊开始）后，再经三次“通断”按钮控制，每次断弧时间为1～2s，接通后电弧复燃时间约1s（视弧坑大小而定），每经过一次通断，弧坑填补一次，经2～3次便可填满弧坑。图4-28所示为普通CO_2弧焊机停焊填弧坑操作过程示意图。

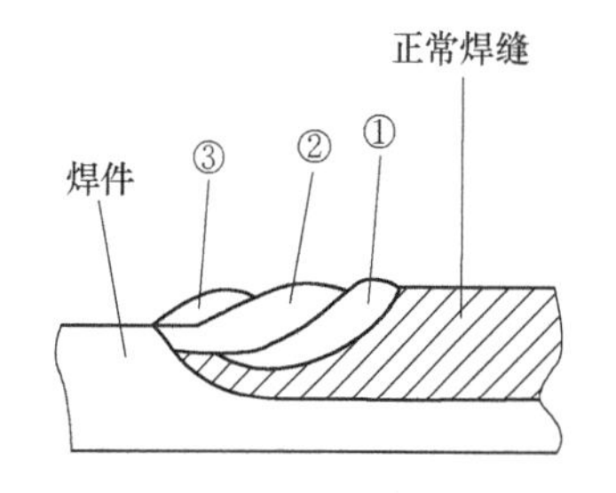

图4-28　普通CO_2弧焊机停焊填弧坑操作过程示意图

（2）使用带弧坑填充控制程序的CO_2弧焊机的收弧技术

1）焊接即将结束时，应将焊枪上的焊接结束填弧坑开关接通，下达填弧坑指令，这时，焊接电流便下降约30%，与此同时，送丝速度、电弧电压也相应下降，开始了填弧坑过程。

2）填弧坑时，应停止焊枪的向前移动，同时操纵电弧沿熔池外边缘圆周逐渐向中心做螺旋移动，使熔化的熔滴逐步将弧坑填平。

3）施焊者目测感到弧坑已填平时，将焊枪开关关断。带填弧坑程序的弧焊机结束焊接时的这段时间里，送丝渐停，电流逐渐下降，2～3s延时时间到，电源被切断，焊接停止。由于弧焊机带弧坑填充控制程序，存在2～3s的延时，使焊丝不会在停止送丝时产生焊丝与焊件的粘连。同样在这一过程中，焊丝末端充分吸收了焊接电弧熄灭前的余热，熔化掉产生在焊丝端头的小球。

4. 接头

焊缝的连接通常称为接头。焊缝的连接技术是焊接的基本技术之一，常用的焊缝接头技术有以下几种：

（1）直线移动法窄焊缝接头技术　如图4-29a所示，引弧处选在原焊缝弧坑前15～20mm处，然后将电弧拉向弧坑中心，在弧坑里旋弧一周，当原焊缝的弧坑都熔化后，再开始按原焊缝的前进方向，以原焊缝成形参数为依据（熔宽、熔深和余高）进行正常焊接。

（2）横向摆动法宽焊缝接头技术　如图4-29b所示，接续焊缝的引弧点，应选在原焊缝弧坑中心前方15～20mm处，引燃电弧后，将电弧直线拉向原焊缝弧坑中心，在原弧坑中旋弧一周，当弧坑充分熔化成熔池后，开始摆动焊丝，向前施焊。开始时摆幅较小，逐渐加大，按照原焊缝的熔宽、熔深和余高进行正常焊接。

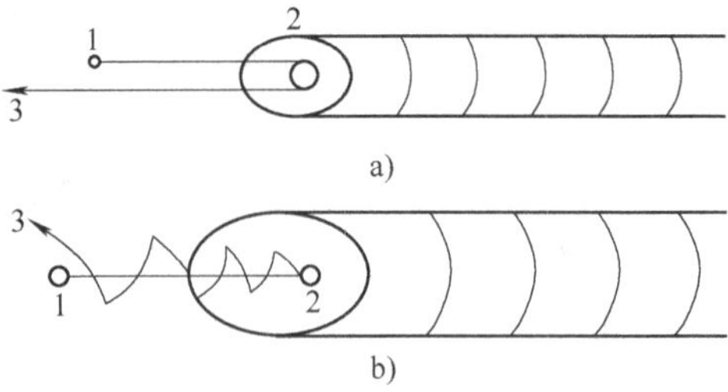

图4-29　焊缝接头技术

a）直线移动法窄焊缝接头技术

b）横向摆动法宽焊缝接头技术

（3）打磨法焊缝接头技术　将待焊接头处用磨光机打磨成斜面，如图4-30所示。

在焊缝接头斜面顶部引弧，引燃电弧后，将电弧移至斜面底部，转一圈返回引弧处后再继续向左焊接，如图4-31所示。引燃电弧后向斜面底部移动时，要注意观察熔孔，若未形成熔孔则接头处背面焊不透；若熔孔太小，则接头处背面产生缩颈；若熔孔太大，则背面焊缝太宽或焊漏。

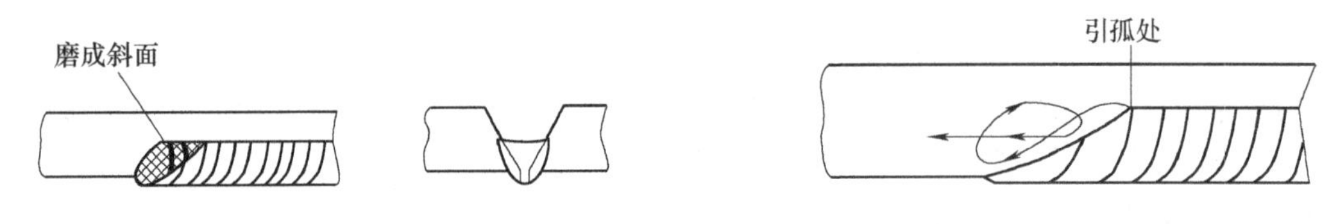

图4-30　接头处的准备　　图4-31　接头处的引弧操作

这种接头方法适用于多层多道焊打底层的单面焊双面成形。

5. 定位焊

定位焊是指焊前为装配和固定焊件上的接缝位置而进行的焊接操作。定位焊形成的短小而断续的焊缝称为定位焊缝。通常定位焊缝都比较短小，且焊接过程中都不去掉，而成为正式焊缝的一部分保留在焊缝中，因此，定位焊缝的位置、长度和高度等是否合适，将直接影响正式焊缝的质量及焊件的变形。生产中发生的一些重大质量事故，如结构变形大，出现未焊透及裂纹等缺陷，往往是定位焊缝不合格造成的，因此，对定位焊必须引起足够的重视。

CO_2焊定位焊时必须注意以下问题：

1）必须按照焊接工艺规定的要求进行定位焊缝的焊接。应采用与焊接工艺规定相同牌号、直径的焊丝，用相同的焊接参数施焊。若工艺规定焊前需预热，焊后需缓冷，则焊定位焊缝前也要预热，焊后也要缓冷。

2）定位焊必须保证熔合良好，余高不能太高，焊缝的起头和收弧处应圆滑过渡，不能太陡，防止焊缝接头时两端焊不透。

3）定位焊缝的参考尺寸见表4-9。

表 4-9　定位焊缝的参考尺寸　（单位：mm）

焊件厚度	定位焊缝余高	定位焊缝长度	定位焊缝间距
≤4	<4	5~10	50~100
4~12	3~6	10~20	100~200
>12	>6	15~30	200~300

4）定位焊缝不能焊在焊缝交叉处或焊缝方向发生急剧变化的地方，通常至少应离开这些地方 50mm，才能焊定位焊缝。

5）为防止焊接过程中焊件裂开，应尽量避免强制装配。必要时可增加定位焊缝的长度，并减小定位焊缝的间距。

6）定位焊后必须尽快焊接，避免中途停顿或存放时间过长。定位焊的焊接电流可比正常焊接电流大 10%~15%。

【二氧化碳气体保护焊技能训练】

技能训练一　低碳钢钢板 T 形接头平角焊

［训练目标］

能够正确选择 CO_2 焊的焊接参数，掌握 CO_2 焊平角位置的焊接技术。

1. 工作准备

（1）材料准备　材质为 Q235，尺寸为 300mm×100mm×6mm（每组两块）；焊丝选用 ER50-6，焊丝直径为 ϕ1.2mm；CO_2 气体 1 瓶。

（2）焊接设备　NBC-350 型 CO_2 半自动焊机。

（3）工具准备　钢丝钳、面罩、钢丝刷、锉刀、活扳手、角向磨光机、焊接检验尺等。

2. 技术要求

1）焊接位置为平角焊。

2）焊前将焊件（立板、底板）待焊区 15~20mm 内油污、铁锈等污物清理干净。

3）定位焊缝位于 T 形接头的首尾两处焊道内，长度小于 20mm。

4）不允许破坏焊缝原始表面。

5）焊件一经施焊，不得任意更换和改变焊接位置。

6）焊接完毕，关闭电焊机和气瓶，工具摆放整齐，场地清理干净。

7）时限：40min。

3. 工艺分析

根据焊件厚度不同，CO_2 半自动角接平焊可分单层单道焊和多层多道焊。

（1）单层单道焊　当焊脚高度小于 8mm 时，可采用单道焊。单道焊时根据焊件厚度的不同，焊枪的指向位置和倾角也不同。当焊脚高度小于 5mm 时，焊枪指向根部，如图 4-32a 所示。当焊脚高度大于 5mm 时，焊枪指向距离根部 1~2mm，如

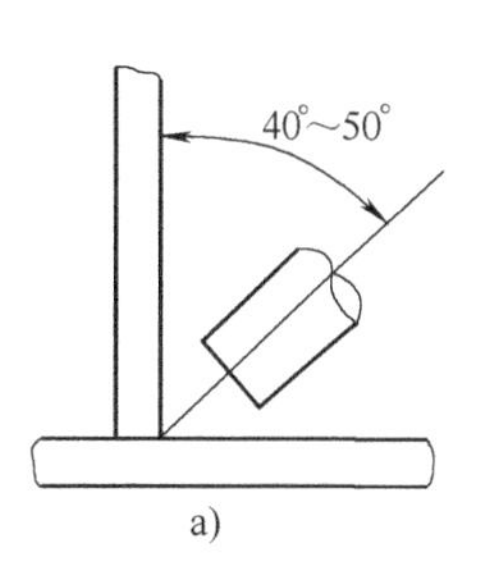

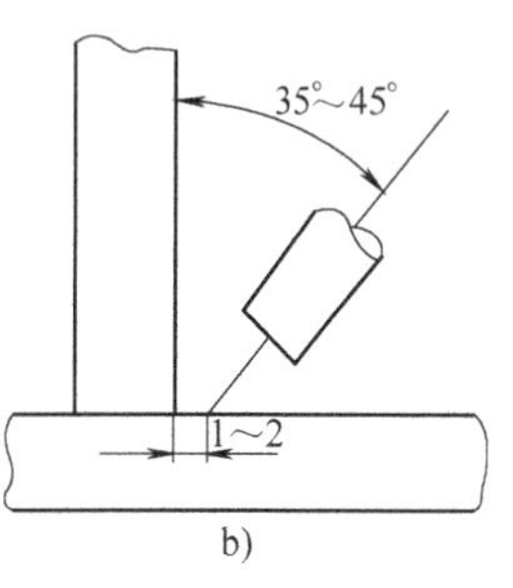

图 4-32　角接平焊时的焊枪位置

a）焊脚高度小于 5mm　b）焊脚高度大于 5mm

图 4-32b 所示。焊接方向一般选用左焊法。

为了使焊缝的焊脚尺寸保持一致，要求焊接电流应小于 350A。对于不熟练的焊工，电流应再小些。当焊接电流过大时，熔化金属容易流淌，造成垂直板的焊脚尺寸小，并出现咬边，而水平板的焊脚尺寸较大，并容易出现焊瘤。

（2）多层多道焊　当焊脚尺寸大于 8mm 时，应采用多层焊。多层焊时为了提高生产率，一般焊接电流都比较大。大电流焊接时，要注意各层之间及各层与底板和立板之间要熔合良好，使平角焊缝的焊脚尺寸一致，焊缝表面与母材过渡平滑。

焊脚尺寸为 8～12mm 的角焊缝，一般分两层焊道进行焊接。第一层焊道电流要稍大些，焊枪与垂直板的夹角要小，并指向距离根部 2～3mm 的位置；第二层焊道的焊接电流应适当减小，焊枪指向第一层焊道的凹陷处，如图 4-33 所示，并选用左焊法，可以得到等焊脚尺寸的焊缝。

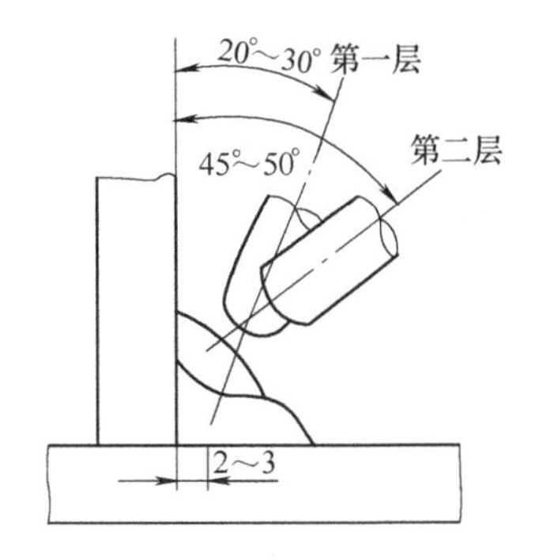

图 4-33　两层焊时的焊枪角度

当要求得到更大的焊脚尺寸时，应采用三层以上的焊道，焊接次序如图 4-34 所示。图 4-34a 所示是多层焊的第一层，该层的焊接工艺与 5mm 以上焊脚尺寸的单道焊类似，焊枪指向距离根部 1～2mm 处，焊接电流一般不大于 300A，选用左焊法。图 4-34b 所示为第二层焊缝的第一道焊缝，焊枪指向第一层焊道与水平板的焊趾部位，进行直线形或稍加摆动的焊接。焊接该焊道时，注意在水平板上要达到焊脚尺寸要求，并保证在水平板一侧的焊缝边缘整齐，与母材熔合良好。图 4-34c 所示为第二层的第二条焊道。如果要求焊脚尺寸较大时，可按图 4-34d 所示焊接第三道焊道。

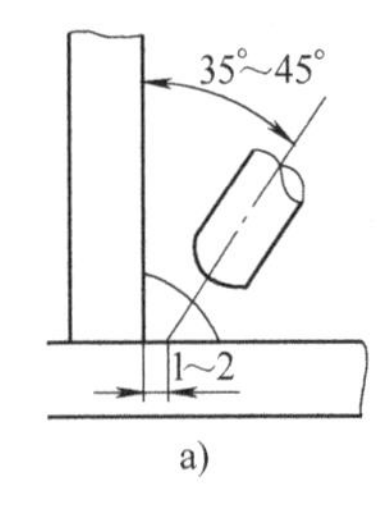

a)

b)

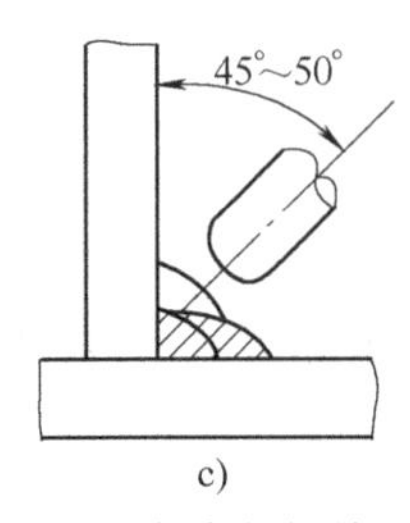

c)

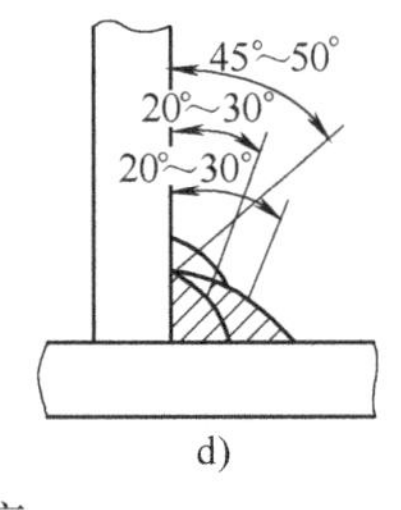

d)

图 4-34　厚板角接平焊的焊枪角度与焊接顺序

当采用船形位置焊接角焊缝时，可以使用较大的焊接电流。船形焊时可以采用单道焊，也可以采用多道焊，采用单道焊可焊接 10mm 厚度的工件。

4. 操作步骤

（1）焊前清理　将待焊区（立板和水平板）15～20 mm 内的油、锈、水分及其他污物清除干净，直至露出金属光泽。为防止飞溅造成清理困难和堵塞喷嘴，可在试件表面涂上一层飞溅防粘剂，在喷嘴上涂一层喷嘴防堵剂。

（2）装配和定位焊　组对间隙为 0～2mm，定位焊缝长 10～15mm，焊脚尺寸为 6mm，预留 3°～4°的反变形，定位焊缝在试件两端，如图 4-35 所示。检查试件

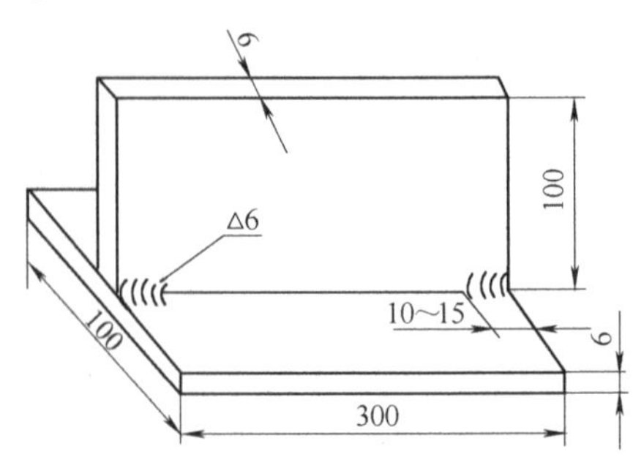

图 4-35　T 形接头试件及装配

装配符合要求后，将试件平放在水平位置。

（3）焊接参数　采用单层单道焊，T形接头平角焊焊接参数见表4-10。

表4-10　T形接头平角焊焊接参数

焊道位置	焊丝直径/mm	伸出长度/mm	焊接电流/A	电弧电压/V	气体流量/(L/min)	焊接速度/(cm/min)
1层1道	1.2	13～18	220～250	25～27	15～20	35～45

（4）操作要点　采用左焊法，焊枪角度如图4-36所示。调试好焊接参数后，在试件的右端引弧，从右向左焊接。焊枪指向距根部1～2mm处。由于采用较大的焊接电流，焊接速度可稍快，同时要适当地做横向摆动。

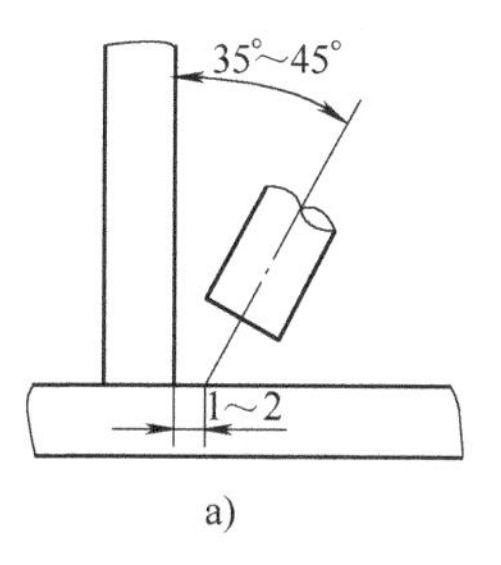

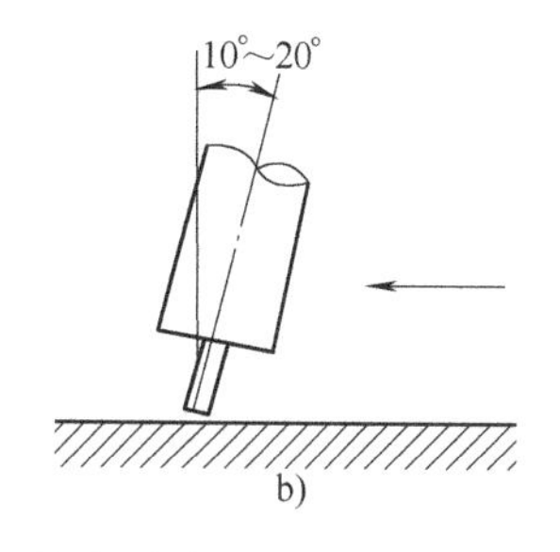

图4-36　角接平焊焊枪角度

a）正面　b）侧面

5. 评分标准

低碳钢钢板T形接头平角焊评分标准见表4-11。

表4-11　低碳钢钢板T形接头平角焊评分标准

项　目	考核技术要求	配分	评 分 标 准	得　分
操作前的准备工作	喷嘴必须清洁干净，且安装紧固，变形程度不能产生严重偏流	6	未达要求扣6分	
	导电嘴紧固良好，气体、焊丝通过情况良好	6	未达要求扣6分	
	焊枪外壳的气孔、弹簧软管均不允许堵塞，弹簧软管的变形不能影响焊丝的平稳送进	6	未达要求扣6分	
	电、气、水管路各接线管部位必须正确、牢靠、无破损	6	未达要求扣6分	
	送丝滚轮与焊丝直径必须相符，且送丝滚轮沟槽必须干净清洁	6	未达要求扣6分	
	送丝滚轮的压力必须调整合适	5	未达要求扣5分	
	焊丝校正装置必须调整合理，焊丝绕线架安装稳固	6	未达要求扣6分	
	流量调整器与气瓶的固定良好，浮标式流量计必须安装成铅垂方向	6	未达要求扣6分	
	试件装配间隙为0～2mm，定位焊长度为10～15 mm，焊脚尺寸为6m，反变形为3°～4°	5	一项不符合要求扣2分	
	待焊区20mm范围内无油、锈、水等污物，并打磨至露出金属光泽；焊丝直径为1.2mm；焊丝伸出长度为13～18mm；焊接电流为220～250A，电弧电压为25～27V，气体流量为15～20L/min	8	一项不符合要求扣2分	

（续）

项　目	考核技术要求	配分	评分标准	得　分
焊缝的外观质量	焊缝外形尺寸：焊缝凹度≤1.2mm，凸度≤1.2mm；6mm≤焊脚尺寸≤8mm；焊缝直线度误差≤2mm	28	焊缝凹度>1.2mm，扣7分；焊缝凸度>1.2mm，扣7分；焊脚尺寸>8mm或<6mm，扣7分；焊缝直线度误差>2mm，扣7分	
	焊缝咬边深度小于或等于0.5mm，焊缝两侧咬边累计总长度不超过18mm	7	焊缝两侧咬边累计总长度每5mm扣1分；咬边深度大于0.5mm或累计总长度大于18mm，此项不得分	
	试件焊后变形的角度小于或等于3°	5	焊后变形的角度大于3°，扣5分	
焊缝的表面状态	焊缝的表面应是原始状态，不允许有加工或补焊、返修焊	—	若有加工或补焊、返修焊等，扣除该焊件焊缝的外观质量的全部配分	
	焊缝表面不得有裂纹、未熔合、夹渣、气孔和焊瘤等缺陷	—	焊缝表面有裂纹、未熔合、夹渣、气孔和焊瘤等缺陷均按不合格论	
安全文明生产	按国家颁布的安全生产法规中有关本工种的规定或企业自定的有关规定考核	—	根据现场记录，违反规定的从总分中扣1~10分	
时限	焊件必须在考核时限内完成	—	在考核时限内完成的不扣分，超出考核时限不大于5min的扣2分，超出5min但不超过10min的扣5分，超出10min的为不合格	
综合		100	合　计	

6. 焊接时容易出现的缺陷及排除方法（表4-12）

表4-12　焊接时容易出现的缺陷及排除方法

缺陷名称	产生原因	排除方法
气孔	1. 焊丝和焊件待焊处表面有氧化物、油、锈等脏物 2. 焊丝含硅、锰量不足 3. CO_2气体流量低 4. 阀门冻结、喷嘴堵塞，影响CO_2气体流畅 5. 焊接场地有风 6. CO_2气体纯度低，水分含量大 7. 气路有漏气的地方	1. 清理焊丝与焊件待焊表面的氧化物、油、锈等脏物 2. 选择硅、锰含量符合要求的焊丝 3. 检查流量低的原因 4. 预热阀门，解冻；清除喷嘴内堵塞物 5. 在避风处进行焊接 6. 提高CO_2气体的纯度 7. 排除漏气的地方
飞溅	1. 熔滴短路过渡时，电感量过大或过小 2. 焊接电流与电压匹配不当 3. 焊丝与焊件清理不良	1. 选择合适的电感量 2. 调整电流、电压参数，使其匹配 3. 清理焊丝、焊件表面的油、锈及水分
咬边	1. 熔滴金属因自重下淌 2. 焊枪位置不当 3. 焊枪摆动速度不均匀	1. 借电弧吹力托住熔滴，防止熔滴下淌 2. 按给定的焊枪位置操作 3. 克服摆动不均匀现象
焊缝下垂	1. 焊枪角度不对 2. 焊接电流大 3. 焊接速度慢 4. 非短路过渡 5. 焊丝直径粗 6. 焊枪未做前后往复摆动	1. 按正确焊枪角度操作 2. 减小电流 3. 适当加快焊接速度 4. 采用短路过渡焊接 5. 采用细焊丝焊接 6. 焊枪做小幅度前后往复摆动，以降低熔池温度

技能训练二　低碳钢平板对接V形坡口平焊位置单面焊双面成形

［训练目标］

够正确选择CO_2焊焊接参数，掌握平板对接V形坡口平焊位置的单面焊双面成形技术。

1. 工作准备

（1）材料准备　材质为Q235，规格300×100×12mm（每组两块），坡口形式为V形坡口，坡口面角度为30°±2°；焊丝选用ϕ1.2mm的ER50-6焊丝；CO_2气体1瓶。

（2）焊接设备　NBC-350型CO_2半自动焊机。

（3）工具准备　钢丝钳、面罩、钢丝刷、锉刀、锤子、錾子、活扳手、角向磨光机、焊接检验尺等。

2. 技术要求

1）焊接位置为平焊位置，单面焊双面成形。

2）钝边高度与间隙自定。

3）焊件一经施焊，不得任意更换和改变焊接位置。

4）定位焊时允许做反变形。

5）不允许破坏焊缝原始表面。

6）时限：45min。

3. 操作步骤

（1）焊前清理　将坡口和靠近坡口上下两侧15～20mm内钢板上的油、锈、水分及其他污物打磨干净，直至露出金属光泽。为防止飞溅不好清理和堵塞喷嘴，可在焊件表面涂上一层飞溅防粘剂，在喷嘴上涂一层喷嘴防堵剂。

（2）修锉钝边　钝边为0～0.5mm。

（3）装配定位　焊件装配如图4-37所示。

1）装配间隙。始端为3mm，终端为4mm。

2）定位焊。采用与正式焊接时相同的焊接材料及焊接参数。定位焊的位置在试板背部的两端处，定位长度为10～15mm。定位焊必须与正式焊接一样并焊牢，以防止焊接过程中因为收缩而造成坡口变窄，进而影响焊接质量。

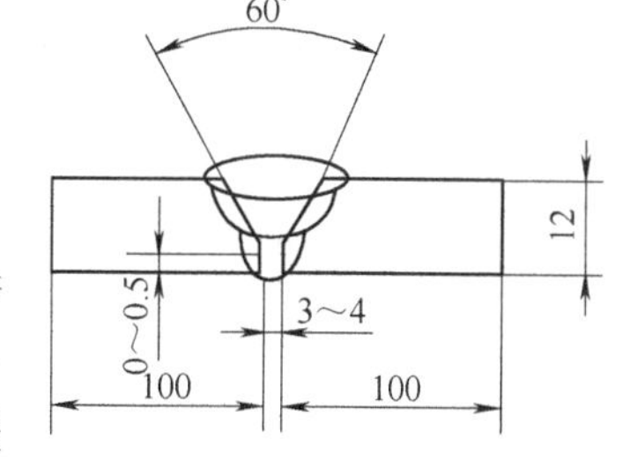

图4-37　焊件装配

3）反变形。预置反变形量为3°。

4）错边量。小于或等于1.2mm。

（4）焊接参数　焊接参数见表4-13。

表4-13　焊接参数

焊道位置	焊丝直径/mm	焊丝伸出长度/mm	焊接电流/A	电弧电压/V	CO_2气体流量/(L/min)
打底焊	1.2	20～25	90～100	18～19	10～15
填充焊	1.2	20～25	120～230	23～25	15～20
盖面焊	1.2	20～25	220～240	24～25	15～20

（5）操作要点　采用左焊法，焊接层次为三层三道。焊枪角度如图4-38所示。

1）打底焊。将试件间隙小的一端放于右侧，调试好焊接参数，在试板右端距待焊左侧15～20mm坡口一侧引燃电弧，然后快速移至试板右端起焊点，当坡口底部形成熔孔后，开始向左焊接。焊枪沿坡口两侧做小幅度横向摆动，并控制电弧在离底边 2～3mm 处燃烧，当坡口底部熔孔直径达 3～4mm 时，转入正常焊接。

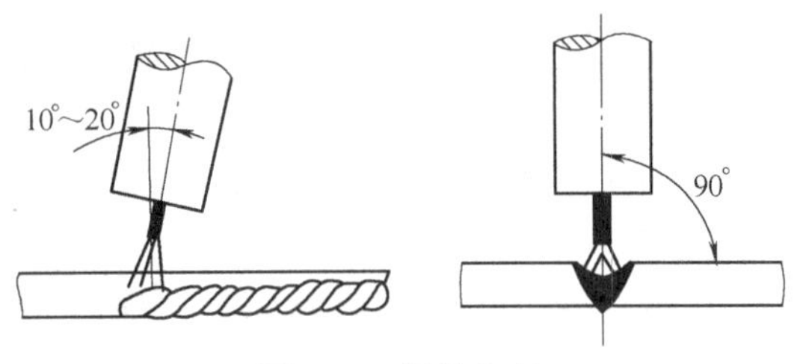

图 4-38　焊枪角度

打底焊时应注意：

① 电弧始终在坡口内做小幅度横向摆动，并在坡口两侧稍微停留，使熔孔直径比间隙大 0.5～1mm。焊接时应根据间隙和熔孔直径的变化调整横向摆动幅度和焊接速度，尽可能维持熔孔直径不变，以获得宽窄和高低均匀的反面焊缝。

② 依靠电弧在坡口两侧的停留时间，保证坡口两侧熔合良好，使打底焊道两侧与坡口结合处稍下凹，以使焊道表面平整，如图 4-39 所示。

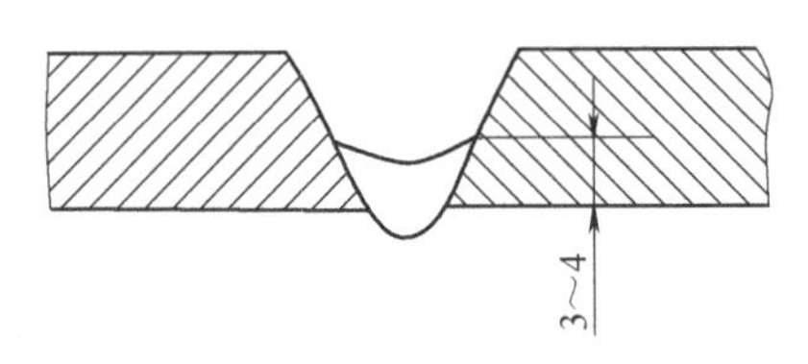

图 4-39　打底焊道

③ 打底焊时，要严格控制喷嘴的高度，电弧必须在离坡口底部 2～3 mm 处燃烧，并保证打底层焊道厚度不超过 4mm。

2）填充焊。调试好填充层焊接参数后，在试板右端开始焊填充层。填充焊时，焊枪的横向摆动幅度应稍大于打底焊。注意熔池两侧的熔合情况，保证焊道表面平整并稍下凹，并使填充层的高度应低于母材表面 1.5～2mm。焊接时不允许熔化坡口棱边。

3）盖面焊。调试好盖面层焊接参数后，从右端开始焊接。盖面焊时需注意下列事项：

① 保持喷嘴高度，焊接熔池边缘应超过坡口棱边 0.5～1.5mm，并防止咬边。

② 焊枪横向摆动幅度应比填充焊时稍大，尽量保持焊接速度均匀，使焊缝外形美观。

③ 收弧时一定要填满弧坑并待电弧熄灭，熔池凝固后才能移开焊枪，以避免出现弧坑裂纹和气孔。

4. 评分标准

低碳钢平板对接 V 形坡口平焊评分标准见表 4-14。

表 4-14　低碳钢平板对接 V 形坡口平焊评分标准

项　目	考核技术要求	配分	评 分 标 准	得　分
操作前的准备工作	喷嘴必须清洁干净，且安装紧固，变形程度不能产生严重偏流	3	未达要求扣 3 分	
	分流环必须完好无损，且无堵塞	3	未达要求扣 3 分	
	导电嘴紧固良好，气体、焊丝通过情况良好	3	未达要求扣 3 分	
	焊枪外壳的气孔、弹簧软管均不允许堵塞	3	未达要求扣 3 分	
	弹簧软管的变形不能影响焊丝的平稳送进	3	未达要求扣 3 分	
	电、气、水管路各接线管部位必须正确、牢靠、无破损	3	未达要求扣 3 分	
	送丝滚轮与焊丝直径必须相符，且送丝滚轮沟槽必须干净清洁	3	未达要求扣 3 分	
	送丝滚轮的压力必须调整合适	3	未达要求扣 3 分	
	焊丝校正装置必须调整合理，焊丝绕线架安装稳固	3	未达要求扣 3 分	

（续）

项　目	考核技术要求	配分	评 分 标 准	得　分
操作前的准备工作	流量调整器与气瓶的固定良好，浮标式流量计必须安装成铅垂方向	3	未达要求扣3分	
	试件装配间隙为3～4mm，钝边为0～0.5mm，定位焊长度为10～15 mm	2	一项不符合要求扣2分	
	坡口内及正反两侧20mm范围内无油、锈、水等污物，并打磨至露出金属光泽；焊丝直径为1.2mm；焊丝伸出长度为20～25mm；打底焊、填充焊、盖面焊，焊接电流分别为90～100A、120～230A、220～240A，电弧电压分别为18～19V、23～25V、24～25V，气体流量分别为10～15L/min、15～20L/min、15～20L/min	8	一项不符合要求扣2分	
焊缝的外观质量	焊缝外形尺寸：焊缝余高为0～3mm；余高差小于或等于2mm；焊缝宽度比坡口每侧宽0.5～2.5mm；宽度差小于或等于3mm	16	焊缝尺寸有一项不符合考核要求扣4分，扣完16分为止	
	焊缝咬边深度小于或等于0.5mm，焊缝两侧咬边累计总长度不超过26mm	8	焊缝两侧咬边累计总长度每5mm扣2分，咬边深度大于0.5mm或累计总长度大于26mm，此项分扣完为止	
	背面凹坑深度小于或等于2mm，累计总长度不超过26mm	8	背面凹坑累计总长度每5mm扣2分；背面凹坑深大于2mm或累计总长度大于26mm，此项分扣完为止	
	试件焊后变形的角度小于或等于3°，错边量小于或等于1.2mm	8	焊后变形的角度大于3°扣4分，错边量大于1.2mm扣4分	
焊缝内部质量	焊件经X射线检测后，焊缝的质量达到GB/T 3323—2005标准中的Ⅲ级	20	Ⅰ级片得20分，Ⅱ级片得15分，Ⅲ级片得8分，Ⅳ级片为不合格	
焊缝的表面状态	焊缝的表面应是原始状态，不允许有加工或补焊、返修焊	—	若有加工或补焊、返修焊等，扣除该焊件焊缝的外观质量的全部配分	
	焊缝表面不得有裂纹、未熔合、未焊透、夹渣、气孔和焊瘤等缺陷	—	焊缝表面有裂纹、未熔合、未焊透、夹渣、气孔和焊瘤等缺陷均按不合格论	
安全文明生产	按国家颁布的安全生产法规中有关本工种的规定或企业自定的有关规定考核	—	根据现场记录，违反规定的从总分中扣1～10分	
时限	焊件必须在考核时限内完成	—	在考核时限内完成的不扣分，超出考核时限不大于5min的扣2分，超出5min但不超过10min的扣5分，超出10min的为不合格	
综合		100	合　　计	

5. 焊接时容易出现的缺陷及排除方法（表4-15）

表4-15　焊接时容易出现的缺陷及排除方法

缺 陷 名 称	产 生 原 因	排 除 方 法
气孔	同表4-12	同表4-12
咬边	1. 电弧长度太长 2. 电流太小	1. 保持合适的弧长不变 2. 调整电流大小

（续）

缺陷名称	产生原因	排除方法
咬边	3. 焊接速度过快 4. 焊枪位置不当	3. 保持焊接速度均匀 4. 保持焊枪位置始终对准待焊部位
飞溅	同表4-12	同表4-12

技能训练三　低碳钢平板对接V形坡口立焊位置单面焊双面成形

［训练目标］

掌握低碳钢平板对接V形坡口立焊位置的单面焊双面成形的焊接工艺及操作方法。

1. 工作准备

（1）材料准备　材质为Q235，尺寸为300mm×100mm×12 mm（每组两块），坡口形式为V形坡口，坡口面角度为30°±2°；焊丝选用ER50-6，焊丝直径为ϕ1.2mm；CO_2气体1瓶。

（2）焊接设备　NBC-350型CO_2半自动焊机。

（3）工具准备　钢丝钳、面罩、钢丝刷、锉刀、锤子、錾子、活扳手、角向磨光机、焊接检验尺等。

2. 技术要求

1）焊接位置为立焊位置，单面焊双面成形。

2）钝边高度与间隙自定。

3）焊件一经施焊，不得任意更换和改变焊接位置。

4）定位焊时允许做反变形。

5）不允许破坏焊缝原始表面。

6）时限：45min。

3. 工艺分析

CO_2半自动立焊按焊接方向可以分为向下立焊和向上立焊两种方法。一般板厚在6mm以下的焊件，属于薄板范畴，适合使用向下立焊法。而板厚大于6mm的焊件，应使用向上立焊法。

（1）向下立焊法　向下立焊法主要适用于薄板（板厚小于6mm）的细丝短路过渡CO_2焊。其特点是焊缝成形好、操作简单、焊接速度快，但其熔深较小，容易产生未焊透或焊瘤。向下立焊技术的关键是保持熔池形状完整，熔化金属不向下流淌。

向下立焊时焊枪自上而下移动。焊枪与焊缝轴线的夹角一般取70°～90°，与工件表面上焊缝垂线之间夹角一般取90°，如图4-40所示。

向下立焊一般采用直线移动法运枪，有时轻微摆动。操作时必须十分小心，不要使熔化金属流到电弧前面去，避免导致焊瘤和未焊透等缺陷，如图4-41所示。如发生这种情况，应当加快焊枪移动速度并使焊枪倒向焊接方向，依靠电弧力将熔池金属推上去。

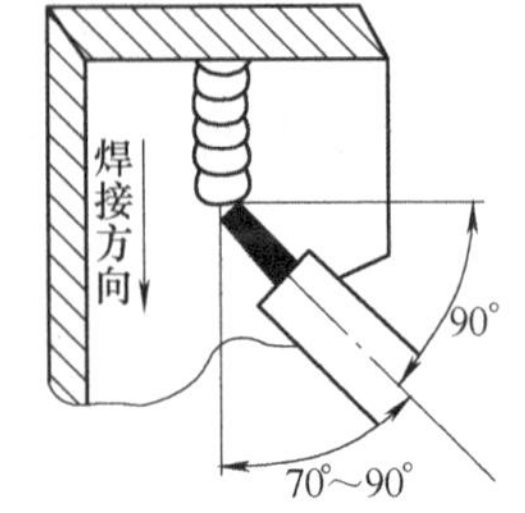

图4-40　CO_2焊向下立焊的焊枪角度示意图

向下立焊焊接时，焊枪一般不进行摆动，因为摆动使熔池受热过大，容易产生焊瘤和未焊透缺陷。如需要较大的焊缝熔宽时，可采用多层向下立焊法。有坡口或厚板角接焊缝的向下立焊时，可采用月牙形摆动，如图 4-42 所示。

（2）向上立焊法　向上立焊法的特点是熔深大、焊道窄，主要适合于中、厚板（厚度大于 6mm）的焊接。由于向上立焊法的熔深较大，也就是熔池较大、熔化金属量多，所以，防止熔化金属流淌也是向上立焊的关键，因此，一般采用直径为 1.2mm 的焊丝进行短路过渡焊接。

向上立焊时焊枪自下而上移动。焊枪与焊缝轴线的夹角一般取 70°~90°，与工件表面上的焊缝垂线之间夹角一般取 90°，如图 4-43 所示。

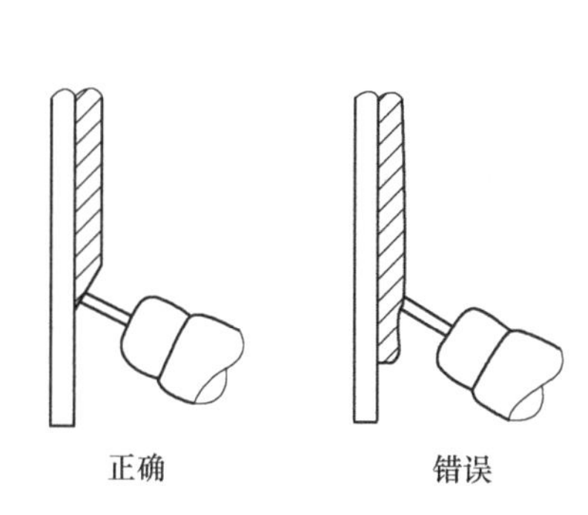

图 4-41　向下立焊时电弧与熔池的相对位置

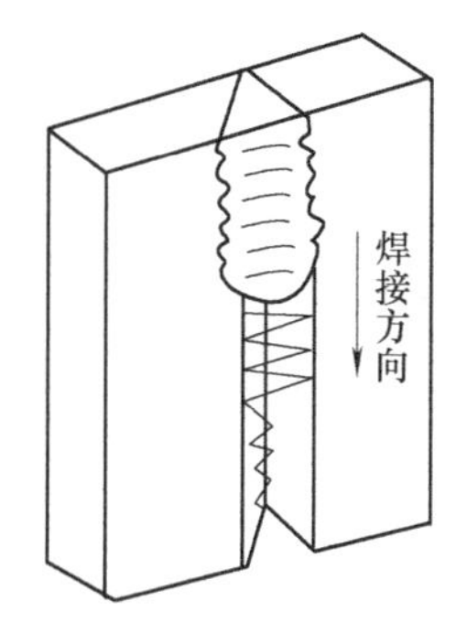

图 4-42　有坡口或厚板角接焊缝向下立焊运枪方式

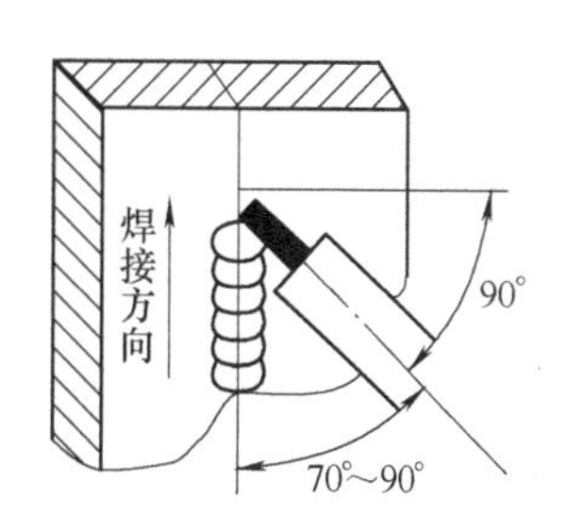

图 4-43　CO_2 焊向上立焊的焊枪角度示意图

向上立焊时熔滴要采用短路过渡的形式。选用较小的焊接热输入，就可以形成一个较小的熔池，随着电弧向上移动时，使下面的熔池金属会很快地凝固，保证熔化金属不流淌。

向上立焊时，若采用直线移动法运枪焊接，焊缝极易凸起，使焊缝成形不好，而且两侧容易产生咬边。所以，一般采用焊枪摆动法向上施焊，摆动形式如图 4-44 所示。为防止焊缝凸起，一般采用小幅、左右均匀摆动，快速上移。当要求较大的焊缝宽度时，应采用向上弯曲的月牙形摆动法，如图 4-44 所示，不应采用向下弯的月牙形，以免造成熔化金属流淌。

向上弯曲的月牙形摆动时，也要在焊缝中间快速通过，而在焊缝两侧做少许停留，以防止焊缝中间凸起和两侧咬边。

向上立焊时，若单道焊控制好，容易得到平坦而光滑的焊缝，焊缝宽度可达到 12mm；当坡口较大，要求得到更大的焊缝宽度时，可采用多道焊。

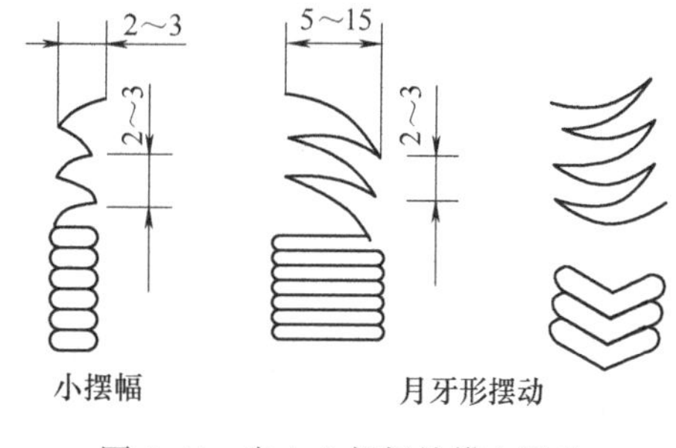

图 4-44　向上立焊焊枪横向摆动

4. 操作步骤

（1）焊前清理　将坡口和靠近坡口上下两侧 15~20mm 内钢板上的油、锈、水分及其他污物打磨干净，直至露出金属光泽。为防止飞溅不好清理和堵塞喷嘴，可在焊件表面涂上一层飞溅防粘剂，在喷嘴上涂一层喷嘴防堵剂。

（2）修锉钝边　钝边为 0~0.5mm。

（3）装配定位　焊件装配如图 4-45 所示。

1）装配间隙。始端为 3mm，终端为 3.5mm。

2）定位焊。采用与正式焊接时打底焊的焊接材料及焊接参数。定位焊位置在试板背部的两端处，定位长度为 10～15mm。定位焊必须与正式焊接一样并焊牢，防止焊接过程中因为收缩而造成坡口变窄，进而影响焊接。

3）反变形。预置反变形量 2°～3°。

4）错边量。小于或等于 1mm。

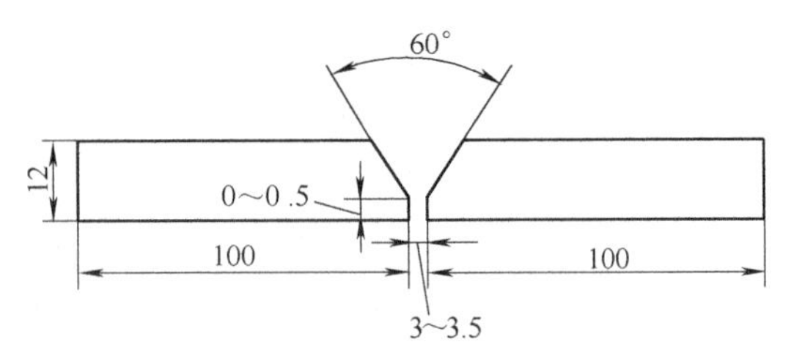

图 4-45　焊件装配

（4）焊接参数　焊接参数见表 4-16。

表 4-16　焊接参数

焊道位置	焊丝直径/mm	焊丝伸出长度/mm	焊接电流/A	电弧电压/V	气体流量/(L/min)
打底焊	1.2	20～25	90～100	18～19	10～15
填充焊	1.2	20～25	130～140	20～21	10～15
盖面焊	1.2	20～25	130～140	20～21	10～15

（5）操作要点　检查试板装配及反变形，符合要求后，将试板固定到垂直位置，注意将间隙小的一端放在下侧。采用向上立焊法，焊枪角度如图 4-43 所示。

1）打底焊

① 控制引弧位置。首先调试好焊接参数，然后在试板下端定位焊缝上侧 15～20mm 处引燃电弧，然后将电弧快速移至定位焊焊缝上，停留 1～2s 后开始做锯齿形摆动，当电弧越过定位焊的上端并形成熔孔后，转入连续向上的正常焊接。

② 控制焊枪角度和摆动。为了防止熔池金属在重力的作用下下淌，除了采用较小的焊接电流外，正确的焊枪角度和摆动方式也很关键。如图 4-43 所示，焊接过程中应始终保持焊枪角度在与试件表面垂直线上下 10°的范围内。操作者要克服习惯性地将焊枪指向上方的操作方法，这种不正确的操作方法会减小熔深，影响焊透。摆动时，要注意摆幅与摆动波纹间距的配合，小摆幅和月牙形大摆幅可以保证焊缝成形好，而下凹的月牙形摆动则会造成焊道下坠，如图 4-44 所示。采用小摆幅时由于热量集中，要防止焊道过分凸起。为防止金属液下淌，摆动时在焊道中间要稍快；为了防止咬边，应在坡口两侧稍作停留。

③ 控制熔孔的大小。由于熔孔的大小决定了背部焊缝的宽度和余高，所以要求焊接过程中控制熔孔直径一直保持比间隙大 1mm。焊接过程中应仔细观察熔孔的大小，并根据间隙的变化和熔孔直径的变化、试板温度的变化及时调整焊枪角度、摆动幅度和焊接速度，尽可能地维持熔孔直径不变。

④ 保证两侧坡口的熔合。焊接过程中，注意观察坡口面的熔合情况，并依靠焊枪摆动，使电弧在坡口两侧停留，以保证坡口面熔化并与熔池边缘熔合在一起。

2）填充焊

① 焊前清理。焊前先将打底焊层的飞溅清理干净，将凸起不平的地方磨平，并调整好焊接参数。

② 控制两侧坡口的熔合。填充焊时，焊枪的横向摆动幅度较打底焊时稍大一些。同时，焊枪从坡口的一侧摆至另一侧的速度要稍快一些，以防止焊道形成凸形。在电弧两侧坡口应有一定的停留时间，以保证有一定的熔深，并使焊道平整，有一定的下凹。

③ 控制焊道的厚度。填充焊时焊道的高度应低于母材1.5～2mm，并且不能熔化坡口两侧的棱边，以便盖面焊时能够看清坡口，为盖面焊打好基础。

3）盖面焊

① 焊接前的清理。焊前先将填充焊层的飞溅清理干净，将凸起不平的地方磨平，并调整好焊接参数。

② 控制两侧坡口的熔合。焊枪的摆动幅度比填充焊时更大一些。焊枪做锯齿形摆动时注意幅度要一致，速度均匀上升。注意观察坡口两侧的熔化情况，保证熔池的边缘超过坡口两侧的棱边不大于2mm，并避免咬边和焊瘤，同时控制喷嘴的高度和收弧，避免出现弧坑裂纹和产生气孔。

5. 评分标准

低碳钢平板对接V形坡口立焊评分标准见表4-17。

表4-17　低碳钢平板对接V形坡口立焊评分标准

项　目	考核技术要求	配分	评分标准	得　分
操作前的准备工作	喷嘴必须清洁干净，且安装紧固，变形程度不能产生严重偏流	3	未达要求扣3分	
	分流环必须完好无损，且无堵塞	3	未达要求扣3分	
	导电嘴紧固良好，气体、焊丝通过情况良好	3	未达要求扣3分	
	焊枪外壳的气孔、弹簧软管均不允许堵塞且弹簧软管的变形不能影响焊丝的平稳送进	3	未达要求扣3分	
	电、气、水管路各接线管部位必须正确、牢靠、无破损	3	未达要求扣3分	
	送丝滚轮与焊丝直径必须相符，且送丝滚轮沟槽必须干净清洁	3	未达要求扣3分	
	送丝滚轮的压力必须调整合适	3	未达要求扣3分	
	焊丝校正装置必须调整合理，焊丝绕线架安装稳固	3	未达要求扣3分	
	流量调整器与气瓶的固定良好，浮标式流量计必须安装成铅垂方向	3	未达要求扣3分	
	试件装配间隙为3～3.5mm，钝边为0～0.5mm，定位焊长度为10～15 mm	3	未达要求扣3分	
	坡口内及正反两侧20mm范围内无油、锈、水等污物，并打磨至露出金属光泽；焊丝直径为1.2mm；焊丝伸出长度为20～25mm；打底焊、填充焊、盖面焊，焊接电流分别为90～100A、130～140A、130～140A，电弧电压分别为18～19V、20～21V、20～21V，气体流量为10～15L/min	10	一项不符合要求扣2分	
焊缝的外观质量	焊缝外形尺寸：焊缝余高为0～3mm；余高差小于或等于2mm；焊缝宽度比坡口每侧宽0.5～2.5mm；宽度差小于或等于3mm	16	焊缝尺寸有一项不符合考核要求扣4分，扣完16分为止	
	焊缝咬边深度小于或等于0.5mm，焊缝两侧咬边累计总长度不超过26mm	8	焊缝两侧咬边累计总长度每5mm扣2分，咬边深度大于0.5mm或累计总长度大于26mm，此项分扣完为止	

（续）

项　目	考核技术要求	配分	评分标准	得　分
焊缝的外观质量	背面凹坑深度小于或等于2mm，累计总长度不超过26mm	8	背面凹坑累计总长度每5mm扣2分；背面凹坑深大于2mm或累计总长度大于26mm，此项分扣完为止	
	试件焊后变形的角度小于或等于3°，错边量小于或等于1.0mm	8	焊后变形的角度大于3°扣4分，错边量大于1.0mm扣4分	
焊缝内部质量	焊件经X射线检测后，焊缝的质量达到GB/T 3323—2005标准中的Ⅲ级	20	Ⅰ级片得20分，Ⅱ级片得15分，Ⅲ级片得8分，Ⅳ级片为不合格	
焊缝的表面状态	焊缝的表面应是原始状态，不允许有加工或补焊、返修焊	—	若有加工或补焊、返修焊等，扣除该焊件焊缝的外观质量的全部配分	
	焊缝表面不得有裂纹、未熔合、未焊透、夹渣、气孔和焊瘤等缺陷	—	焊缝表面有裂纹、未熔合、未焊透、夹渣、气孔和焊瘤等缺陷均按不合格论	
安全文明生产	按国家颁布的安全生产法规中有关本工种的规定或企业自定的有关规定考核	—	根据现场记录，违反规定的从总分中扣1～10分	
时限	焊件必须在考核时限内完成	—	在考核时限内完成的不扣分，超出考核时限不大于5min的扣2分，超出5min但不超过10min的扣5分，超出10min的为不合格	
综合		100	合　　计	

6. 焊接时容易出现的缺陷及排除方法（表4-18）

表4-18　焊接时容易出现的缺陷及排除方法

缺陷名称	产生原因	排除方法
气孔	同表4-12	同表4-12
咬边	同表4-12	同表4-12
飞溅	同表4-12	同表4-12

技能训练四　低碳钢平板对接V形坡口横焊位置单面焊双面成形

[训练目标]

掌握低碳钢平板对接V形坡口横焊位置的单面焊双面成形的焊接工艺及操作方法。

1. 工作准备

（1）材料准备　材质为Q235，尺寸为300mm×100mm×12mm（每组两块），坡口形式为V形坡口，坡口面角度为30°±2°；焊丝选用ER50-6，焊丝直径为ϕ1.2mm；CO_2气体1瓶。

（2）焊接设备　NBC-350型CO_2半自动焊机。

（3）工具准备　钢丝钳、面罩、钢丝刷、划针、锉刀、锤子、錾子、活扳手、角向磨光机、焊接检验尺等。

2. 技术要求

1）焊接位置为横焊位置，单面焊双面成形。

2）钝边高度与间隙自定。

3）焊件一经施焊，不得任意更换和改变焊接位置。

4）定位焊时允许做反变形。

5）不允许破坏焊缝原始表面。

6）时限：40min。

3. 操作步骤

（1）焊前清理　试件两侧坡口面及坡口边缘20mm范围以内的油、污、锈、垢清除干净，使其呈金属光泽。然后，在距坡口边缘80mm处的试件表面，用划针划上与坡口边缘平行的平行线，作为焊后测量焊接坡口每侧增宽的基准线。

（2）修锉钝边　钝边为0～0.5mm。

（3）装配定位

1）装配间隙。始焊端为3mm，终焊端为4mm。

2）定位焊。采用与正式焊接时相同的焊接材料及焊接参数。定位焊位置在试板背部的两端处，定位长度为10～15mm。定位焊必须与正式焊接一样并焊牢，以防止焊接过程中因收缩而造成坡口变窄，进而影响焊接质量。

3）反变形。预置反变形量6°～8°。

4）错边量。小于或等于1mm。

（4）焊接参数　采用左焊法，三层六道，焊道分布如图4-46所示，按照图中1～6的顺序进行焊接。焊接参数见表4-19。

图4-46　低碳钢平板对接横焊焊道分布

表4-19　低碳钢平板对接横焊焊接参数

焊 道 位 置	焊丝直径/mm	伸出长度/mm	焊接电流/A	焊接电压/V	气体流量/(L/min)
打底焊	1.2	20～25	90～100	18～20	10～15
填充焊	1.2	20～25	130～140	20～22	10～15
盖面焊	1.2	20～25	130～140	20～22	10～15

（5）操作要点　施焊前将试件垂直固定，并使焊缝处于水平位置，将间隙小的一端放在右侧。

1）打底焊。

① 引弧。首先调试好焊接参数，然后在试件右端定位焊缝左侧15～20mm处引燃电弧，快速移至试件右端起焊点，当坡口底部形成熔孔后，开始向左焊接。打底焊焊枪做小幅度锯齿形横向摆动，并连续向左移动，焊枪角度如图4-47所示。

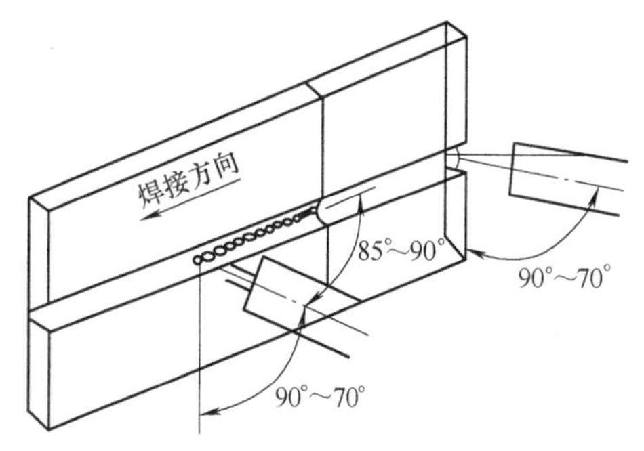

图4-47　横焊位打底焊时焊枪角度

② 单面焊双面成形。由于熔孔的大小决定背面焊缝的宽度和余高，要求焊接过程中控制熔孔直径比间隙大1～2mm，并保持一致，如图4-48所示。焊接过程中仔细观察熔孔大小，并根据间隙和熔孔直径的变化、试件温度的变化情况及时调整焊枪角度、摆动幅度和焊接速度，尽可能地维持熔孔直径不变。

焊接过程中注意观察坡口面的熔合情况。控制焊枪的角度及摆动、电弧在坡口两侧的停留时间，避免下坡口熔化过多，造成背面焊道出现下坠或产生焊瘤。

2）填充焊。填充焊前先将打底焊层的飞溅和焊渣清理干净，凸起的地方打平。

填充焊时，焊枪的位置及角度如图 4-49 所示。焊接焊道 2 时，焊枪指向第一层焊道的下趾端部，形成 0°～10°的俯角，采用直线式焊法；焊接焊道 3 时，焊枪指向第一层焊道的上趾端部，形成 0°～10°的仰角，以第一层焊道的上趾处为中心做横向摆动，注意避免形成凸形焊道和咬边。

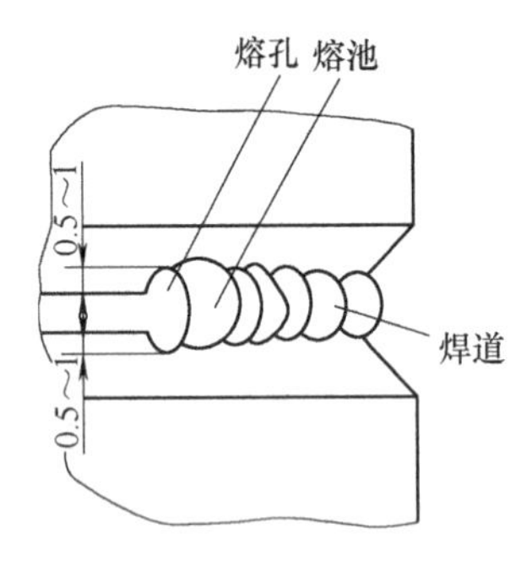

图 4-48　横焊时熔孔的控制

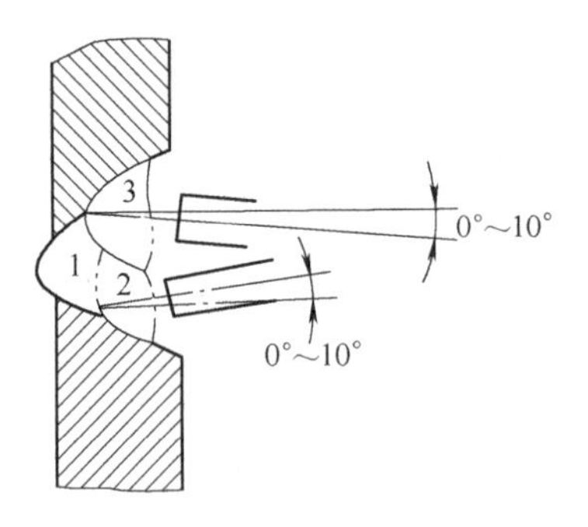

图 4-49　横焊位填充焊焊枪位置及角度

填充焊时焊道的高度应低于母材表面 0.5～2mm，距上坡口约 0.5mm，距下坡口约 2mm。注意一定不能熔化坡口两侧的棱边，以便盖面焊时能够看清坡口，为盖面焊打好基础。

3）盖面焊。焊前先将填充焊层的飞溅和焊渣清理干净，凸起的地方磨平。盖面焊时焊枪的位置及角度如图 4-50 所示。盖面焊共三道，依次从下往上焊接。摆动时注意幅度一致，速度均匀。每条焊道要压住前一焊道约 2/3。焊接焊道 4 时，要特别注意坡口下侧的熔化情况，保证坡口下沿边缘的均匀熔化，避免咬边和未熔合。焊接焊道 5 时，控制熔池的下沿边缘在盖面焊道 4 的 1/2～2/3 处。焊接焊道 6 时，特别要注意调整焊接速度和焊枪的角度，保证坡口上沿边缘均匀地熔化，避免熔化金属下淌而产生咬边。

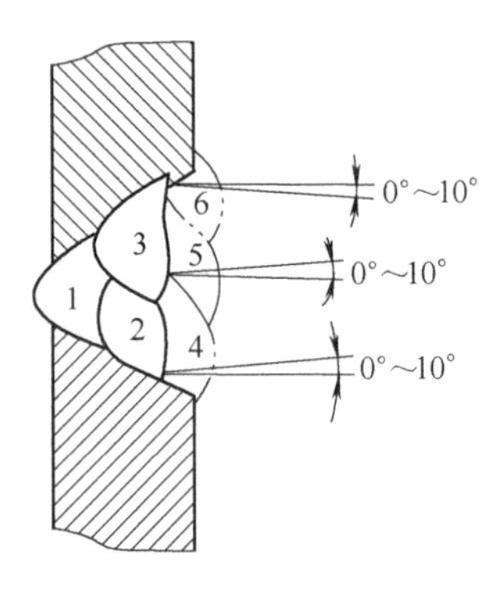

图 4-50　横焊位盖面焊焊枪位置及角度

4. 评分标准

低碳钢平板对接 V 形坡口横焊评分标准见表 4-20。

表 4-20　低碳钢平板对接 V 形坡口横焊评分标准

项　目	考核技术要求	配分	评 分 标 准	得　分
操作前的准备工作	喷嘴必须清洁干净，且安装紧固，变形程度不能产生严重偏流	3	未达要求扣 3 分	
	分流环必须完好无损，且无堵塞	3	未达要求扣 3 分	
	导电嘴紧固良好，气体、焊丝通过情况良好	3	未达要求扣 3 分	
	焊枪外壳的气孔、弹簧软管均不允许堵塞且弹簧软管的变形不能影响焊丝的平稳送进	3	未达要求扣 3 分	

（续）

项　目	考核技术要求	配分	评分标准	得　分
操作前的准备工作	电、气、水管路各接线管部位必须正确、牢靠、无破损	3	未达要求扣3分	
	送丝滚轮与焊丝直径必须相符，且送丝滚轮沟槽必须干净清洁	3	未达要求扣3分	
	送丝滚轮的压力必须调整合适	3	未达要求扣3分	
	焊丝校正装置必须调整合理，焊丝绕线架安装稳固	3	未达要求扣3分	
	流量调整器与气瓶的固定良好，浮标式流量计必须安装成铅垂方向	3	未达要求扣3分	
	试件装配间隙为3～4mm，钝边为0～0.5mm，定位焊长度为10～15 mm	3	未达要求扣3分	
	坡口内及正反两侧20mm范围内无油、锈、水等污物，并打磨至露出金属光泽；焊丝直径为1.2mm；焊丝伸出长度为20～25mm；打底焊、填充焊、盖面焊，焊接电流分别为90～100A、130～140A、130～140A，电弧电压分别为18～19V、20～22V、20～22V，气体流量分别为10～15L/min	10	一项不符合要求扣2分	
焊缝的外观质量	焊缝外形尺寸：焊缝余高为0～3mm；余高差小于或等于2mm；焊缝宽度比坡口每侧宽0.5～2.5mm；宽度差小于或等于3mm	16	焊缝尺寸有一项不符合考核要求扣4分，扣完16分为止	
	焊缝咬边深度小于或等于0.5mm，焊缝两侧咬边累计总长度不超过26mm	8	焊缝两侧咬边累计总长度每5mm扣2分，咬边深度大于0.5mm或累计总长度大于26mm，此项分扣完为止	
	背面凹坑深度小于或等于2mm，累计总长度不超过26mm	8	背面凹坑累计总长度每5mm扣2分；背面凹坑深大于2mm或累计总长度大于26mm，此项分扣完为止	
	试件焊后变形的角度小于或等于3°，错边量小于或等于1.0mm	8	焊后变形的角度大于3°扣4分，错边量大于1.0mm扣4分	
焊缝内部质量	焊件经X射线检测后，焊缝的质量达到GB/T 3323—2005标准中的Ⅲ级	20	Ⅰ级片得20分，Ⅱ级片得15分，Ⅲ级片得8分，Ⅳ级片为不合格	
焊缝的表面状态	焊缝的表面应是原始状态，不允许有加工或补焊、返修焊	—	若有加工或补焊、返修焊等，扣除该焊件焊缝的外观质量的全部配分	
	焊缝表面不得有裂纹、未熔合、未焊透、夹渣、气孔和焊瘤等缺陷	—	焊缝表面有裂纹、未熔合、未焊透、夹渣、气孔和焊瘤等缺陷均按不合格论	
安全文明生产	按国家颁布的安全生产法规中有关本工种的规定或企业自定的有关规定考核	—	根据现场记录，违反规定的从总分中扣1～10分	
时限	焊件必须在考核时限内完成	—	在考核时限内完成的不扣分，超出考核时限不大于5min的扣2分，超出5min但不超过10min的扣5分，超出10min的为不合格	
综合		100	合　计	

5. 焊接时容易出现的缺陷及排除方法（表 4-21）

表 4-21　焊接时容易出现的缺陷及排除方法

缺陷名称	产生原因	排除方法
气孔	同表 4-12	同表 4-12
咬边	同表 4-12	同表 4-12
焊缝下垂	同表 4-12	同表 4-12
飞溅	同表 4-12	同表 4-12

【中级工考试训练】

（一）知识试题

1. 单项选择题

（1）CO_2 气体保护焊有许多优点，但（　　）不是 CO_2 气体保护焊的优点。

A. 生产率高，成本低　　B. 焊缝含氢量少，抗裂性能和力学性能好

C. 焊接变形和应力小　　D. 设备简单，容易维护修理

（2）CO_2 气体保护焊有一些不足之处，但（　　）不是 CO_2 气体保护焊的缺点。

A. 飞溅较大，焊缝表面成形较差　　B. 设备比较复杂，维修工作量大

C. 焊缝抗裂性能较差　　D. 氧化性强，不能焊易氧化的有色金属

（3）目前 CO_2 气体保护焊适用于（　　）的焊接。

A. 不锈钢　　B. 钛及钛合金　　C. 镍及镍合金　　D. 低合金钢

（4）（　　）是一种 CO_2 气体保护焊可能产生的气孔。

A. 氧气孔　　B. N_2 气孔　　C. CO_2 气孔　　D. CO 气孔

（5）（　　）不是 CO_2 气体保护焊产生氮气孔的原因。

A. 喷嘴被飞溅物堵塞　　B. 喷嘴与焊件距离过大

C. CO_2 气体流量过小　　D. 焊丝表面有油污未清除

（6）CO_2 气体保护焊如果采用含有硅、锰脱氧元素的焊丝，则（　　）飞溅已不显著。

A. 由焊接参数不当引起的　　B. 由极点压力引起的

C. 由熔滴短路时引起的　　D. 由冶金反应引起的

（7）（　　）不属于 CO_2 气体保护焊的焊接参数。

A. 电弧电压　　B. 焊接速度

C. 气体流量　　D. 电源种类与极性

（8）（　　）不是 CO_2 气体保护焊时选择焊丝直径的根据。

A. 焊件厚度　　B. 施焊位置　　C. 生产率的要求　　D. 坡口形式

（9）CO_2 气体保护焊时，焊丝伸出长度通常取决于焊丝直径，约以焊丝直径的（　　）倍为宜。

A. 5　　B. 10　　C. 20　　D. 30

（10）（　　）不是选择 CO_2 气体保护焊气体流量的根据。

A. 焊接电流　　B. 电弧电压　　C. 焊接速度　　D. 坡口形式

（11）CO_2 气体保护焊的电源种类与极性应采用（　　）。

A. 交流电源　　B. 方波交流电源　　C. 直流正接　　D. 直流反接

（12）中厚板对接仰焊位置半自动 CO_2 焊应采用（　　）。

A. 左焊法　　B. 右焊法　　C. 立向下焊　　D. 立向上焊

（13）Q235 钢 CO_2 气体保护焊时，焊丝应选用（　　）。

A. H10Mn2MoA　　B. H08MnMoA　　C. H08CrMoVA　　D. H08Mn2SiA

（14）CO_2 气瓶使用 CO_2 气体电热预热器时，其电压应采用（　　）V。

A. 36　　B. 48　　C. 60　　D. 90

（15）CO_2 气体保护焊用于焊接低碳钢和低合金高强度钢时，主要采用通过焊丝的（　　）脱氧方法。

A. 碳锰联合　　B. 硅锰联合　　C. 钛锰联合　　D. 碳铝联合

（16）（　　）不是 CO_2 气体保护焊时选择焊丝直径的根据。

A. 焊件厚度　　B. 施焊位置　　C. 接头形式　　D. 生产率的要求

（17）（　　）不是 CO_2 气体保护焊时选择焊接电流的根据。

A. 坡口形式　　B. 焊件厚度　　C. 焊丝直径　　D. 施焊位置

（18）CO_2 气体保护焊时，焊接速度对（　　）影响最大。

A. 是否产生夹渣　　B. 焊缝区的力学性能　　C. 是否产生咬边　　D. 焊道形状

（19）细丝 CO_2 气体保护焊时，熔滴过渡一般都是（　　）。

A. 短路过程　　B. 细颗粒过渡　　C. 粗滴过渡　　D. 射流过渡

（20）CO_2 气体保护焊时，焊丝伸出长度通常取决于（　　）。

A. 焊接电源与极性　　B. 焊丝直径　　C. 焊接电流　　D. 施焊位置

（21）薄板对接立焊位置半自动 CO_2 气体保护焊时，焊接方法应采用（　　）。

A. 左焊法　　B. 右焊法　　C. 立向下焊　　D. 立向上焊

（22）中厚板 T 形接头船形焊位置（即 T 形接头平焊位置）半自动 CO_2 气体保护焊时，焊接方法通常采用（　　）。

A. 左焊法　　B. 右焊法　　C. 立向下焊　　D. 立向上焊

（23）粗丝 CO_2 气体保护焊中，熔滴过渡往往以（　　）的形式出现。

A. 喷射过渡　　B. 射流过渡　　C. 短路过渡　　D. 粗滴过渡

（24）（　　）不是 CO_2 气体保护焊时选择电弧电压的根据。

A. 焊丝直径　　B. 焊接电流　　C. 熔滴过渡形式　　D. 坡口形式

2. 判断题

（1）CO_2 气体保护焊产生 CO_2 气孔的可能性很大。（　　）

（2）薄板对接立焊位置半自动 CO_2 气体保护焊时，通常采用向上立焊。（　　）

（3）中厚板 T 形接头平角焊位置 CO_2 气体保护焊时，应采用右焊法。（　　）

（4）采用 CO_2 气体保护焊时，要解决好对熔池金属的氧化问题，一般采用含有脱氧剂的焊丝来进行焊接。（　　）

（5）CO_2 气体中水分的含量与气压有关，气体压力越低，气体中水分的含量越低。（　　）

（6）焊接用 CO_2 气体和氩气一样，为瓶装的气态物质。（　　）

（7）CO_2 焊接电源有直流和交流电源。（　　）

（8）CO_2 气体保护焊的送丝机有推丝式、拉丝式、推拉丝式三种形式。 （ ）

（9）NBC-350 型焊机是 CO_2 气体保护焊机。 （ ）

（10）由于细丝 CO_2 焊的工艺比较成熟，因此应用比粗丝 CO_2 焊广泛。 （ ）

（11）CO_2 气体保护焊用于焊接低碳钢和低合金高强度钢时，主要采用硅锰联合脱氧的方法。 （ ）

（12）细丝 CO_2 气体保护焊时，熔滴过渡形式一般都是喷射过渡。 （ ）

（13）粗丝 CO_2 气体保护焊时，熔滴过渡形式往往都是短路过渡。 （ ）

（14）飞溅是 CO_2 气体保护焊的主要缺点。 （ ）

（15）CO_2 气体保护焊采用直流反接时，极点压力大，造成大颗粒飞溅。 （ ）

（16）CO_2 气体保护焊的焊接电流增大时，熔深、熔宽和余高都有相应地增加。（ ）

（17）CO_2 气体保护焊时必须使用直流电源。 （ ）

（18）CO_2 气体保护焊时会产生 CO 有毒气体。 （ ）

（19）CO_2 气体保护焊的金属飞溅引起火灾的危险性比其他焊接方法大。 （ ）

（20）CO_2 气体保护焊结束后，必须切断电源和气源，检查现场，确保无火种方能离开。 （ ）

（二）技能试题

第一题　CO_2 半自动气体保护焊钢板对接平焊单面焊双面成形

1. 操作要求

1）CO_2 半自动气体保护焊，单面焊双面成形。

2）焊件坡口形式为 V 形坡口，坡口面角度为 32°±2°。

3）焊接位置为平位。

4）钝边高度与间隙自定。

5）试件坡口两端不得安装引弧板。

6）焊前焊件坡口两侧 10～20 mm 清油除锈，试件正面坡口内两端点固，长度≤20 mm，定位焊时允许做反变形。

7）定位装配后，将装配好的试件固定在操作架上；试件一经施焊不得任意更换和改变焊接位置。

8）焊接过程中劳保用品穿戴整齐，焊接参数选择正确，焊后焊件保持原始状态。

9）焊接完毕，关闭电焊机和气瓶，工具摆放整齐，场地清理干净。

2. 准备工作

（1）材料准备　材质为 Q235 的钢板 2 块，尺寸为 300 mm×100mm×12mm；焊丝选用 H08Mn2SiA，焊丝直径为 ϕ1.2 mm；CO_2 气体 1 瓶。

（2）设备准备　CO_2 气体保护焊焊机 1 台。

（3）工具准备　台虎钳、钢丝钳、钢丝刷、锉刀、活扳手、台式砂轮或角向磨光机、焊缝测量尺等。

（4）劳保用品准备　自备。

3. 考核时限

基本时间：准备时间 30min，正式操作时间 40min。

时间允许差：每超过5min扣总分1分，不足5 min按5 min计算，超过额定时间15min不得分。

4. 评分项目及标准

序　号	评分要素	配　分	评分标准	得　分
1	焊前准备	10	1. 工件清理不干净，点固定位不正确，扣5分 2. 焊接参数调整不正确，扣5分	
2	焊缝外观质量	40	1. 焊缝余高>3mm，扣4分 2. 焊缝余高差>2mm，扣4分 3. 焊缝宽度差>3mm，扣4分 4. 背面余高>3 mm，扣4分 5. 焊缝直线度误差>2 mm，扣4分 6. 角变形>3°，扣4分 7. 错边>1. 2mm，扣4分 8. 背面凹坑深度>2mm或长度>26 mm，扣4分 9. 咬边深度≤0. 5mm，累计长度每5mm扣1分；咬边深度>0. 5mm或累计长度>26mm，扣8分 注意：①焊缝表面不是原始状态，有加工、补焊、返修等现象，或有裂纹、气孔、夹渣、未焊透、未熔合等任何缺陷存在，此项考核按不合格论；②焊缝外观质量得分低于24分，此项考核按不合格论	
3	焊缝内部质量	40	射线检测后按GB/T 3323—2005评定： 1. 焊缝质量达到Ⅰ级，扣0分 2. 焊缝质量达到Ⅱ级，扣10分 3. 焊缝质量达到Ⅲ级，此项考核按不合格论	
4	安全文明生产	10	1. 劳保用品穿戴不全，扣2分 2. 焊接过程中有违反安全操作规程的现象，根据情况扣2~5分 3. 焊完后场地清理不干净，工具码放不整齐，扣3分	
5	综合	100	合　　计	

第二题　CO_2半自动气体保护焊钢板对接横焊单面焊双面成形

1. 操作要求

1）CO_2半自动气体保护焊，单面焊双面成形。

2）焊件坡口形式为V形坡口，坡口面角度为32°±2°。

3）焊接位置为横位。

4）钝边高度与间隙自定。

5）试件坡口两端不得安装引弧板。

6）焊前焊件坡口两侧10~20 mm清油除锈，试件正面坡口内两端点固，长度≤20 mm，定位焊时允许做反变形。

7）定位装配后，将装配好的试件固定在操作架上；试件一经施焊不得任意更换和改变焊接位置。

8）焊接过程中劳保用品穿戴整齐，焊接参数选择正确，焊后焊件保持原始状态。

9）焊接完毕，关闭电焊机和气瓶，工具摆放整齐，场地清理干净。

2. 准备工作

（1）材料准备　材质为Q235的钢板2块，尺寸为300 mm×100mm×12mm；焊丝选用

H08Mn2SiA，焊丝直径为 φ1.2 mm；CO_2 气体 1 瓶。

（2）设备准备　CO_2 气体保护焊焊机 1 台。

（3）工具准备　台虎钳、钢丝钳、钢丝刷、锉刀、活扳手、台式砂轮或角向磨光机、焊缝测量尺等。

（4）劳保用品准备　自备。

3. 考核时限

基本时间：准备时间 30 min，正式操作时间 40 min。

时间允许差：每超过 5 min 扣总分 1 分，不足 5 min 按 5 min 计算，超过额定时间 15 min 不得分。

4. 评分项目及标准

序　号	评分要素	配　分	评分标准	得　分
1	焊前准备	10	1. 工件清理不干净，点固定位不正确，扣 5 分 2. 焊接参数调整不正确，扣 5 分	
2	焊缝外观质量	40	1. 焊缝余高 >3mm，扣 4 分 2. 焊缝余高差 >2 mm，扣 4 分 3. 焊缝宽度差 >3mm，扣 4 分 4. 背面余高 >3 mm，扣 4 分 5. 焊缝直线度误差 >2 mm，扣 4 分 6. 角变形 >3°，扣 4 分 7. 错边 >1.2mm，扣 4 分 8. 背面凹坑深度 >2mm 或长度 >26 mm，扣 4 分 9. 咬边深度 ≤0.5mm，累计长度每 5mm 扣 1 分；咬边深度 >0.5mm 或累计长度 >26mm，扣 8 分 注意：①焊缝表面不是原始状态，有加工、补焊、返修等现象，或有裂纹、气孔、夹渣、未焊透、未熔合等任何缺陷存在，此项考核按不合格论；②焊缝外观质量得分低于 24 分，此项考核按不合格论	
3	焊缝内部质量	40	射线检测后按 GB/T 3323—2005 评定： 1. 焊缝质量达到Ⅰ级，扣 0 分 2. 焊缝质量达到Ⅱ级，扣 10 分 3. 焊缝质量达到Ⅲ级，此项考核按不合格论	
4	安全文明生产	10	1. 劳保用品穿戴不全，扣 2 分 2. 焊接过程中有违反安全操作规程的现象，根据情况扣 2 ~ 5 分 3. 焊完后场地清理不干净，工具码放不整齐，扣 3 分	
5	综合	100	合　计	

第三题　CO_2 半自动气体保护焊钢板对接立焊单面焊双面成形

1. 操作要求

1）CO_2 半自动气体保护焊，单面焊双面成形。

2）焊件坡口形式为 V 形坡口，坡口面角度为 32° ±2°。

3）焊接位置为立位（向上）。

4）钝边高度与间隙自定。

5）试件坡口两端不得安装引弧板。

6）焊前焊件坡口两侧 10 ~ 20mm 清油除锈，试件正面坡口内两端点固，长度≤20mm，

定位焊时允许做反变形。

7）定位装配后，将装配好的试件固定在操作架上；试件一经施焊不得任意更换和改变焊接位置。

8）焊接过程中劳保用品穿戴整齐，焊接参数选择正确，焊后焊件保持原始状态。

9）焊接完毕，关闭电焊机和气瓶，工具摆放整齐，场地清理干净。

2. 准备工作

（1）材料准备　材质为Q235的钢板2块，尺寸为300mm×100mm×12mm；焊丝选用H08Mn2SiA，焊丝直径为φ1.2mm；CO_2气体1瓶。

（2）设备准备　CO_2气体保护焊焊机1台。

（3）工具准备　台虎钳、钢丝钳、钢丝刷、锉刀、活扳手、台式砂轮或角向磨光机、焊缝测量尺等。

（4）劳保用品准备　自备。

3. 考核时限

基本时间：准备时间30 min，正式操作时间40 min。

时间允许差：每超过5 min扣总分1分，不足5 min按5 min计算，超过额定时间15 min不得分。

4. 评分项目及标准

序　号	评分要素	配　分	评分标准	得　分
1	焊前准备	10	1. 工件清理不干净，点固定位不正确，扣5分 2. 焊接参数调整不正确，扣5分	
2	焊缝外观质量	40	1. 焊缝余高>3mm，扣4分 2. 焊缝余高差>2 mm，扣4分 3. 焊缝宽度差>3mm，扣4分 4. 背面余高>3 mm，扣4分 5. 焊缝直线度误差>2 mm，扣4分 6. 角变形>3°，扣4分 7. 错边>1.2mm，扣4分 8. 背面凹坑深度>2mm或长度>26 mm，扣4分 9. 咬边深度≤0.5mm，累计长度每5mm扣1分；咬边深度>0.5mm或累计长度>26mm，扣8分 注意：①焊缝表面不是原始状态，有加工、补焊、返修等现象，或有裂纹、气孔、夹渣、未焊透、未熔合等任何缺陷存在，此项考核按不合格论；②焊缝外观质量得分低于24分，此项考核按不合格论	
3	焊缝内部质量	40	射线检测后按GB/T 3323—2005评定： 1. 焊缝质量达到Ⅰ级，扣0分 2. 焊缝质量达到Ⅱ级，扣10分 3. 焊缝质量达到Ⅲ级，此项考核按不合格论	
4	安全文明生产	10	1. 劳保用品穿戴不全，扣2分 2. 焊接过程中有违反安全操作规程的现象，根据情况扣2~5分 3. 焊完后场地清理不干净，工具码放不整齐，扣3分	
5	综合	100	合　计	

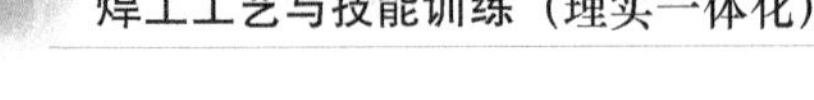

第四题　CO_2 半自动气体保护焊钢板对接仰焊单面焊双面成形

1. 操作要求

1）CO_2 半自动气体保护焊，单面焊双面成形。

2）焊件坡口形式为 V 形坡口，坡口面角度为 32°±2°。

3）焊接位置为仰位。

4）钝边高度与间隙自定。

5）试件坡口两端不得安装引弧板。

6）焊前焊件坡口两侧 10～20 mm 清油除锈，试件正面坡口内两端点固，长度≤20 mm，定位焊时允许做反变形。

7）定位装配后，将装配好的试件固定在操作架上；试件一经施焊不得任意更换和改变焊接位置。

8）焊接过程中劳保用品穿戴整齐，焊接参数选择正确，焊后焊件保持原始状态。

9）焊接完毕，关闭电焊机和气瓶，工具摆放整齐，场地清理干净。

2. 准备工作

（1）材料准备　材质为 Q235 的钢板 2 块，尺寸为 300mm×100mm×12mm；焊丝选用 H08Mn2SiA，焊丝直径为 ϕ1.2mm；CO_2 气体 1 瓶。

（2）设备准备　CO_2 气体保护焊焊机 1 台。

（3）工具准备　台虎钳、钢丝钳、钢丝刷、锉刀、活扳手、台式砂轮或角向磨光机、焊缝测量尺等。

（4）劳保用品准备　自备。

3. 考核时限

基本时间：准备时间 30 min，正式操作时间 40 min。

时间允许差：每超过 5 min 扣总分 1 分，不足 5 min 按 5 min 计算，超过额定时间 15 min 不得分。

4. 评分项目及标准

序　号	评分要素	配　分	评分标准	得　分
1	焊前准备	10	1. 工件清理不干净，点固定位不正确，扣 5 分 2. 焊接参数调整不正确，扣 5 分	
2	焊缝外观质量	40	1. 焊缝余高 >3mm，扣 4 分 2. 焊缝余高差 >2mm，扣 4 分 3. 焊缝宽度差 >3mm，扣 4 分 4. 背面余高 >3mm，扣 4 分 5. 焊缝直线度误差 >2 mm，扣 4 分 6. 角变形 >3°，扣 4 分 7. 错边 >1.2mm，扣 4 分 8. 背面凹坑深度 >2mm 或长度 >26 mm，扣 4 分 9. 咬边深度 ≤0.5mm，累计长度每 5mm 扣 1 分；咬边深度 >0.5mm 或累计长度 >26mm，扣 8 分 注意：①焊缝表面不是原始状态，有加工、补焊、返修等现象，或有裂纹、气孔、夹渣、未焊透、未熔合等任何缺陷存在，此项考核按不合格论；②焊缝外观质量得分低于 24 分，此项考核按不合格论	

（续）

序　号	评分要素	配　分	评分标准	得　分
3	焊缝内部质量	40	射线检测后按 GB/T 3323—2005 评定： 1. 焊缝质量达到Ⅰ级，扣0分 2. 焊缝质量达到Ⅱ级，扣10分 3. 焊缝质量达到Ⅲ级，此项考核按不合格论	
4	安全文明生产	10	1. 劳保用品穿戴不全，扣2分 2. 焊接过程中有违反安全操作规程的现象，根据情况扣2～5分 3. 焊完后场地清理不干净，工具码放不整齐，扣3分	
5	综合	100	合　　计	

第五题　CO_2 半自动气体保护焊钢板 T 形接头平角焊

1. 操作要求

1）CO_2 半自动气体保护焊。

2）焊接位置为平角焊。

3）试件焊口两端不得安装引弧板。

4）焊前将焊件（立板、底板）待焊区两侧 10～20 mm 清油除锈。

5）沿板件的长度（300 mm）方向组成 T 形接头，立板垂直居中于底板（平分 150 mm）。

6）定位焊缝位于 T 形接头的首尾两处焊道内，长度≤20 mm。

7）定位装配后，将装配好的试件固定在操作架上；试件一经施焊不得任意更换和改变焊接位置。

8）焊接过程中劳保用品穿戴整齐，焊接参数选择正确，焊后焊件保持原始状态。

9）焊接完毕，关闭电焊机和气瓶，工具摆放整齐，场地清理干净。

2. 准备工作

（1）材料准备　材质为 Q235 的钢板 2 块，立板尺寸为 300mm × 100mm × 12mm，底板尺寸为 300mm × 150mm × 12mm；焊丝选用 H08Mn2SiA，焊丝直径为 ϕ1.2 mm；CO_2 气体 1 瓶。

（2）设备准备　CO_2 气体保护焊焊机 1 台。

（3）工具准备　台虎钳、钢丝钳、钢丝刷、锉刀、活扳手、台式砂轮或角向磨光机、焊缝测量尺等。

（4）劳保用品准备　自备。

3. 考核时限

基本时间：准备时间 30 min，正式操作时间 40 min。

时间允许差：每超过 5 min 扣总分 1 分，不足 5 min 按 5 min 计算，超过额定时间 15 min 不得分。

4. 评分项目及标准

序　号	评分要素	配　分	评分标准	得　分
1	焊前准备	10	1. 工件清理不干净，点固定位不正确，扣5分 2. 焊接参数调整不正确，扣5分	

（续）

序　号	评分要素	配　分	评分标准	得　分
2	焊缝外观质量	40	1. 焊缝凹度 >1.5mm，扣 7 分 2. 焊缝凸度 >1.5mm，扣 7 分 3. 焊缝焊脚尺寸 >16mm 或 <12mm，扣 8 分 4. 焊缝直线度误差 >2mm，扣 8 分 5. 咬边深度 ≤0.5mm，累计长度每 5mm 扣 1 分；咬边深度 >0.5mm 或累计长度 >26mm，扣 10 分 注意：①焊缝表面不是原始状态，有加工、补焊、返修等现象，或有裂纹、气孔、夹渣、未熔合等任何缺陷存在，此项考核按不合格论；②焊缝外观质量得分低于 24 分，此项考核按不合格论	
3	焊缝内部质量	40	垂直于焊缝长度方向上截取金相试样，共 3 个面，采用目视或 5 倍放大镜进行宏观检验。每个试样检查面经宏观检验： 1. 当只有小于或等于 0.5mm 的气孔或夹渣且数量不多于 3 个，每出现 1 个，扣 1 分 2. 当出现大于 0.5mm，但不大于 1.5 mm 的气孔或夹渣，且数量不多于 1 个时，扣 2 分 注意：任何一个试样检查面经宏观检验有裂纹和未熔合存在，或出现超过上述标准的气孔和夹渣，或接头根部熔深小于 0.5 mm，此项考核按不合格论	
4	安全文明生产	10	1. 劳保用品穿戴不全，扣 2 分 2. 焊接过程中有违反安全操作规程的现象，根据情况扣 2～5 分 3. 焊完后场地清理不干净，工具码放不整齐，扣 3 分	
5	综合	100	合　　计	

第六题　CO_2 半自动气体保护焊钢板 T 形接头垂直立角焊

1. 操作要求

1）CO_2 半自动气体保护焊。

2）焊接位置为立角焊（向上）。

3）试件焊口两端不得安装引弧板。

4）焊前将焊件（立板、底板）待焊区两侧 10～20 mm 清油除锈。

5）沿板件的长度（300 mm）方向组成 T 形接头，立板垂直居中于底板（平分 150 mm）。

6）定位焊缝位于 T 形接头的首尾两处焊道内，长度≤20 mm。

7）定位装配后，将装配好的试件固定在操作架上；试件一经施焊不得任意更换和改变焊接位置。

8）焊接过程中劳保用品穿戴整齐，焊接参数选择正确，焊后焊件保持原始状态。

9）焊接完毕，关闭电焊机和气瓶，工具摆放整齐，场地清理干净。

2. 准备工作

（1）材料准备　材质为 Q235 的钢板 2 块，立板尺寸为 300mm×100mm×12mm，底板尺寸为 300mm×150mm×12mm；焊丝选用 H08Mn2SiA，焊丝直径为 $\phi 1.2$ mm；CO_2 气体 1 瓶。

（2）设备准备　CO_2 气体保护焊焊机 1 台。

（3）工具准备　台虎钳、钢丝钳、钢丝刷、锉刀、活扳手、台式砂轮或角向磨光机、焊缝测量尺等。

（4）劳保用品准备　自备。

3. 考核时限

基本时间：准备时间 30 min，正式操作时间 40 min。

时间允许差：每超过 5 min 扣总分 1 分，不足 5 min 按 5 min 计算，超过额定时间 15 min 不得分。

4. 评分项目及标准

序　号	评 分 要 素	配　分	评 分 标 准	得　分
1	焊前准备	10	1. 工件清理不干净，点固定位不正确，扣 5 分 2. 焊接参数调整不正确，扣 5 分	
2	焊缝外观质量	40	1. 焊缝凹度 >1.5mm，扣 7 分 2. 焊缝凸度 >1.5mm，扣 7 分 3. 焊缝焊脚尺寸 >16mm 或 <12mm，扣 8 分 4. 焊缝直线度误差 >2 mm，扣 8 分 5. 咬边深度 ≤0.5mm，累计长度每 5mm 扣 1 分；咬边深度 >0.5mm 或累计长度 >26mm，扣 10 分 注意：①焊缝表面不是原始状态，有加工、补焊、返修等现象，或有裂纹、气孔、夹渣、未熔合等任何缺陷存在，此项考核按不合格论；②焊缝外观质量得分低于 24 分，此项考核按不合格论	
3	焊缝内部质量	40	垂直于焊缝长度方向上截取金相试样，共 3 个面，采用目视或 5 倍放大镜进行宏观检验。每个试样检查面经宏观检验： 1. 当只有小于或等于 0.5mm 的气孔或夹渣且数量不多于 3 个，每出现 1 个，扣 1 分 2. 当出现大于 0.5mm，但不大于 1.5mm 的气孔或夹渣，且数量不多于 1 个时，扣 2 分 注意：任何一个试样检查面经宏观检验有裂纹和未熔合存在，或出现超过上述标准的气孔和夹渣，或接头根部熔深小于 0.5mm，此项考核按不合格论	
4	安全文明生产	10	1. 劳保用品穿戴不全，扣 2 分 2. 焊接过程中有违反安全操作规程的现象，根据情况扣 2～5 分 3. 焊完后场地清理不干净，工具码放不整齐，扣 3 分	
5	综合	100	合　计	

第五单元

手工钨极氩弧焊

一、概述

氩弧焊技术是在普通电弧焊原理的基础上，利用氩气对金属焊材的保护，通过高电流使焊材在被焊基材上熔化成液态形成熔池，使被焊金属和焊材达到冶金结合的一种焊接技术，由于在高温熔融焊接中不断送上氩气，使焊材不能和空气中的氧气接触，从而防止了焊材的氧化，因此可以焊接铜、铝、合金钢等有色金属。

(一) 氩弧焊的基本原理及分类

氩弧焊是利用惰性气体——氩气保护的一种电弧焊焊接方法。氩弧焊焊接过程如图5-1所示，从喷嘴中喷出的氩气在焊接区造成一个厚而密的气体保护层隔绝空气，在氩气层流的包围之中，电弧在钨极和工件之间燃烧利用电弧产生的热量熔化被焊处，并填充焊丝把两块分离的金属连接在一起，从而获得牢固的焊接接头。

氩弧焊按所用的电极不同，可分为非熔化极氩弧焊和熔化极氩弧焊两种。

非熔化极氩弧焊一般用钨作为电极，用氩气作为保护气体，如图5-1a所示。这种钨极惰性气体保护电弧焊又称钨极氩弧焊，通常以TIG焊表示。焊接时，钨极不熔化，无电极金属的过渡问题，电弧现象比较简单，焊接质量稳定，主要用于薄板（厚度小于6mm）的焊接和厚板的打底焊道。

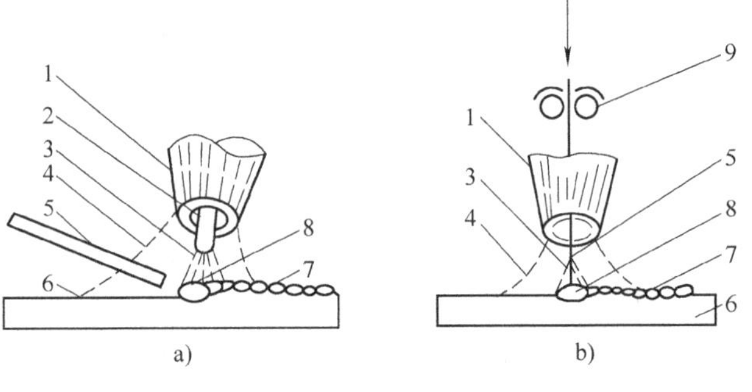

图5-1 氩弧焊焊接过程

a）钨极氩弧焊 b）熔化极氩弧焊

1—喷嘴 2—钨极 3—电弧 4—氩气流 5—焊丝 6—焊件 7—焊缝 8—熔池 9—送丝滚轮

熔化极氩弧焊是采用与焊件成分相近或相同的焊丝作为电极，以氩气作为保护介质的一种焊接方法，如图5-1b所示。熔化极惰性气体保护电弧焊也称MIG焊。MIG焊采用的保护气体是氩气（Ar）、氦气（He）或Ar+He。MIG焊能提高熔滴过渡的稳定性，增大电弧热功率，减少焊接缺陷及降低焊接成本，获得优良的焊缝质量。MIG焊适用于碳钢、低合金钢和不锈钢的焊接，并适合于全位置焊接。

氩弧焊按操作方法分为手工钨极氩弧焊、半自动钨极氩弧焊、自动钨极氩弧焊和脉冲钨极氩弧焊；按送丝方式又可分为自动熔化极氩弧焊、半自动熔化极氩弧焊和脉冲熔化极氩弧焊三种。氩弧焊的分类如图5-2所示。

手工钨极氩弧焊应用广泛，它可以焊接各种钢材和有色金属，本单元主要介绍手工钨极氩弧焊的相关知识。

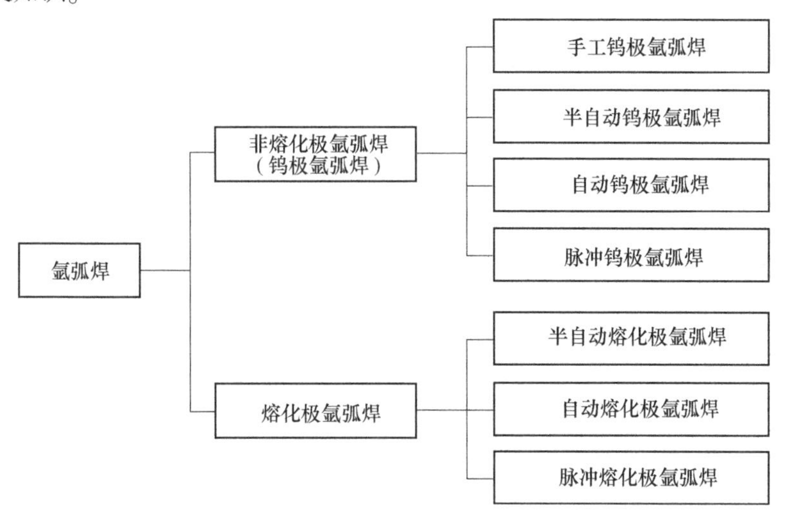

图 5-2　氩弧焊的分类

（二）氩弧焊的特点及应用

1. 氩弧焊的特点

（1）优点

1）氩气保护可隔绝空气中氧气、氮气、氢气等对电弧和熔池产生的不良影响，减少合金元素的烧损，以得到致密、无飞溅、质量高的焊接接头。

2）氩弧焊的电弧燃烧稳定，热量集中，弧柱温度高，焊接生产效率高，热影响区窄，所焊的焊件应力、变形、裂纹倾向小。

3）氩弧焊为明弧施焊，操作、观察方便。

4）电极损耗小，弧长容易保持，焊接时无熔剂、涂药层，所以容易实现机械化和自动化。

5）氩弧焊几乎能焊接所有金属，特别是一些难熔金属、易氧化金属，如镁、钛、钼、锆、铝等及其合金。

6）不受焊件位置限制，可进行全位置焊接。

（2）缺点

1）氩弧焊因为热影响区域大，工件在修补后常常会造成变形、硬度降低、砂眼、局部退火、开裂、针孔、磨损、划伤、咬边、结合力不够及内应力损伤等缺点。

2）氩弧焊与焊条电弧焊相比对人身体的伤害程度要高一些。氩弧焊的电流密度大，发出的光比较强烈，它的电弧产生的紫外线辐射为普通焊条电弧焊的 5 ~ 30 倍，红外线为焊条电弧焊的 1 ~ 1.5 倍，在焊接时产生的臭氧含量较高，因此，尽量选择空气流通较好的地方施工，不然对身体有很大的伤害。

3）对于低熔点和易蒸发的金属（如铅、锡、锌），焊接较困难。

2. 氩弧焊的应用

氩弧焊适用于焊接易氧化的有色金属和合金钢（主要用 Al、Mg、Ti 及其合金和不锈钢的焊接）；适用于单面焊双面成形，如打底焊和管子焊接；钨极氩弧焊还适用于薄板焊接。

二、焊接材料

手工钨极氩弧焊的焊接材料主要是焊丝、钨极和保护气体（氩气或混合气体）。

（一）焊丝

钨极氩弧焊的焊丝是作为填充金属的，焊丝和母材充分熔合形成焊缝。氩弧焊是没有焊药或焊剂的，所以对焊丝的要求非常严格，焊丝的化学成分要和母材相匹配，通常要求焊丝的合金成分要比母材高一些，而有害杂质要少一些。

在生产中如果没有合适的焊丝，可以从母材上截取条状材料，作为焊丝用。

氩弧焊焊丝按焊丝的用途可分为碳钢和低合金钢焊丝、不锈钢焊丝、表面堆焊焊丝、铸铁焊丝、铝及铝合金焊丝、铜及铜合金焊丝、钛及钛合金焊丝、镍及镍合金焊丝、镁合金焊丝等。

常用钨极氩弧焊焊丝见表 5-1。

表 5-1　常用钨极氩弧焊焊丝

牌　号	型　号	类　别	主要用途
THT49-1	ER49-1	碳钢焊丝	用于低碳钢及相应强度的低合金结构钢的焊接
THT50-2	ER50-2		用于船舶、石化、核电等高压管的对接及角焊
THT50-3	ER50-3		用于薄板及打底焊接结构
THT50-6（TIG-J50）	ER50-6		用于管道、平板等需作抛光度准确时的焊接
THT50-G	ER50-6		用于管道的第一道打底焊接
THT55-G	ER55-B2		用于渗透打底焊接，通常用于 Mn-Mo、Mn-Ni-Mo 等高强钢
THT55-B2	—	珠光体耐热钢焊丝	用于工作温度 550℃以下的锅炉受热面管子蒸汽管道，高压容器，石油精炼设备结构的焊接
THT50M	—	低合金钢焊丝	用于工作温度 510℃以下的锅炉受热面管子蒸汽管道，也用于一般的低金高强度钢结构的焊接
THS-304	H10Cr19Ni9	不锈钢焊丝	用于工作温度低于 300℃耐蚀 06Cr18Ni9 等不锈钢结构的焊接
THS-307	H10Cr21Ni10M		用于防弹钢、覆面不锈钢及碳钢异材的焊接
THS-307Si	H10Cr21Ni10Mn6Si1		用于高锰钢、硬化性耐磨钢及非磁性钢的焊接
THS-308	H08Cr21Ni10Si		用于 308、301、304 等不锈钢结构的焊接
THS-308L	H03Cr21Ni10Si		用于 304L、308L 等不锈钢结构的焊接
THS-308LSi	H03Cr21Ni10Si1		用于改善填充金属的工艺性、焊接操作性及流动性
THS-309	H12Cr24Ni13Si		用于异种钢的焊接，如碳钢、低合金钢与不锈钢的焊接
THS-309Mo	H12Cr24Ni13Mo2		用于 Cr22Ni12Mo2 复合钢以及异种钢的焊接
THS-309L	H03Cr24Ni13Si		用于 309S、12Cr13、10Cr17、低碳不锈钢、低碳覆面钢以及异种钢的焊接
THS-309LSi	H03Cr24Ni13Si1		用于 309 型不锈钢以及 304 型不锈钢与碳钢的焊接

（续）

牌　号	型　号	类　别	主要用途
THS-310	H12Cr26Ni21Si	不锈钢焊丝	用于高温条件下工作的耐热钢以及12Cr5Mo、12Cr13等不能进行预热及后热处理的不锈钢的焊接
THS-312	H15Cr30Ni9		用于异种母材不锈钢覆面、硬化性低合金钢以及焊接困难或易发生气孔情况的焊接
THS-316	H08Cr19Ni12Mo2Si		用于磷酸、亚硫酸、醋酸及盐类腐蚀介质结构的焊接
THS-316L	H03Cr19Ni12Mo2Si		用于尿素、合成纤维等结构及不能进行热处理的铬不锈钢及复合钢的焊接
THS-316LSi	H03Cr19Ni12Mo2Si1		用于相同类型不锈钢以及复合钢结构的焊接
THS-317	H08Cr19Ni14Mo3		用于重要的化工容器的焊接
THS-347	H08Cr20Ni10Nb		用于304、321、347型不锈钢以及耐热钢的焊接
THT-321	H08Cr19Ni10Ti		用于304、321、347型不锈钢以及耐热钢的焊接
THT-410	H12Cr13		用于410、420型不锈钢以及耐蚀耐磨表面的堆焊
THT430	H10Cr17		用于腐蚀（硝酸）、耐热同类型不锈钢表面堆焊
THT-2209	E2209		用于含Cr22%双相不锈钢的焊接
THS-82	Gb15620 ERNiCr-3	镍合金	用于铬镍铁合金焊接、铬镍铁合金和碳钢、低合金钢、不锈钢的堆焊及异种钢焊接
THS-Ti2	—	钛合金	用于海水、含盐水热交换器、化工制程热交换器、压力容器及管路系统、冷凝器以及造纸漂白系统等结构的焊接
THS-55B2V	55-B2-V	珠光体耐热焊丝	用于高温、高压锅炉管道，石油裂化设备，高温合成化工机械等结构的焊接
THS-9Mo	—	马氏体耐热钢焊丝	用于102Cr17Mo马氏体耐热钢及过热器管道等结构的焊接
THS-5Mo	—	珠光体耐热钢焊丝	用于12Cr5Mo马氏体耐热钢，如400℃高温抗氢腐蚀管道等结构的焊接
THS-P91	—	马氏体耐热钢焊丝	用于工作温度在600～650℃的Cr9MoNiV（T91或F9）耐热钢以及蒸汽管道和过热器管道等结构的焊接
THS-17	ERNiCrMo-4	镍合金	用于化工制程设备HASTELLOYC-276，镍基合金及碳钢覆面堆焊的焊接

（二）钨极

1. 对钨极的要求

（1）耐高温，损耗少　非熔化极氩弧焊要求电极是不熔化的，这就要求电极能耐高温，在焊接过程中不易被烧损。钨（W）是较佳的电极材料，它的熔点为3410℃，能不被电弧熔化进入熔池，确保焊接过程的稳定和焊接质量。正常的焊接过程中，钨极因高温蒸发和缓慢氧化也会发生少量损耗，这个损耗量要求越少越好。

（2）引弧易，电弧稳　引弧和稳弧性能主要取决于电极材料的电子逸出功和焊接电源

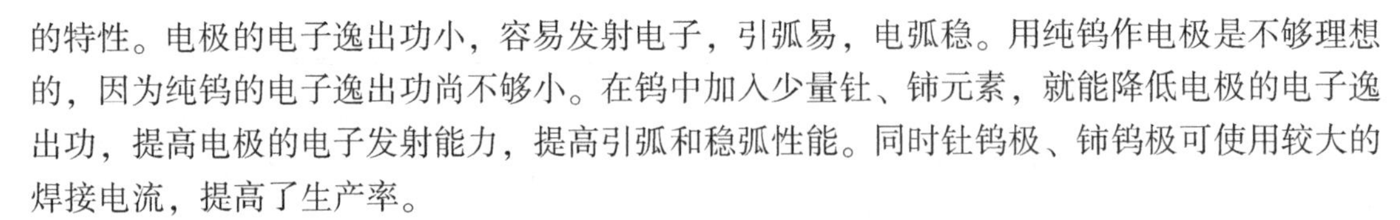
的特性。电极的电子逸出功小，容易发射电子，引弧易，电弧稳。用纯钨作电极是不够理想的，因为纯钨的电子逸出功尚不够小。在钨中加入少量钍、铈元素，就能降低电极的电子逸出功，提高电极的电子发射能力，提高引弧和稳弧性能。同时钍钨极、铈钨极可使用较大的焊接电流，提高了生产率。

2. 钨极的种类

按在钨极中加入元素的不同，钨极可分为纯钨极、钍钨极、铈钨极及锆钨极。

（1）纯钨极　钨的纯度达99.85%以上，熔点为3410℃，价格低，但电子发射能力弱，电弧燃烧稳定性欠佳，且焊接许用电流小，可用于要求不高的场合。

（2）钍钨极　在纯钨中加入0.5%～2%的氧化钍（ThO_2），熔点略有提高，电子发射能力较强，比纯钨极容易引弧，电弧燃烧稳定性较好，使用寿命长，可使用较大的焊接电流，但成本较高，且有少量的放射性。

（3）铈钨极　在纯钨中加入0.5%～2.2%的氧化铈（CeO_2），电子发射能力更强，引弧易，稳弧性能好，许用电流更大，烧损少，寿命长，放射性剂量低，这是目前普遍使用的钨极。

（4）锆钨极　在纯钨中加入0.15%～0.9%的氧化锆（ZrO），其性能介于纯钨极和钍钨极之间，即引弧性能和电流承载能力比纯钨极好，但比钍钨极差。

常用钨极的牌号及化学成分见表5-2。

表5-2　常用钨极的牌号及化学成分（质量分数,%）

钨极类别	牌　号	W(钨)	ThO_2（氧化钍）	CeO_2（氧化铈）	ZrO（氧化锆）	SiO_2（氧化硅）	$Fe_2O_2+Al_2O_3$（氧化铁+氧化铝）	Mo（钼）	CaO（氧化钙）
纯钨极	W1	99.92	—	—	—	0.03	0.03	0.01	0.01
	W2	99.85	杂质总含量<0.15						
钍钨极	WTh-7	其余	0.7～0.99	—	—	0.06	0.02	0.01	0.01
	WTh-10	其余	1.0～1.49	—	—	0.06	0.02	0.01	0.01
	WTh-15	其余	1.5～2.0	—	—	0.06	0.02	0.01	0.01
	WTh-30	其余	3.0～3.5			0.06	0.02	0.01	0.01
铈钨极	WCe-5	其余	—	0.50	杂质总含量<0.1				
	WCe-13	其余	—	1.3	杂质总含量<0.1				
	WCe-20	其余	—	1.8～2.2	杂质总含量<0.1				
锆钨极	WZr	99.2	—	—	0.15～0.40	其他≤0.5			

3. 钨极的许用焊接电流

钨极氩弧焊的焊接电流会影响电弧的稳定性和钨极的使用寿命，太大的焊接电流使钨极的烧损加剧。钨极的许用焊接电流和钨极材料、钨极直径、电流种类极性等有关。钨极直径越大，许用焊接电流越大。纯钨极的许用焊接电流最小，钍钨极的许用焊接电流约为纯钨极的1.3倍，铈钨极的许用焊接电流比钍钨极大5%～10%。直流正接和直流反接的钨极许用焊接电流相差很大，因为直流反接时电弧的高温和大部分热量加在阳极的钨极上，大大降低了钨极承载电流的能力。各种钨极直径的许用焊接电流见表5-3。

表 5-3　各种钨极直径的许用焊接电流　（单位：A）

钨极直径/mm	直流正接			直流反接	交流		
	纯钨	钍钨	铈钨	纯钨	纯钨	钍钨	铈钨
1	10～60	15～80	20～80	—	—	—	—
1.6	40～100	70～150	80～160	10～30	—	—	—
2.0	60～150	100～200	100～200	10～30	70～120	80～140	85～170
2.5	80～160	140～240	150～260	15～35	80～130	100～150	110～190
3.0	140～180	200～300	220～330	20～40	100～160	140～200	150～220
4.0	240～320	300～400	330～440	30～50	140～220	170～250	180～270
5.0	300～400	420～520	460～570	40～80	220～300	320～380	350～410
6.0	350～450	450～550	490～600	60～100	300～390	340～420	370～450

4. 钨极的选用

选用钨极要考虑以下几个因素：母材金属的材质、焊件厚度和坡口形状、焊接电流的种类和极性、焊接电流大小，还要考虑使用寿命和价格等。

厚板钨极氩弧焊要求获得较大的熔深，需要采用直流正接、大电流，通常选用许用电流大的钍钨极或铈钨极。铝镁合金交流钨极氩弧焊时，钨极损耗比直流反接的小，可以选用价格低的纯钨极。按母材材质、板厚及电源种类极性选用的钨极见表 5-4。

表 5-4　按母材材质、板厚及电源种类极性选用的钨极

母材材质	金属厚度	电流类型	电　极	保护气体
铝	所有厚度	交流	纯钨或锆钨极	Ar 或 Ar + He
	厚件	直流正接	钍钨或铈钨极	Ar + He 或 Ar
	薄件	直流反接	铈钨、钍钨或锆钨极	Ar
铜及铜合金	所有厚度	直流正接	铈钨或钍钨极	Ar 或 Ar + He
	薄件	交流	纯钨或锆钨极	Ar
镁合金	所有厚度	交流	纯钨或锆钨极	Ar
	薄件	直流反接	锆钨、铈钨或钍钨极	Ar
镍及镍合金	所有厚度	直流正接	铈钨或钍钨极	Ar
低碳、低合金钢	所有厚度	直流正接	铈钨或钍钨极	Ar 或 Ar + He
	薄件	交流	纯钨或锆钨极	Ar
不锈钢	所有厚度	直流正接	铈钨或钍钨极	Ar 或 Ar + He
	薄件	交流	纯钨或锆钨极	Ar
钛	所有厚度	直流正接	铈钨或钍钨极	Ar

钨极直径的规格有 0.5mm、1.0mm、1.6mm、2.0mm、2.5mm、3.2mm、4.0mm、5.0mm、6.0mm、6.4mm、8.0mm、10mm 等，钨极长度为 76mm～610mm。

5. 钨极端部形状

钨极端部处在电弧的阴极区或阳极区，钨极端部形状影响电弧的稳定性和钨极的使用寿命。钨极端部的形状有尖锥形、平头锥形、半球形、圆柱形等几种，如图 5-3 所示。

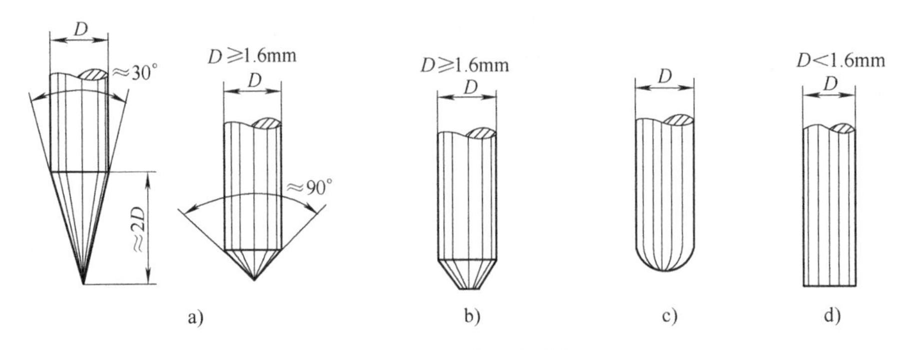

图 5-3　钨极端部的形状

a）尖锥形　b）平头锥形　c）半球形　d）圆柱形

（1）尖锥形钨极　其锥角为30°～90°，30°小锥角适用于直流正接、小电流焊接薄板，90°锥角可采用交流电焊接。

（2）平头锥形钨极　其端面平头直径为0.3～0.5倍的钨极直径，适用于直流正接、中电流焊接，电弧稳定。

（3）半球形钨极　它适用于交流电焊接。

（4）圆柱形钨极　它适用于交流电焊接铝、镁合金。

在磨制钨极端部形状时，应根据钨极直径、焊接电流及极性而定。焊接电流大，端头平面可大些。磨制时不可使磨削方向和钨棒轴线垂直，这种磨削痕迹会约束焊接电流（纵向焊接电流不畅通），可能发生电弧飘移现象。焊接过程中焊工要观察焊接电流大小对钨极端头形状的影响（图5-4），过大或过小的焊接电流对焊接质量都是不利的，这时需要调整焊接电流或调整钨极端部形状。

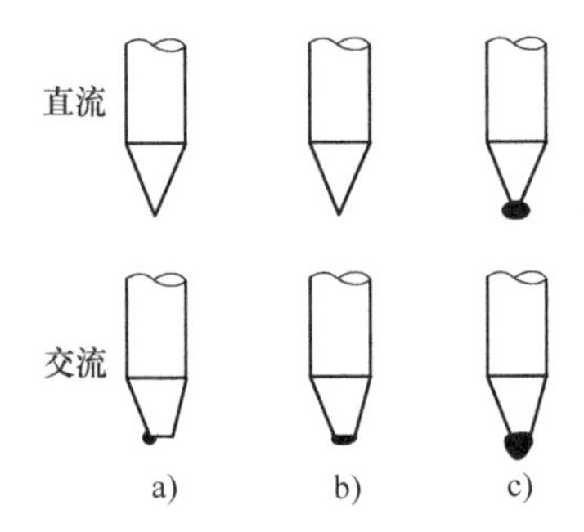

图 5-4　焊接电流与钨极端头形状

a）电流太小　b）电流适宜　c）电流太大

（三）保护气体

1. 氩气（Ar）

（1）氩气的性质　空气中只有很少量的氩气，按容积计算约占空气总量的0.935%，其余大多是氧气和氮气。氩气是无色无味的，在0℃、1atm下的密度为1.784g/L，约为空气密度的1.25倍。氩的沸点是－186℃，介于氧气（－183℃）和氮气（－196℃）的沸点之间。

氩气是惰性气体，不与其他物质发生化学反应，高温状态也不溶于液态金属，无论焊接任何金属都不与其发生化学反应，焊接质量容易得到保证。

（2）氩气的纯度及杂质　氩气的纯度及杂质对焊接质量有较大的影响，不同金属钨极氩弧焊对氩气的纯度及杂质的要求不同，见表5-5。多年来提高氩气纯度的技术难题已得到了解决，目前我国市场生产供应的氩气纯度已达到99.99%，完全符合焊接的要求。但氩气中的杂质尚存在问题，氩气中的杂质主要是氧气、氮气及水分，若氩气中杂质超标，将会使焊缝产生气孔和夹杂缺陷，且加剧钨极的损耗。

焊接时用的纯氩气装在钢瓶内，在20℃时，满瓶压力为15MPa。

表 5-5　不同金属钨极氩弧焊对氩气纯度及杂质的要求（体积分数,%）

被焊金属	氩气（Ar）	氮气（N_2）	氧气（O_2）	水分（H_2O）
钛、钼、锆、铌及合金	≥99.98	≤0.01	≤0.005	≤0.02
铝、镁及其合金、铬镍耐热合金	≥99.90	≤0.04	≤0.050	≤0.02
铜及铜合金、铬镍不锈钢	≥99.70	≤0.08	≤0.015	≤0.002

2. 混合气体

钨极氩弧焊采用的混合气体大多是在氩气中加入适量的氦，也有加入少量的氮气、氢气或二氧化碳等气体。合适的混合气体在焊接时能增加输入给母材的热量，增加熔深，或提高焊接速度，或改善熔融金属的润湿性使焊缝成形良好。

钨极氩弧焊焊接铝及铝合金时，在氩气中加入氦（He），可使电弧温度升高，焊接热量输入加大，熔化速度加快，生产率提高，适宜用于焊接厚铝板。

焊接铜及铜合金时，在氩气中加入氦，能改善熔融金属的润湿性，使焊缝成形良好，焊接热输入也加大，还可以降低预热温度。

焊接高强度钢时，在氩气中加入氮气（N_2），能提高电弧的刚度，改善焊缝成形。

焊接镍基合金时，在氩气中加入氢气（H_2），可以提高电弧功率，增加熔深，提高焊速。

焊接不锈钢时，在氩气中加入氢气，可增加焊接热输入，增加熔深。

关于混合气的比例问题：焊接铝合金时氦可用任意比例（随板厚增快，氦由10%递增到90%）；其他金属焊接时，参与气体的比例尚需进行焊接工艺评定来确定。目前生产上应用的混合气体大多是氩和氦合成的，通常都用于厚板焊接，薄板焊接仍用纯氩。焊接不同金属按板厚选用保护气体可参见表 5-6。

表 5-6　焊接不同金属按板厚选用保护气体

焊件（母材）	厚度/mm	保护气体	优　点
铝	1.6～3.2 4.8 6.4～9.5	氩 氦 氩+氦	容易引弧且有清理作用 较高的焊速 与单用氦气相比，加入氩气能降低气体流量
碳钢	1.6～6.4	氩	较好地控制熔池，延长钨极使用寿命，容易引弧
低合金钢	25	氩+氦	氦能加深熔化
不锈钢	1.6～4.8 6.4	氩 氩+氦	较好地控制熔池，减少热量输入 较高的热量，较高的焊速
钛合金	1.6～4.8 12.7	氩 氦	较低的气体流量，减少了焊缝周围的骚动以免污染 较好的熔深，要求背面保护
铜合金	1.6～6.4 12.7	氩	较好地控制熔池，易获得较好的鱼鳞状焊缝 较高的热量输入
镍合金	1.6～2.4 3.2	氩 氩+氦	较大的熔深和较好的焊缝外形 增加熔深

三、手工钨极氩弧焊设备

氩弧焊设备由焊接电源、控制装置、焊枪、供气系统及水冷系统组成。手工钨极氩弧焊设备示意图如图5-5所示。

（一）焊接电源

1. 钨极氩弧焊焊接电源的要求

焊接电源是电弧能量的供应者。电弧是个变动的负载，手工操作电弧，弧长总是难免要变动的，因此，对钨极氩弧焊的焊接电源有些特殊的要求。

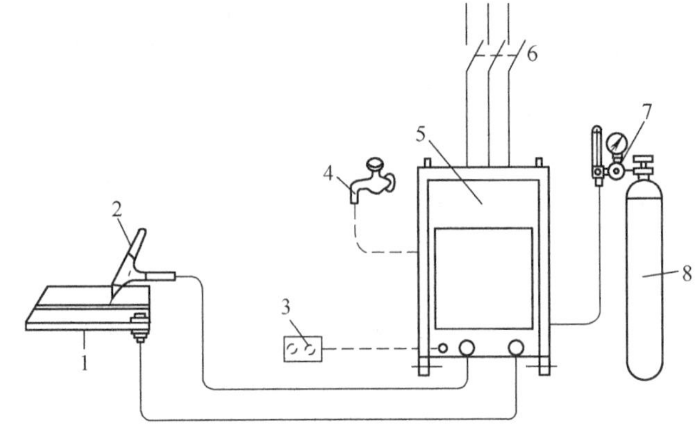

图5-5　手工钨极氩弧焊设备示意图

1—焊件　2—焊枪　3—遥控盒　4—冷却水　5—电源与控制系统　6—电源开关　7—流量调节器　8—气瓶

（1）较高的空载电压　空载电压是指焊接电源未接负载（电弧）时的电压，也即引弧前的电压。氩弧焊是在氩气中引燃电弧的，由于氩气的电离电位较高，所以要求焊接电源的空载电压值较高，以利引弧。

（2）陡降的电源外特性　陡降外特性的焊接电流变动小，焊工容易控制，手工钨极氩弧焊要求具有此特性。

（3）良好的动特性　手工操作的钨极氩弧焊，弧长难免要变动的。当电弧变长时，焊接电源的电压应相应升高，否则长电弧没有高电压供给就会使电弧熄灭。良好的动特性就是指焊接电源电压要随弧长变动而迅速相应变动。若焊接电源电压变动慢，则电弧也要熄灭。

（4）合适的调节特性　手工钨极氩弧焊为适应不同钨极直径和焊缝空间位置，需要调节焊接电流，调节焊接电流的实质是调节焊接电源的外特性。

2. 常用焊接电源

因手工钨极氩弧焊电弧的静特性与焊条电弧焊相似，故任何具有陡降外特性曲线的弧焊电源都可以作为氩弧焊电源。常用手工钨极氩弧焊焊机见表5-7。

表5-7　常用手工钨极氩弧焊焊机

产品名称	产品型号	电源电压/V	工作电压/V	额定焊接电流/A	电极直径/mm	保护气体流量/(L/min)	负载持续率(%)	主要用途
交直流氩弧焊机	WSE-160	380	16.4	160	1～3	30	35	用于交直流焊条电弧焊和交直流氩弧焊
	WSE-250	380	20	250	1～4		60	
	WSE-315	380	22.6	315	1～4		35	
	WSE-400	380	33	400	1～5		35	
直流手工钨极氩弧焊机	WS-200	380	18	200	1～3	20	60	用于不锈钢、铜、银、钛等合金的焊接
	WS-250	380	22.5	250	1～4	20	60	
	WS-300	380	24	300	1～4	20	60	
	WS-400	380		400	1～5	15	60	
交流手工氩弧焊机	WSJ-300	380		300	1～4	20	60	用于铝及铝合金的焊接
	WSJ-400	380		400	1～5	20	60	
	WSJ-500	380		500	1～7	25	60	
	WSJ-630	380		620	1～7	25	60	
脉冲氩弧焊机	WSM-250	380		250	1～4	15	60	用于不锈钢、铜、银、钛等合金的焊接
	WSM-400	380		400	1～5	15	60	

（二）控制装置

手工钨极氩弧焊的控制装置要实现以下几个控制项目：引弧控制、稳弧控制、收弧电流衰减的控制、氩气通断时间的控制、焊枪水冷控制、焊接操作顺序的控制。

1. 引弧控制

在氩气中引弧是困难的，提高焊机的空载电压虽能改善引弧条件，但对人体安全不利，一般都在焊接电源上加入引弧装置予以解决。引弧瞬间应在钨极与工件之间加上一个高压电，造成强电场发射电子，还使电子和离子在两极空间被电场加速和碰撞，使氩气电离，结果使两极在不接触状态下引燃电弧。通常在交流电源中接入高频振荡器，在直流电源中接入脉冲引弧器。

（1）高频振荡器　高频振荡器可输出2000～3000V、150～260kHz的高频高压电，其功率较小（100～200W）。由于输出电压很高，能在电弧空间产生很强的电场，一方面加强了阴极发射电子的能力，另一方面电子和离子在电弧空间被强电场加速，动能很大，碰撞时氩气容易电离，因而克服了焊件电子热发射能力弱和氩气电离能高不易电离的困难，使引弧容易。当钨极和焊件距离2mm左右时就能使电弧引燃。

使用高频振荡器引弧有以下缺点：①容易使电路中其他电器元件击穿损坏；②对附近的电子仪器、微机系统等有干扰，甚至会破坏程序而使之无法工作；③高频电对人体健康有害。因此，对于高频振荡器应尽可能采取屏蔽措施和单独电源供电。焊工在焊前或焊后调节钨极或喷嘴时，必须将高频振荡器电源切断。在收弧后钨极尚未冷却前，高频振荡器能在很大间隙的条件下突然引燃电弧，这是要特别注意防止其发生的。

（2）高压脉冲引弧器　高压脉冲引弧器由高压脉冲发生器和脉冲触发器两部分组成，高压脉冲发生器产生高压脉冲击穿钨极与焊件的气隙而引燃电弧。高压脉冲引弧器的优点是不用高频高电压引弧，所以常在直流电源中接入脉冲引弧装置。

2. 稳弧控制

直流钨极氩弧焊引燃电弧后，就可关闭高频振荡器，关闭后仍能维持电弧稳定燃烧。但交流钨极氩弧焊引弧后，当焊接电流从正半波转为负半波经过零点的瞬间，电弧就要熄灭。为解决交流过零点熄弧问题，在这一瞬间加上一个高压脉冲于钨极与焊件之间，可使电弧不熄灭。这个交流稳弧任务也可用高频振荡器或高压脉冲发生器来完成。

3. 收弧电流衰减的控制

收弧时突然切断焊接电流，将引起弧坑未填满和弧坑裂纹等缺陷。收弧时若逐渐减小焊接电流，可使熔池的熔深和温度逐渐减小，焊丝熔化形成的熔敷金属加入到熔池的位置逐渐升高，最后填满弧坑。

不同的焊接电源有不同的电流衰减方法。磁放大器式弧焊整流器可通过直流控制绕组中的电流衰减实现焊接电流的衰减。晶体管或晶闸管直流弧焊电源可通过控制给定信号实现焊接电流的衰减。

收弧电流衰减的调节方法有两种：一是焊前设定收弧电流的大小；二是调节收弧电流衰减的时间长短。收弧电流衰减到零时，电弧熄灭，仍需持续气体保护熔池几秒后断气。

4. 氩气通断时间的控制

引弧前要排除钨极与焊件之间的空气，应该提前输送氩气0.5～2s，延时后接通焊接电源和高频振荡器，立即引燃电弧。焊接过程中利用减压流量调节器来维持稳定氩气的流量。

焊接收弧时若氩气和焊接电流同时切断，这时红热的钨极和熔池及其周围的金属都会被氧化，影响焊接质量。为了防止发生这种现象，在电弧熄灭后，仍让氩气流通一段时间，持续对钨极和熔池进行良好的保护，延时 5～15s 后切断氩气。氩气通断时间的控制是由焊机中的时序（可编程序控制器）电路板来实现的。氩气的通断是由电磁气阀来控制的，接通电磁气阀，氩气就从管路由焊枪输出。

5. 焊枪水冷控制

水冷式焊枪需要通水冷却以带走焊枪导电部分的热量。当水流量不足时，若仍进行电弧焊接会使焊枪过热而烧坏。在冷却水管路中安装一水流开关来控制焊接电源的通断，一旦水流量低于正常值时，水流开关就切断焊接电源，使焊接不能进行，保护了焊枪。水流开关接通焊机的电源后，不论焊接或不焊接，水总是流动的。水箱可以使冷却水循环，节约用水。

6. 焊接操作顺序的控制

（1）起动　按下焊枪开关，接通电磁气阀，使氩气通路，提前送出氩气，驱走钨极与焊件间的空气，经延时后接通焊接电源和高频振荡器，使钨极与焊件间产生高压高频而引燃电弧。若是直流电焊接，引弧后高频振荡器立即停止工作；若是交流电焊接，则高频振荡器继续工作。

（2）建弧　建立电弧阶段是使焊接电流逐渐增大至焊接电流正常值，并由空载电压降为正常电弧电压。这段时间电弧对钨极和焊件进行预热，提高焊缝起始端的质量。建弧时间可调，范围为 0～10s。

（3）正常燃弧　建弧后进入正常焊接阶段，焊接电源保证电弧稳定，氩气输出稳定，保护良好。

（4）收弧　改变焊枪开关位置（转为停止），焊接电源输出电压和焊接电流皆逐渐减小，最后焊接电流减小到零，电弧熄灭。熄弧后氩气仍继续输出，保护钨极和熔池，延时（5～15s，可调）后，氩气切断，焊接工作结束。

图 5-6 所示为手工钨极弧焊动作的顺序控制。

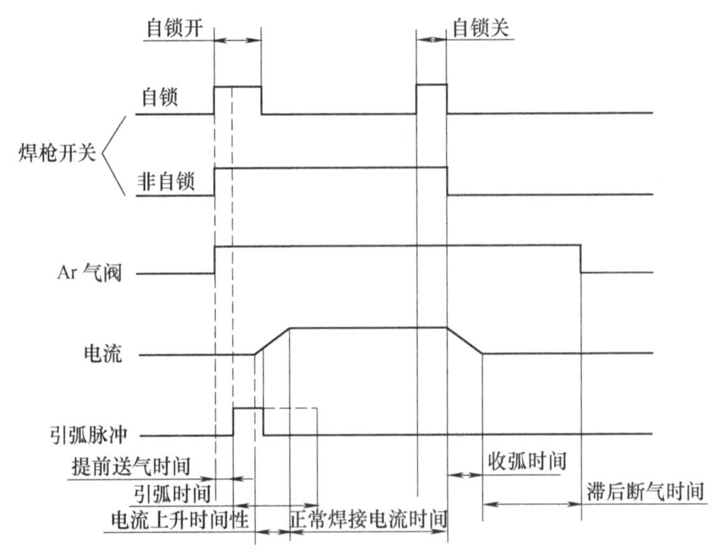

图 5-6　手工钨极氩弧焊动作的顺序控制

（三）手工钨极氩弧焊焊枪

1. 钨极氩弧焊焊枪的功能、分类及型号

（1）钨极氩弧焊焊枪的功能

钨极氩弧焊焊枪的功能：①装夹钨极；②传导焊接电流；③输送保护气体；④控制焊机的起动和停止。

（2）钨极氩弧焊焊枪的分类

1）按操作方式可分为手工钨极氩弧焊焊枪和自动钨极氩弧焊焊枪。

2）按冷却方式可分为气冷式钨极氩弧焊焊枪和水冷式钨极氩弧焊焊枪。

（3）手工钨极氩弧焊焊枪的型号　手工钨极氩弧焊焊枪型号的编制及含义：首字母 Q 表示焊枪，随后的字母 Q 或 S，Q 表示气冷，S 表示水冷，半字线后有角度值，表示出气角度，最后的两位数或三位数表示使用焊枪的额定电流值。其中，出气角度是指焊枪手把和焊件平行时，保护气体喷射方向和焊件间的夹角。举例如下：

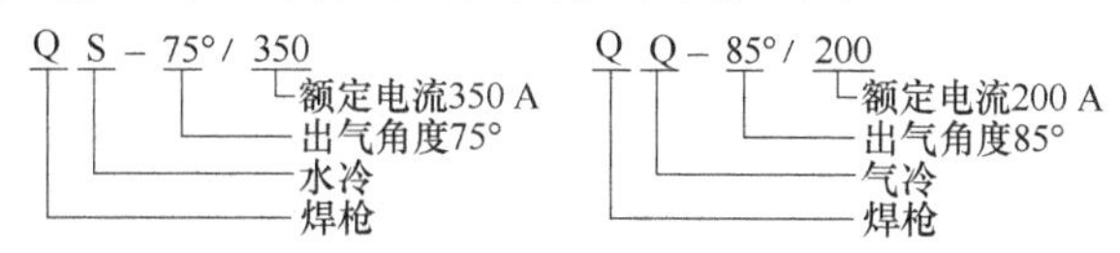

常用手工钨极氩弧焊焊枪的牌号有 QS-70°/500、QS-75°/350、QS-85°/250、QS-65°/150、QQ-85°/200、QQ-75°/150、QQ-85°/100、QQ-65°/75 等。

2. 对焊枪的要求及焊枪的结构

（1）对焊枪的要求　手工钨极氩弧焊对焊枪有以下要求：通过焊枪喷嘴的保护气流的流动状态良好，不产生湍流（空气卷入氩气流中）；传导电流给钨极；冷却条件好，能使焊枪持续使用；钨极和喷嘴、帽盖间绝缘可靠，能防止喷嘴和焊件接触而发生短路；结构轻小，操作容易，装拆方便。

（2）水冷式焊枪的构造　水冷式焊枪的构造如图 5-7 所示。其中焊接电缆制成中间通冷却水的称为水冷缆管。焊枪手柄上装有焊枪开关，控制焊接起动和停止。焊枪头部有导流件传导电流给钨极。钨极有夹头给予固定。密封圈可使氩气沿钨极周围向喷嘴口流出。喷嘴由陶瓷制成，可防止喷嘴和焊件相碰造成短路。钨极上端盖有帽盖也是绝缘用的。

（3）气冷式焊枪的构造　气冷式焊枪的构造如图 5-8 所示，进入手把的是中间通氩气的焊接电缆。氩气能吸收焊接电缆、导流件和钨极产生的热量，而从喷嘴口输出。氩气开关装在通气焊接电缆的端部，可以用手工控制氩气的通断。也有将氩气开关装在手柄上，这样操作方便。也有在手柄上装入电气开关，用来控制焊机的起动和停止，可以实现高频引弧、收弧电流衰减、提前送气和延迟断气等控制。

通常焊接电流在≤150A 时，选用气冷式焊枪，省略通冷却水的装置。

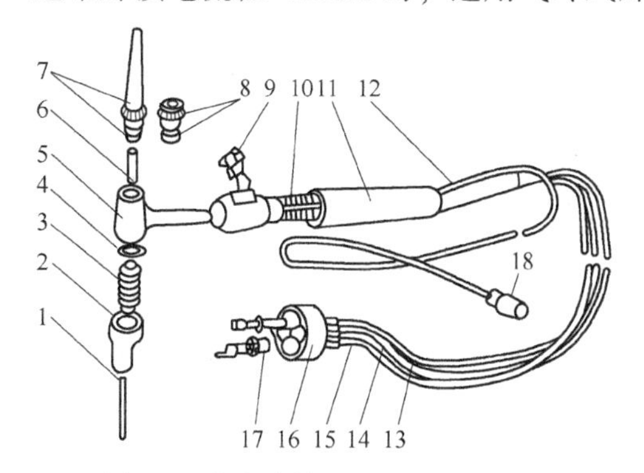

图 5-7　水冷式钨极氩弧焊枪的构造

1—钨极　2—陶瓷喷嘴　3—导流件　4、8—密封圈　5—枪体　6—钨极夹头　7—帽盖　9—焊枪开关　10—扎线　11—手把　12—控制线　13—进气管　14—出水管　15—水冷缆管　16—活动接头　17—水电接头　18—插头

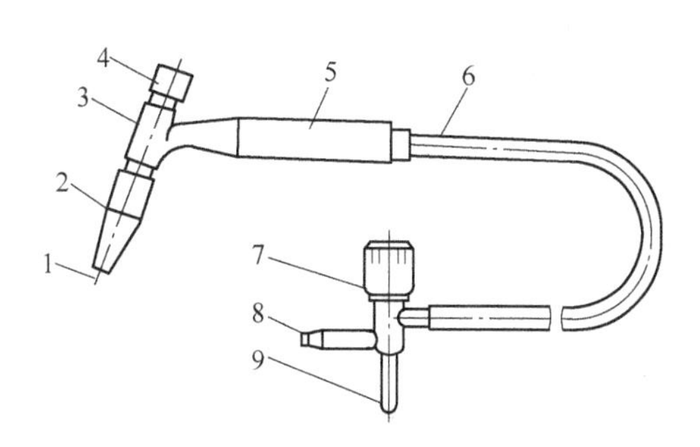

图 5-8　气冷式钨极氩弧焊枪的构造

1—钨极　2—陶瓷喷嘴　3—枪体　4—帽盖　5—手把　6—焊接电缆　7—气开关手轮　8—通气接头　9—通电接头

（4）喷嘴　喷嘴是焊枪上可以更换的零件，喷嘴要保证喷出良好的保护气体层流，还要使焊接时有较好的可见度。

喷嘴的形状有两种，如图5-9所示。圆柱形喷嘴有一段较长的截面不变的气流通道，气体喷出的速度均匀，保护熔池的效果良好。圆锥形喷嘴的出口处直径变小，气流得到加速，挺括度增大，有抗风能力，同时也改善了可见度；缺点是控制流量不当时，易形成湍流，卷入外界空气，反而破坏了保护效果。

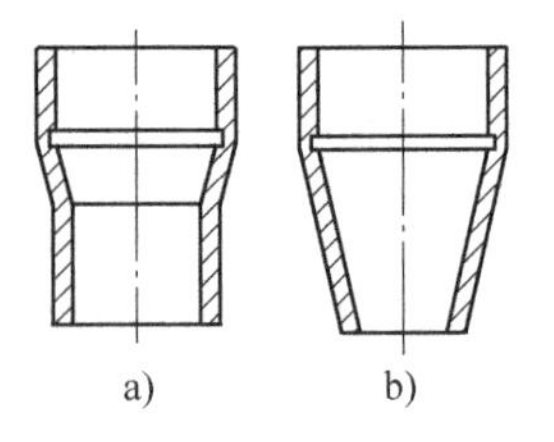

图5-9　喷嘴的形状
a）圆柱形　b）圆锥形

手工钨极氩弧焊用的喷嘴为陶瓷材质，使用时要避免强烈冲击和碰撞，更要注意的是大电流焊接后要防止剧冷，否则易使喷嘴破裂。对于破裂的或有缺口的喷嘴应及时更换。

（四）供气系统及供水系统

1. 氩气瓶

氩气瓶是标准气瓶，结构和氧气瓶相同，瓶内径为210mm，瓶高为1450mm，瓶的容积为40L。氩气瓶外表面涂银灰色，并用深绿色漆标注“氩”字样。瓶内灌足氩气，压力达15MPa，随着氩气的输出消耗，瓶内氩气压力逐渐下降。当瓶内气压下降为0.4～0.5MPa（约为工作压力的2.5倍）时，应停止使用。若氩气全部用完，则空气进入瓶内，再向瓶内充氩气时，氩气的纯度难以达到高纯度的要求。

氩气瓶的气门阀是控制氩气进出的，其构造如图5-10所示。气门阀的阀体是由青铜或黄铜制成的，而手轮是铝质的。阀体下端是带有螺纹的锥形体，将气门阀旋入瓶口内。阀体的侧旁是个接口，外表面有螺纹，用来连接减压流量调节器。

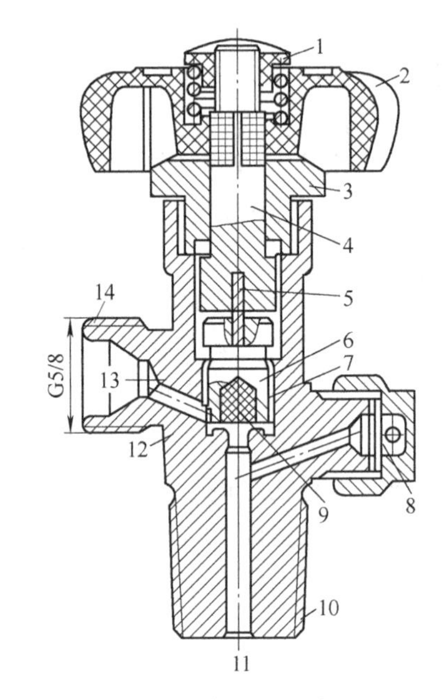

图5-10　气门阀的构造
1—弹簧压帽　2—手轮　3—压紧螺母　4—阀杆
5—开关板　6—活门　7—密封垫料
8—安全膜装置　9—阀座　10—锥形体
11—进气口　12—阀体
13—出气口　14—侧接头

顺时针转动手轮，传动轴带动活门转动，有螺纹的活门向下转动，便旋入阀体中。连续顺时针转动手轮，活门继续向下，直至压紧在活门座上为止。这时通气口被封塞，氩气不能从瓶内输出；若反时针转动手轮，活门就离开活门座而向上提起，这时通气口开启，氩气从通气口经过活门而输出至减压流量调节器。

2. 减压流量调节器

减压流量调节器是减压器和流量调节器的组合装置。

（1）减压器　瓶内氩气是通过减压器输出的，减压器的功能是将瓶内高压氩气降为工作压力，并能自动稳定输出工作压力，即不论瓶内压高压低（瓶内氩气压力随氩气消耗而降低），减压器都能输出稳定的气体。减压器上的压力表是标明瓶内高压氩气的压力，使用时千万不能用至高压氩气为零。

（2）流量调节器　减压后的氩气进入流量调节器，流量调节器（简称为流量表）是标注气体流量大小和调节流量的装置。常用的流量表是 LZB 型转子流量表，如图 5-11 所示。其测量流量部分由一个垂直锥形玻璃管及管内的球形浮子组成。锥形管的粗端在上，细端在下。浮子随流量大小沿锥形管轴线上下移动。当氩气自下向上通过锥形管，作用于浮子的上升力大于浸在氩气中的浮子重力时，浮子就上升。浮子外径和锥形管内壁之间的环形间隙面积随浮子上升而增大，气体的流量也逐渐增大，直到浮子的上升力等于浮子的重力时，浮子便稳定在某一高度位置，据此可直接从锥形管刻度上读出实际的流量值。焊工操作时旋转流量表的旋钮，并观察浮子位置所标注的流量值是否符合工艺需要的流量。

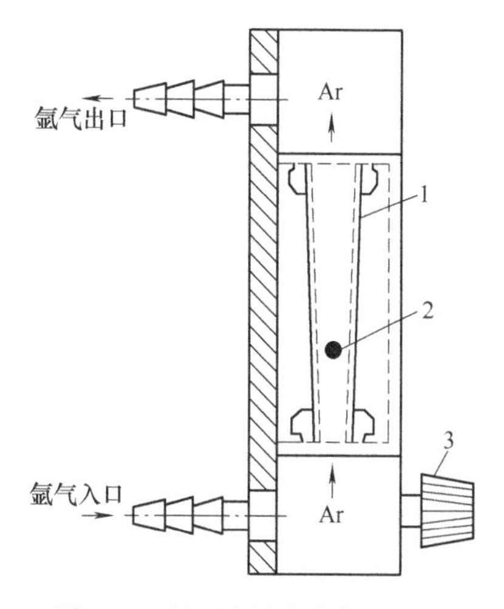

图 5-11　转子流量表的构造原理
1—锥形管　2—球形浮子　3—流量调节旋钮

（3）减压流量调节器　将减压器和流量调节器机械地合在一起，即组成减压流量调节器，如图 5-12a 所示。由于流量调节器也可以制成指针标注式，并可和减压器合成一体，制成同体式减压流量调节器，如图 5-12b 所示。

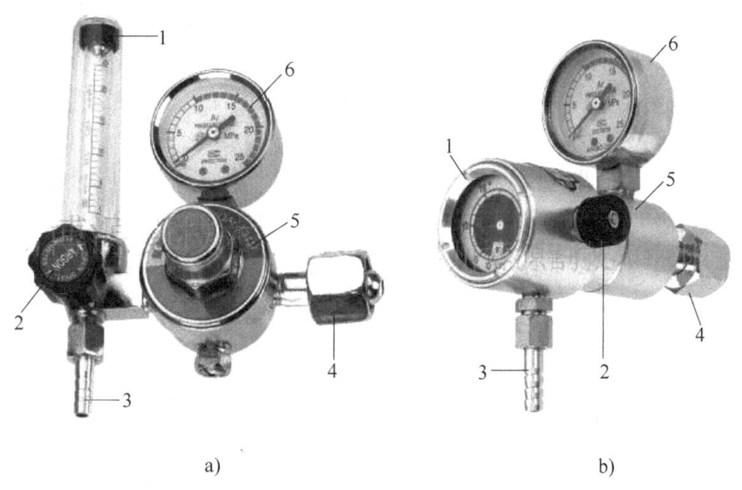

图 5-12　减压流量调节器
a）转子流量表式　b）指针流量表式
1—流量表　2—流量调节旋钮　3—出气口　4—进气口　5—减压器　6—高压表

3. 混合气体配比器

使用混合气体钨极氩弧焊时，需要两种气源和两只不同的气瓶，各自经过减压，然后两气体按比例均匀混合，输送到焊枪进行焊接。混合气体配比器就是专为气体保护焊设计的两元气体混合装置，该装置可以将两种气体按使用要求进行配比（按比例配置），并输出均匀的混合气体。按配比方式不同，混合气体配比器有两种形式：一种是按流量表配比（图 5-13a），两种气体通过减压输入到混合气体配比器，分别调节两种气体的流量，然后进行均匀混合，输出预定比例的混合气体，这个混合气体输出流量是两流量表之和，要通过加法运算得知；

另一种是旋钮式配比（图5-13b），通过旋钮调节两种气体的混合比，混合后由流量调节器输出，该流量计的读数就是两气体流量之和。

输入混合气体配比器的气体必须是经过减压后的，也可以是通过减压流量调节器后的气体。

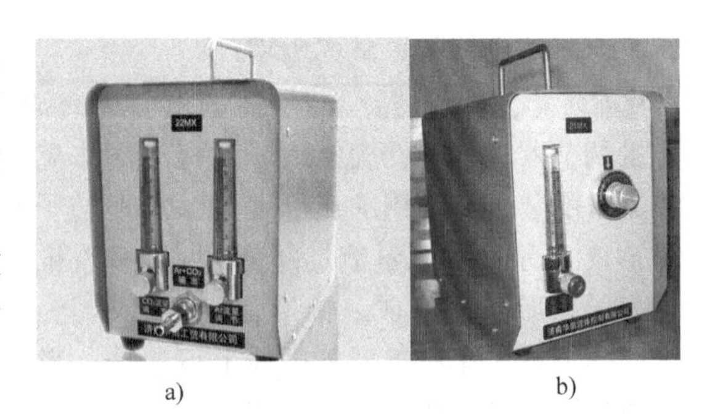

图5-13　混合气体配比器

a）流量表配比　b）旋钮配比

4. 电磁气阀

电磁气阀是控制氩气管路通断的气阀，如图5-14所示。当电磁铁线圈通电时，电磁铁动作，铁心和阀门被吸上，阀门打开，就有氩气输出，送入焊枪进入保护区；当电磁铁线圈断电时，阀门被关闭，停止输出氩气。电磁气阀安置在控制箱内，由继电器控制，电磁铁线圈的电压一般为36V或110V的交流电，也有24V或36V的直流电。

5. 水流开关

采用水冷式焊枪时，需要通水来冷却焊枪和焊接电缆。冷却水可用自来水或配置水箱和水泵循环冷却水。在水路中装有水流开关，只有水路中有一定流量才能起动焊机，避免焊枪无水冷却而烧毁。水流开关的结构如图5-15所示。焊机正常工作时，冷却水从进水口进，出水口出，其间有一分流小孔5，使水向上分流，膜片4不仅受主通道水的向上压力，还受分流小孔水流的向下压力。由流体力学可知，流量一定时，流速和通道截面积成反比，且流速高时压力小。当流量正常时，主通道的面积大，流速小，压力高，而小孔的细通道压力低，两者形成压力差。随着流量的增大，压力差也增大，当此压力差达到一定值时，抵消弹簧2的压力，将膜片4上顶，使顶杆3上移，推动微动开关1动作，微动开关的触点闭合，接通焊机的控制电路。当无水流通或流量不足时，无压力差或压力差很小，膜片4则不动，微动开关不动作，焊机不接通电源，由此保证了焊枪和焊机在预定的水冷条件下安全运行。

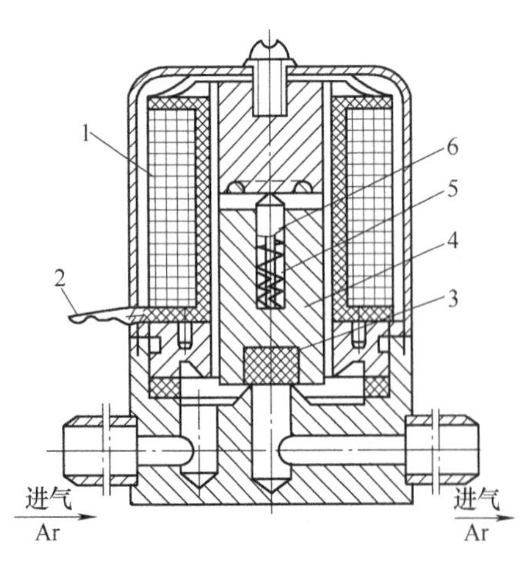

图5-14　电磁气阀

1—电磁铁线圈　2—导线　3—阀门

4—铁心　5—弹簧　6—导杆

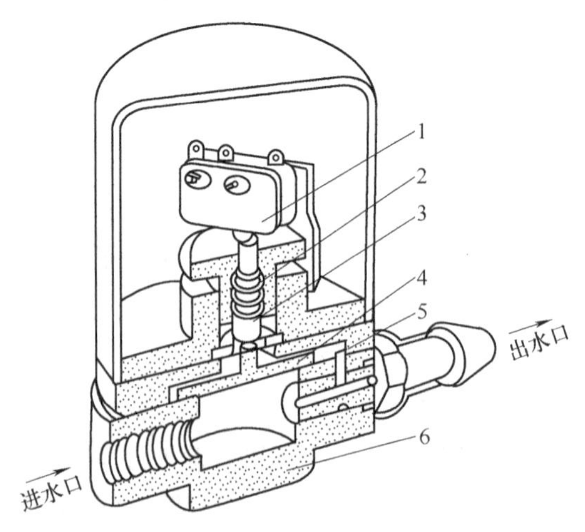

图5-15　水流开关的结构

1—微动开关　2—弹簧　3—顶杆　4—膜片

5—分流小孔（$d=2$mm）　6—壳体

（五）钨极氩弧焊设备的保养和故障排除

设备的正确使用和合理保养，能使设备保持良好的运行状态，延长设备的使用期限。氩弧焊设备的维护保养由电工和焊工共同负责。

1. 钨极氩弧焊设备的保养

1）焊工工作前，应看懂焊接设备使用说明书，明白焊接设备的正确使用方法。

2）焊机应按说明书上的外部接线图由电工安装接线，首先要检查焊机铭牌电压值和网路电压值是否相符，不相符的不准连接。

3）氩气瓶要严格执行高压气瓶的使用规定，要避开高热和焊接场地，并必须安置固定，防止倾倒。

4）焊机外壳必须接地，防止焊工触电，未接地或接地线不合格的，禁止使用。

5）焊接设备在使用前，必须检查水、气管连接是否良好，以保证焊接时正常供气、水。

6）定期检查焊枪的钨极夹头夹紧情况和喷嘴的绝缘状态是否良好。

7）经常检查电缆外层绝缘是否破损，发现问题及时包扎电缆破损处或更换电缆。

8）经常检查各种调节旋钮和开关有否松动，发现问题及时处理。

9）每日应检查焊机有无异常的振动、啸叫、异味、漏气，发现问题及时采取措施。

10）冷却水最高温度不得超过30℃，最低温度以不结冰为限。冷却水必须清洁无杂质，否则会堵塞水路，烧坏焊枪。

11）氩气瓶内氩气不准全部用完。调换氩气瓶而未装减压流量调节器之前，应把气门阀开启一下，以吹洗出气口。这时焊工不应该站在出气口的正对面，以免受伤。

12）高温下大电流长时间工作，弧焊电源停止工作，热保护指示灯发亮，此时将焊机空载（不关机）运行几分钟后，会自动恢复正常工作。

13）工作完毕或离开工作场地，必须切断焊接电源，关闭水源及氩气瓶阀门。

14）必须建立健全焊机保养制度，并定期进行保养。

2. 钨极氩弧焊机的常见故障及排除方法

焊机的故障会影响焊接生产率和焊接质量，焊工应该了解常见故障的产生原因及排除方法，掌握这些内容可协助电工共同排除故障，恢复生产，这也是焊工应有的技术素质。手工钨极氩弧焊机常见故障的产生原因及排除方法见表5-8。

表5-8 手工钨极氩弧焊机常见故障的产生原因及排除方法

故障现象	故障原因	排除方法
合上电源开关，指示灯不亮，无任何动作	1. 电源开关坏 2. 熔丝烧坏 3. 电源输入接线错误	1. 更换开关 2. 更换熔丝 3. 重新正确接线
指示灯亮，通风电动机不转	1. 风扇电动机坏 2. 连接导线脱落	1. 更换电动机 2. 查明断线处，可靠连接
按下焊接开关，无氩气输出	1. 氩气瓶中压力不足 2. 气路堵塞 3. 气体控制电路故障 4. 焊枪开关故障或线路故障 5. 电磁气阀坏	1. 更换新气瓶 2. 疏通气路 3. 检修电路板 4. 检修焊枪开关及接线 5. 更换电磁气阀

（续）

故障现象	故障原因	排除方法
无冷却水输出	1. 水流不足 2. 水路阻塞	1. 提高水压 2. 排除异物，疏通水路
无引弧高频	1. 高频变压器故障 2. 控制电路板坏 3. 线路故障	1. 更换变压器 2. 更换控制电路板 3. 检修线路
有高频，引不起电弧	1. 焊件表面不清洁 2. 网路电压偏低 3. 接焊件电缆过长 4. 焊接电流太小 5. 钨极太粗	1. 清理坡口表面 2. 升高网络电压 3. 缩短或加粗电缆 4. 增大焊接电流 5. 修磨钨极端头形状
保护气体不能关掉	有异物卡住电磁气阀	修理电磁气阀
报警（保护）指示灯亮	1. 超过额定负载 2. 输入电压过高或过低 3. 热继电器坏 4. 主电路故障	1. 空载不关机，几分钟后恢复正常工作 2. 用正常的输入电压 3. 更换热继电器 4. 检修主电路
引弧后，电弧不稳	1. 脉冲稳弧器不工作，指示灯不亮 2. 焊接电源部分故障 3. 消除直流分量元件故障	1. 检修脉冲稳弧器 2. 检修焊接电源部分 3. 更换元件
收弧时，没有电流缓降时间	1. 收弧电流调节器故障 2. 收弧电流控制电路故障 3. 收弧电流太小	1. 更换电位器 2. 修复收弧电流控制电路 3. 重新设定收弧电流
脉冲频率和占空比不可调	1. 调节电位器损坏或接线不良 2. 脉冲电路板故障	1. 更换电位器 2. 检修电路板
高频不能停止	1. 继电器故障 2. 控制高频电路板故障	1. 更换继电器 2. 更换电路板

四、手工钨极氩弧焊的焊接参数

手工钨极氩弧焊的焊接参数有焊接电流、钨极直径、电弧电压、焊接速度、钨极伸出长度、喷嘴孔径、焊丝直径、喷嘴与焊件间距离、氩气流量及焊丝填充量等。这些焊接参数都对焊缝的成形和质量有着较大的影响。

（一）焊接电流

增大焊接电流，使电弧的功率增大，用于熔化母材的热量增大，这就使得焊缝的熔深增大，熔宽也稍有增大。若焊接电流太大，焊缝易产生咬边，背面形成焊瘤甚至烧穿；若焊接电流太小，会产生未焊透等缺陷。选择焊接电流的依据是被焊材质、焊接电流种类和极性、焊件板厚和坡口形式、焊缝空间位置等。铜焊件的焊接电流比钢焊件的大，直流正接的电流比直流反接的大，厚焊件的电流比薄焊件的大，平焊的电流比非平焊的大。

（二）钨极直径

钨极是夹在焊枪上的，它的直径直接决定焊枪的结构尺寸和冷却方式，影响焊工劳动强度和焊接质量。钨极直径是根据焊接电流大小来选定的。若焊接电流较小，钨极较粗、电流密度（焊接电流/钨极面积）小，钨极端部温度不高，电弧会在端部无规则地漂移，电弧不稳定，氩气无法保护，熔池被氧化；如果钨极太细、电流密度太大，钨极端部温度达到或超过钨极的熔点，熔化形成的钨滴挂在端部，电弧随钨滴飘动而不稳定，破坏了氩气的保护区，使熔池氧化，焊缝成形变差，还会使钨滴下落至熔池，产生夹钨缺陷。

钨极直径是根据焊接电流大小和焊接电源的极性来选定的，可参考表5-3。

（三）电弧电压

电弧电压是由电弧长度决定的，电弧拉长，电弧电压升高，焊缝的熔宽增大。电弧电压太高，保护效果差，且易引起咬边及未焊透缺陷；电弧电压太低，即弧长太短，焊工观察电弧困难，且加送焊丝时易碰到钨极，引起短路，钨极烧损，产生夹钨缺陷。合适的电弧长度近似等于钨极直径，手工钨极氩弧焊的电弧电压在10V～20V范围内。

（四）焊接速度

焊接速度增大，熔池体积减小，熔深和熔宽减小。焊接速度太快，气体保护效果变差，还易产生未焊透，焊缝窄而不均；焊接速度太慢，焊缝宽大，易产生烧穿等缺陷。手工钨极氩弧焊时，应根据熔池形状和大小、坡口两侧熔合情况随时调整焊接速度。

（五）喷嘴孔径与气体流量

喷嘴孔径越大，气体保护区范围越大。需要的气体流量也越大。喷嘴孔径根据钨极直径选定，可按下式选定，即

$$D=2d_{w}+4$$

式中　D——喷嘴孔径（mm）；

d_{w}——钨极直径（mm）。

喷嘴孔径和焊枪结构牵连的，焊枪选定后，喷嘴孔径是很难改变的。当选定喷嘴孔径后，决定气体保护效果的是氩气流量。气体流量太小，保护效果差；气体流量太大，会产生湍流，空气被卷入，保护效果也不好。合适的气体流量，喷嘴喷出的气流是层流，保护效果良好。气体的流量可按下式选定，即

$$Q=(0.8\sim1.2)D$$

式中　Q——气体流量（L/min）；

D——喷嘴孔径（mm）。

在选用气体流量时，还应考虑以下几个因素。

1. 焊接接头形式

T形接头和对接接头焊接时，氩气不易流散，保护效果较好（图5-16a、b），流量可小点。而进行端头角焊和端头焊时，氩气易流散，保护效果差（图5-16c、d），需要加挡板（图5-17）和增加氩气流量。

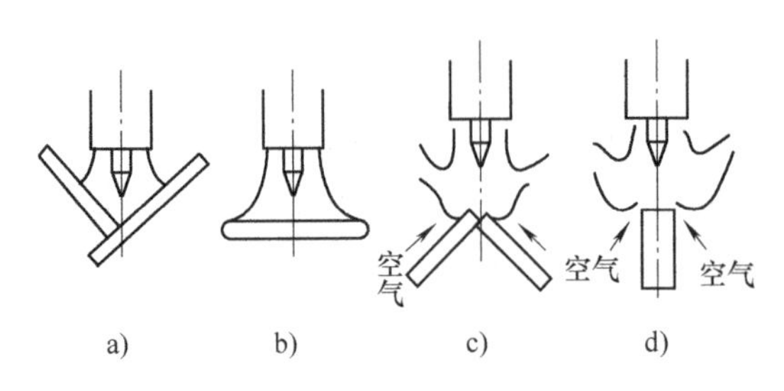

图 5-16　不同焊接接头氩气保护效果

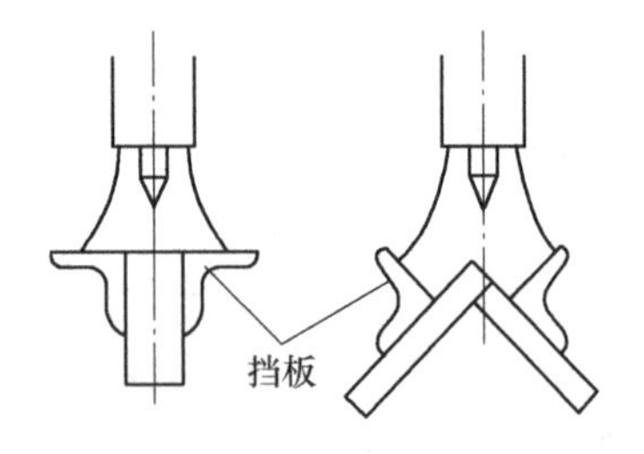

图 5-17　加挡板改善保护效果

2. 电弧电压和焊接速度

电弧电压升高，即电弧拉长，氩气保护面积要增大，需要增大氩气流量。焊接速度加快，相当于横向有股空气流，保护效果变差，需要增大氩气流量。

3. 气流

在有风的地方焊接，需要加大氩气流量。还应该采取挡风措施，设置挡风板或挡风罩。

在焊接生产中，通常通过观察熔池状态和焊缝金属颜色来判断气体保护的效果。流量合适、保护效果良好时，熔池平稳，表面光亮无渣，也无氧化痕迹，焊缝外形美观；若流量不合适，熔池表面有渣，焊缝表面发黑、发灰或有氧化皮。观察焊缝颜色判断气体的保护效果见表 5-9。

表 5-9　观察焊缝颜色判断气体保护的效果

被焊金属 \ 焊缝颜色 \ 保护效果	最　佳	良　好	合　格	较　差	最　坏
低碳钢		灰白有光亮	灰	灰黑	
铜		金黄	黄	灰黄	灰黑
铜镍铁合金	金黄	黄中带蓝		灰黑	黑
铝及铝合金		银白有光亮	白色无光亮	灰白	灰黑
不锈钢	银白、金黄	蓝	红灰	灰	黑
钛合金	亮银白	金黄麦色	蓝色光亮	深蓝	暗灰

（六）钨极伸出长度和喷嘴与焊件间距离

钨极端头至喷嘴端面的距离，称为钨极伸出长度（图 5-18）。钨极伸出可以防止电弧热烧坏喷嘴，伸出太长对气体保护不利；伸出太短，保护效果好，但妨碍焊工观察熔池。通常焊对接焊缝时，钨极伸出长度为 4 ~ 6mm；焊 T 形角接缝时，钨极伸出长度为 7 ~ 10mm。

喷嘴与焊件间的距离（图 5-18）可以近似地看作是钨极伸出长度加上电弧长度。这个距离越小，气体保护条件越好，但焊工视觉范围小。

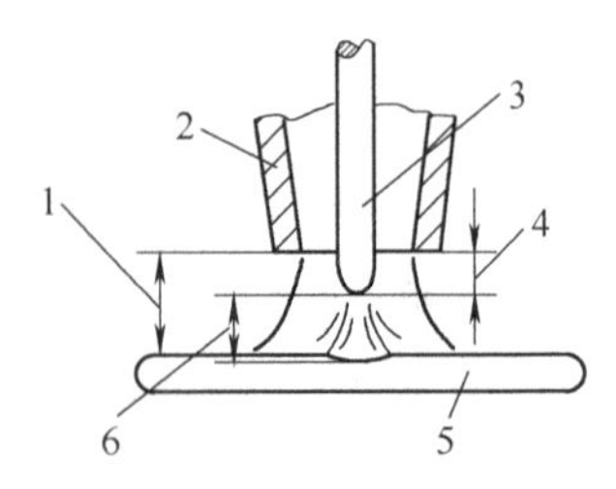

图 5-18　钨极伸出长度和喷嘴与焊件间的距离
1—喷嘴与工件间距离　2—喷嘴　3—钨极
4—钨极伸出长度　5—工件　6—弧长

（七）焊丝直径

焊工手拿焊丝送入熔池，焊丝被电弧熔化成为熔敷金属进入焊缝。焊丝太细，焊工填加焊丝动作频繁，一根细长焊丝焊成焊缝是短的，不利操作。同样质量大小的粗焊丝和细焊丝，细焊丝的表面积大，沾污面积大，相应带入焊缝中的杂质也多，还有细焊丝的价格也高；焊丝太粗，形成的熔滴也粗，对焊缝的成形不利。选择焊丝直径通常是由焊接电流大小而定的，焊接电流大，选用焊丝的直径也粗。钨极氩弧焊焊接电流与填加焊丝直径之间的关系见表5-10。

表5-10 钨极氩弧焊焊接电流与填加焊丝直径之间的关系

焊接电流/A	填加焊丝直径/mm	焊接电流/A	填加焊丝直径/mm
10～20	≤1.0	200～300	2.4～4.5
20～52	1.0～1.6	300～400	3.0～6.0
50～100	1.0～2.4	400～500	4.5～8.0
100～200	1.6～3.0		

（八）焊丝填加量

焊丝填加量是一个不可疏忽的焊接参数，焊丝填加量增加，使电弧热量用于熔化焊丝的热量部分增加，而熔化母材的热量部分减小，于是焊缝的熔深和熔宽减小，而焊缝的余高增大。若焊丝填加量太少或不加，熔深剧增，熔深超过母材板厚会引起烧穿。若焊丝填加量太多，也可能产生未焊透缺陷。

手工钨极氩弧焊时，焊工可用焊丝填加量来调整熔池的形状和尺寸。若发现熔池面积大且有下沉的趋向时，说明熔池温度较高和熔深大，有可能会烧穿，这时应多加入焊丝填加量，用来降低熔池的温度和减小熔深，防止烧穿。

焊丝填加量（忽略损耗）可以近似地认为等于熔敷金属量，对于给定的接缝坡口尺寸和焊丝焊缝尺寸，便可计算出焊丝填加量。

焊丝填加量的概念相当于熔化极氩弧焊的焊丝给送速度，即每秒给送焊丝的量。所以应该是每秒填加焊丝量，其单位是 cm^3/s 或 g/s。焊丝填加量是由焊工手工操作的，而且要随时调整，还涉及焊前坡口角度和间隙的变动，所以很难具体规定一个数值，目前的焊接工艺参数中，通常未列入焊丝填加量。

（九）焊枪倾角

钨极垂直焊件接缝，电弧供给熔池的热量最大，熔池呈圆形，获得的熔深最大。若钨极倾斜一个小角度，钨极和焊缝夹角大于或小于90°，则电弧加热熔池的热量减少，熔池呈蛋形，熔深减小。焊枪倾角越大，电弧加热熔池的热量减小值越多，熔池呈长船形，熔深减小显著，可以避免产生烧穿缺陷。图5-19所示为焊枪不同倾角的熔池形状和熔深。

焊工操作焊枪时，通常向右倾斜10°～20°，这是为了观察电弧和熔池方便。而再向右倾斜较大角度，是为了减小熔深。

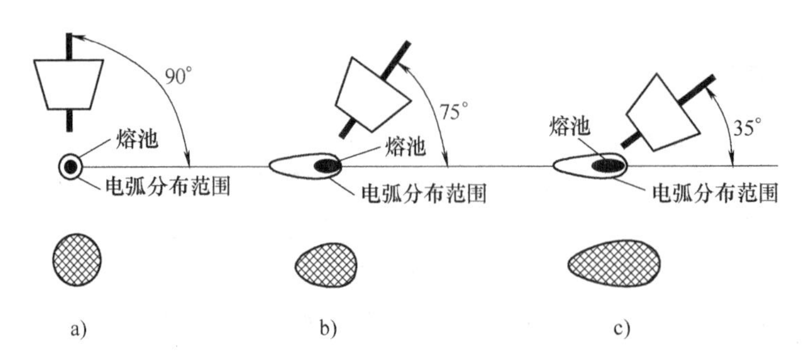

图5-19　焊枪不同倾角的熔池形状和熔深

a）圆形熔池，熔深大　b）蛋形熔池，熔深中等　c）长船形熔池，熔深小

焊工右手握焊枪，左手拿焊丝，焊枪向右倾斜小角度便于观察电弧，然而向左还是向右运行，若焊枪向左行走，称为左向焊（图5-20a）；焊枪向右行走焊接，称为右向焊（图5-20b）。焊工多采用左向焊。左向焊的优点：①观察电弧熔池方便；②熔深较浅宜焊薄板；③操作容易。左向焊的缺点是电弧热利用率低。

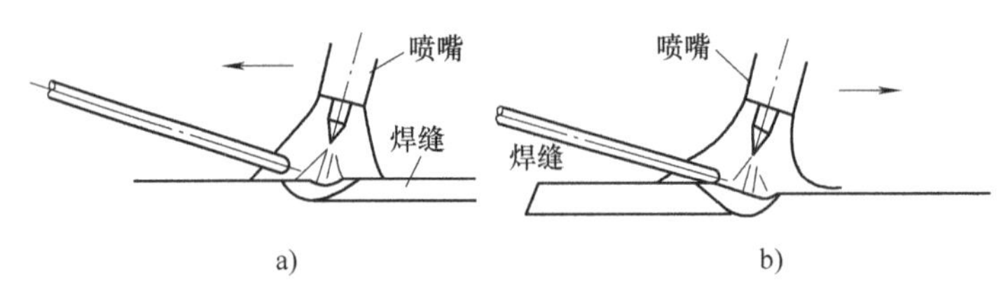

图5-20　左向焊和右向焊

a）左向焊　b）右向焊

（十）电源种类和极性

氩弧焊采用的电流种类和极性选择与所焊金属及其合金种类有关，需根据不同材料选择电源和极性，见表5-11。采用直流正接时，工件接正极，温度较高，适合焊接厚工件及散热快的金属；采用交流电源焊接时，具有阴极破碎作用，即工件为负极时，因受到正离子的轰击，工件表面的氧化膜破裂，使液态金属容易熔合在一起，通常都用来焊接铝、镁及其合金。

表5-11　不同金属焊接电源种类与极性的选择及焊接特性

母　材	电　源	焊接特性
铝（任何厚度）	交流（高周波）	引弧性佳，焊道清洁，耗气量少
镁（1.5mm以上）	交流（高周波）	焊道清洁，耗气量少
低碳钢（3mm以下）	直流正接	焊道清洁，平焊时熔池易控制
低合金钢	直流正接	同低碳钢
不锈钢	直流正接	焊接较薄母材，熔透易控制
钛（薄壁管）	直流正接或交流	焊道洁净，熔化率适宜
镍铜合金	直流正接或交流	施焊易控制
硅铜合金	直流正接	电弧长度适宜，易控制

五、手工钨极氩弧焊的基本操作技术

（一）操作注意事项

为了保证手工钨极氩弧焊的质量，焊接过程中始终要注意以下几个问题：

1）保持正确的持枪姿势，随时调整焊枪角度及喷嘴高度，既有可靠的保护效果，又利于观察熔池。

2）注意焊后钨极形状和颜色的变化，焊接过程中如果钨极没有变形，焊后钨极端为银白色，则说明保护效果好；如果焊后钨极发蓝，说明保护效果较差；如果钨极端部发黑或有瘤状物，说明钨极已被污染，多半是焊接过程中发生了短路，或沾了很多飞溅，使头部变成了合金，必须将这段钨极磨掉，否则容易夹钨。

3）送丝要匀，不能在保护区搅动，防止卷入空气。

（二）基本操作技术

1. 引弧

手工钨极氩弧焊引弧有两种方法：一是在引弧板上短路接触引弧，在正式焊缝旁放置一块引弧板，钨极和引弧板短路接触（与焊条电弧焊一样），提起钨极就能引燃电弧；二是不接触高频引弧，钨极与焊件之间保持一定的距离，为2～4mm，接通焊枪开关，高频高压电加到钨极与焊件之间的气体间隙，气隙被击穿引燃电弧。

短路接触引弧，设备简单，操作习惯。但钨极与焊件短路时，钨极端头可能被熔化，引弧处容易造成夹钨缺陷；高频不接触引弧，钨极端头损耗小，不会产生夹钨缺陷，引弧质量高，但要求焊机有高频高压引弧装置。

近年来，钨极氩弧焊设备大多配备了高频高压引弧装置，并做到引弧电流逐渐增大，对钨极进行不急速预热，避免了引弧时钨极烧损严重现象的发生。焊工可以在小电弧的光照下快速找到正确的始焊位置。引弧后焊枪应停在始焊位置不动，对接缝进行预热，待电弧熔化母材形成明亮清净的熔池，方可填加焊丝，然后进行正常焊接。

2. 焊枪的位置和运动

手工钨极氩弧焊操作时，焊工右手握焊枪的姿态如图5-21所示；向右焊焊枪和焊件的相对位置如图5-22所示。焊枪向右倾斜10°～20°，主要是为了观察电弧方便，填丝方便，钨极伸出喷嘴的长度为4～8mm，电弧长度略大于钨极直径。

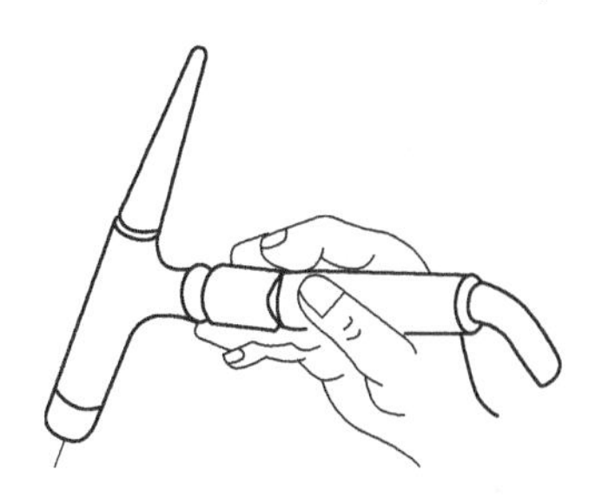

图5-21　右手握住焊枪的姿态
（为表达清晰未画手套）

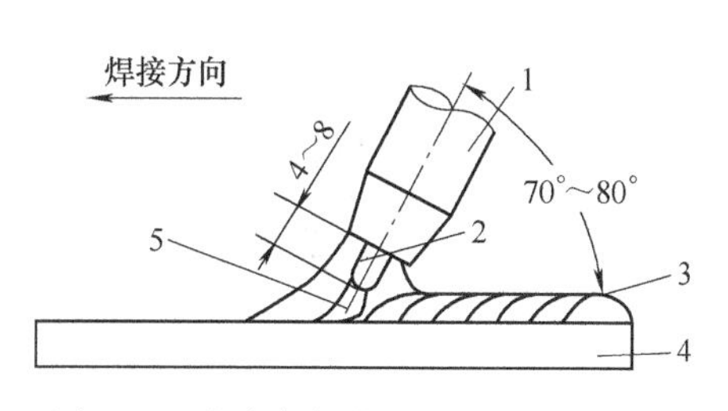

图5-22　向右焊焊枪和焊件的相对位置
1—喷嘴　2—钨极　3—焊缝　4—焊件　5—电弧

焊枪运动尽可能做直线运动，速度要均匀。通常不做往复直线运动，可做小幅度横向摆动（锯齿形、圆弧形），摆动幅度要参照需要的焊缝宽度而定。

3. 填加焊丝

操作时焊丝在焊枪的另一侧和接缝线成10°～20°，这一角度不能过大，小角度送焊丝比较平稳。焊丝要周期性地向熔池送进和退出，焊丝送到熔池前区处被熔化，以滴状进入熔池（图5-23a）。不可把焊丝放在电弧空间中（图5-23b），这样容易发生焊丝和钨极相碰。

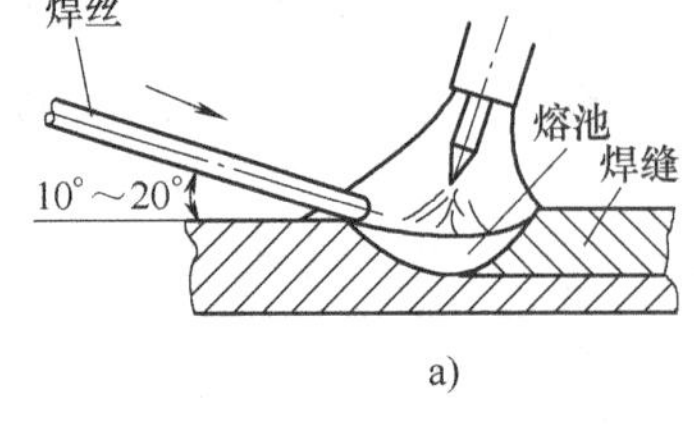

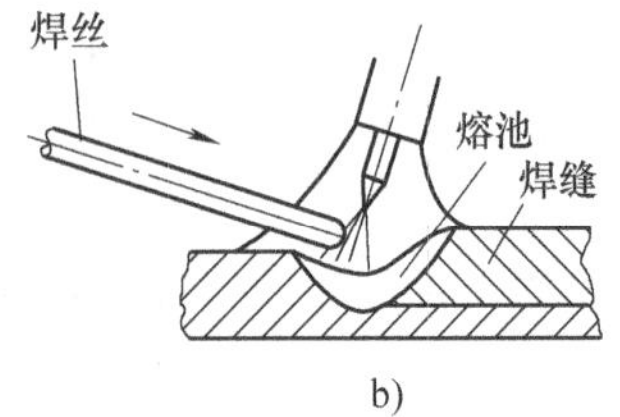

图5-23　填丝的位置

a）正确　b）不正确

（1）填加焊丝的方法

1）手指推进填丝。用左手中指、无名指、小指夹住焊丝，控制送丝方向，用拇指、食指捏住焊丝，向熔池推进送丝，松开拇指和食指退回，再捏住焊丝推进送丝，这样可不断地向熔池送进焊丝，如图5-24所示。这种填丝方法可将整根长焊丝送到熔池，用到焊丝残留部分约80mm。此法用于大电流、焊丝填加量大的场合。

2）手腕进给填丝。用左手拇指、食指、中指捏住焊丝，靠手腕和小臂向熔池送进，焊丝端头被熔化成熔滴落入熔池，然后将焊丝退出熔池，但不退出气体保护区，焊丝断续送进退出，电弧熔化焊丝和熔池并前行。这种填丝方法操作简单容易，适用于小电流、慢焊速的场合，一次给送焊丝长度有限，三指接近熔池时要停顿，不能连续操作，但焊丝残留部分可以短些。

3）紧贴坡口填丝。管子焊接时，将焊丝弯成环形，紧贴在管子坡口间隙，焊枪电弧在焊丝上，熔化焊丝又熔化坡口形成熔池。焊丝直径应大于坡口间隙，焊接时焊丝不妨碍焊工的视线，焊工可以单手操作，通常用于操作困难的场合。

4）管内填丝。水平固定管全位置对接焊时，在仰位置焊缝根部因熔池受重力作用而下垂，仰焊缝的背面不但没有余高，反而低于管子内表面，形成内凹缺陷。为解决此问题，可把坡口间隙放大（大于焊丝直径1mm左右），焊丝从坡口间隙伸入管内，到达仰焊缝根部处，电弧在管外坡口加热，焊丝在管内被熔化使焊缝背面有余高。管内填丝仅适用于仰、立焊位置打底层焊，如图5-25所示。

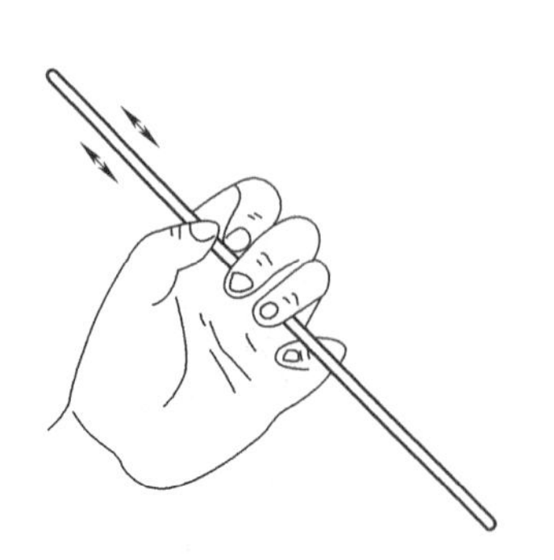

图5-24　手指推进填丝（为表达清晰未画手套）

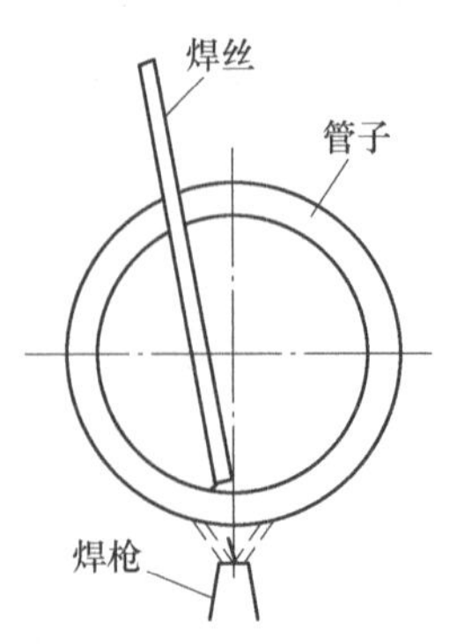

图5-25　管内填丝

（2）填丝注意事项

1）必须待坡口两侧母材熔化后方可填丝，否则会造成未焊透和未熔合缺陷。

2）焊丝端部要始终处在氩气保护区内，在焊丝退回时，不可超越氩气保护区。

3）填丝时要特别注意焊丝不能和钨极相碰，如不慎相碰，将发生很大的烟雾和爆溅，使焊缝污染或夹钨。

4）要视熔池状态送进焊丝，填丝要均匀，快慢适当。过快会使焊缝余高过高；过慢会使焊缝下凹或咬边，甚至会烧穿。

4. 收弧

焊缝结束时，如果立即熄灭电弧，会产生弧坑未填满或缩孔缺陷，焊一些合金钢时，弧坑还会出现裂纹。收弧时要填满弧坑。收弧方法有以下几种。

（1）增加焊丝填充量法　焊至接近焊缝终端处，减小焊枪和焊缝的夹角，使电弧热量转向焊丝，同时增加焊丝填充量，熔池温度下降，弧坑被逐渐填满，然后切断焊接电源，延时断氩气。

（2）增加焊速法　收弧时将焊速逐渐提高，于是熔池尺寸逐渐减小，熔深逐渐减小，最后熄弧断气，避免了过深的弧坑。

（3）电流衰减法　接通焊接电流衰减装置，焊接电流衰减，电弧热量减小，熔池缩小，以至母材熔化少，最后熄弧断气。此方法要求焊机有电流衰减装置。

（4）收弧板法　在接缝终端处设置一收弧板，将弧坑引向收弧板，焊后把收弧板清除，并修平收弧板连接处。

应该强调一点，熄弧后不能立刻断氩气，必须在熄弧后氩气保持6～8s，待熔池金属冷凝后才可停止供气。

5. 钨极氩弧焊的焊缝接头

焊缝的接头有四种形式：①头接尾，后焊焊缝的端头连接前焊焊缝的弧坑（图5-26a）；②尾接尾，后焊焊缝的弧坑连接前焊焊缝的弧坑（图5-26b）；③尾接头，后焊焊缝的弧坑连接前焊焊缝的端头（图5-26c）；④头接头，后焊焊缝的端头连接前焊焊缝的端头（图5-26d）。

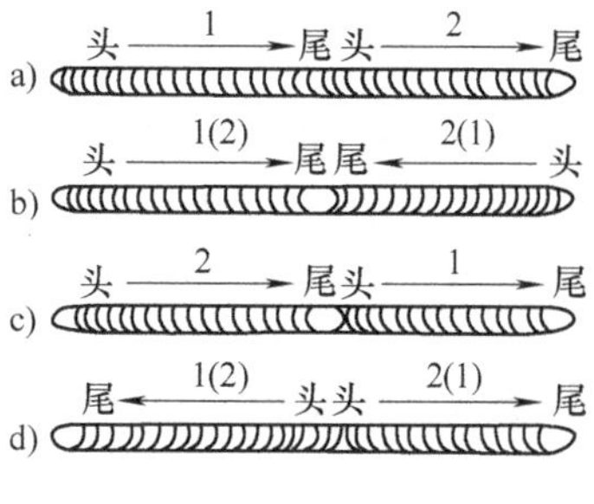

焊缝接头是两段焊缝的交接，接头处的熔池状态不能平稳地延伸，而是要突变的，所以焊缝接头易产生焊缝超高或低凹、未焊透、夹渣、气孔等缺陷。为提高焊接质量，应尽可能减少焊缝接头。

由于钨极氩弧焊可以不加焊丝焊接，四种焊缝接头形式可以分为两类：引弧处接头和收弧处接头。

a）头 —1→ 尾头 —2→ 尾
b）头 —1(2)→ 尾尾 ←2(1)— 头
c）头 —2→ 尾头 —1→ 尾
d）尾 ←1(2)— 头头 —2(1)→ 尾

图5-26　焊缝接头的形式
a）头接尾　b）尾接尾
c）尾接头　d）头接头

（1）引弧处接头　焊前先检查前焊缝的端头或弧坑的质量，若质量不合格应用砂轮打磨去掉缺陷，并把过高的端头磨成坡形。在前焊缝上引弧，引弧点离弧坑（或端头）10～15mm（图5-27a），引弧后电弧不动不加焊丝，待形成与前焊缝同宽度的熔池后，电弧前行并形成新的熔池，于是先少加焊丝，后转成正常焊接。

（2）收弧处接头　按正常焊接遇到前焊缝的端头（或弧坑）时，电弧减慢前行，少加焊丝，待电弧重新熔化前焊缝形成的熔池宽度达到前焊缝两侧，电弧继续前行，从逐渐少加转为不加焊丝，再焊过 10～15mm 进行收弧（图 5-27b），收弧后延时停气。

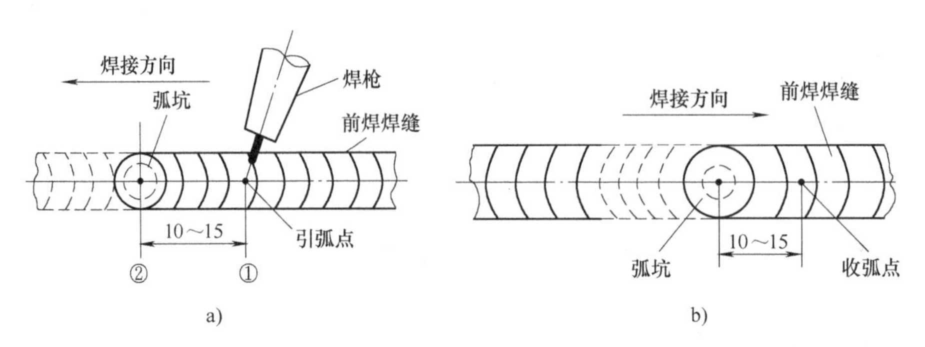

图 5-27　引弧处和收弧处的接头

a）引弧处的接头　b）收弧处的接头

6. 定位焊

为了防止焊接时工件受热膨胀引起变形，必须保证定位焊缝的距离，可按表 5-12 选择。

表 5-12　定位焊缝的间距

板厚/mm	0.5～0.8	1～2	>2
定位焊缝间距/mm	≈20	50～100	≈200

定位焊缝将来是焊缝的一部分，必须焊牢，不允许有缺陷，如果该焊缝要求单面焊双面成形，则定位焊缝必须焊透。

必须按正式的焊接工艺要求焊定位焊缝，如果正式焊缝要求预热、缓冷，则定位焊前也要预热，焊后要缓冷。

定位焊缝不能太高，以免焊接到定位焊缝处接头困难，如果碰到这种情况，最好将定位焊缝磨低些，两端磨成斜坡，以便焊接时好接头。

如果定位焊缝上发现裂纹、气孔等缺陷，应将该段定位焊缝打磨掉重焊，不允许用重熔的办法修补。

【手工钨极氩弧焊技能训练】

生产中手工氩弧焊用于焊接有色金属、不锈钢、碳钢及低合金钢的重要构件部分。手工钨极氩弧焊焊接有色金属的难度较大，学习手工钨极氩弧焊通常从焊接碳钢及低合金钢开始，从易到难。本部分技能训练主要介绍和练习低碳钢典型位置对接的手工氩弧焊操作技术。

技能训练一　碳钢 V 形坡口平焊

[训练目标]

能够正确选择手工钨极氩弧焊焊接参数，打磨钨极，进行平板对接 V 形坡口平焊位置的单面焊双面成形的焊接。

1. 工作准备

（1）材料准备　材质为Q235的钢板2块，尺寸为300mm×100mm×6mm，坡口形式为V形坡口，坡口角度为$60^{\circ}{}^{+5^{\circ}}_{0}$（图5-28）；焊丝选用直径为$\phi$2.5mm的ER49-1（H08Mn2SiA）焊丝；氩气一瓶，纯度为99.99%；钨极选用铈钨极，直径为ϕ2.5mm，将其尖角磨成图5-29所示的形状。

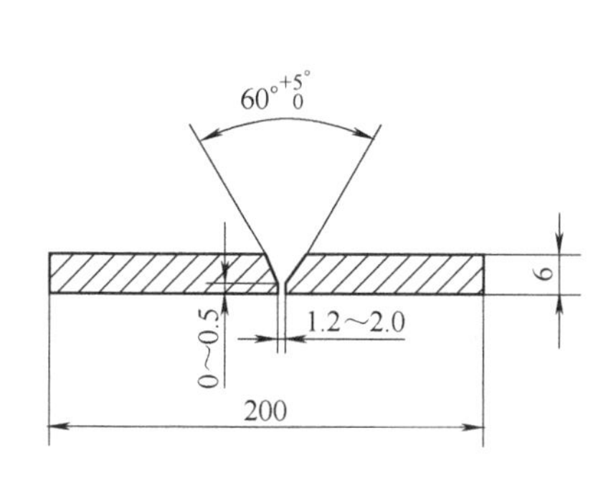

图5-28　试件及坡口尺寸

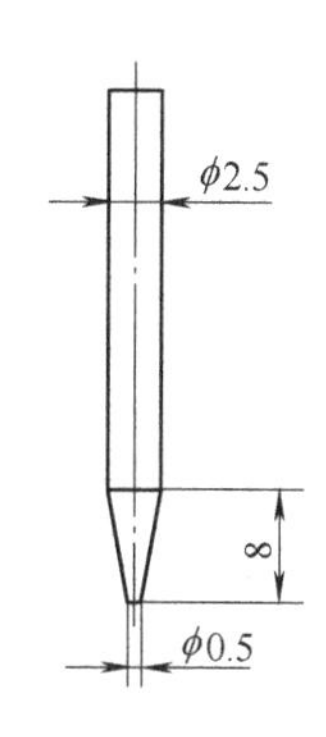

图5-29　钨极尺寸

（2）焊接设备　WSE-400焊机，采用直流正接。

（3）工具准备　工作服、焊工手套、护脚、面罩、钢丝刷、锉刀、角向磨光机、焊接检验尺等。

2. 技术要求

1）焊接位置为平焊位置，单面焊双面成形。

2）焊件一经施焊，不得任意更换和改变焊接位置。

3）定位焊时允许做反变形。

4）不允许破坏焊缝原始表面。

5）时限：40min。时限是指由引弧开始至最后焊完熄弧的时间，包括过程清理及最终清理的时间，不包括施焊前清理、装焊的时间。

3. 操作步骤

（1）焊前清理　将坡口和靠近坡口上下两侧20mm内钢板上的油、锈、水分及其他污物打磨干净，直至露出金属光泽，然后用丙酮进行清洗。

（2）修锉钝边　钝边为0~0.5mm。

（3）装配定位

1）装配间隙。装配间隙为1.2~2.0mm，始焊端1.2mm，终焊端2.0mm。

2）定位焊。定位焊采用手工钨极氩弧焊，按表5-14中打底焊的焊接参数在试件正面坡口内两端进行定位焊，焊点长度为10~15mm，将焊点接头端预先打磨成斜坡。

3）错边量。小于或等于0.6mm。

4）反变形。约3°。

（4）焊接参数　焊接参数见表5-13。

表 5-13 焊接参数

焊接层次	焊接电流/A	电弧电压/V	氩气流量/(L/min)	钨极直径/mm	焊丝直径/mm	钨极伸出长度/mm	喷嘴直径/mm	喷嘴至焊件距离/mm
打底焊	80 ~ 100	10 ~ 14	8 ~ 10	2.5	2.5	4 ~ 6	8 ~ 10	≤12
填充焊	90 ~ 100							
盖面焊	100 ~ 110							

（5）操作要点　平对接焊时，焊枪和焊丝的位置如图 5-30 所示。焊枪向右倾斜 10° ~ 20°，即焊枪和焊缝成 70° ~ 80°，焊丝在另一侧，焊丝和接缝线成 10° ~ 20°。焊枪和焊丝均在通过接缝且垂直钢板的平面内。

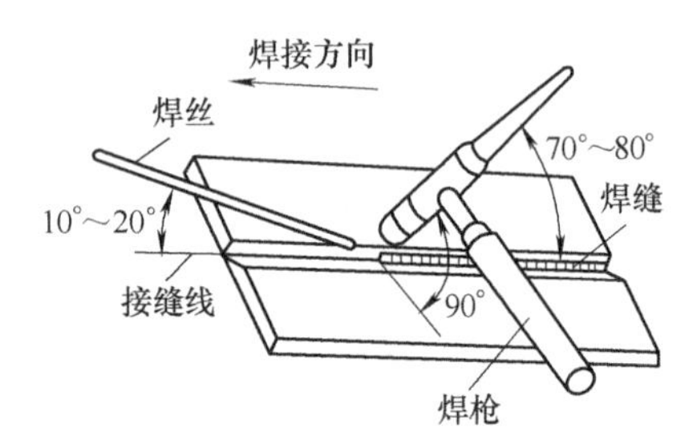

图 5-30　平板对接焊的焊枪和焊丝位置

1）打底焊。打底焊的要求是坡口根部焊透和焊缝背面成形良好，既要防止烧穿又要避免未焊透。由于打底层的坡口下面是悬空的，易形成烧穿，所以打底焊的电流是偏小的。打底层的引弧点应在接缝坡口内，不可在坡口外的钢板表面上引弧，因为电弧会损伤钢板表面。引弧点距接缝始端 10 ~ 15mm 处，引弧后焊枪不动，待钨极红热后，移动到接缝的始端，对坡口进行预热，电弧加热熔化钢板形成熔池，当出现熔孔后，开始填加焊丝，熔池增厚。焊枪做直线运动，或小幅横向摆动，向左匀速运动。打底焊时要仔细观察熔池状态，熔池前端应出现熔孔（图 5-31），这样才能保证根部焊透，如无熔孔则很难保证根部焊透。若发现熔池增大，熔宽变宽，并出现下凹趋势，这说明熔池温度偏高，这时应增大焊枪向右的倾角，增大焊速，增多焊丝填加量。若发现熔池变小，这说明熔池温度偏低，应减小焊枪向右的倾角，减慢焊速，减少焊丝填加量。若熔池宽度正常，而焊缝余高偏大，这说明焊丝填加量偏多，宜减小。还应注意焊枪的横向位置和横向摆动幅度是否对称于坡口中心线，要避免焊缝单边熔化现象。焊后检查焊缝如发现有裂纹、气孔、夹渣及未熔合缺陷，要用砂轮打掉缺陷，重新补焊。

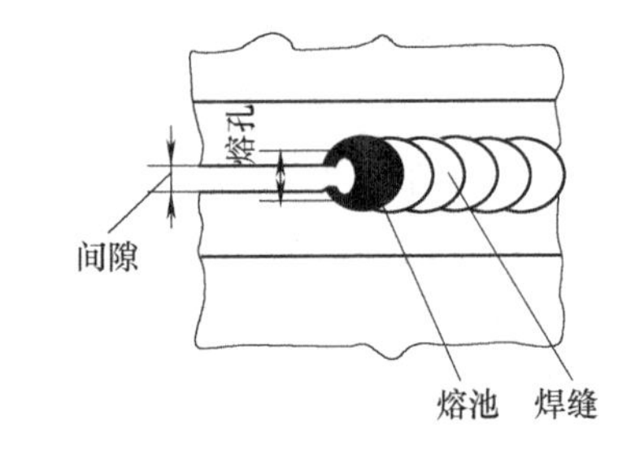

图 5-31　打底层的间隙、熔池和熔孔

当更换焊丝或暂停焊接时，需要接头。这时松开焊枪上的按钮开关（使用接触引弧焊枪时，立即将电弧移至坡口边缘上快速灭弧），停止送丝，借焊机电流衰减熄弧，但焊枪仍需对准熔池进行保护，待其完全冷却后方能移开焊枪。若焊机无电流衰减功能，应在松开按钮开关后稍抬高焊枪，待电弧熄灭、熔池完全冷却后移开焊枪。进行接头前，应先检查接头熄弧处弧坑质量。如果无氧化物等缺陷，则可直接进行接头焊接，如有缺陷，则必须将缺陷修磨掉，并将其前端打磨成斜面，然后在弧坑右侧 15 ~ 20mm 处引弧，缓慢向左移动，待弧坑处开始熔化形成熔池和熔孔后，继续填丝焊接。

当焊至试件末端时，应减小焊枪与试件之间的夹角，使热量集中在焊丝上，加大焊丝熔化量以填满弧坑。切断控制开关，焊接电流将逐渐减小，熔池也随着减小，将焊丝抽离电弧（但不离开氩气保护区）。停弧后，氩气延时约 10s 关闭，从而防止熔池金属在高温下氧化。

2）填充焊。填充焊的电流略增大，因为有打底层的衬托，填充层烧穿的可能性较小。填充层的焊枪和焊丝位置同打底层。焊接时焊枪一般做锯齿形横向摆动，摆动幅度比打底层焊缝宽度略大，并在坡口两侧稍作停留，使电弧熔化坡口两侧，但不要熔化坡口的上边缘。焊枪摆动要均匀，前行也要均匀，填充层焊后应有比较均匀的焊缝宽度和厚度，焊后焊缝厚度比钢板表面低1mm左右。

3）盖面焊。焊盖面层前，观察一下前填充层焊缝外形，如发现有裂纹、气孔、夹渣及未熔合缺陷，要用砂轮打掉缺陷，重新补焊。对焊缝有局部过凸或过凹的地方要整修，高凸的地方用砂轮打磨平，低凹的地方可焊一薄层，使填充层表面比较匀称。

盖面焊的要求是焊缝无裂纹、气孔、夹渣、咬边等缺陷，外形光洁整齐，熔宽和余高符合技术要求。平对接盖面层的焊接电流可比填充层的再大一些。焊枪摆动幅度加大，并在两侧稍作停留，使熔池两侧熔化到坡口边缘各0.5～1.5mm。操作过程要视熔池宽度和焊缝余高来调整焊接速度和焊丝填加量，焊后焊缝余高达0.5～2.5mm。

（6）焊后清理检查　焊接结束后，关闭焊机，用钢丝刷清理焊缝表面；用肉眼或低倍放大镜检查焊缝表面是否有气孔、裂纹、咬边等缺陷；用焊缝量尺测量焊缝外观成形尺寸。

4. 评分标准

碳钢V形坡口平焊评分标准见表5-14。

表5-14　碳钢V形坡口平焊评分标准

项　目	考核技术要求	配　分	评分标准	得　分
操作前的准备工作	电、气、水管路各接线管部位必须正确、牢靠、无破损	4	未达要求扣4分	
	氩弧焊系统水冷却和气冷却无堵塞、无泄漏	4	未达要求扣4分	
	氩气瓶阀应无漏气及失灵情形，氩气压力大于0.5MPa	4	未达要求扣4分	
	焊枪喷嘴应无破裂、缺口或阻碍气流的情况	4	未达要求扣4分	
	钨极直径为2.5mm，钨极端部磨成单头圆锥形，装夹牢固，钨极应处于喷嘴中心，伸出喷嘴的长度为4～6mm	4	一项不符合要求扣2分	
	焊丝直径为2.5mm，表面无油、锈等污物	4	未达要求扣4分	
	试件装配间隙为1.2～2.0mm；钝边为0～0.5mm；错边量不大于0.6mm；定位焊长度为10～15mm	6	一项不符合要求扣2分	
	坡口内及正、反两侧20mm范围内无油、锈、水等污物，并打磨至露出金属光泽；打底焊、填充焊、盖面焊，焊接电流分别为80～100A、90～100A、100～110A；气体流量为8～10L/min	10	一项不符合要求扣2分	

（续）

项　目	考核技术要求	配　分	评分标准	得　分
焊缝的外观质量	焊缝外形尺寸：焊缝余高为0～3mm，余高差小于或等于2mm，焊缝宽度比坡口每侧宽0.5～2.5mm，宽度差小于或等于3mm	16	焊缝尺寸有一项不符合考核要求扣4分，扣完16分为止	
	焊缝咬边深度小于或等于0.5mm，焊缝两侧咬边累计总长度不超过26mm	8	焊缝两侧咬边累计总长度每5mm扣2分，咬边深度大于0.5mm或累计总长度大于26mm，此项分扣完为止	
	背面凹坑深度小于或等于1.2mm，累计总长度不超过26mm	8	背面凹坑累计总长度每5mm扣2分；背面凹坑深大于1.2mm或累计总长度大于26mm，此项分扣完为止	
	试件焊后变形的角度小于或等于3°，错边量小于或等于0.6mm	8	焊后变形的角度大于3°扣4分，错边量大于0.6mm扣4分	
焊缝内部质量	焊件经X射线检测后，焊缝的质量达到GB/T 3323—2005标准中的Ⅲ级	20	Ⅰ级片得20分，Ⅱ级片得15分，Ⅲ级片得8分，Ⅳ级片为不合格	
焊缝的表面状态	焊缝的表面应是原始状态，不允许有加工或补焊、返修焊	—	若有加工或补焊、返修焊等，扣除该焊件焊缝的外观质量的全部配分	
	焊缝表面不得有裂纹、未熔合、未焊透、夹渣、气孔和焊瘤等缺陷	—	焊缝表面有裂纹、未熔合、未焊透、夹渣、气孔和焊瘤等缺陷均按不合格论	
安全文明生产	按国家颁布的安全生产法规中有关本工种的规定或企业自定的有关规定考核	—	根据现场记录，违反规定的从总分中扣1～10分	
时限	焊件必须在考核时限内完成	—	在考核时限内完成的不扣分，超出考核时限不大于5min的扣2分，超出5min但不超过10min的扣5分，超出10min的为不合格	
综合		100	合　　计	

5. 焊接时容易出现的缺陷及排除方法（表5-15）

表5-15　焊接时容易出现的缺陷及排除方法

缺陷名称	产生原因	排除方法
夹渣或气孔	1. 送丝动作掌握不好，使空气卷入 2. 送丝位置不准	1. 送丝时，焊丝端头不要撤出氩气保护区 2. 送丝位置从熔池前沿滴进，随后撤回
夹钨	焊接过程中钨极与熔池或钨极与焊丝相接触而短路产生污染物	1. 操作时应防止短路 2. 磨掉被钨极污染部分 3. 如检查发现焊件夹钨，则铲除夹钨处缺陷，重新焊接
未焊透	1. 操作技术不熟练 2. 观察熔池变化不仔细	1. 提高操作水平 2. 掌握熔池变化规律，焊透时熔池下沉，未焊透时熔池不会下沉

技能训练二　碳钢V形坡口横焊

[训练目标]

能够正确选择手工钨极氩弧焊焊接参数，打磨钨极，进行平板对接V形坡口横焊位置

的单面焊双面成形的焊接。

1. 工作准备

（1）材料准备　材质为Q235的钢板2块，尺寸为300mm×100mm×6mm，坡口形式为V形坡口，坡口角度为60°（上板开45°角，下板开15°角）；焊丝选用直径为ϕ2.5mm的ER49-1（H08Mn2SiA）焊丝；氩气一瓶，纯度为99.99%；钨极选用铈钨极，直径为ϕ2.5mm，将其尖角磨成图5-29所示的形状。

（2）焊接设备　WSE-400焊机，采用直流正接。

（3）工具准备　工作服、焊工手套、护脚、面罩、钢丝刷、锉刀、角向磨光机、焊接检验尺等。

2. 技术要求

1）焊接位置为横焊位置，单面焊双面成形。

2）焊件一经施焊，不得任意更换和改变焊接位置。

3）定位焊时允许做反变形。

4）不允许破坏焊缝原始表面。

5）时限：40min。时限是指由引弧开始至最后焊完熄弧的时间，包括过程清理及最终清理的时间，不包括施焊前清理、装焊的时间。

3. 操作步骤

（1）焊前清理　将坡口和靠近坡口上下两侧20mm内钢板上的油、锈、水分及其他污物打磨干净，直至露出金属光泽，然后用丙酮进行清洗。

（2）修锉钝边　钝边为0～0.5mm。

（3）装配定位

1）装配间隙。装配间隙为2.0～3.0mm，始焊端2.0mm，终焊端3.0mm。

2）定位焊。定位焊采用手工钨极氩弧焊，按表5-17中打底焊的焊接参数在试件正面坡口内两端进行定位焊，焊点长度为10～15mm，将焊点接头端预先打磨成斜坡。

3）错边量。小于或等于1.0mm。

4）反变形。6°～8°。

（4）焊接参数　横对接焊的电流略比平对接焊小，避免形成大的熔池，有利于焊缝成形。打底层横焊的电流宜小，可防止烧穿。填充层横焊电流可略大点、盖面层横焊电流同填充层。碳钢横对接手工钨极氩弧焊的焊接参数见表5-16。

表5-16　碳钢横对接手工钨极氩弧焊的焊接参数

焊接层次	焊接电流/A	电弧电压/V	氩气流量/（L/min）	钨极直径	焊丝直径	钨极伸出长度	喷嘴孔径	喷嘴至工件距离
				/mm				
打底焊	90～100	11～15	8～10	2.5	2.5	4～8	10	<12
填充焊	100～110							
盖面焊	100～110							

（5）操作要点　横对接焊时，焊枪向下倾斜10°，即焊枪和上板夹角为100°（90°+10°），焊枪和焊缝夹角为70°～80°，焊枪位置如图5-32所示。焊枪向下倾斜，使电弧吹力

略向上，可阻挡熔池金属向下流淌。

横对接焊时，焊丝和钢板平面的夹角为 30°～40°，焊丝和垂直于钢板的平面夹角为 15°～20°。图 5-33 所示为横对接焊的焊丝位置。横对接焊时，焊丝末端放在熔池的左上方，以减少液态金属流至熔池下方的量，改善焊缝成形。

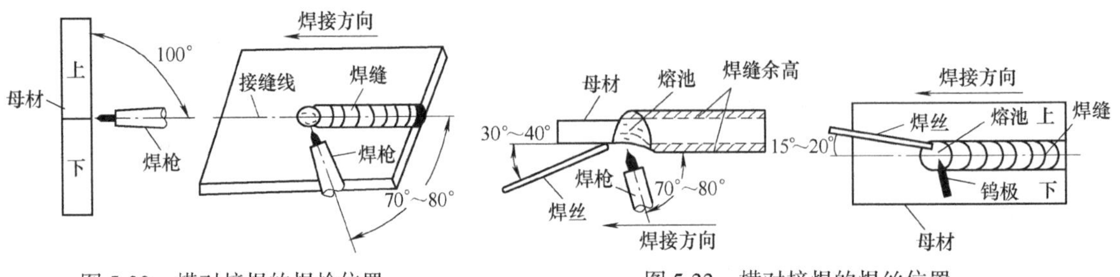

图 5-32　横对接焊的焊枪位置　　图 5-33　横对接焊的焊丝位置

1）横对接的打底焊。横对接的打底焊，主要是防止烧穿和焊缝下侧形成焊瘤。横对接打底层的焊接电流略比平焊的小。在接缝的右端引弧，先不加焊丝，焊枪在引弧处稍作停留。待形成熔池和熔孔后，再加焊丝向左焊。焊枪做直线匀速运动，也可做小幅度的横向摆动。焊丝加入点在熔池的上侧，加入量要适当，若加入量过多，会使焊缝下侧产生焊瘤。焊瘤的后面常伴随有未熔合缺陷，若发现这种缺陷，应予以清除。

2）横对接的填充焊。横对接的填充焊的电流可大些。焊枪和焊丝的位置同打底层。焊枪摆动幅稍大，如需要获得较宽的焊道，焊枪可做斜锯齿形或斜圆弧形摆动。摆动操作时，电弧在熔池上侧停留时间稍长，而电弧到达熔池下侧时，要以较快的速度回到上侧，填加焊丝在熔池上侧，熔池呈略有偏斜的椭圆形状，这样可减少熔池液态金属向下流垂现象，避免焊缝下侧形成焊瘤。

3）横对接的盖面焊。横对接盖面层若要获得较宽的焊道，焊枪摆动幅度要更大点，焊枪可做斜锯齿形或斜圆弧形运动，焊丝加在斜椭圆形熔池上侧，电弧在熔池上侧时，借电弧向上吹力把熔池液态金属推向熔池上侧边缘，避免咬边缺陷。电弧行到熔池下侧时，用较快的速度回到熔池上侧，这样可以避免焊瘤缺陷。

板厚超过 6mm 的 V 形坡口横对接焊，可采用两道或多道焊来完成盖面层。多道盖面层的焊接顺序是先下后上，即先焊坡口最下面焊道，顺次向上焊坡口上面焊道。两道盖面层焊时，先焊下面一道，焊枪位置要调整，使电弧偏向填充层的下侧（图 5-34a），做适当幅度的摆动，使熔池下沿熔化坡口下钢板表面达 0.5～1.5mm，熔池的上沿熔化达填充层宽度的 2/3 处。焊上面焊道时，焊枪调整向上（图 5-34b），电弧以填充层焊道的上沿做略斜的上下摆动，使熔池的上沿熔化坡口上钢板表面达 0.5～1.5mm，熔池下沿达盖面层宽度 1/2 处，使上下两焊道平滑过渡（图 5-34c），整个盖面层焊缝表面平整。焊盖面层最上面的焊道时，宜适当减小焊接电流，可减少产生咬边的倾向。

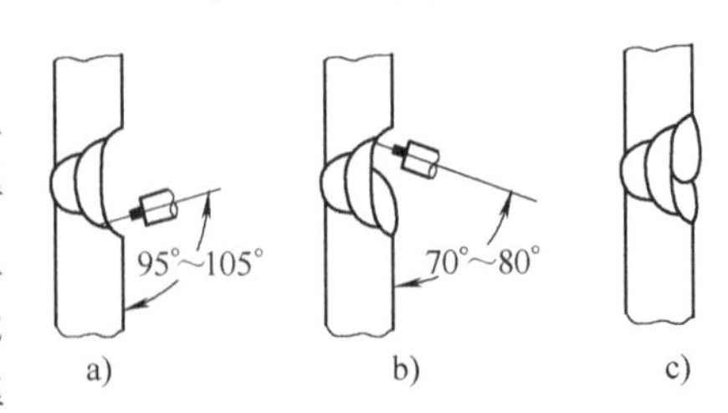

图 5-34　横对接盖面层的焊枪位置及焊接顺序

4. 评分标准

碳钢 V 形坡口横焊评分标准见表 5-17。

表 5-17　碳钢 V 形坡口横焊评分标准

项　目	考核技术要求	配　分	评 分 标 准	得　分
操作前的准备工作	电、气、水管路各接线管部位必须正确、牢靠、无破损	4	未达要求扣 4 分	
	氩弧焊系统水冷却和气冷却无堵塞、无泄漏	4	未达要求扣 4 分	
	氩气瓶阀应无漏气及失灵情形，氩气压力大于 0.5MPa	4	未达要求扣 4 分	
	焊枪喷嘴应无破裂、缺口或阻碍气流的情况	4	未达要求扣 4 分	
	钨极直径为 2.5mm，钨极端部磨成单头圆锥形，装夹牢固，钨极应处于喷嘴中心，伸出喷嘴的长度为 4～8mm	4	一项不符合要求扣 2 分	
	焊丝直径为 2.5mm，表面无油、锈等污物	4	未达要求扣 4 分	
	试件装配间隙为 2.0～3.0mm；钝边为 0～0.5mm；错边量不大于 1.0mm；定位焊长度为 10～15mm	6	一项不符合要求扣 2 分	
	坡口内及正、反两侧 20mm 范围内无油、锈、水等污物，并打磨至露出金属光泽；打底焊、填充焊、盖面焊，焊接电流分别为 90～100A、100～110A、100～110A；气体流量为 8～10L/min	10	一项不符合要求扣 2 分	
焊缝的外观质量	焊缝外形尺寸：焊缝余高为 0～3mm；余高差小于或等于 2mm；焊缝宽度比坡口每侧宽 0.5～2.5mm；宽度差小于或等于 3mm	16	焊缝尺寸有一项不符合考核要求扣 4 分，扣完 16 分为止	
	焊缝咬边深度小于或等于 0.5mm，焊缝两侧咬边累计总长度不超过 26mm	8	焊缝两侧咬边累计总长度每 5mm 扣 2 分，咬边深度大于 0.5mm 或累计总长度大于 26mm，此项分扣完为止	
	背面凹坑深度小于或等于 1.2mm，累计总长度不超过 26mm	8	背面凹坑累计总长度每 5mm 扣 2 分；背面凹坑深大于 1.2mm 或累计总长度大于 26mm，此项分扣完为止	
	试件焊后变形的角度小于或等于 3°，错边量小于或等于 1.0mm	8	焊后变形的角度大于 3°扣 4 分，错边量大于 1.0mm 扣 4 分	
焊缝内部质量	焊件经 X 射线检测后，焊缝的质量达到 GB/T 3323—2005 标准中的Ⅲ级	20	Ⅰ级片得 20 分，Ⅱ级片得 15 分，Ⅲ级片得 8 分，Ⅳ级片为不合格	
焊缝的表面状态	焊缝的表面应是原始状态，不允许有加工或补焊、返修焊	—	若有加工或补焊、返修焊等，扣除该焊件焊缝的外观质量的全部配分	
	焊缝表面不得有裂纹、未熔合、未焊透、夹渣、气孔和焊瘤等缺陷	—	焊缝表面有裂纹、未熔合、未焊透、夹渣、气孔和焊瘤等缺陷均按不合格论	
安全文明生产	按国家颁布的安全生产法规中有关本工种的规定或企业自定的有关规定考核	—	根据现场记录，违反规定的从总分中扣 1～10 分	
时限	焊件必须在考核时限内完成	—	在考核时限内完成的不扣分，超出考核时限不大于 5min 的扣 2 分，超出 5min 但不超过 10min 的扣 5 分，超出 10min 的为不合格	
综合		100	合　计	

5. 焊接时容易出现的缺陷及排除方法（表5-18）

表5-18　焊接时容易出现的缺陷及排除方法

缺陷名称	产生原因	排除方法
焊瘤	1. 熔化金属受重力作用下淌 2. 熔池温度过高	1. 铲除焊瘤 2. 随时观察熔池变化，调整焊枪角度使熔池不过热
咬边	1. 焊接电流太大 2. 焊枪角度不正确	1. 调整焊接电流 2. 调整焊枪角度

技能训练三　碳钢V形坡口立焊

[训练目标]

能够正确选择手工钨极氩弧焊焊接参数，打磨钨极，进行平板对接V形坡口立焊位置的单面焊双面成形的焊接。

1. 工作准备

（1）材料准备　材质为Q235的钢板2块，尺寸为300mm×100mm×6mm，坡口形式为V形坡口，坡角度为$60^{\circ}{}^{5^{\circ}}_{0}$（图5-28）；焊丝选用直径为$\phi$2.5mm的ER49-1（H08Mn2SiA）焊丝；氩气一瓶，纯度为99.99%；钨极选用铈钨极，直径为ϕ2.5mm，将其尖角磨成图5-29所示的形状。

（2）焊接设备　WSE-400焊机，采用直流正接。

（3）工具准备　工作服、焊工手套、护脚、面罩、钢丝刷、锉刀、角向磨光机、焊接检验尺等。

2. 技术要求

1）焊接位置为立焊位置，单面焊双面成形。

2）焊件一经施焊，不得任意更换和改变焊接位置。

3）定位焊时允许做反变形。

4）不允许破坏焊缝原始表面。

5）时限：40min。时限是指由引弧开始至最后焊完熄弧的时间，包括过程清理及最终清理的时间，不包括施焊前清理、装焊的时间。

3. 操作步骤

（1）焊前清理　将坡口和靠近坡口上下两侧20mm内钢板上的油、锈、水分及其他污物打磨干净，直至露出金属光泽，然后用丙酮进行清洗。

（2）修锉钝边　钝边为0~0.5mm。

（3）装配定位

1）装配间隙。装配间隙为1.2~2.0mm。

2）定位焊。定位焊采用手工钨极氩弧焊，按表5-20中打底焊的焊接参数在试件正面坡口内两端进行定位焊，焊点长度为10~15mm，将焊点接头端预先打磨成斜坡。

3）错边量。小于或等于0.6mm。

4）反变形。约3°。

（4）焊接参数　立对接焊选用的电流较小，可改善焊缝的成形。表5-19为碳钢立对接手工钨极氩弧焊的焊接参数。

表 5-19　碳钢立对接手工钨极氩弧焊的焊接参数

<table>
<tr><th rowspan="2">焊接层次</th><th rowspan="2">焊接电流
/A</th><th rowspan="2">电弧电压
/V</th><th rowspan="2">氩气流量
/（L/min）</th><th>钨极直径</th><th>焊丝直径</th><th>钨极伸出长度</th><th>喷嘴孔径</th><th>喷嘴至焊件距离</th></tr>
<tr><th colspan="5">/mm</th></tr>
<tr><td>打底焊</td><td>80～90</td><td rowspan="3">11～15</td><td rowspan="3">8～10</td><td rowspan="3">2.5</td><td rowspan="3">2.5</td><td rowspan="3">4～8</td><td rowspan="3">10</td><td rowspan="3"><12</td></tr>
<tr><td>填充焊</td><td>90～100</td></tr>
<tr><td>盖面焊</td><td>90～100</td></tr>
</table>

（5）操作要点　手工钨极氩弧焊采用由下向上焊，焊枪和焊丝的位置如图 5-35 所示，焊枪向下倾斜 10°～20°，即和焊缝夹角为 70°～80°，借电弧向上吹力对熔池液态金属有所托挡。焊丝和接缝线成 20°～30°。焊丝端头在熔池上端部加入缓慢向下流，形成良好的焊缝形状。若焊丝在熔池下半区域加入，则熔池金属会流到正常焊缝外形区域之外，形成焊瘤。

1）立对接的打底焊。立对接打底层焊接时，在接缝最低处引弧，先不加焊丝，待钢板熔化形成熔池和熔孔后，开始填加焊丝。焊枪做上凸圆弧形摆动，电弧长度控制在 2～4mm，并在坡口两侧稍作停留，使两侧熔合良好。焊丝应放在熔池上端部，有节奏地填入熔池（图 5-36）。焊枪上移速度要适宜，要控制好熔池的形状，焊道中间不能外凸，若打底层焊道中间凸出过高，将引起填充层两侧未熔合缺陷。

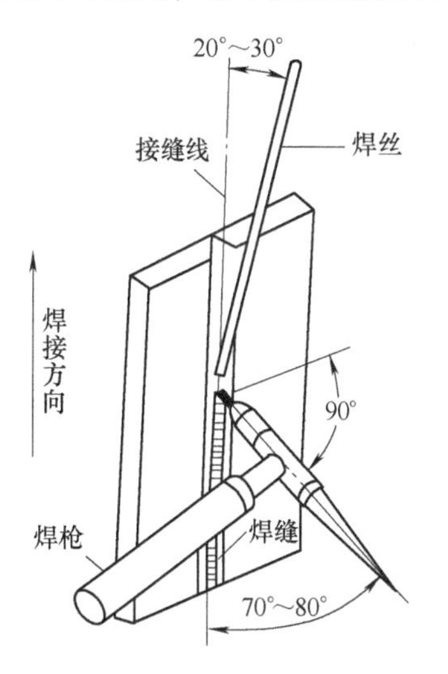

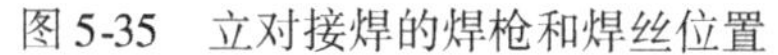

图 5-35　立对接焊的焊枪和焊丝位置

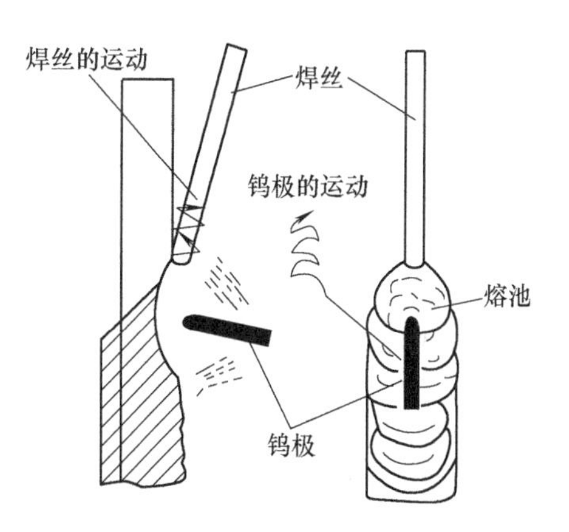

图 5-36　立焊时焊枪和焊丝的运动

2）立对接的填充焊。打底层焊后应检查焊缝外表，若发现焊缝有缺陷（咬边除外）或局部凸起，应该用砂轮打磨清除。

填充层的焊枪和焊丝位置同打底层。填充层的焊接电流应大于打底层。焊枪宜做圆弧摆动，幅度也增大，焊枪摆动到两侧稍作停留，使焊缝两侧熔合良好。焊接时可借焊枪倾角变化和焊丝填加量来调整熔池的温度。焊枪向下倾角增大，电弧对熔池加热量减少；增加焊丝填加入熔池的量，可降低熔池温度。控制焊枪的上移和摆动，以及焊丝填加的配合，使熔池形状近似椭圆形，椭圆形的长轴主要由焊枪摆动幅度而定。

3）立对接的盖面焊。焊盖面层前，先对填充层焊缝外形进行填平磨齐（对焊缝低凹处补焊一薄层，高凸处用砂轮磨平齐）。焊接时焊枪摆动幅度可增大，在坡口两侧略作停留，并熔化坡口边缘0.5～2mm，要使熔池宽度力求均匀，焊丝填加量视焊缝需要的余高（2～3mm）而定。

立焊焊缝的形成可以看成一片熔池冷凝，接着一片液态熔池叠上，焊缝是一片一片叠成的，所以焊缝成形粗糙。立对接的盖面层焊接可以获得又宽又厚的焊道，这时立焊的焊接线能量是比较大的，是横焊不能相比的。

4. 评分标准

碳钢V形坡口立焊评分标准见表5-20。

表5-20 碳钢V形坡口立焊评分标准

项目	考核技术要求	配分	评分标准	得分
操作前的准备工作	电、气、水管路各接线管部位必须正确、牢靠、无破损	4	未达要求扣4分	
	氩弧焊系统水冷却和气冷却无堵塞、无泄漏	4	未达要求扣4分	
	氩气瓶阀应无漏气及失灵情形，氩气压力大于0.5MPa	4	未达要求扣4分	
	焊枪喷嘴应无破裂、缺口或阻碍气流的情况	4	未达要求扣4分	
	钨极直径为2.5mm，钨极端部磨成单头圆锥形，装夹牢固，钨极应处于喷嘴中心，伸出喷嘴的长度为4～8mm	4	一项不符合要求扣2分	
	焊丝直径为2.5mm，表面无油、锈等污物	4	未达要求扣4分	
	试件装配间隙为1.2～2.0mm；钝边为0～0.5mm；错边量不大于0.6mm；定位焊长度为10～15mm	6	一项不符合要求扣2分	
	坡口内及正、反两侧20mm范围内无油、锈、水等污物，并打磨至露出金属光泽；打底焊、填充焊、盖面焊，焊接电流分别为90～100A、100～110A、100～110A；气体流量为8～10L/min	10	一项不符合要求扣2分	
焊缝的外观质量	焊缝外形尺寸：焊缝余高为0～3mm；余高差小于或等于2mm；焊缝宽度比坡口每侧宽0.5～2.5mm；宽度差小于或等于3mm	16	焊缝尺寸有一项不符合考核要求扣4分，扣完16分为止	
	焊缝咬边深度小于或等于0.5mm，焊缝两侧咬边累计总长度不超过26mm	8	焊缝两侧咬边累计总长度每5mm扣2分，咬边深度大于0.5mm或累计总长度大于26mm，此项分扣完为止	
	背面凹坑深度小于或等于1.2mm，累计总长度不超过26mm	8	背面凹坑累计总长度每5mm扣2分；背面凹坑深大于1.2mm或累计总长度大于26mm，此项分扣完为止	
	试件焊后变形的角度小于或等于3°，错边量小于或等于0.6mm	8	焊后变形的角度大于3°扣4分，错边量大于0.6mm扣4分	

（续）

项　目	考核技术要求	配　分	评 分 标 准	得　分
焊缝内部质量	焊件经X射线检测后，焊缝的质量达到GB/T 3323—2005标准中的Ⅲ级	20	Ⅰ级片得20分，Ⅱ级片得15分，Ⅲ级片得8分，Ⅳ级片为不合格	
焊缝的表面状态	焊缝的表面应是原始状态，不允许有加工或补焊、返修焊	—	若有加工或补焊、返修焊等，扣除该焊件焊缝的外观质量的全部配分	
	焊缝表面不得有裂纹、未熔合、未焊透、夹渣、气孔和焊瘤等缺陷	—	焊缝表面有裂纹、未熔合、未焊透、夹渣、气孔和焊瘤等缺陷均按不合格论	
安全文明生产	按国家颁布的安全生产法规中有关本工种的规定或企业自定的有关规定考核	—	根据现场记录，违反规定的从总分中扣1~10分	
时限	焊件必须在考核时限内完成	—	在考核时限内完成的不扣分，超出考核时限不大于5min的扣2分，超出5min但不超过10min的扣5分，超出10min的为不合格	
综合		100	合　　计	

5. 焊接时容易出现的缺陷及排除方法（表5-21）

表5-21　焊接时容易出现的缺陷及排除方法

缺 陷 名 称	产 生 原 因	排 除 方 法
焊瘤	同表5-18	同表5-18
咬边	同表5-18	同表5-18

技能训练四　插入式管板垂直固定横角焊

［训练目标］

能够正确选择手工钨极氩弧焊焊接参数，掌握手工钨极氩弧焊横角焊缝的焊接。

1. 工作准备

（1）材料准备　材质为Q235的钢管1节，尺寸为ϕ60mm×5mm×100mm；材质为Q235的钢板1块，尺寸为100mm×100mm×12mm（板正中间开有ϕ62mm的孔）；焊丝选用直径为ϕ2.5mm的ER49-1（H08Mn2SiA）焊丝；氩气一瓶，纯度为99.99%；钨极选用铈钨极，直径为2.5mm。

（2）焊接设备　WSE-400焊机，采用直流正接。

（3）工具准备　工作服、焊工手套、护脚、面罩、钢丝刷、锉刀、角向磨光机、焊接检验尺等。

2. 技术要求

1）焊接位置为垂直固定，手工氩弧焊，单面施焊成形，根部焊透。

2）焊件形式为插入式。

3）不允许破坏焊缝原始表面。

4）时限：40min。时限是指由引弧开始至最后焊完熄弧的时间，包括过程清理及最终清理的时间，不包括施焊前清理、装焊的时间。

3. 操作步骤

（1）焊前清理　将管子装配端20mm内、钢板内侧距开孔处20mm范围内的油、锈、水分及其他污物打磨干净，直至露出金属光泽，然后用丙酮进行清洗。

（2）装配定位

1）装配。装配时管子内径与板孔同心，且底部平齐，管板要垂直。

2）定位焊。定位焊采用手工钨极氩弧焊，按表5-22中的焊接参数点固两点，焊点长度为10～15mm，将焊点接头端预先打磨成斜坡。

（3）焊接参数　由于管子壁厚较薄，故焊接电流不宜大，钨极直径也不宜大。表5-22为插入式管板横角焊的焊接参数。

表5-22　插入式管板横角焊的焊接参数

钨极直径/mm	焊丝直径/mm	焊接电流/A	电弧电压/V	氩气流量/(L/min)	喷嘴孔径/mm	喷嘴至接缝线距离/mm
2.5	2.5	90～110	11～13	6～8	8	<12

（4）操作要点

1）插入式管板横角焊的焊枪和焊丝位置。插入式管板横角焊前先调整钨极伸出长度，约为8mm。焊枪和水平孔板成45°～60°角，并向反焊接方向倾斜15°左右，焊丝和水平板成15°左右角。焊接时焊丝处在熔池左上方。图5-37所示为插入式管板横角焊焊枪和焊丝的位置。

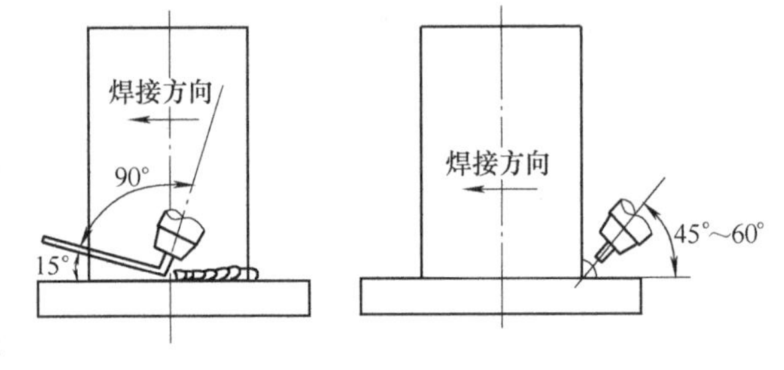

图5-37　插入式管板横角焊焊枪和焊丝的位置

2）插入式管板横角焊的操作技术。在管板接头的右侧接缝线上引弧，引弧后先不加焊丝，焊枪略为摆动，待熔化管板形成熔池后，开始填加焊丝，向左焊接。电弧以管板的顶角为中心进行横向摆动。可以使焊枪悬空摆动，也可以把喷嘴搁靠在管子和孔板上，钨极对准顶角，然后用手柄使喷嘴靠着管子和孔板进行横向摆动（图5-38），同时焊枪前行。摆动要适度，并使两边焊脚均匀。观察熔池两侧和前沿，当管子和孔板熔化的宽度基本相等时，焊脚就是对称的。由于管壁和孔板厚度相差较大，为了防止管壁咬边，电弧可稍离开管壁，使管壁吸收电弧热量少一些。焊丝从熔池的前上方加入，可减小焊脚不对称的倾向。焊枪是沿着管子的圆弧前行的，焊工要随管子的圆弧而转动手腕，不断调整焊枪和电弧对中的位置。

整个圆周分成3段或4段进行焊接，从引弧开始，焊1/3或1/4圆周后就停弧。停弧不必填满弧坑。停弧后，焊工移位1/3或1/4圆周，在弧坑右侧的焊缝上引弧，引弧后将电弧迅速移到前段焊缝弧坑处，先不加焊丝，待弧坑被熔化形成熔池，且熔池尺寸和焊缝尺寸接近时开始加焊丝，焊枪摆动向左行进，接着进行正常焊接，完成第二段焊缝。

焊最后一段（1/3或1/4圆周）焊缝，即焊封闭段，当焊到第一段焊缝的端头时，先停止加焊丝，待坡口根部被全部熔化，与熔池连成一体后加焊丝，填满弧坑后收弧。封闭段焊缝收尾接头处易产生根部未焊透缺陷，这是要重视的问题。为了确保根部焊透，焊封闭段前可将前一段的弧坑和第一段焊缝的端头打磨成斜坡形（图5-39），以利于焊封闭段。

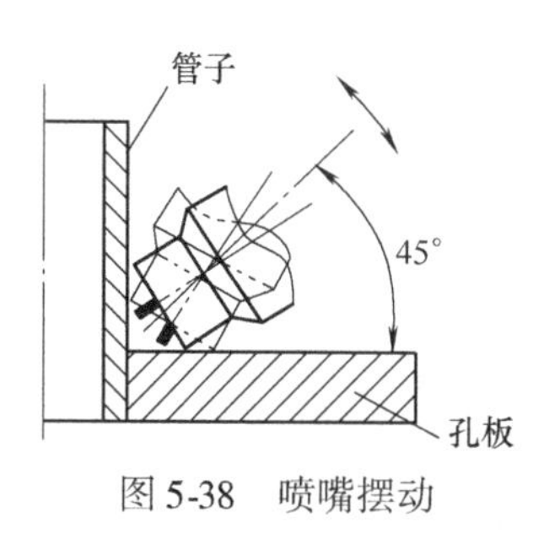

图 5-38　喷嘴摆动

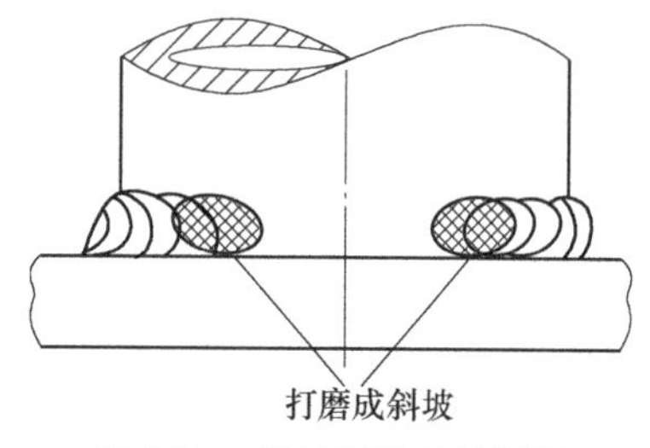

图 5-39　焊封闭段前的打磨

3）插入式管板接头的端缘焊缝的操作。这是指焊接插入式管子端缘和孔板连接的接头，通常有三种形式：端面接头、内角接头和填角焊接头。在此仅讨论三种接头焊接时焊枪的位置，以获得良好的焊缝外形。

① 焊端面接头。采用不加焊丝自熔焊，钨极垂直略偏向厚的孔板（图 5-40a），焊枪绕接缝线一周焊成，要使熔池近水平状态，接缝线两侧的熔化宽度接近相等，焊缝成形良好。本次操作训练主要练习此法。

② 焊内角接头。钨极向内倾斜和管子中心线夹角小于 45°（图 5-40b），钨极绕管子内壁一周焊成。加焊丝时焊丝活动空间太小，可以考虑采用环形焊丝紧贴坡口法加丝，将焊丝弯成环形，其外径为孔板的内径。环形焊丝紧贴坡口，并用定位焊将两点焊在坡口上，以防焊丝离开坡口。收弧时可另加些焊丝，填满弧坑。焊内角接头通常要求焊脚外形不得超过孔板的外平面。

③ 焊填角焊接头。钨极向管外倾斜，和管子中心线夹角小于 45°（图 5-40c），钨极绕管外壁一周加丝焊成。要使焊缝成形良好，且有足够的焊脚尺寸。

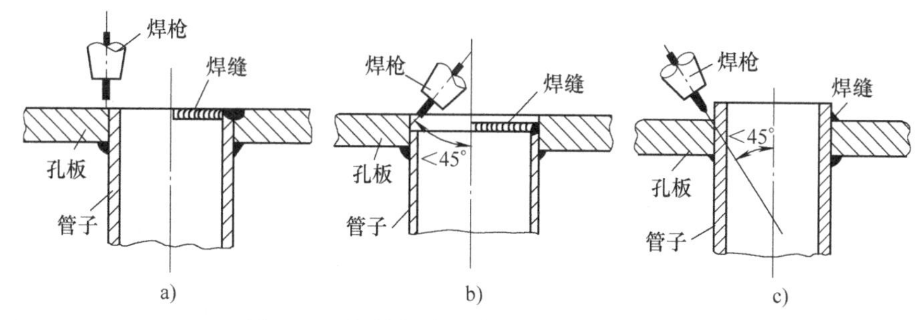

图 5-40　焊管板接头端缘焊缝的钨极位置

a）端面接头　b）内角接头　c）填角焊接头

4. 评分标准

插入式管板垂直固定横角焊评分标准见表 5-23。

表 5-23　插入式管板垂直固定横角焊评分标准

项　目	考核技术要求	配　分	评 分 标 准	得　分
操作前的准备工作	电、气、水管路各接线管部位必须正确、牢靠、无破损	4	未达要求扣 4 分	
	氩弧焊系统水冷却和气冷却无堵塞、无泄漏	4	未达要求扣 4 分	
	氩气瓶阀应无漏气及失灵情形，氩气压力大于 0.5MPa	4	未达要求扣 4 分	

（续）

项　目	考核技术要求	配　分	评 分 标 准	得　分
操作前的准备工作	焊枪喷嘴应无破裂、缺口或阻碍气流的情况	4	未达要求扣4分	
	钨极直径为2.5mm，钨极端部磨成单头圆锥形，装夹牢固，钨极应处于喷嘴中心，伸出喷嘴的长度为8mm	4	一项不符合要求扣2分	
	焊丝直径为2.5mm，表面无油、锈等污物	4	未达要求扣4分	
	装配时管子内径与板孔同心，且底部平齐，管板要垂直成90°角，定位焊长度为10～15mm	6	一项不符合要求扣2分	
	待焊区20mm范围内无油、锈、水等污物，并打磨至露出金属光泽；焊接电流为90～110A，气体流量为6～8L/min	10	一项不符合要求扣4分	
焊缝的外观质量	焊缝外形尺寸：焊脚尺寸为6～8mm；焊脚高度差小于或等于2mm；焊缝凸度或凹度小于或等于1.5mm；焊缝直线度小于或等于2mm	24	焊缝尺寸有一项不符合考核要求扣6分	
	焊缝咬边深度小于或等于0.5mm，焊缝两侧咬边累计总长度不超过18mm	16	焊缝两侧咬边累计总长度每5mm扣4分，咬边深度大于0.5mm或累计总长度大于18mm，此项分扣完为止	
焊缝内部质量	垂直于焊缝长度方向上截取金相试样，共3个面，采用目视或5倍放大镜进行宏观检验。每个试样检查面经宏观检验： 1. 小于或等于0.5mm的气孔或夹渣且数量不多于3个 2. 出现大于0.5mm但不大于1.5mm的气孔或夹渣，且数目不多于1个	20	1. 小于或等于0.5mm的气孔每出现1个扣2分 2. 出现大于0.5mm但不大于1.5mm的气孔或夹渣扣5分 3. 任何一个试样检查面经宏观检验有裂纹和未熔合存在，或出现超过上述标准的气孔和夹渣，或接头根部熔深小于0.5mm，此项考核按不合格论	
焊缝的表面状态	焊缝的表面应是原始状态，不允许有加工或补焊、返修焊	—	若有加工或补焊、返修焊等，扣除该焊件焊缝的外观质量的全部配分	
	焊缝表面不得有裂纹、未熔合、未焊透、夹渣、气孔和焊瘤等缺陷	—	焊缝表面有裂纹、未熔合、未焊透、夹渣、气孔和焊瘤等缺陷均按不合格论	
安全文明生产	按国家颁布的安全生产法规中有关本工种的规定或企业自定的有关规定考核	—	根据现场记录，违反规定的从总分中扣1～10分	
时限	焊件必须在考核时限内完成	—	在考核时限内完成的不扣分，超出考核时限不大于5min的扣2分，超出5min但不超过10min的扣5分，超出10min的为不合格	
综合		100	合　计	

5. 焊接时容易出现的缺陷及排除方法（表5-24）

表5-24　焊接时容易出现的缺陷及排除方法

缺陷名称	产生原因	排除方法
接头处未焊透	1. 接头处厚度增加 2. 加热时间短	1. 先充分加热接头处，再加焊丝 2. 将接头处磨成斜坡
焊脚尺寸小，且不对称	1. 焊接电流小 2. 操作不正确	1. 加大焊接电流，增加填充焊丝 2. 电弧应以焊脚根部为中心做横向摆动

技能训练五　小径管垂直固定对接焊

［训练目标］

掌握手工钨极氩弧焊打底焊条电弧焊盖面焊接技术。

1. 工作准备

（1）材料准备　材质为Q235的钢管2节，尺寸为ϕ60mm×5mm×100mm，坡口角度为$60^{\circ}{}^{5^{\circ}}_{0}$（图5-41）；氩弧焊焊丝选用直径为$\phi$2.5mm的ER49-1（H08Mn2SiA）焊丝；填充焊、盖面焊焊条选用E5015，焊条直径为ϕ2.5mm；氩气一瓶，纯度为99.99%；钨极选用铈钨极，直径为ϕ2.5mm。

（2）焊接设备　ZX7-400ST逆变式直流焊条电弧焊/钨极氩弧焊两用焊机，采用直流正接。

（3）工具准备　工作服、焊工手套、护脚、面罩、钢丝刷、锉刀、角向磨光机、焊接检验尺等。

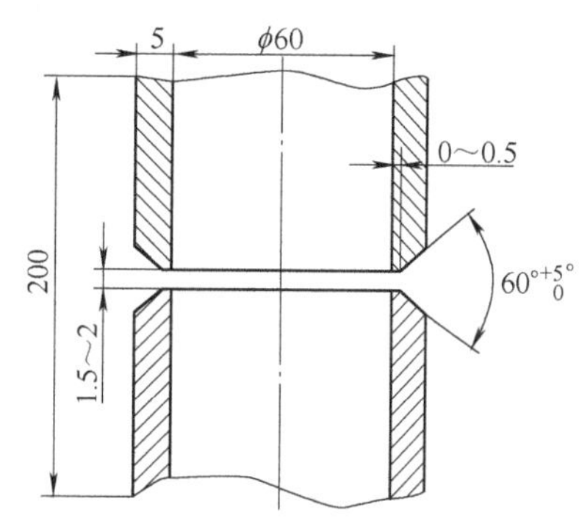

图5-41　试件及坡口尺寸

2. 技术要求

1）焊接位置为垂直固定，手工氩弧焊打底，焊条电弧焊盖面。

2）单面焊双面成形。

3）打底焊接头允许修磨。

4）不允许破坏焊缝原始表面。

5）时限：40min。时限是指由引弧开始至最后焊完熄弧的时间，包括过程清理及最终清理的时间，不包括施焊前清理、装焊的时间。

3. 操作步骤

（1）焊前清理　将坡口和靠近坡口上下两侧20mm内钢板上的油、锈、水分及其他污物打磨干净，直至露出金属光泽，然后用丙酮进行清洗。

（2）装配定位

1）装配间隙。装配间隙为1.5～2.0mm。

2）定位焊。定位焊采用手工钨极氩弧焊一点定位，并保证该处间隙为2mm，与它对称处间隙为1.5mm。沿管道轴线垂直并加固定，间隙小的一侧位于右边，定位焊长度为10～15mm，将焊点接头端预先打磨成斜坡。采用与焊接试件相应型号焊接材料进行定位焊。

3）错边量　错边量≤0.5mm。

（3）焊接参数　小径管垂直固定对接焊焊接参数见表5-25。

表5-25　小径管垂直固定对接焊焊接参数

焊接方法与层次	焊接电流/A	电弧电压/V	氩气流量/(L/min)	钨极直径/mm	焊丝/条直径/mm	钨极伸出长度/mm	喷嘴孔径/mm	喷嘴至焊件距离/mm
氩弧焊打底（1层1道）	90～105	10～12	8～10	2.5	2.5	4～6	8～10	≤8
焊条电弧焊盖面（1层2道）	75～85	22～28	—	—	2.5	—	—	—

（4）操作要点

1）打底焊。按表5-26中的焊接参数进行打底焊层的焊接。在右侧间隙最小处（1.5mm）引弧。先不加焊丝，待坡口根部熔化形成熔滴后，将焊丝轻轻地向熔池里送一下，同时向管内摆动，将液态金属送到坡口根部，以保证背面焊缝的高度。填充焊丝的同时，焊枪小幅度做横向摆动并向左均匀移动。

在焊接过程中填充焊丝以往复运动方式间断地送入电弧内的熔池前方，在熔池前呈滴状加入。焊丝送进速度要均匀，不能时快时慢，这样才能保证焊缝成形美观。

当焊工要移动位置、暂停焊接时，应按收弧要点操作。焊工再进行焊接时，焊前应将收弧处修磨成斜坡并清理干净，在斜坡上引弧，移至离接头约10mm处焊枪不动，当获得清晰的熔池后，即可添加焊丝，继续从右向左进行焊接。

小径管道垂直固定打底焊，熔池的热量要集中在坡口下部，以防止上部坡口过热，母材熔化过多，产生咬边或焊缝背面下坠。

2）盖面焊。清除打底焊道表面的焊渣，修平焊缝表面和接头局部，按照表5-26中的焊接参数进行焊接。

3）焊后清理检查。焊接结束后，关闭焊机，用钢丝刷清理焊缝表面；用肉眼或低倍放大镜检查焊缝表面是否有气孔、裂纹、咬边等缺陷；用焊口检测尺测量焊缝外观成形尺寸。

4. 评分标准

小径管垂直固定对接焊评分标准见表5-26。

表5-26　小径管垂直固定对接焊评分标准

项　目	评分要素	配　分	评分标准	得　分
焊前准备	1. 坡口内及正、反两侧20mm范围内无油、锈、水等污物，并打磨至露出金属光泽；氩弧焊打底焊焊接电流90～105A；焊条电弧焊盖面焊焊接电流为75～85A 2. 试件装配间隙为1.5～2.0mm；钝边为0～0.5mm；错边量不大于0.5mm；定位焊长度为10～15mm	10	1. 工件清理不干净，点固定位不正确，扣5分；焊接参数调整不正确，扣5分 2. 试件装配不正确扣5分	

（续）

项　目	评分要素	配分	评分标准	得　分
焊缝外观质量	1. 焊缝外形尺寸：焊缝正面余高0~3mm；焊缝背面余高0~3mm；焊缝余高差≤2mm；焊缝宽度差≤2.0mm；焊缝直线度误差≤2mm 2. 焊缝表面缺陷：咬边深度≤0.5mm，焊缝两侧咬边总长度不超过18mm；焊缝表面不得有裂纹、未熔合、夹渣、气孔、焊瘤和未焊透等缺陷 3. 通球检验：管内径85%的球通过	40	1. 焊缝余高>3mm，扣5分 2. 焊缝余高差>2mm，扣5分 3. 焊缝宽度差>2mm，扣5分 4. 焊缝直线度误差>2mm，扣4分 5. 咬边深度≤0.5mm，累计长度每5mm扣1分；咬边深度>0.5mm或累计长度>18mm，扣10分 6. 用ϕ42mm的钢球进行通球检验，通不过，扣10分 注意：①焊缝表面不是原始状态，有加工、补焊、返修等现象，或有裂纹、气孔、夹渣、未焊透、未熔合等任何缺陷存在，此项考核按不合格论 ② 焊缝外观质量得分低于24分，此项考核按不合格论	
焊缝内部质量	焊件经X射线检测后，焊缝的质量达到GB/T 3323—2005标准中的Ⅱ级	40	射线检测后按GB/T 3323—2005评定： 1. 焊缝质量达到Ⅰ级，扣0分 2. 焊缝质量达到Ⅱ级，扣10分 3. 焊缝质量达到Ⅲ级此项考核按不合格论	
安全文明生产	按国家颁布的安全生产法规中有关本工种的规定或企业自定的有关规定考核	10	1. 劳保用品穿戴不全扣2分 2. 焊接过程中有违反安全操作规程的现象，根据情况扣2~5分 3. 焊完后场地清理不干净，工具码放不整齐，扣3分	
综合		100	合　计	

5. 焊接时容易出现的缺陷及排除方法（表5-27）

表5-27　焊接时容易出现的缺陷及排除方法

缺陷名称	产生原因	排除方法
焊瘤	同表5-18	同表5-18
咬边	同表5-18	同表5-18
未焊透	未完全熔透时填加焊丝	掌握焊枪角度，观察熔池变化使其熔透

技能训练六　大直径、中厚壁管水平固定对接打底焊

［训练目标］

掌握大直径、中厚壁管手工钨极氩弧焊打底焊全位置焊接技术。

1. 工作准备

（1）材料准备　材质为Q235的钢管2节，尺寸为ϕ133mm×10mm×100mm，坡口角度为$60°^{5°}_{0}$（图5-42）；焊丝选用直径为ϕ2.5mm的ER49-1（H08Mn2SiA）焊丝；氩气一瓶，纯度为99.99%；钨极选用铈钨极，直径为ϕ2.5mm；盖面焊焊条选用E5015，焊条直径为ϕ2.5mm。

（2）焊接设备　ZX7-400ST逆变式直流焊条电弧焊/钨极氩弧焊两用焊机，采用直流正接。

（3）工具准备　工作服、焊工手套、护脚、面罩、钢丝刷、锉刀、角向磨光机、焊接检验尺等。

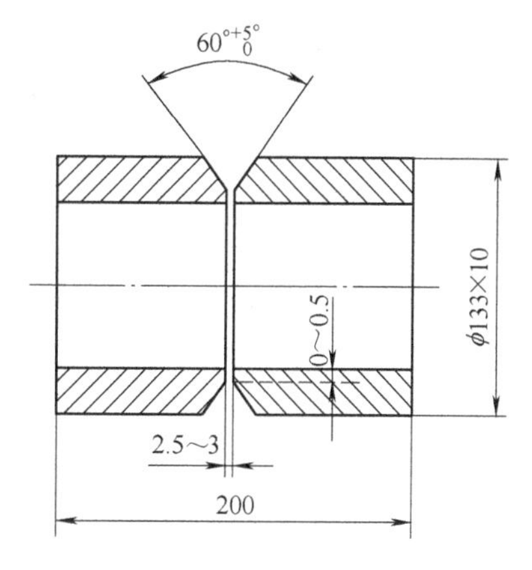

图5-42　试件及坡口尺寸

2. 技术要求

1）焊接位置为水平固定，手工钨极氩弧焊打底焊。

2）单面焊双面成形。

3）打底焊接头允许修磨。

4）不允许破坏焊缝原始表面。

5）时限：60min。时限是指由引弧开始至最后焊完熄弧的时间，包括过程清理及最终清理的时间，不包括施焊前清理、装焊的时间。

3. 操作步骤

（1）焊前清理　将坡口和靠近坡口上下两侧20mm内钢板上的油、锈、水分及其他污物打磨干净，直至露出金属光泽，然后用丙酮进行清洗。

（2）装配定位

1）装配间隙。装配间隙为2.5～3.0mm。

2）定位焊。采用手工钨极氩弧焊两点定位，定位焊长度为10～15mm。定位焊位置分别位于管道横截面上相当于“时钟2点”和“时钟10点”的位置，如图5-43所示。焊点接头端预先打磨成斜坡，试件装配最小间隙应位于截面上“时钟6点”位置，将试件固定于水平位置。

3）错边量。错边量≤1.0mm。

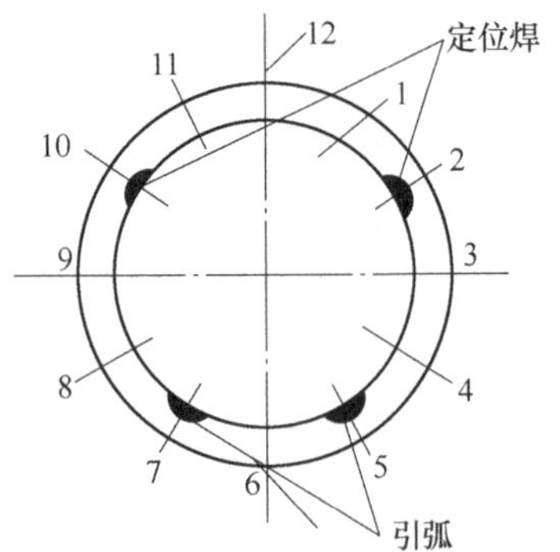

图5-43　定位焊引弧处示意图

（3）焊接参数　大直径、中厚壁管水平固定对接焊焊接参数见表5-28。

表5-28　大直径、中厚壁管水平固定对接焊焊接参数

焊接方法与层次	焊接电流/A	电弧电压/V	氩气流量/(L/min)	钨极直径/mm	焊丝/条直径/mm	钨极伸出长度/mm	喷嘴直径/mm	喷嘴至工件距离/mm
氩弧焊打底	105～120	10～13	8～10	2.5	2.5	4～6	8～10	≤10

（4）操作要点　焊缝分左右两个半圈进行，在仰焊位置起焊，平焊位置收弧，每个半圈都存在仰、立、平三个不同位置。

1）引弧。在管道横截面上相当于“时钟5点”位置（焊右半圈）和“时钟7点”位置（焊左半圈），如图5-43所示。引弧时，钨极端部应离开坡口面1～2mm。引弧后先不加焊丝，待根部钝边熔化形成熔池后，即可填丝焊接。为使背面成形良好，熔化金属应送至坡口根部。为防止始焊处产生裂纹，始焊速度应稍慢并多填焊丝，以使焊缝加厚。

2）送丝。在管道根部横截面上相当于“时钟4点”至“时钟8点”位置采用内填丝法（图5-44b），即焊丝处于坡口钝边内。在焊接横截面上相当于“时钟4点”至“时钟12点”或“时钟8点”至

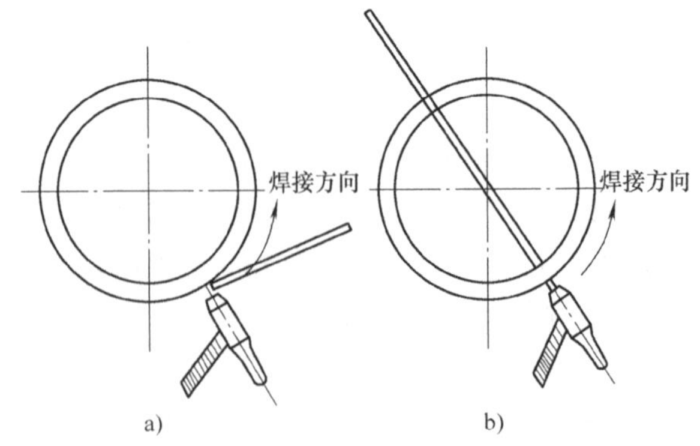

图5-44　两种不同填丝方法
a）外填丝法　b）内填丝法

“时钟12点”位置时，则应采用外填丝法（图5-44a）。若全部采用外填丝法，则坡口间隙应适当减小，一般为1.5～2.5mm。在整个施焊过程中，应保持等速送丝，焊丝端部始终处于氩气保护区内。

钨极与管子轴线成90°，焊丝沿管子切线方向，与钨极成100°～110°角。当焊至横截面上相当于“时钟10点”至“时钟2点”的斜平焊位置时，焊枪略后倾，此时焊丝与钨极成100°～120°角。

3）焊接。引燃电弧并控制电弧长度为2～3mm。此时，焊枪暂留在引弧处，待两侧钝边开始熔化时立刻送丝，使填充金属与钝边完全熔化形成明亮清晰的熔池后，焊枪匀速上移。伴随连续送丝，焊枪同时做小幅度锯齿形横向摆动。仰焊部位送丝时，应有意识地将焊丝往根部“推”，使管壁内部的熔池成形饱满，以避免根部凹坑。当焊至平焊位置时，焊枪略向后倾，焊接速度加快，以避免熔池温度过高而下坠。若熔池过大，可利用电流衰减功能，适当降低熔池温度，以避免仰焊位置出现凹坑或其他位置出现凸出。

4）接头。若施焊过程中断或更换焊丝时，应先将收弧处焊缝打磨成斜坡状，在斜坡后约10mm处重新引弧，电弧移至斜坡内时稍加焊丝，当焊至斜坡端部出现熔孔后，立即送丝并转入正常焊接。焊至定位焊缝斜坡处接头时，电弧稍作停留，暂缓送丝，待熔池与斜坡端部完全熔化后再送丝。同时，焊枪应做小幅度摆动，使接头部位充分熔合，形成平整的接头。

5）收弧。收弧时，应向熔池送入2～3滴填充金属使熔池饱满，同时将熔池逐步过渡到坡口侧，然后切断控制开关，电流衰减熔池温度逐渐降低，熔池由大变小，形成椭圆形。电弧熄灭后，应延长对收弧处氩气保护，以避免氧化，出现弧坑裂纹及缩孔。

前半圈焊完后，应将仰焊起弧处焊缝端部修磨成斜坡状。后半圈施焊时，仰焊部位的接头方法与上述接头焊接时相同，其余部位焊接方法与前半圈相同。当焊至横截面上相当于“时钟12点”位置收弧时，应与前半圈焊缝重叠5～10mm，如图5-45所示。

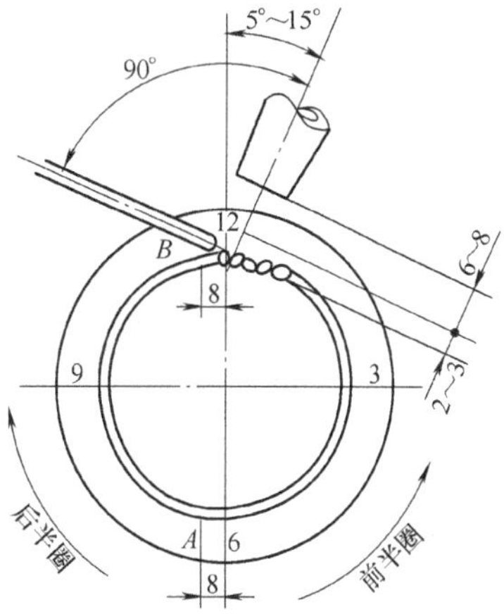

图5-45 焊丝与焊枪角度

焊条电弧焊填充焊、盖面焊见焊条电弧焊相关部分。

4. 评分标准

大直径、中厚壁管水平固定对接打底焊评分标准见表5-29。

表5-29 大直径、中厚壁管水平固定对接打底焊评分标准

项目	评分要素	配分	评分标准	得分
焊前准备	1. 坡口内及正、反两侧20mm范围内无油、锈、水等污物，并打磨至露出金属光泽；氩弧焊打底焊焊接电流105～120A；焊条电弧焊填充焊、盖面焊焊接电流分别为95～105A、105～120A 2. 试件装配间隙为2.5～3.0mm；钝边为0～0.5mm；错边量不大于1.0mm；定位焊长度为10～15mm	10	1. 工件清理不干净，点固定位不正确，扣5分；焊接参数调整不正确，扣5分 2. 试件装配不正确扣5分	

（续）

项　目	评分要素	配　分	评分标准	得　分
焊缝外观质量	1. 焊缝外形尺寸：焊缝正面余高0～3mm；焊缝背面余高0～3mm；焊缝余高差≤3mm；焊缝宽度差≤3.0mm；焊缝直线度误差≤2mm 2. 焊缝表面缺陷：咬边深度≤0.5mm，焊缝两侧咬边总长度不超过40mm；背面凹坑深度≤2.0mm，累计总长度不超过80mm；焊缝表面不得有裂纹、未熔合、夹渣、气孔、焊瘤和未焊透等缺陷	40	1. 焊缝余高>3mm，扣6分 2. 焊缝余高差>3mm，扣6分 3. 焊缝宽度差>3mm，扣6分 4. 焊缝直线度误差>2mm，扣4分 5. 咬边深度≤0.5mm，累计长度每5mm扣1分；咬边深度>0.5mm或累计长度>40mm，扣10分 6. 背面凹坑深度≤2.0mm，每20mm扣3分；凹坑深度>2.0mm或累计总长度>80mm扣10分； 注意：①焊缝表面不是原始状态，有加工、补焊、返修等现象，或有裂纹、气孔、夹渣、未焊透、未熔合等任何缺陷存在，此项考核按不合格论 ② 焊缝外观质量得分低于24分，此项考核按不合格论	
焊缝内部质量	焊件经X射线检测后，焊缝的质量达到GB/T 3323—2005标准中的Ⅱ级	40	射线检测后按GB/T 3323—2005评定： 1. 焊缝质量达到Ⅰ级，扣0分 2. 焊缝质量达到Ⅱ级，扣10分 3. 焊缝质量达到Ⅲ级此项考核按不合格论	
安全文明生产	按国家颁布的安全生产法规中有关本工种的规定或企业自定的有关规定考核	10	1. 劳保用品穿戴不全扣2分 2. 焊接过程中有违反安全操作规程的现象，根据情况扣2～5分 3. 焊完后场地清理不干净，工具码放不整齐，扣3分	
综合		100	合　计	

5. 焊接时容易出现的缺陷及排除方法（表5-30）

表5-30　焊接时容易出现的缺陷及排除方法

缺陷名称	产生原因	排除方法
焊瘤	同表5-18	同表5-18
咬边	同表5-18	同表5-18
未焊透	同表5-27	同表5-27

【中级工考试训练】

（一）知识试题

1. 单项选择题

（1）与其他电弧焊相比，（　　）不是手工钨极氩弧焊的优点。

A. 保护效果好，焊缝质量高　　B. 易控制熔池尺寸

C. 可焊接的材料范围广　　D. 生产率高

（2）要焊钛及钛合金应选用（　　）。

A. 气焊　　B. 焊条电弧焊　　C. 埋弧焊　　D. 钨极氩弧焊

(3) 钨极氩弧焊焊镁及镁合金时应采用（　　）。

A. 交流电源　　B. 整流电源　　C. 直流正接　　D. 直流反接

(4) 钨极氩弧焊的喷嘴直径可根据钨极直径按经验选择：喷嘴直径（内径）等于钨极直径的（　　）倍。

A. 8　　B. 6　　C. 4～5　　D. 2.5～3.5

(5) 易燃物品距离钨极氩弧焊场所不得小于（　　）m。

A. 5　　B. 13　　C. 15　　D. 20

(6)（　　）不是手工钨极氩弧焊的焊接参数。

A. 喷嘴直径　　B. 气体流量　　C. 钨极直径　　D. 焊机型号

(7) 钨极氩弧焊电弧电压增大时，会使单道焊缝（　　）。

A. 宽度减小，焊缝厚度增加　　B. 宽度减小，余高增加

C. 宽度增加，余高也增加　　D. 宽度增加，熔深减小

(8) 钨极氩弧焊的氩气流量一般可按经验确定，即氩气流量（L/min）等于喷嘴直径（mm）的（　　）倍。

A. 0.8～1.2　　B. 1.8～2.2　　C. 2.8～3.2　　D. 3.8～4.2

(9) 钨极氩弧焊焊低碳钢和低合金钢时应采用（　　）。

A. 逆变电源　　B. 交流电源　　C. 直流正接　　D. 直流反接

(10) 钨极氩弧焊的焊接电流大小主要根据（　　）来选择。

A. 焊件厚度和焊接位置　　B. 焊件厚度和焊工操作技术

C. 焊件厚度和接头形式　　D. 焊件厚度和坡口形式

(11) 钨极直径太小、焊接电流太大时，容易产生（　　）焊接缺陷。

A. 冷裂纹　　B. 未焊透　　C. 热裂纹　　D. 夹钨

(12)（　　）气体作为焊接的保护气时，电弧一旦引燃燃烧就很稳定，适合手工焊接。

A. 氩气　　B. CO_2　　C. CO_2＋氧　　D. 氩气＋CO_2

(13) 按我国现行规定，氩气的纯度应达到（　　）才能满足焊接的要求。

A. 98.5%　　B. 99.5%　　C. 99.95%　　D. 99.99%

(14) 氩气瓶的外表涂成（　　）。

A. 白色　　B. 银灰色　　C. 天蓝色　　D. 铝白色

(15)（　　）具有微量的放射性。

A. 纯钨极　　B. 钍钨极　　C. 铈钨极　　D. 锆钨极

(16) 目前（　　）是一种理想的电极材料，是我国建议尽量采用的电极。

A. 纯钨极　　B. 钍钨极　　C. 铈钨极　　D. 锆钨极

(17) 钨极氩弧焊时（　　）电极端面形状的效果最好，是目前经常采用的。

A. 锥形平端　　B. 平状　　C. 圆球状　　D. 锥形尖端

(18) 钨极氩弧焊电源的外特性是（　　）的。

A. 陡降　　B. 水平　　C. 缓降　　D. 上升

(19) WS-250 型焊机是（　　）焊机。

A. 交流钨极氩弧焊　　B. 直流钨极氩弧焊

C. 交直流钨极氩弧焊　　D. 熔化极氩弧焊

（20）WSJ-300 型焊机是（　　）焊机。

A. 交流钨极氩弧焊　　B. 直流钨极氩弧焊

C. 交直流钨极氩弧焊　　D. 熔化极氩弧焊

（21）钨极氩弧焊焊接不锈钢时应采用（　　）。

A. 直流正接　　B. 直流反接　　C. 交流电源

（22）钨极氩弧焊焊接铝及铝合金时应采用（　　）。

A. 直流正接　　B. 直流反接　　C. 交流电源

（23）钨极氩弧焊时，易燃物品距离焊接场所不得小于（　　）m。

A. 5　　B. 8　　C. 10　　D. 15

2. 判断题

（1）一些化学性质活泼的金属，用其他电弧焊焊接非常困难，而用氩弧焊则可容易地得到高质量的焊缝。（　　）

（2）钨极氩弧焊的钨极直径主要根据焊件厚度、焊接位置和焊工操作技术来选择。（　　）

（3）焊机型号和钨极牌号不是手工钨极氩弧焊的焊接参数。（　　）

（4）钨极氩弧焊时，焊接电流根据焊丝直径来选择。（　　）

（5）钨极氩弧焊时，如果氩气流量太大，不仅浪费氩气，还可能使保护气流形成湍流，将空气卷入保护区，反而降低保护效果。（　　）

（6）手工钨极氩弧焊与其他电弧焊相比的优点有保护效果好、焊缝质量好、生产率高、对焊工操作技术要求低等。（　　）

（7）铝、镁及其合金的钨极氩弧焊应采用直流反接。（　　）

（8）氩气比空气密度小，使用时易漂浮散失，因此焊接时必须加大氩气流量。（　　）

（9）钨极氩弧焊比较好的引弧方法有高频振荡器引弧和高压脉冲引弧。（　　）

（10）钨极氩弧焊时，高频振荡器的作用是引弧的稳弧，因此在焊接过程中始终工作。（　　）

（11）氩气不与金属起化学反应，高温时不溶于液态金属中。（　　）

（12）几乎所有的金属材料都可以采用氩弧焊焊接。（　　）

（13）钨极氩弧焊时，焊接电压可根据焊丝直径来选择。（　　）

（14）钨极氩弧焊时通过焊接电流和电弧电压的配合，可以控制焊缝形状。（　　）

（15）钨极氩弧焊时，氩气流量越大保护效果越好。（　　）

（16）钨极氩弧焊时应尽量减少高频振荡器的工作时间，引燃电弧后要立即切断高频电源。（　　）

（二）技能试题

第一题　手工钨极氩弧钢板对接平焊单面焊双面成形

1. 操作要求

1）采用手工钨极氩弧焊，单面焊双面成形。

2）焊件坡口形式为 V 形坡口，坡口面角度为 32° ±2°。

3）焊接位置为平位。

4）钝边高度与间隙自定。

5）试件坡口两端不得安装引弧板。

6）焊前焊件坡口两侧10～20mm清油除锈，试件正面坡口内两端点固，焊点长度≤20mm，定位焊时允许做反变形。

7）定位装配后，将装配好的试件固定在操作架上；试件一经施焊不得任意更换和改变焊接位置。

8）焊接过程中劳保用品穿戴整齐，焊接工艺参数选择正确，焊后焊件保持原始状态。

9）焊接完毕，关闭电焊机和气瓶，工具摆放整齐，场地清理干净。

2. 准备工作

（1）材料准备　材质为Q235的钢板2块，尺寸为300mm×100mm×6mm；焊丝选用H08Mn2SiA，焊丝直径为ϕ2.5mm；钨极选用WCe，直径为ϕ2.5mm；氩气1瓶。

（2）设备准备　高频氩弧焊机或直流焊条电弧焊或钨极氩弧焊机1台。

（3）工具准备　台虎钳、钢丝钳、钢丝刷、锉刀、活扳手、台式砂轮或角向磨光机、焊缝测量尺等。

（4）劳保用品准备　自备。

3. 考核时限

基本时间：准备时间30min，正式操作时间40min。

时间允许差：每超过5min扣总分1分，不足5min按5min计算，超过额定时间15min不得分。

4. 评分项目及标准

序号	评分要素	配分	评分标准	得分
1	焊前准备	10	1. 工件清理不干净，点固定位不正确，扣5分 2. 焊接参数调整不正确，扣5分	
2	焊缝外观质量	40	1. 焊缝余高>3mm，扣4分 2. 焊缝余高差>2mm，扣4分 3. 焊缝宽度差>3mm，扣4分 4. 背面余高>3mm，扣4分 5. 焊缝直线度误差>2mm，扣4分 6. 角变形>3°，扣4分 7. 错边>0.6mm，扣4分 8. 背面凹坑深度>1.2mm或长度>26mm，扣4分 9. 咬边深度≤0.5mm，累计长度每5mm扣1分；咬边深度>0.5mm或累计长度>26mm，扣8分 注意：①焊缝表面不是原始状态，有加工、补焊、返修等现象，或有裂纹、气孔、夹渣、未焊透、未熔合等任何缺陷存在，此项考核按不合格论 ②焊缝外观质量得分低于24分，此项考核按不合格论	
3	焊缝内部质量	40	射线检测后按GB/T 3323—2005评定： 1. 焊缝质量达到Ⅰ级，扣0分 2. 焊缝质量达到Ⅱ级，扣10分 3. 焊缝质量达到Ⅲ级，此项考核按不合格论	
4	安全文明生产	10	1. 劳保用品穿戴不全，扣2分 2. 焊接过程中有违反安全操作规程的现象，根据情况扣2～5分 3. 焊完后场地清理不干净，工具码放不整齐，扣3分	
5	综合	100	合　计	

第二题　小径管垂直固定手工钨极氩弧焊打底、焊条电弧焊盖面

1. 操作要求

1）手工钨极氩弧焊 + 焊条电弧焊，单面焊双面成形。

2）焊件坡口形式为V形坡口，坡口面角度为32°±2°。

3）焊接位置为垂直固定。

4）钝边高度与间隙自定。

5）焊前焊件坡口两侧10~20mm清油除锈，坡口内点固一点，长度≤20mm，定位焊时允许做反变形。

6）定位装配后，将装配好的试件固定在操作架上；试件一经施焊不得任意更换和改变焊接位置。

7）焊接过程中劳保用品穿戴整齐，焊接参数选择正确，焊后焊件保持原始状态。

8）焊接完毕，关闭电焊机和气瓶，工具摆放整齐，场地清理干净。

2. 准备工作

（1）材料准备　材质为20钢的钢管2节，尺寸为ϕ60mm×5mm×100mm；焊丝选用H08Mn2SiA，焊条直径为ϕ2.5mm；钨极选用WCe，直径为ϕ2.5mm；氩气1瓶；焊条选用E4303或E5015，直径自选。

（2）设备准备　高频氩弧焊机或钨极氩弧焊机1台，或直流焊条电弧焊机1台。

（3）工具准备　台虎钳、钢丝钳、保温桶、钢丝刷、锉刀、活扳手、台式砂轮或角向磨光机、焊缝测量尺等。

（4）劳保用品准备　自备。

3. 考核时限

基本时间：准备时间20min，正式操作时间30min。

时间允许差：每超过5min扣总分1分，不足5min按5min计算，超过额定时间15min不得分。

4. 评分项目及标准

序号	评分要素	配分	评分标准	得分
1	焊前准备	10	1. 工件清理不干净，点固定位不正确，扣5分 2. 焊接参数调整不正确，扣5分	
2	焊缝外观质量	40	1. 焊缝余高>3mm，扣5分 2. 焊缝余高差>2mm，扣5分 3. 焊缝宽度差>3mm，扣5分 4. 焊缝直线度误差>2mm，扣4分 5. 咬边深度≤0.5mm，累计长度每5mm扣1分；咬边深度>0.5mm或累计长度>18mm，扣10分 6. 用ϕ42mm的钢球进行通球检验，通不过，扣10分 注意：①焊缝表面不是原始状态，有加工、补焊、返修等现象，或有裂纹、气孔、夹渣、未焊透、未熔合等任何缺陷存在，此项考核按不合格论 ②焊缝外观质量得分低于24分，此项考核按不合格论	
3	焊缝内部质量	40	射线检测后按GB/T 3323—2005评定： 1. 焊缝质量达到Ⅰ级，扣0分 2. 焊缝质量达到Ⅱ级，扣10分 3. 焊缝质量达到Ⅲ级，此项考核按不合格论	

（续）

序号	评分要素	配分	评分标准	得分
4	安全文明生产	10	1. 劳保用品穿戴不全，扣2分 2. 焊接过程中有违反安全操作规程的现象，根据情况扣2～5分 3. 焊完后场地清理不干净，工具码放不整齐，扣3分	
5	综合	100	合　计	

第三题　大直径管水平固定手工钨极氩弧焊打底、焊条电弧焊盖面

1. 操作要求

1）手工钨极氩弧焊+焊条电弧焊，单面焊双面成形。

2）焊件坡口形式为V形坡口，坡口面角度为32°±2°。

3）焊接位置为水平固定。

4）钝边高度与间隙自定。

5）焊前焊件坡口两侧10～20mm清油除锈，坡口内点固两点，长度≤20mm，定位焊位置不应位于管道横截面上相当于“时钟6点”位置，定位焊时允许做反变形。

6）定位装配后，将装配好的试件固定在操作架上；试件一经施焊不得任意更换和改变焊接位置。

7）焊接过程中劳保用品穿戴整齐，焊接参数选择正确，焊后焊件保持原始状态。

8）焊接完毕，关闭电焊机和气瓶，工具摆放整齐，场地清理干净。

2. 准备工作

（1）材料准备　材质为20钢的钢管2节，尺寸为ϕ133mm×10mm×100mm；焊丝选用H08Mn2SiA，焊丝直径为ϕ2.5mm；钨极选用Wce，直径为ϕ2.5mm；氩气1瓶；焊条选用E4303或E5015，直径自选。

（2）设备准备　高频氩弧焊机或钨极氩弧焊机1台或直流焊条电弧焊机1台。

（3）工具准备　台虎钳、钢丝钳、保温桶、钢丝刷、锉刀、活扳手、台式砂轮或角向磨光机、焊缝测量尺等。

（4）劳保用品准备　自备。

3. 考核时限

基本时间：准备时间20min，正式操作时间60min。

时间允许差：每超过5min扣总分1分，不足5min按5min计算，超过额定时间15min不得分。

4. 评分项目及标准

序号	评分要素	配分	评分标准	得分
1	焊前准备	10	1. 工件清理不干净，点固定位不正确，扣5分 2. 焊接参数调整不正确，扣5分	
2	焊缝外观质量	40	1. 焊缝余高>3mm，扣6分 2. 焊缝余高差>2mm，扣6分 3. 焊缝宽度差>3mm，扣6分 4. 背面余高>3mm，扣4分 5. 焊缝直线度误差>2mm，扣4分	

（续）

序号	评分要素	配分	评分标准	得分
2	焊缝外观质量	40	6. 背面凹坑深度0~2.0mm、长度≤80mm，每20mm扣3分 7. 咬边深度≤0.5mm，累计长度每5mm扣1分；咬边深度>0.5mm或累计长度>40mm，扣8分 注意：①焊缝表面不是原始状态，有加工、补焊、返修等现象，或有裂纹、气孔、夹渣、未焊透、未熔合等任何缺陷存在，此项考核按不合格论 ② 焊缝外观质量得分低于24分，此项考核按不合格论	
3	焊缝内部质量	40	射线检测后按GB/T 3323—2005评定： 1. 焊缝质量达到Ⅰ级，扣0分 2. 焊缝质量达到Ⅱ级，扣10分 3. 焊缝质量达到Ⅲ级，此项考核按不合格论	
4	安全文明生产	10	1. 劳保用品穿戴不全，扣2分 2. 焊接过程中有违反安全操作规程的现象，根据情况扣2~5分 3. 焊完后场地清理不干净，工具码放不整齐，扣3分	
5	综合	100	合　　计	

第四题　珠光体耐热钢小径管水平固定手工钨极氩弧焊打底、焊条电弧焊盖面

1. 操作要求

1）手工钨极氩弧焊+焊条电弧焊，单面焊双面成形。

2）焊件坡口形式为V形坡口，坡口面角度为32°±2°。

3）焊接位置为水平固定。

4）钝边高度与间隙自定。

5）焊前焊件坡口两侧10~20mm清油除锈，坡口内点固一点，且定位焊不得位于“时钟6点”位置，长度≤20mm，定位焊时允许做反变形。

6）定位装配后，将装配好的试件固定在操作架上；试件一经施焊不得任意更换和改变焊接位置。

7）焊接过程中劳保用品穿戴整齐，焊接参数选择正确，焊后焊件保持原始状态。

8）焊接完毕，关闭电焊机和气瓶，工具摆放整齐，场地清理干净。

2. 准备工作

（1）材料准备　材质为12Cr1MoV的钢管2节，尺寸为ϕ42mm×5mm×100mm；焊丝选用TIG-R31，直径为ϕ2.5mm；钨极选用WCe，直径为ϕ2.5mm；氩气1瓶；焊条选用E5503B2V或E5515B2V，直径自选。

（2）设备准备　高频氩弧焊机或钨极氩弧焊机1台或直流焊条电弧焊机1台。

（3）工具准备　台虎钳、钢丝钳、保温桶、钢丝刷、锉刀、活扳手、台式砂轮或角向磨光机、焊缝测量尺等。

（4）劳保用品准备　自备。

3. 考核时限

基本时间：准备时间20min，正式操作时间30min。

时间允许差：每超过5min扣总分1分，不足5min按5min计算，超过额定时间15min不得分。

4. 评分项目及标准

序号	评分要素	配分	评分标准	得分
1	焊前准备	10	1. 工件清理不干净，点固定位不正确，扣5分 2. 焊接参数调整不正确，扣5分	
2	焊缝外观质量	40	1. 焊缝余高 >3mm，扣5分 2. 焊缝余高差 >2mm，扣5分 3. 焊缝宽度差 >3mm，扣5分 4. 焊缝直线度误差 >2mm，扣4分 5. 咬边深度≤0.5mm，累计长度每5mm扣1分；咬边深度 >0.5mm或累计长度 >13mm，扣10分 6. 用 ϕ27mm的钢球进行通球检验，通不过，扣10分 注意：①焊缝表面不是原始状态，有加工、补焊、返修等现象，或有裂纹、气孔、夹渣、未焊透、未熔合等任何缺陷存在，此项考核按不合格论 ② 焊缝外观质量得分低于24分，此项考核按不合格论	
3	焊缝内部质量	40	射线检测后按GB/T 3323—2005评定： 1. 焊缝质量达到Ⅰ级，扣0分 2. 焊缝质量达到Ⅱ级，扣10分 3. 焊缝质量达到Ⅲ级，此项考核按不合格论	
4	安全文明生产	10	1. 劳保用品穿戴不全，扣2分 2. 焊接过程中有违反安全操作规程的现象，根据情况扣2~5分 3. 焊完后场地清理不干净，工具码放不整齐，扣3分	
5	综合	100	合　　计	

第五题　奥氏体不锈钢大直径管垂直固定手工钨极氩弧焊打底、焊条电弧焊盖面

1. 操作要求

1）手工钨极氩弧焊 + 焊条电弧焊，单面焊双面成形。

2）焊件坡口形式为V形坡口，坡口面角度为32° ±2°。

3）焊接位置为垂直固定。

4）钝边高度与间隙自定。

5）焊前焊件坡口两侧10 ~20mm清油除锈，坡口内点固两点，长度≤20mm，定位焊时允许做反变形。

6）定位装配后，将装配好的试件固定在操作架上；试件一经施焊不得任意更换和改变焊接位置。

7）焊接过程中劳保用品穿戴整齐，焊接参数选择正确，焊后焊件保持原始状态。

8）焊接完毕，关闭电焊机和气瓶，工具摆放整齐，场地清理干净。

2. 准备工作

（1）材料准备　材质为06Cr18Ni11Ti的钢管2节，尺寸为 ϕ108mm ×6mm ×100mm；焊丝选用H0Cr21Ni10Ti，直径为 ϕ2.5mm；钨极选用WCe，直径为 ϕ2.5mm；氩气1瓶；焊条选用E347-15或E347-16，直径自选。

（2）设备准备　高频氩弧焊机或钨极氩弧焊机1台，直流焊条电弧焊机1台。

（3）工具准备　台虎钳、钢丝钳、保温桶、钢丝刷、锉刀、活扳手、台式砂轮或角向磨光机、焊缝测量尺等。

（4）劳保用品准备　自备。

3. 考核时限

基本时间：准备时间20min，正式操作时间60min。

时间允许差：每超过5min扣总分1分，不足5min按5min计算，超过额定时间15min不得分。

4. 评分项目及标准

序号	评分要素	配分	评分标准	得分
1	焊前准备	10	1. 工件清理不干净，点固定位不正确，扣5分 2. 焊接参数调整不正确，扣5分	
2	焊缝外观质量	40	1. 焊缝余高>3mm，扣6分 2. 焊缝余高差>2mm，扣6分 3. 焊缝宽度差>3mm，扣6分 4. 背面余高>3mm，扣4分 5. 焊缝直线度误差>2mm，扣4分 6. 背面凹坑深度>1.2mm或长度>34mm，扣6分 7. 咬边深度≤0.5mm，累计长度每5mm扣1分；咬边深度>0.5mm或累计长度>34mm，扣8分 注意：① 焊缝表面不是原始状态，有加工、补焊、返修等现象，或有裂纹、气孔、夹渣、未焊透、未熔合等任何缺陷存在，此项考核按不合格论 ② 焊缝外观质量得分低于24分，此项考核按不合格论	
3	焊缝内部质量	40	射线检测后按GB/T 3323—2005评定： 1. 焊缝质量达到Ⅰ级，扣0分 2. 焊缝质量达到Ⅱ级，扣10分 3. 焊缝质量达到Ⅲ级，此项考核按不合格论	
4	安全文明生产	10	1. 劳保用品穿戴不全，扣2分 2. 焊接过程中有违反安全操作规程的现象，根据情况扣2~5分 3. 焊完后场地清理不干净，工具码放不整齐，扣3分	
5	综合	100	合　计	

附录 A 焊接及相关工艺方法代号（GB/T 5185—2005/ISO 4063：1998）

1. 范围

本标准规定了焊接及相关工艺方法代号。

本标准规定的这种代号体系可用于计算机、图样、工作文件和焊接工艺规程等。

2. 规范性引用文件

下列文件中的条款通过本标准的引用而成为本标准的条款。凡是注日期的引用文件。其随后所有的修改单（不包括勘误的内容）或修订版均不适用于本标准，然而，鼓励根据本标准达成协议的各方研究是否可使用这些文件的最新版本。凡是不注日期的引用文件，其最新版本适用于本标准。

3. 标注方法

本标准所涉及的焊接及相关工艺方法，其定义按照 GB/T 3375—1994 的相关规定。

需要对某种工艺方法做完整的标注时，应采用完整的标注方法。即“工艺方法 + 标准编号 + 工艺方法代号”。如“摩擦焊方法”可采用如下方法：

工艺方法 GB/T 5185—42

在不会产生误解的情况下，一般可以采用简化的方法，即仅标注代号。如“摩擦焊方法”可采用“42”表示。

4. 焊接及相关工艺方法代号

每种工艺方法可通过代号加以识别。焊接及相关工艺方法一般采用三位数代号表示。其中，一位数代号表示工艺方法大类，两位数代号表示工艺方法分类，而三位数代号表示某种工艺方法。

焊接及相关工艺方法代号见表 A-1。

表 A-1 焊接及相关工艺方法代号

代 号	工艺方法名称	代 号	工艺方法名称
1	电弧焊	121	单丝埋弧焊
101	金属电弧焊	122	带极埋弧焊
11	无气体保护的电弧焊	123	多丝埋弧焊
111	焊条电弧焊	124	添加金属粉末的埋弧焊
112	重力焊	125	药芯焊丝埋弧焊
114	自保护药芯焊丝电弧焊	13	熔化极气体保护电弧焊
12	埋弧焊	131	熔化极惰性气体保护电弧焊（MIG）

（续）

代　号	工艺方法名称	代　号	工艺方法名称
135	熔化极非惰性气体保护电弧焊（MAG）	44	高机械能焊
136	非惰性气体保护的药芯焊丝电弧焊	441	爆炸焊
137	惰性气体保护的药芯焊丝电弧焊	45	扩散焊
14	非熔化极气体保护电弧焊	47	气压焊
141	钨极惰性气体保护电弧焊（TIG）	48	冷压焊
15	等离子弧焊	5	高能束焊
151	等离子 MIG 焊	51	电子束焊
152	等离子粉末堆焊	511	真空电子束焊
18	其他电弧焊方法	512	非真空电子束焊
185	磁激弧对焊	52	激光焊
2	电阻焊	521	固体激光焊
21	点焊	522	气体激光焊
211	单面点焊	7	其他焊接方法
212	双面点焊	71	铝热焊
22	缝焊	72	电渣焊
221	搭接缝焊	73	气电立焊
222	压平缝焊	74	感应焊
225	薄膜对接缝焊	741	感应对焊
226	加带缝焊	742	感应缝焊
23	凸焊	75	光辐射焊
231	单面凸焊	753	红外线焊
232	双面凸焊	77	冲击电阻焊
24	闪光焊	78	螺柱焊
241	预热闪光焊	782	电阻螺柱焊
242	无预热闪光焊	783	带瓷箍或保护气体的电弧螺柱焊
25	电阻对焊	784	短路电弧螺柱焊
29	其他电阻焊方法	785	电容放电螺柱焊
291	高频电阻焊	786	带点火嘴的电容放电螺柱焊
3	气焊	787	带易熔颈箍的电弧螺柱焊
31	氧燃气焊	788	摩擦螺柱焊
311	氧乙炔焊	8	切割和气刨
312	氧丙烷焊	81	火焰切割
313	氢氧焊	82	电弧切割
4	压力焊	821	空气电弧切割
41	超声波焊	822	氧电弧切割
42	摩擦焊	83	等离子弧切割

（续）

代 号	工艺方法名称	代 号	工艺方法名称
84	激光切割	94	软钎焊
86	火焰气刨	941	红外线软钎焊
87	电弧气刨	942	火焰软钎焊
871	空气电弧气刨	943	炉中软钎焊
872	氧电弧气刨	944	漫渍软钎焊
88	等离子气刨	945	盐浴软钎焊
9	硬钎焊、软钎焊及钎接焊	946	感应软钎焊
91	硬钎焊	947	超声波软钎焊
911	红外线硬钎焊	948	电阻软钎焊
912	火焰硬钎焊	949	扩散软钎焊
913	炉中硬钎焊	951	波峰软钎焊
914	漫渍硬钎焊	952	烙铁软钎焊
915	盐浴硬钎焊	954	真空软钎焊
916	感应硬钎焊	956	拖焊
918	电阻硬钎焊	96	其他软钎焊
919	扩散硬钎焊	97	钎接焊
924	真空硬钎焊	971	气体钎接焊
93	其他硬钎焊	972	电弧钎接焊

附录B 焊接位置图及代号

试件形式、位置及其代号见表B-1、图B-1、图B-2。试件位置基本决定了焊接位置。

表B-1 试件形式、位置及其代号

试件形式	试件位置		代号
板材对接焊缝试件	平焊试件		1G
	横焊试件		2G
	立焊试件		3G
	仰焊试件		4G
管材对接焊缝试件	水平转动试件		1G（转动）
	垂直固定试件		2G
	水平固定试件	向上焊	5G
		向下焊	5GX（向下焊）
	45°固定试件	向上焊	6G
		向下焊	6GX（向下焊）
管板角接头试件	水平转动试件		2FRG
	垂直固定平焊试件		2FG
	垂直固定仰焊试件		4FG
	水平固定试件		5FG
	45°固定试件		6FG
板材角焊缝试件	平焊试件		1F
	横焊试件		2F
	立焊试件		3F
	仰焊试件		4F
管材角焊缝试件（分管-板角焊缝试件和管-管角焊缝试件两种）	45°转动试件		1F（转动）
	垂直固定横焊试件		2F
	水平转动试件		2FR
	垂直固定仰焊试件		4F
	水平固定试件		5F
螺柱焊试件	平焊试件		1S
	横焊试件		2S
	仰焊试件		4S

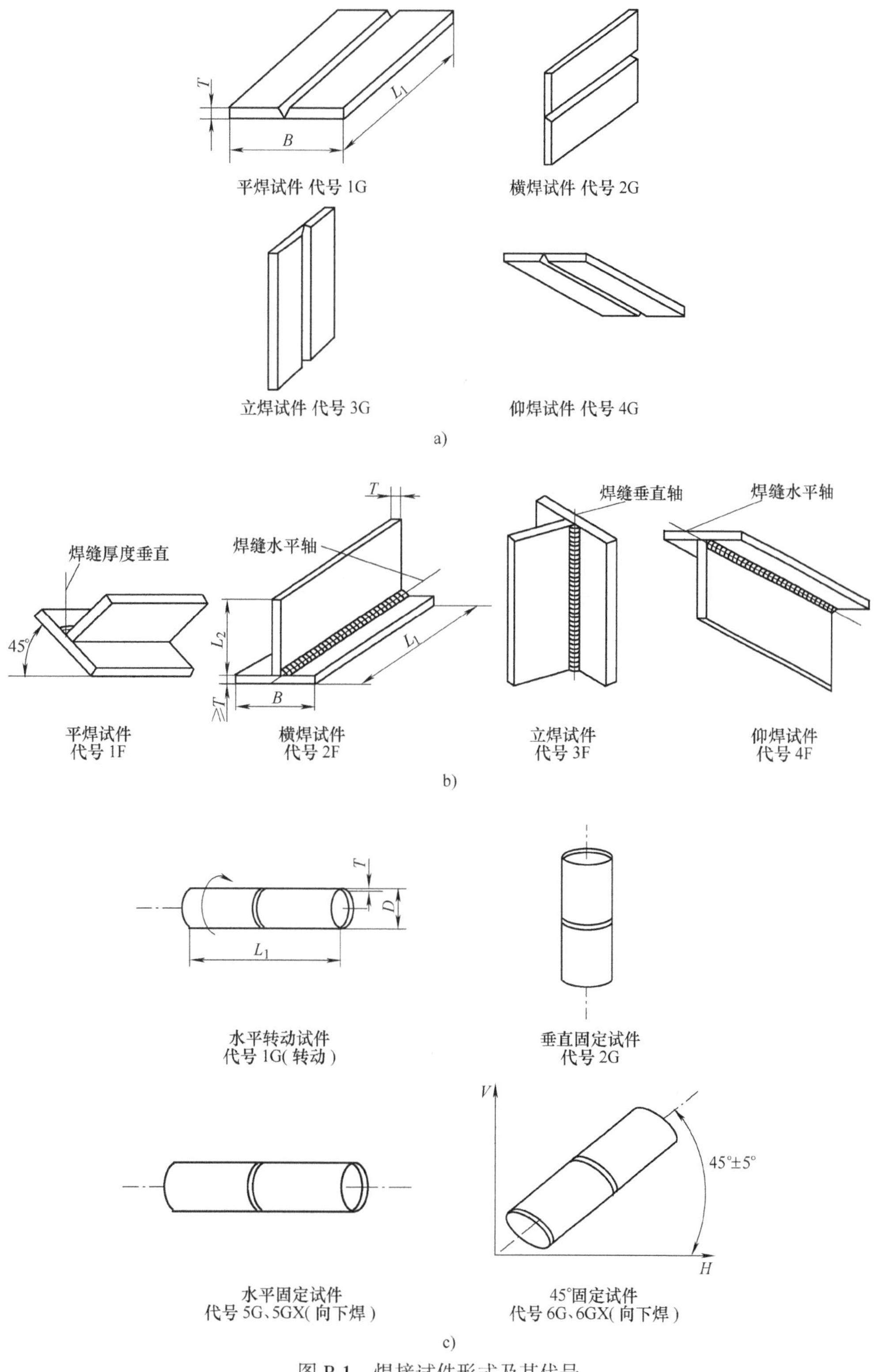

图 B-1 焊接试件形式及其代号

a）板材对接焊缝试件（无坡口时为堆焊试件）

b）板材角焊缝试件 c）管材对接焊缝试件（无坡口时为堆焊试件）

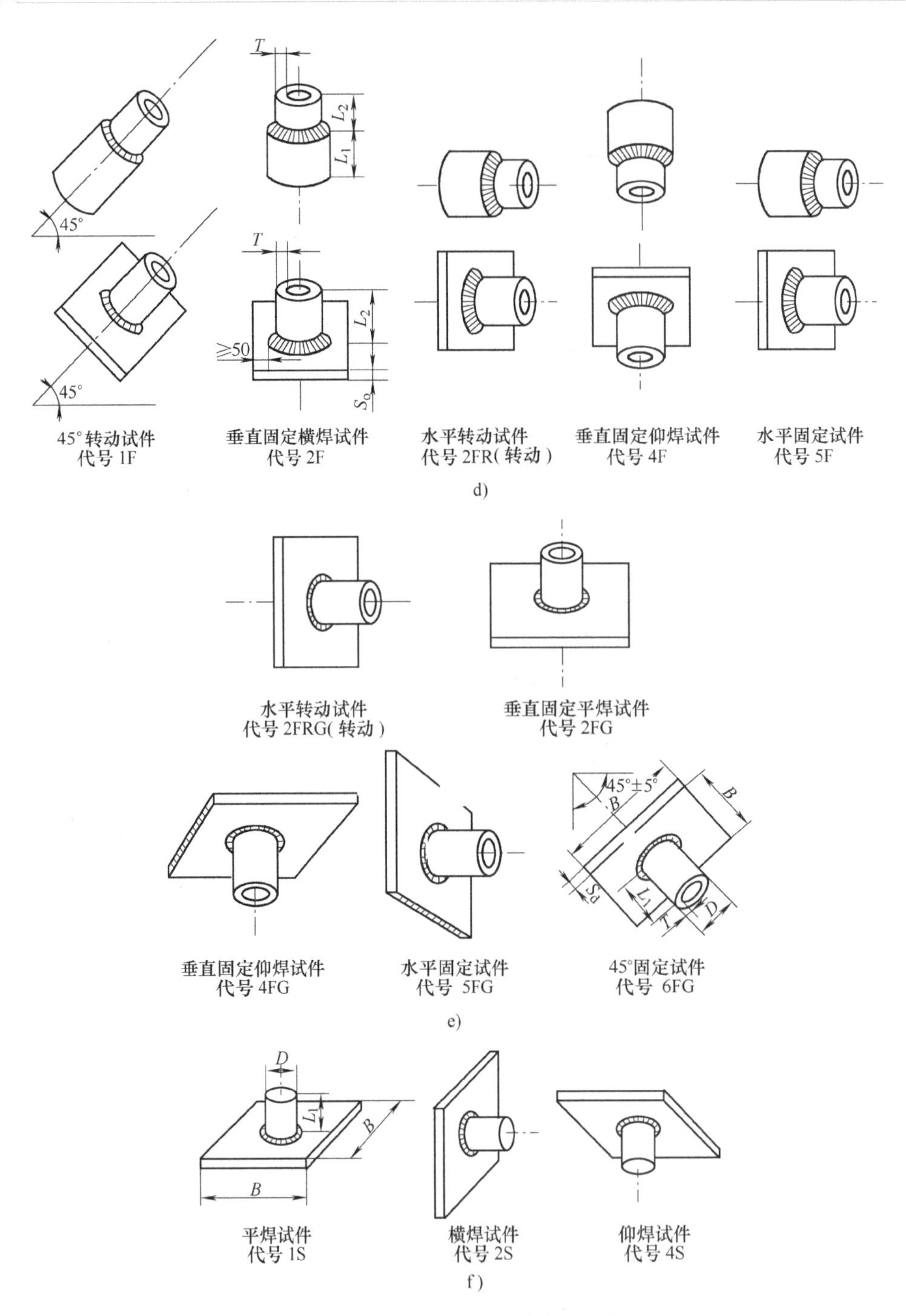

图 B-1　焊接试件形式及其代号（续）

d）管材角焊缝试件　e）管板角接头试件　f）螺柱焊试件

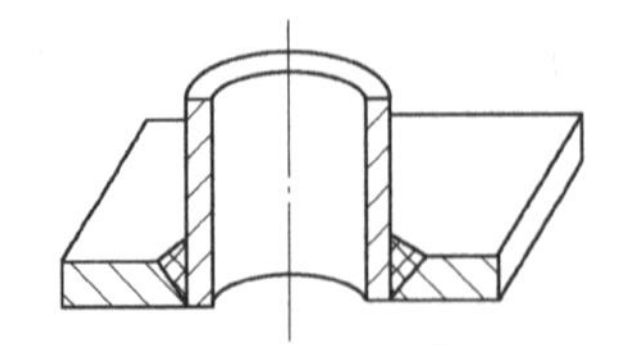

图 B-2　管板角接头试件接头形式

附录C 部分典型焊接竞赛实操试题

一、2011年金华市职业技能大赛焊工职业竞赛技术文件

金华市职业技能大赛焊工项目竞赛项目附图

1. 座式管、板水平固定手工钨极氩弧焊，要求单面焊双面成形。材质：管为20钢，板为Q235A钢（或20g钢）。钝边、间隙自定。

2. 管对接水平固定焊条电弧焊，要求单面焊双面成形。材质：20钢（或20g钢）。b、p自定。

3. 管、板水平固定CO_2气体保护焊，不要求焊透。材质：管为20钢，板为Q235A钢（或20g钢）。坡口尺寸自定。

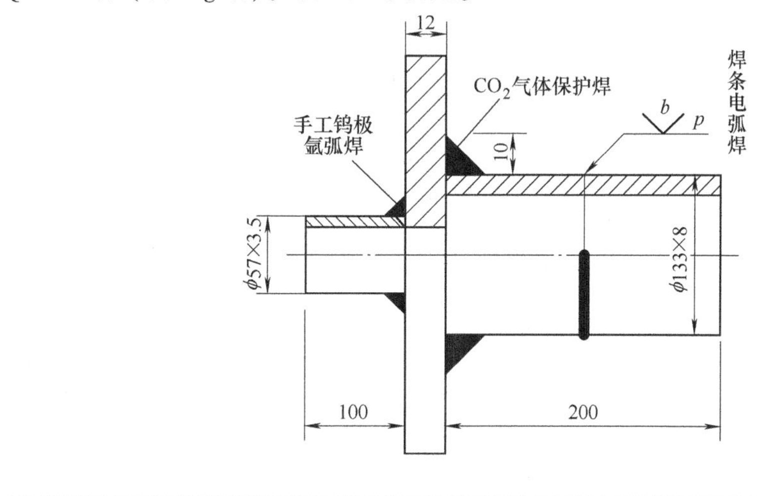

外观评分表

试件明码（　　）　　　　本项得分（　　）

	检查项目	评判标准及得分	评判等级				测评数据	实得分数	备注
			Ⅰ	Ⅱ	Ⅲ	Ⅳ			
焊条电弧焊部分	焊缝余高	尺寸标准	0~2mm	>2~3mm	>3~4mm	<0mm，>4mm			
		得分标准	4分	3分	2分	0分			
	焊缝高度差	尺寸标准	≤1mm	>1~2mm	>2~3mm	>3mm			
		得分标准	5分	3分	2分	0分			
	焊缝宽度	尺寸标准	12~14mm	>14~16mm	>16~18mm	<12mm，>18mm			
		得分标准	4分	2分	1分	0分			

（续）

<table>
<tr><td rowspan="2"></td><td rowspan="2">检查项目</td><td rowspan="2">评判标准及得分</td><td colspan="4">评判等级</td><td rowspan="2">测评数据</td><td rowspan="2">实得分数</td><td rowspan="2">备注</td></tr>
<tr><td>Ⅰ</td><td>Ⅱ</td><td>Ⅲ</td><td>Ⅳ</td></tr>
<tr><td rowspan="11">焊条电弧焊部分</td><td rowspan="2">焊缝宽度差</td><td>尺寸标准</td><td>≤1.5mm</td><td>>1.5～2mm</td><td>>2～3mm</td><td>>3mm</td><td rowspan="2"></td><td rowspan="2"></td><td rowspan="2"></td></tr>
<tr><td>得分标准</td><td>5分</td><td>3分</td><td>1分</td><td>0分</td></tr>
<tr><td rowspan="2">咬边</td><td>尺寸标准</td><td>无咬边</td><td colspan="2">深度≤0.5mm</td><td>深度>0.5mm</td><td rowspan="2"></td><td rowspan="2"></td><td rowspan="2"></td></tr>
<tr><td>得分标准</td><td>6分</td><td colspan="2">每2mm扣1分</td><td>0分</td></tr>
<tr><td rowspan="2">正面成形</td><td>标准</td><td>优</td><td>良</td><td>中</td><td>差</td><td rowspan="2"></td><td rowspan="2"></td><td rowspan="2"></td></tr>
<tr><td>得分标准</td><td>8分</td><td>6分</td><td>4分</td><td>2分</td></tr>
<tr><td>背面成形</td><td colspan="4">通球：球直径 = 133mm × 85% = 113mm
合格8分，不合格0分</td><td></td><td></td><td></td><td></td></tr>
<tr><td rowspan="2">角变形</td><td>尺寸标准</td><td>0°～1°</td><td>>1°～2°</td><td>>2°～3°</td><td>>3°</td><td rowspan="2"></td><td rowspan="2"></td><td rowspan="2"></td></tr>
<tr><td>得分标准</td><td>5分</td><td>3分</td><td>2分</td><td>0分</td></tr>
<tr><td>外观缺陷记录</td><td colspan="8"></td></tr>
<tr style="display:none"><td colspan="9"></td></tr>
<tr><td rowspan="14">手工钨极氩弧焊部分</td><td rowspan="2">焊脚尺寸</td><td>尺寸标准</td><td>5～6mm</td><td>>6～7mm</td><td>>7～8mm</td><td>>8mm，<5mm</td><td rowspan="2"></td><td rowspan="2"></td><td rowspan="2"></td></tr>
<tr><td>得分标准</td><td>5分</td><td>3分</td><td>1分</td><td>0分</td></tr>
<tr><td rowspan="2">焊脚差</td><td>尺寸标准</td><td>≤1mm</td><td>>1～1.5mm</td><td>>1.5～3mm</td><td>>3mm</td><td rowspan="2"></td><td rowspan="2"></td><td rowspan="2"></td></tr>
<tr><td>得分标准</td><td>4分</td><td>3分</td><td>1分</td><td>0分</td></tr>
<tr><td rowspan="2">背面凸</td><td>尺寸标准</td><td>0～1mm</td><td>>1～2mm</td><td>>2～3mm</td><td>>3mm</td><td rowspan="2"></td><td rowspan="2"></td><td rowspan="2"></td></tr>
<tr><td>得分标准</td><td>6分</td><td>4分</td><td>2分</td><td>0分</td></tr>
<tr><td rowspan="2">背面凹</td><td>尺寸标准</td><td>0～0.5mm</td><td>>0.5～1mm</td><td>>1～2mm</td><td>>1mm</td><td rowspan="2"></td><td rowspan="2"></td><td rowspan="2"></td></tr>
<tr><td>得分标准</td><td>4分</td><td>3分</td><td>1分</td><td>0分</td></tr>
<tr><td>未焊透</td><td>得分标准</td><td>6分</td><td colspan="3">按每1mm1分进行扣分，扣完为止</td><td></td><td></td><td></td></tr>
<tr><td rowspan="2">正面成形</td><td>标准</td><td>优</td><td>良</td><td>中</td><td>差</td><td rowspan="2"></td><td rowspan="2"></td><td rowspan="2"></td></tr>
<tr><td>得分标准</td><td>10分</td><td>7分</td><td>5分</td><td>2分</td></tr>
<tr><td>外观缺陷记录</td><td colspan="8"></td></tr>
<tr style="display:none"><td colspan="9"></td></tr>
<tr style="display:none"><td colspan="9"></td></tr>
<tr><td rowspan="7">CO_2气体保护焊部分</td><td rowspan="2">焊脚尺寸</td><td>尺寸标准</td><td>9～10mm</td><td>>10～11mm</td><td>>11～12mm</td><td>>12mm，<9mm</td><td rowspan="2"></td><td rowspan="2"></td><td rowspan="2"></td></tr>
<tr><td>得分标准</td><td>5分</td><td>3分</td><td>1分</td><td>0分</td></tr>
<tr><td rowspan="2">焊脚差</td><td>尺寸标准</td><td>≤1mm</td><td>>1～1.5mm</td><td>>1.5～3mm</td><td>>3mm</td><td rowspan="2"></td><td rowspan="2"></td><td rowspan="2"></td></tr>
<tr><td>得分标准</td><td>5分</td><td>3分</td><td>1分</td><td>0分</td></tr>
<tr><td rowspan="2">正面成形</td><td>标准</td><td>优</td><td>良</td><td>中</td><td>差</td><td rowspan="2"></td><td rowspan="2"></td><td rowspan="2"></td></tr>
<tr><td>得分标准</td><td>10分</td><td>7分</td><td>5分</td><td>2分</td></tr>
<tr><td>外观缺陷记录</td><td colspan="8"></td></tr>
</table>

<table>
<tr><td rowspan="3">外观评判标准</td><td colspan="4">注：焊缝正反两面有裂纹、夹渣、直径大于1.0mm的气孔、未熔合等缺陷，或出现焊缝修补、打磨、未完成，该项作0分处理</td></tr>
<tr><td>优</td><td>良</td><td>中</td><td>差</td></tr>
<tr><td>成形美观，焊缝均匀、细密，高低宽窄一致</td><td>成形较好，焊缝均匀、平整</td><td>成形尚可，焊缝平直</td><td>焊缝弯曲，高低、宽窄明显</td></tr>
</table>

外观评判组长：　　　评判员：　　　记录员：　　　日期：

二、“2013年全国职业院校技能大赛”中职组焊接技术比赛试题

1. 比赛规则

1）技能比赛以现场实际操作的方式，按图样要求完成试件加工。操作技能比赛时间按各工种比赛时间进行，满分为100分。

2）装配组合件和压力容器。焊接技术：300min。

2. 焊接设备

1）焊条电弧焊焊机：北京时代集团 WS-400（PNE61-400）。

2）钨极氩弧焊焊机：北京时代集团 WS-400（PNE61-400）。

3）二氧化碳气体保护焊焊机：北京时代集团 NB-350（A160-350）。

3. 焊接材料

1）焊条电弧焊焊条：天津大桥焊材集团有限公司 THJ507（E5015，$\phi3.2$、$\phi4.0$）。

2）氩弧焊焊丝：天津大桥焊材集团有限公司 TIG-J50（ER50-6，$\phi2.5$）。

3）二氧化碳气体保护焊丝：天津大桥焊材集团有限公司 THQ-50C（ER50-6，$\phi1.2$。）

4. 焊工操作台和夹具

焊工操作台和夹具由大赛组委会统一提供。

5. 压力容器焊接主视图

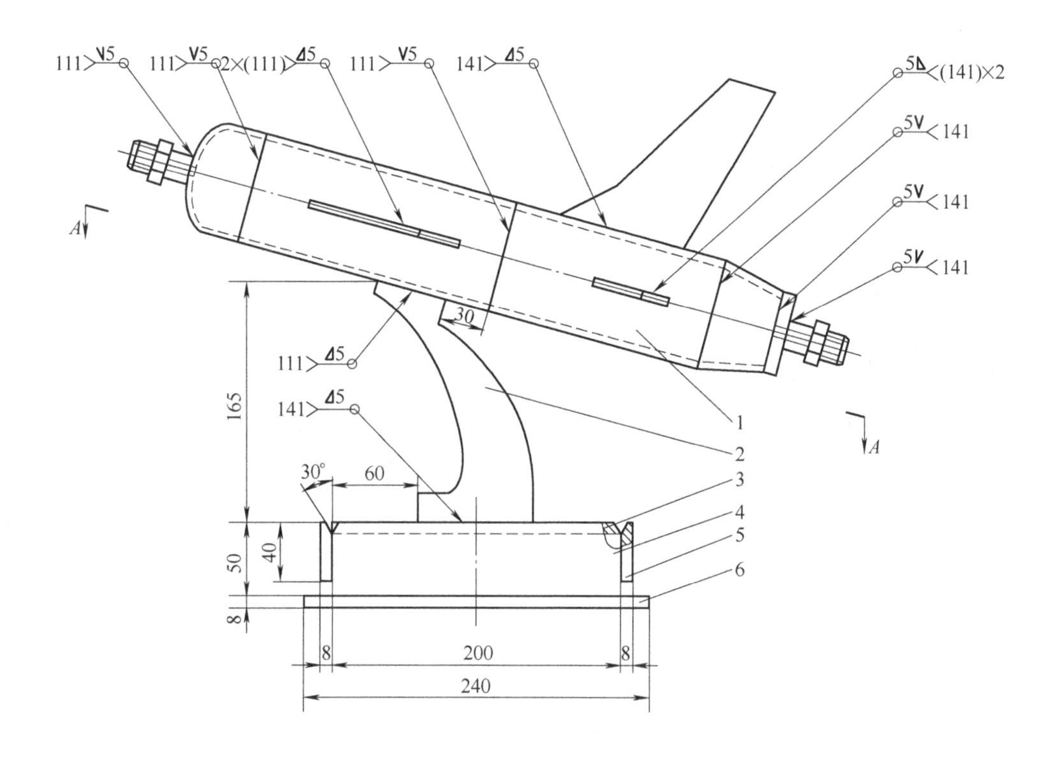

6. 压力容器底座总装图

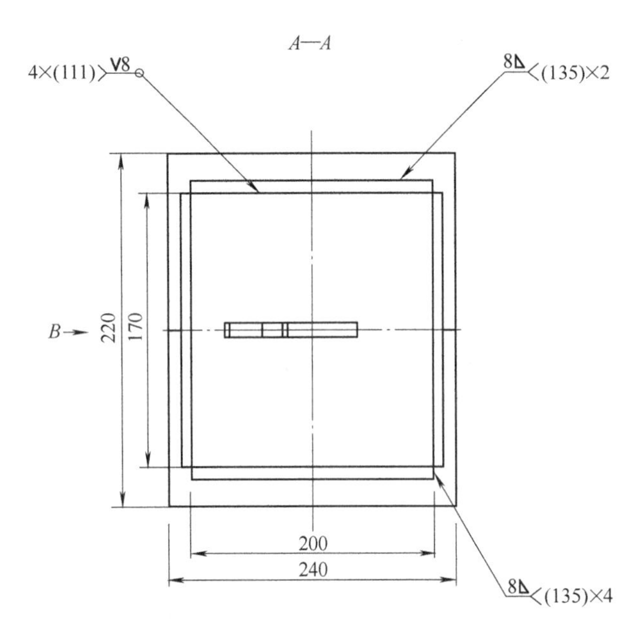

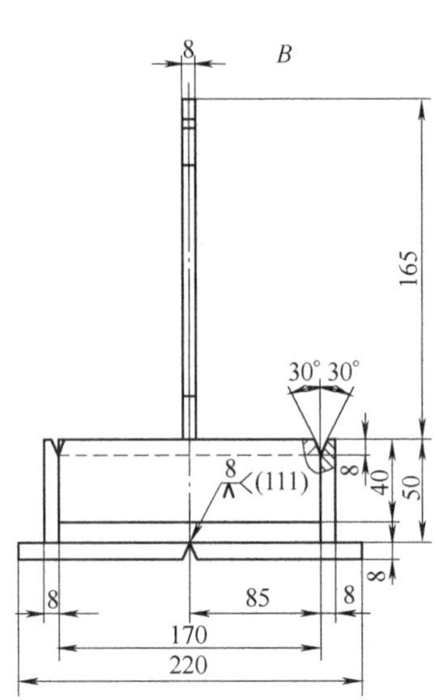

技术要求：

1. 组装要求：

(1) 所有组装工作需综合考虑并满足焊接及检验要求。

(2) 为确保安全，要求序号 2、序号 3 先与压力容器筒体组装后，再与底座进行组装，可利用统一提供的“组装工艺用板 (图号 HJ2013-16)”辅助进行组装。

2. 焊接及检验要求：

(1) 所有对接焊缝要求单面焊双面成形，所有开坡口焊缝要求焊透。

(2) 序号 6 板对接焊缝要求在仰焊位置施焊，在整体组装前，固定在高度 1000mm 的操作架上进行焊接、并要求进行 X 射线检测。

(3) 压力容器总装图中：序号 8 与序号 9、序号 11 与序号 14 之间的对接焊缝要求在垂直固定位置焊接，序号 9 与序号 11、序号 14 与序号 15 之间的对接焊缝要求在垂直固定位置焊接，在压力容器与底座整体组装前、固定在高度 1000mm 的操作架上进行焊接。其余焊缝的焊接要求在压力容器与底座整体组装完毕后，将底座底面放置在固定高度 800mm 的操作台上进行，焊接过程中允许绕底座竖直轴线转动，但不允许翻转容器。

(4) 所有焊缝焊后要求进行表面清理，但不能伤及母材及焊缝表面。

(5) 容器在焊接外观检验后进行水压试验检验。

6	底板 (240×110×8)	Q235A	2			HJ2013—07	
5	侧板 (2)(170×40×8)	Q235A	2			HJ2013—06	
4	侧板 (1)(200×50×8)	Q235A	2			HJ2013—05	
3	顶板 (δ=8)	Q235A	1			HJ2013—04	
2	托板 (δ=8)	Q235A	1			HJ2013—03	
1	压力容器	组件	1			HJ2013—02	见压力容器组装图
序号 No.	名称 DESCRIPTION	材料 NATER	数量 QTY	单 EACH	总 TOTAL	标准或图号 STANDARD OR DRAWING NO	备注 RENARKS
				质量 (kg)			
明细表 SPECIFICATION						质量 WEIGHT (kg)	

工位号		压力容器和底座总装图	图号	HJ2013-01	比例	1:4
选手姓名			共 16 张		第 1 张	
裁判员		2013 年全国职业院校技能大赛 中职组现代制造技术焊接技术赛项				
签字栏						

7. 压力容器总装图

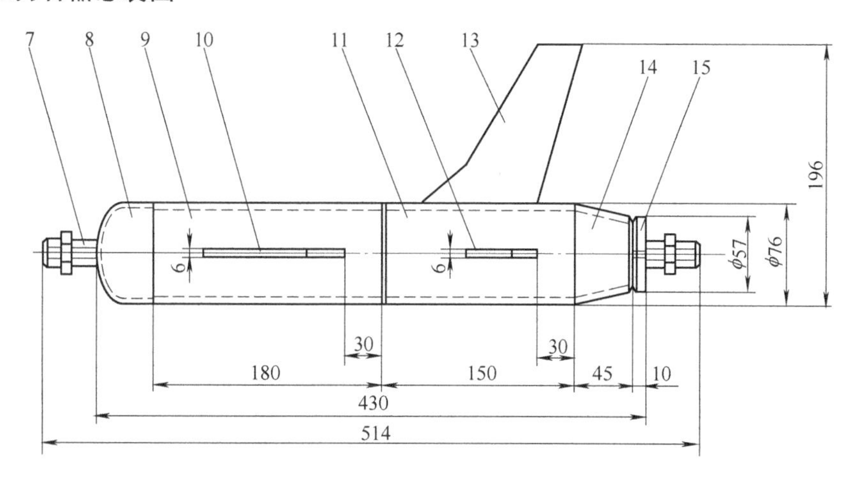

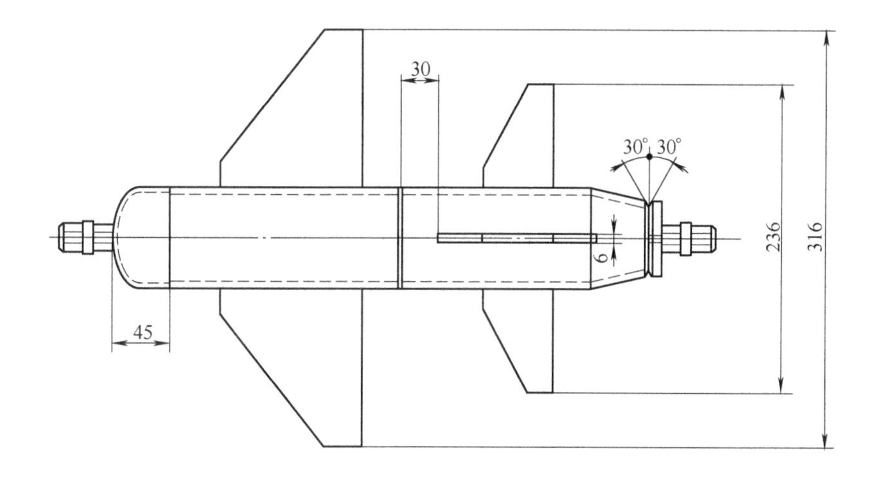

技术要求：

1. 组装要求：

(1) 所有组装工作需综合考虑并满足焊接及检验要求。

(2) 为确保安全，要求序号 2、序号 3 先与压力容器筒体组装后，再与底座进行组装，可利用统一提供的“组装工艺用板 (图号 HJ2013–16)”辅助进行组装。

2. 焊接及检验要求：

(1) 所有对接焊缝要求单面焊双面成形，所有开坡口焊缝要求焊透。

(2) 序号 6 板对接焊缝要求在仰焊位置施焊，在整体组装前，固定在高度 1000mm 的操作架上进行焊接、并要求进行 X 射线检测。

(3) 压力容器组装图中：序号 8 与序号 9、序号 11 与序号 14 之间的对接焊缝要求在垂直固定位置焊接，序号 9 与序号 11、序号 14 与序号 15 之间的对接焊缝要求在垂直固定位置焊接，在压力容器与底座整体组装前、固定在高度 1000mm 的操作架上进行焊接。其余焊缝的焊接要求在压力容器与底座整体组装完毕后，将底座底面放置在固定高度 800mm 的操作台上进行，焊接过程中允许绕底座竖直轴线转动，但不允许翻转容器。

(4) 所有焊缝焊后要求进行表面清理，但不能伤及母材及焊缝表面。

(5) 容器在焊接外观检验后进行水压试验检验。

序号 No.	名称 DESCRIPTION	材料 MATER.	数量 QTY.	单 EACH 质量 (kg)	总 TOTAL 质量 (kg)	标准或图号 STANDARD OR DRAWING NO.	备注 REMARKS
15	封板 ($\phi57\times10$)	Q235A	1			HJ2013–15	开孔 $\phi6$
14	无缝异径管 (δ=6)	20G	1			HJ2013–14	
13	尾翼 (δ=6)	Q235A	1			HJ2013–13	
12	后翼 (δ=6)	Q235A	2			HJ2013–12	
11	无缝钢管 2($\phi76\times5$)	20G	1			HJ2013–11	
10	前翼 (δ=6)	Q235A	2			HJ2013–10	
9	无缝钢管 1($\phi76\times5$)	20G	1			HJ2013–09	
8	封头	20	1			HJ2013–08	开孔 $\phi6$
7	管接头	20	2				按总成胶管配制

明细表　SPECIFICATION			质量WEIGHT(kg)		
工位号		压力容器组装图	图号 HJ2013–02	比例	1:4
选手姓名			共 16 张		第 2 张
裁判员		2013 年全国职业院校技能大赛 中职组现代制造技术焊接技术赛项			
签字栏					

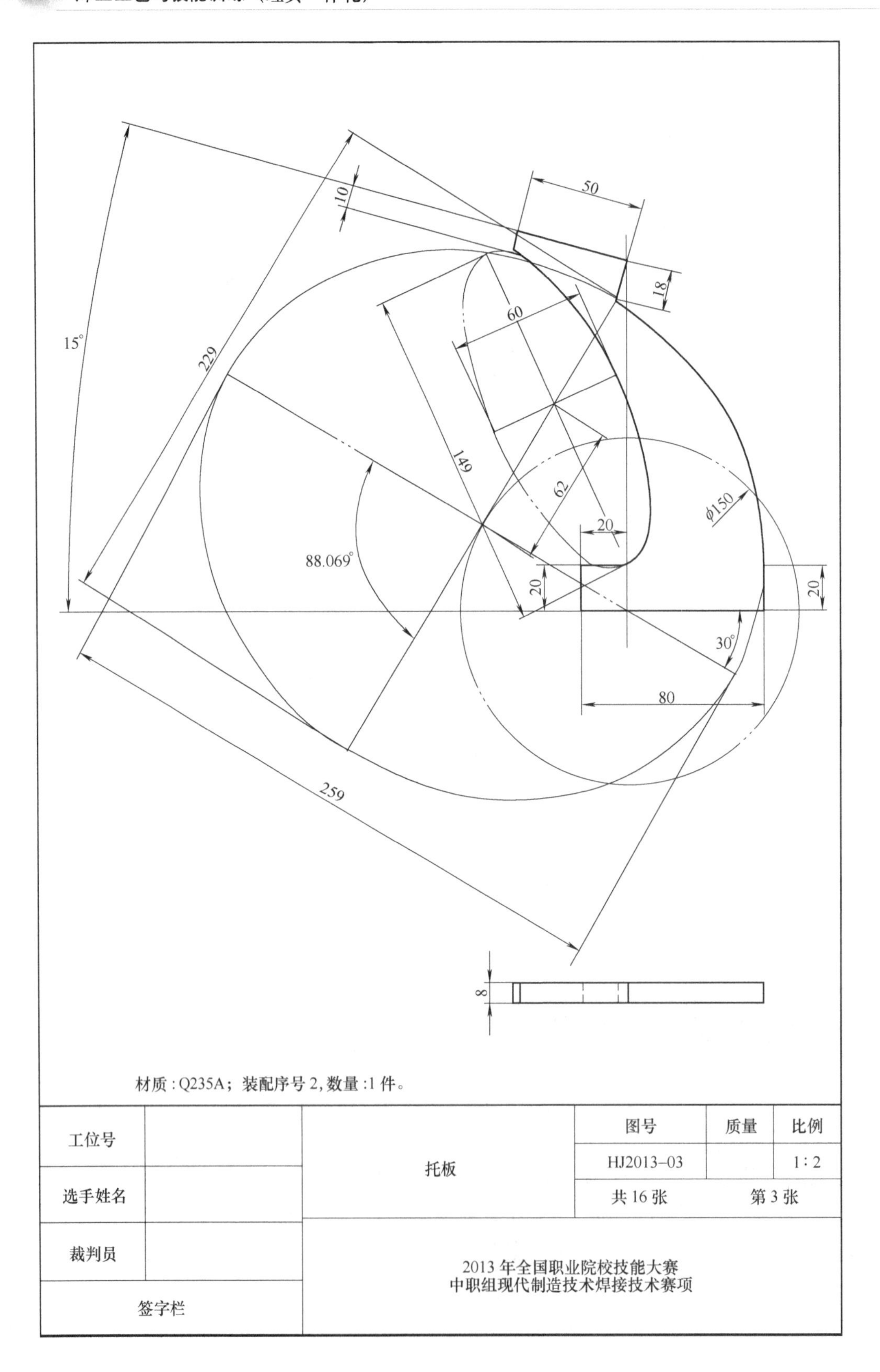
50
10
18
60
15°
229
149
62
20
ϕ150
88.069°
20
20
30°
80
259
8
材质：Q235A；装配序号 2，数量：1 件。
工位号
选手姓名
裁判员
签字栏
托板
图号
质量
比例
HJ2013–03
1：2
共 16 张
第 3 张
2013 年全国职业院校技能大赛
中职组现代制造技术焊接技术赛项

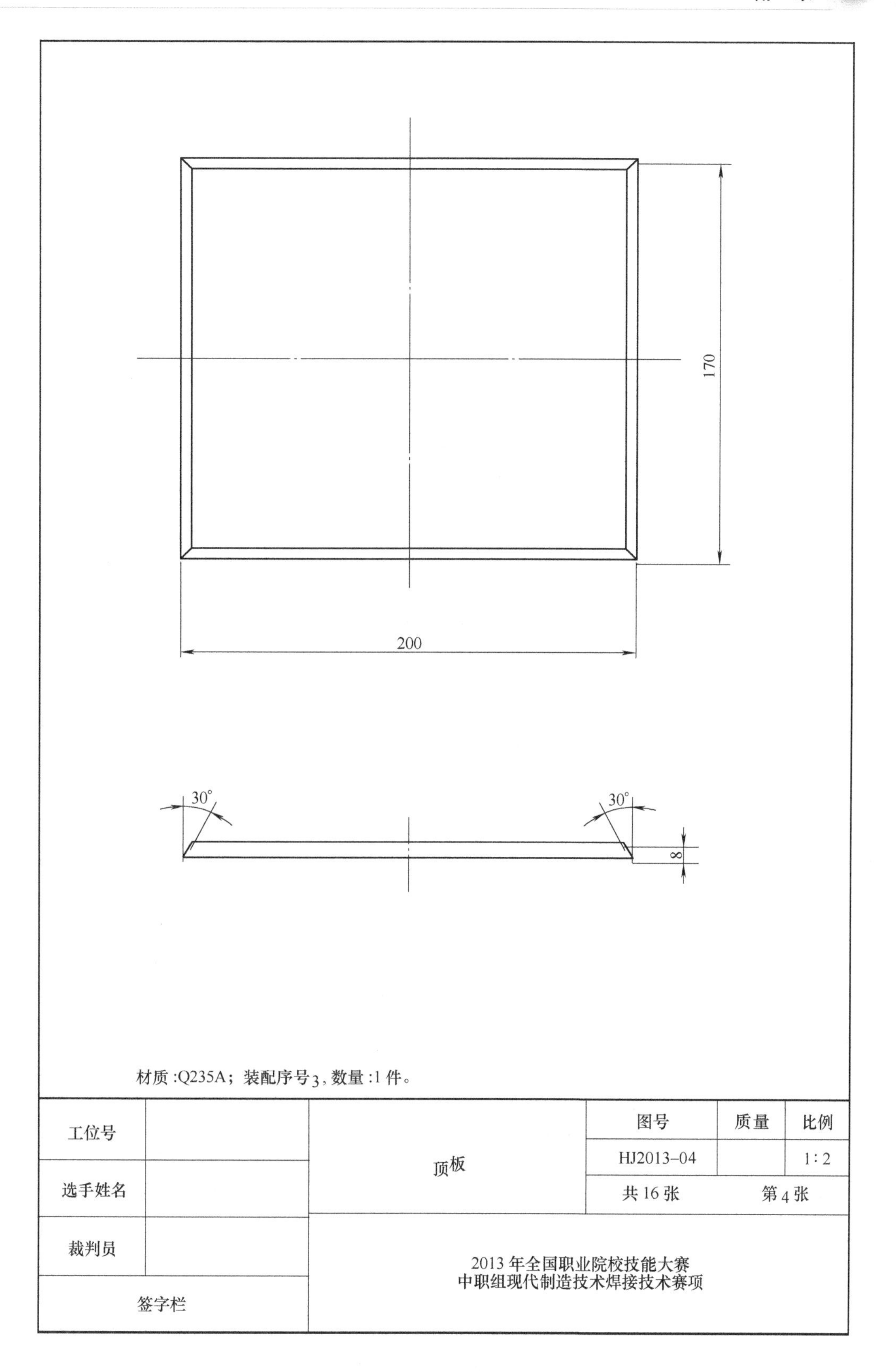
170
200
30°
30°
8
材质:Q235A；装配序号3，数量:1件。
工位号
选手姓名
裁判员
签字栏
顶板
图号
质量
比例
HJ2013-04
1∶2
共16张
第4张
2013年全国职业院校技能大赛
中职组现代制造技术焊接技术赛项

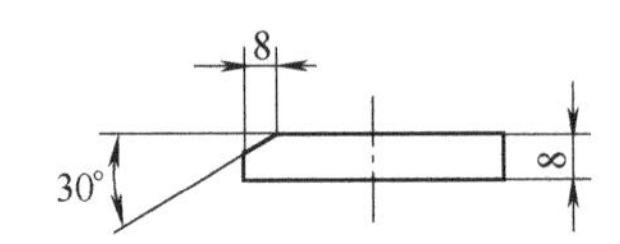

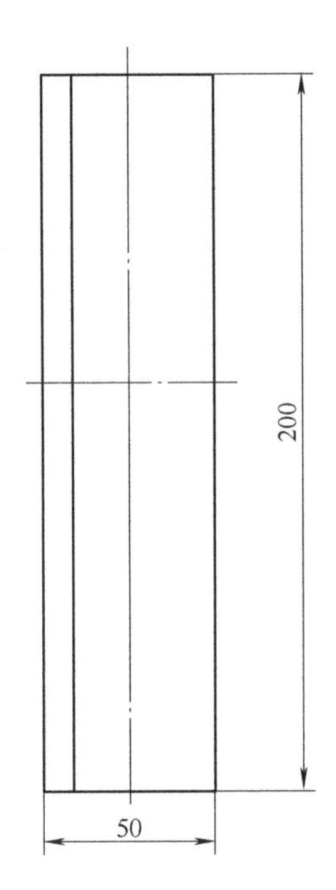

材质：Q235A；装配序号4；数量：2件。

工位号		侧板(1)	图号	质量	比例
选手姓名			HJ2013–05		1:2
			共16张　第5张		
裁判员		2013年全国职业院校技能大赛 中职组现代制造技术焊接技术赛项			
签字栏					

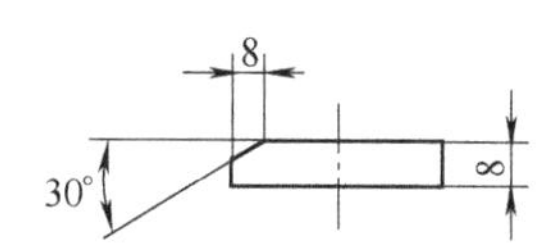

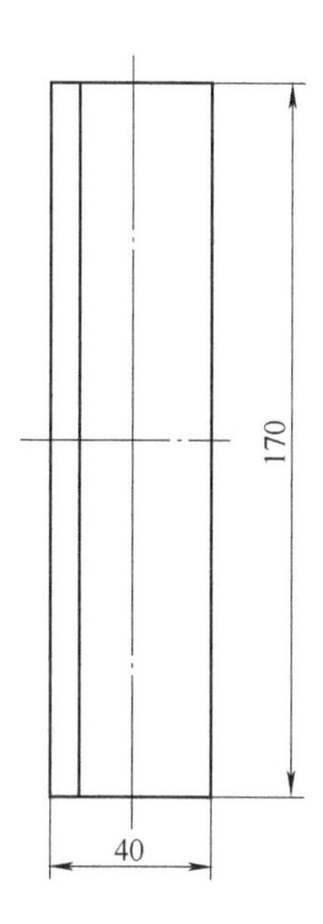

材质：Q235A；装配序号5；数量：2件。

工位号		侧板(2)	图号	质量	比例
			HJ2013-06		1:2
选手姓名			共16张 第6张		
裁判员		2013年全国职业院校技能大赛 中职组现代制造技术焊接技术赛项			
签字栏					

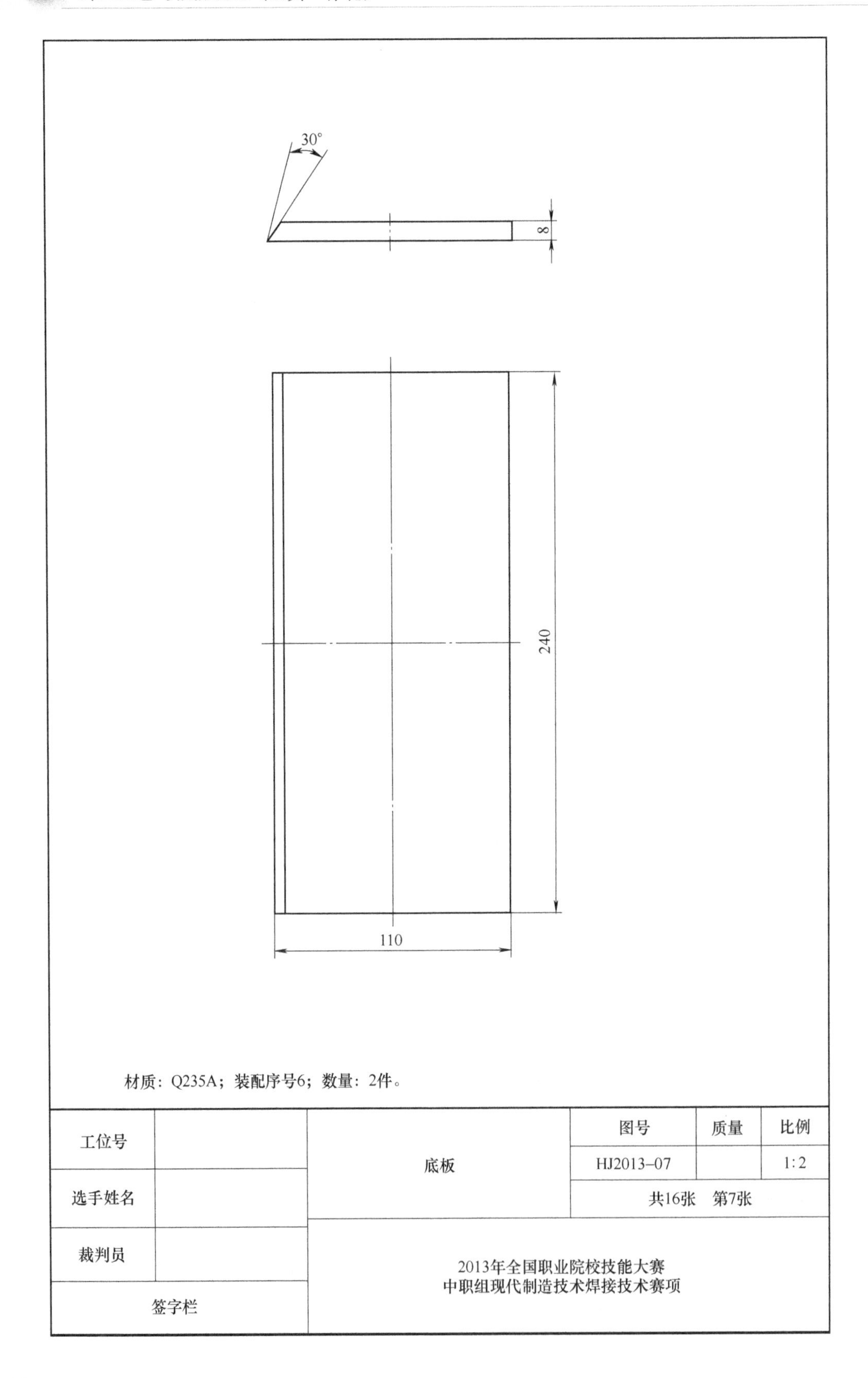
30°
8
240
110
材质：Q235A；装配序号6；数量：2件。
工位号
选手姓名
裁判员
签字栏
底板
图号
质量
比例
HJ2013–07
1∶2
共16张　第7张
2013年全国职业院校技能大赛
中职组现代制造技术焊接技术赛项

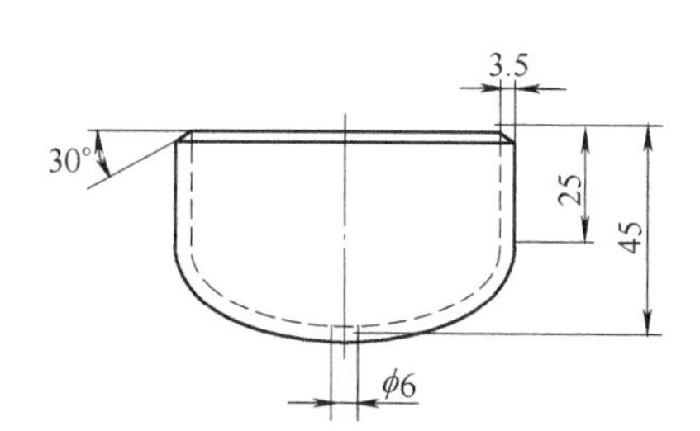

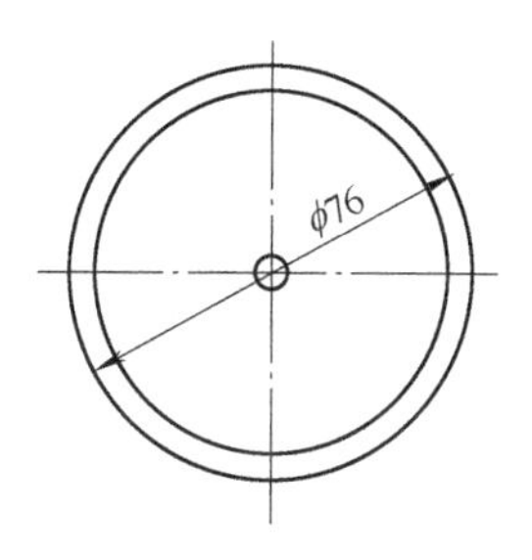

材质：20；装配序号8；数量：1件。

<table>
<tr><td>工位号</td><td></td><td rowspan="2">封头</td><td>图号</td><td>质量</td><td>比例</td></tr>
<tr><td rowspan="2">选手姓名</td><td rowspan="2"></td><td>HJ2013–08</td><td></td><td>1:2</td></tr>
<tr><td></td><td colspan="3">共16张　第8张</td></tr>
<tr><td>裁判员</td><td></td><td colspan="4" rowspan="2">2013年全国职业院校技能大赛
中职组现代制造技术焊接技术赛项</td></tr>
<tr><td colspan="2">签字栏</td></tr>
</table>

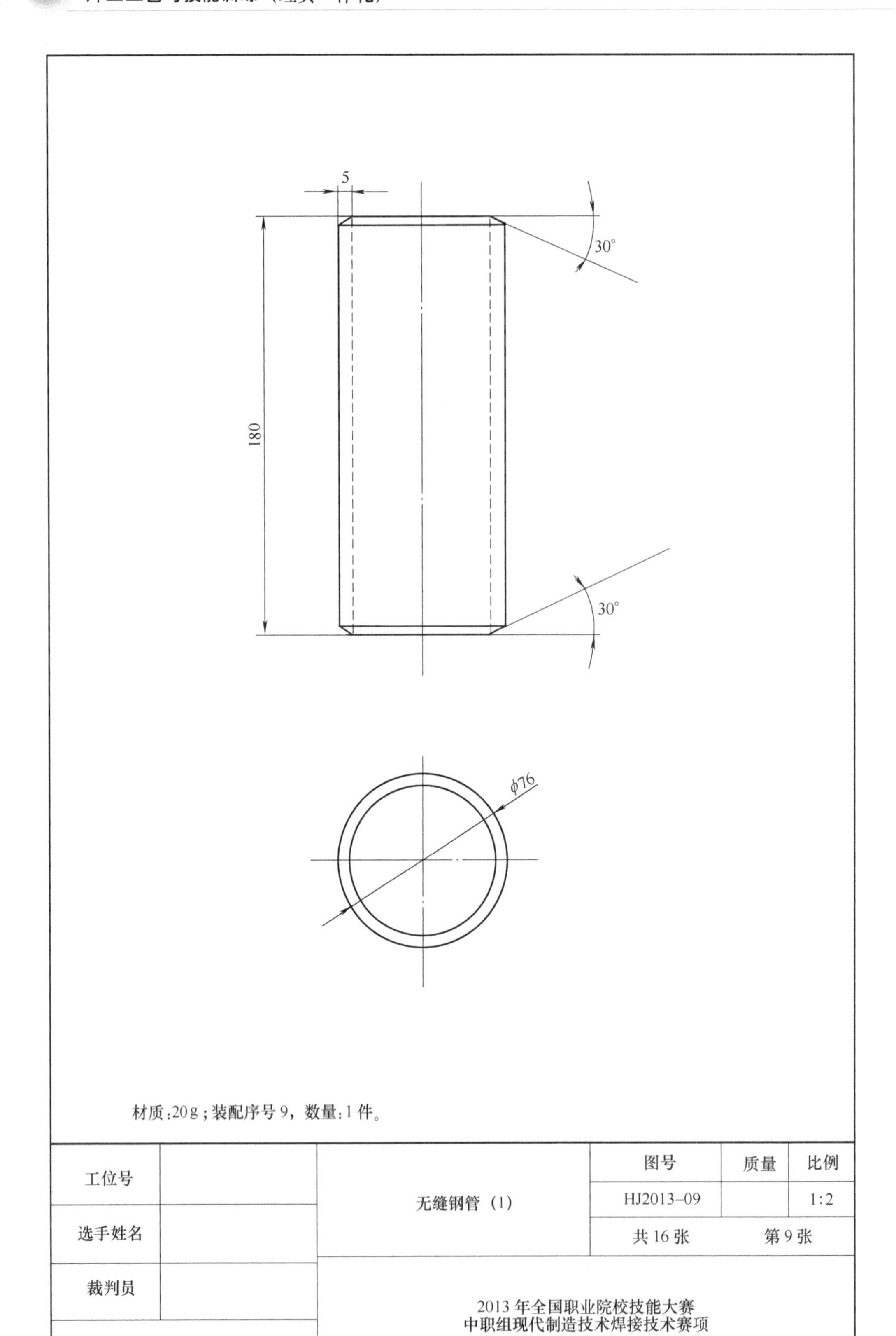
5
30°
180
30°
ϕ76
材质:20g；装配序号9，数量:1件。
工位号
选手姓名
裁判员
签字栏
无缝钢管（1）
图号
质量
比例
HJ2013–09
1:2
共16张
第9张
2013年全国职业院校技能大赛
中职组现代制造技术焊接技术赛项

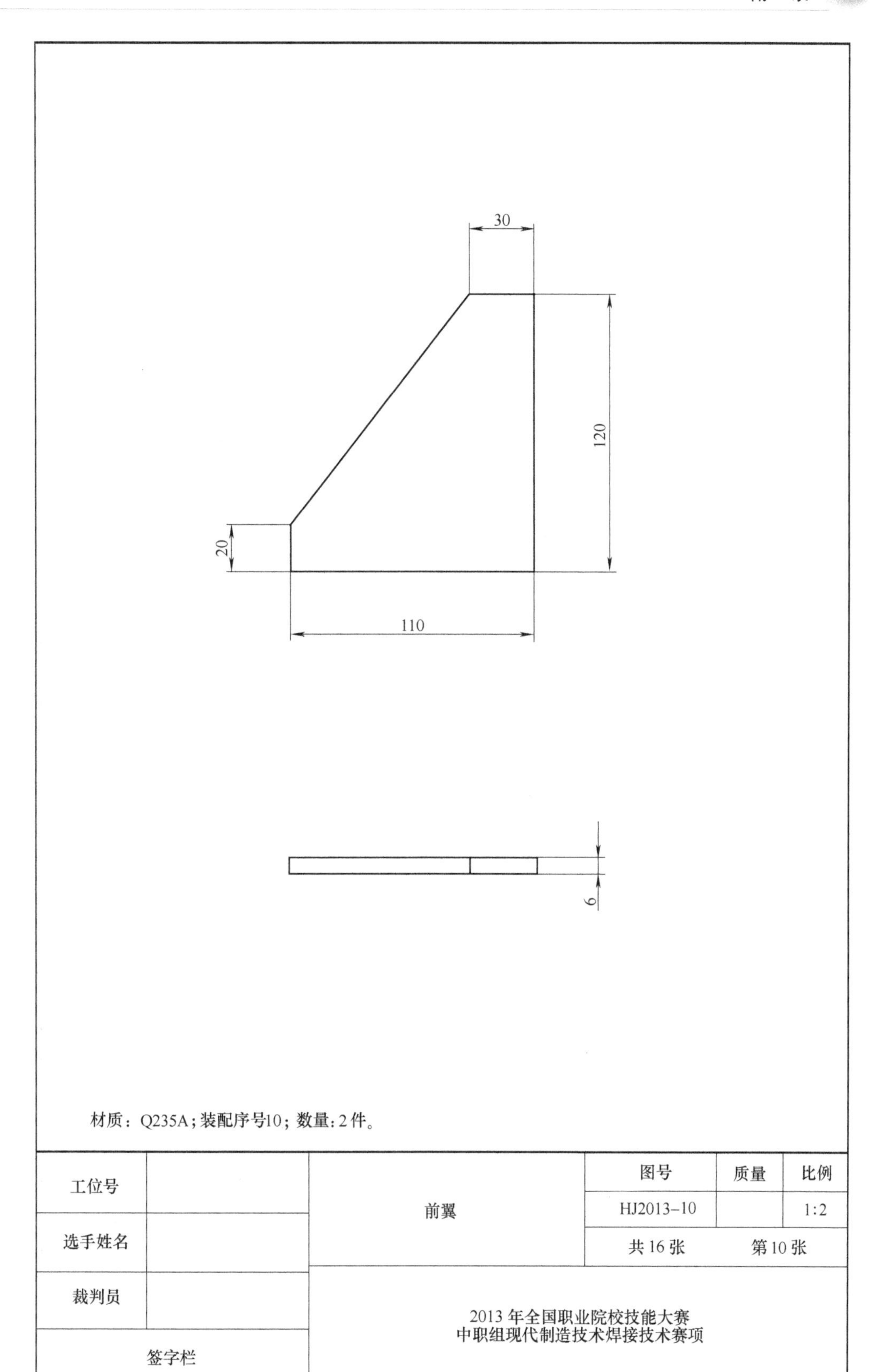
30
120
20
110
6
材质：Q235A；装配序号10；数量：2 件。
工位号
选手姓名
裁判员
签字栏
前翼
图号
质量
比例
HJ2013–10
1:2
共 16 张
第 10 张
2013 年全国职业院校技能大赛
中职组现代制造技术焊接技术赛项

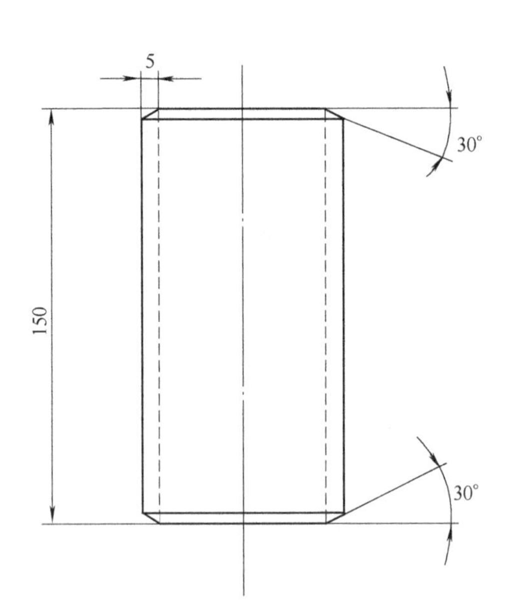

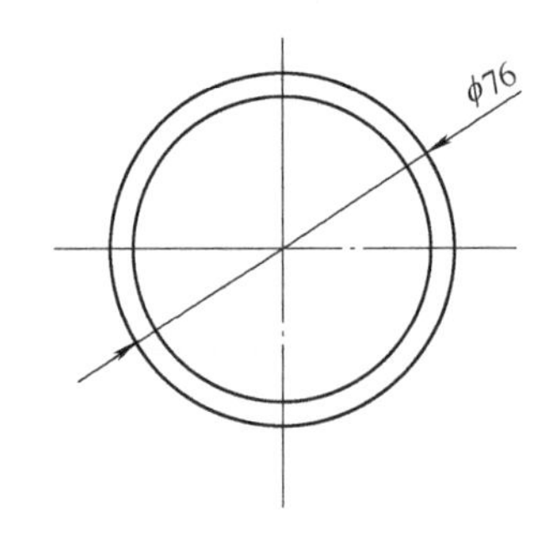

材质:20g;装配序号11; 数量:1件。

工位号		无缝钢管（2）	图号	质量	比例
			HJ2013-11		1:2
选手姓名			共16张	第11张	
裁判员		2013年全国职业院校技能大赛 中职组现代制造技术焊接技术赛项			
签字栏					

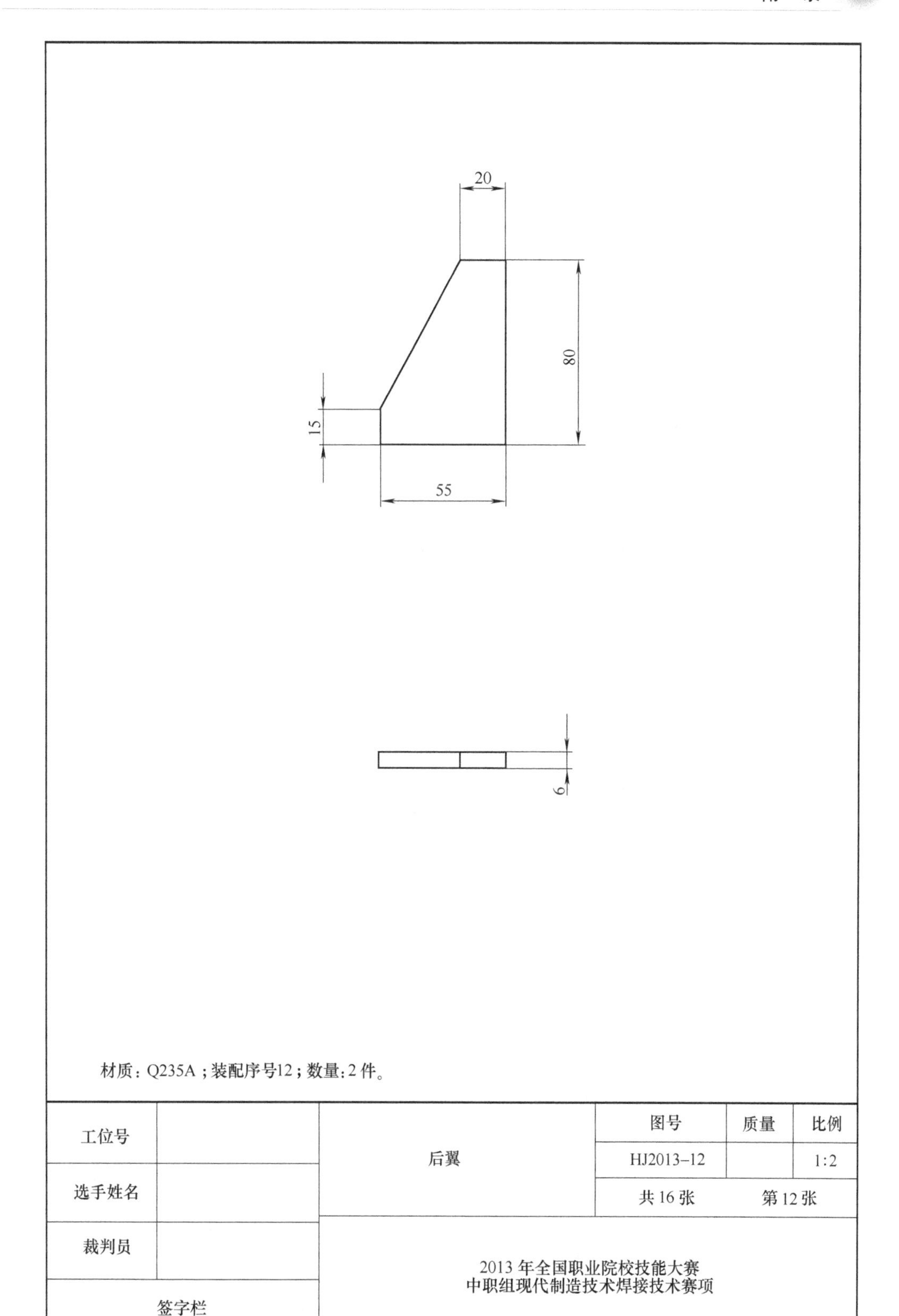
20
80
15
55
6
材质：Q235A；装配序号12；数量：2 件。
工位号
选手姓名
裁判员
签字栏
后翼
图号
质量
比例
HJ2013–12
1:2
共 16 张
第 12 张
2013 年全国职业院校技能大赛
中职组现代制造技术焊接技术赛项

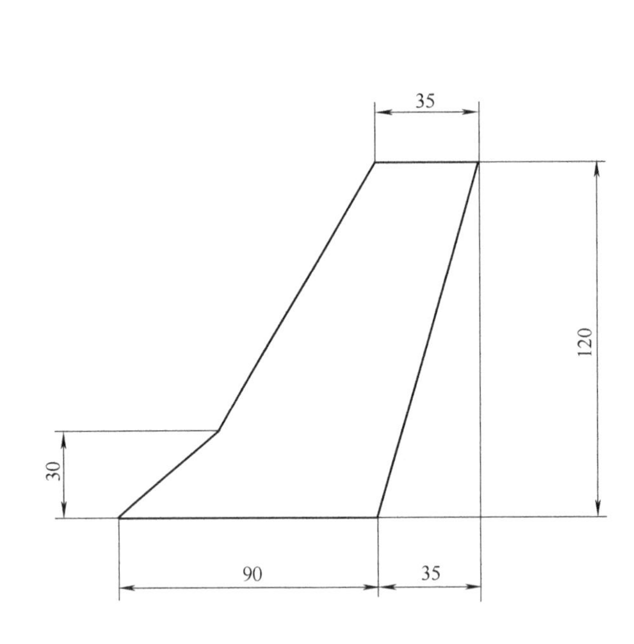

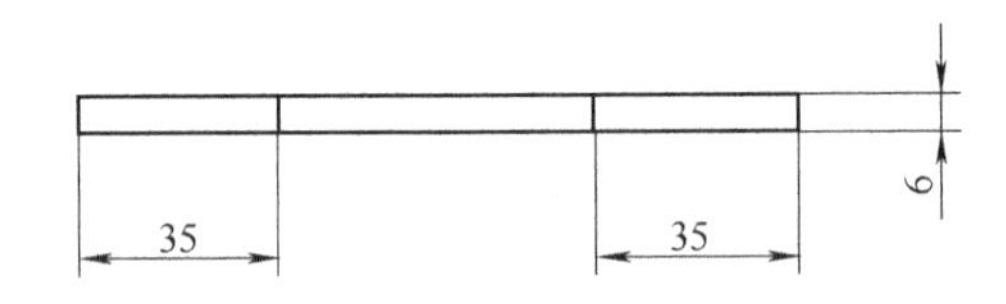

材质：Q235A；装配序号 13；数量：1 件。

<table>
<tr><td>工位号</td><td></td><td rowspan="3">尾翼</td><td>图号</td><td>质量</td><td>比例</td></tr>
<tr><td rowspan="2">选手姓名</td><td rowspan="2"></td><td>HJ2013-13</td><td></td><td>1:2</td></tr>
<tr><td>共 16 张</td><td colspan="2">第 13 张</td></tr>
<tr><td>裁判员</td><td></td><td colspan="4" rowspan="2">2013 年全国职业院校技能大赛
中职组现代制造技术焊接技术赛项</td></tr>
<tr><td colspan="2">签字栏</td></tr>
</table>

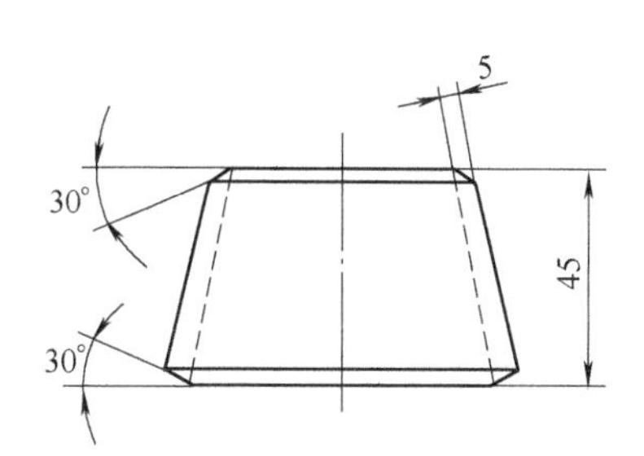

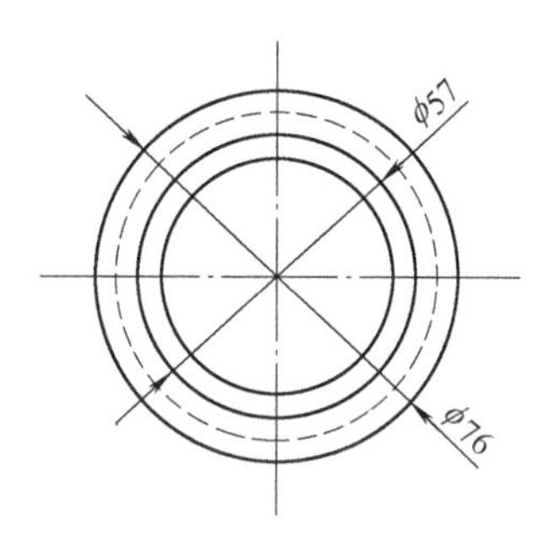

材质:20g；装配序号14；数量:1 件。

工位号		无缝异径管	图号	质量	比例
			HJ2013–14		1:2
选手姓名			共 16 张		第14 张
裁判员		2013 年全国职业院校技能大赛 中职组现代制造技术焊接技术赛项			
签字栏					

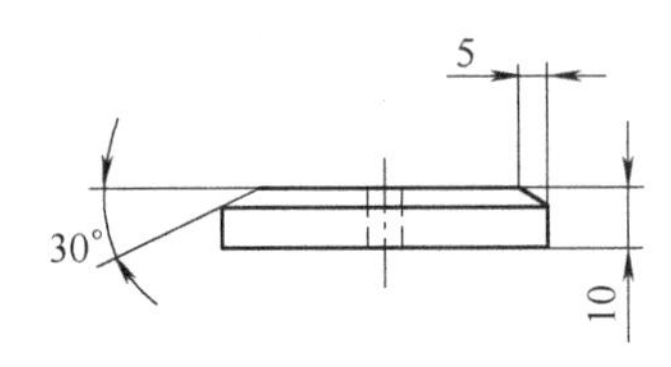

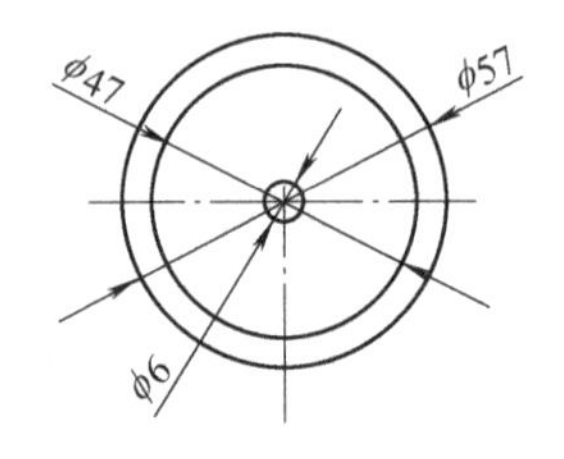

材质：Q235A；装配序号 15，数量：1 件。

<table>
<tr><td>工位号</td><td></td><td rowspan="3">封板</td><td>图号</td><td>质量</td><td>比例</td></tr>
<tr><td>选手姓名</td><td></td><td>HJ2013-15</td><td></td><td>1:2</td></tr>
<tr><td>裁判员</td><td></td><td colspan="2">共 16 张</td><td>第 15 张</td></tr>
<tr><td colspan="2">签字栏</td><td colspan="4">2013 年全国职业院校技能大赛
中职组现代制造技术焊接技术赛项</td></tr>
</table>

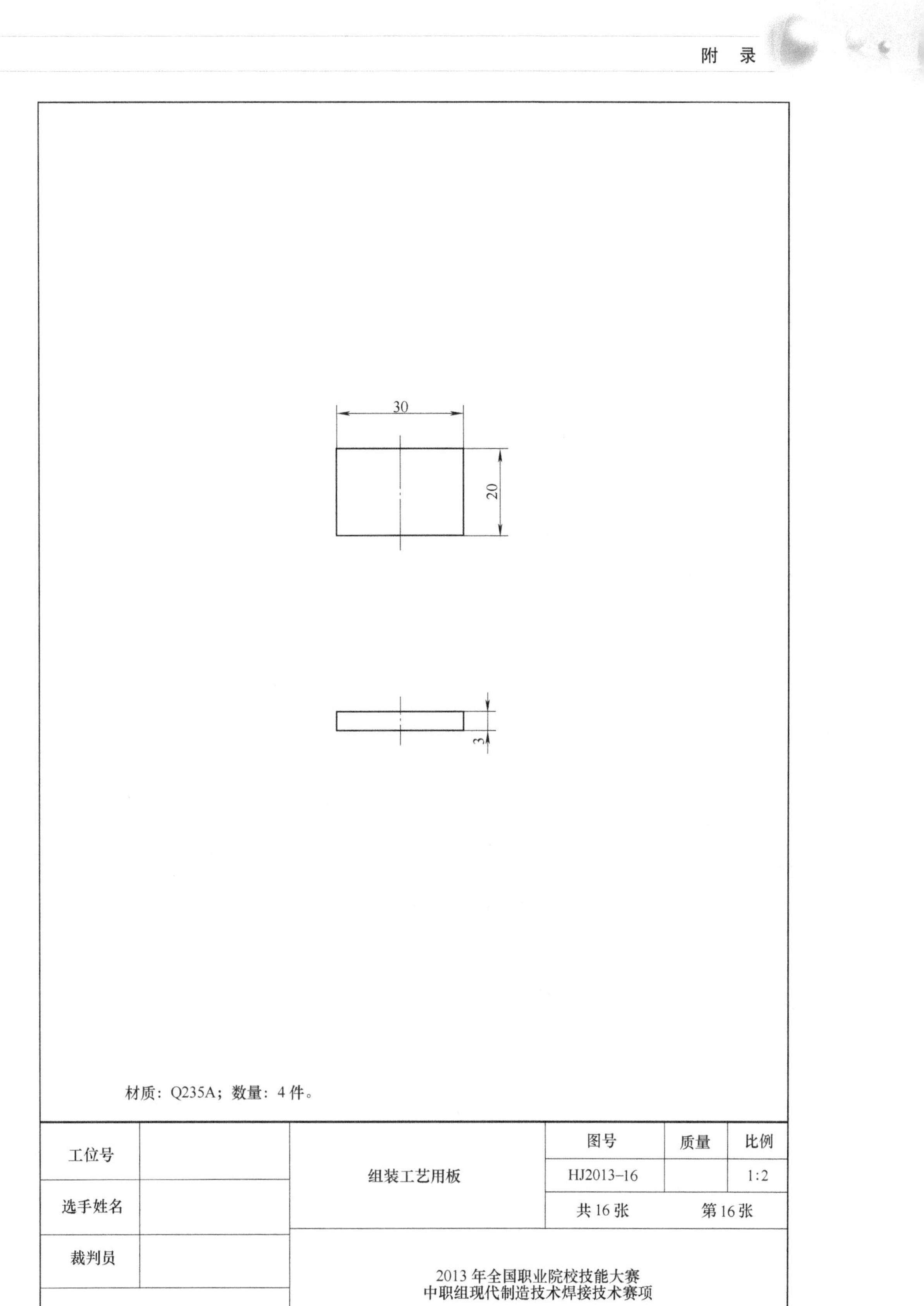
30
20
3
材质：Q235A；数量：4 件。
工位号
选手姓名
裁判员
签字栏
组装工艺用板
图号
质量
比例
HJ2013-16
1:2
共 16 张
第 16 张
2013 年全国职业院校技能大赛
中职组现代制造技术焊接技术赛项

三、船舶电焊工技术比赛试题

1. 比赛项目

钢结构焊件。

2. 比赛项目名称

1）CO_2焊板平对接（件1、件2）。

2）CO_2焊板平横接（件5、件6）。

3）CO_2焊板平立接（件3、件4）。

4）CO_2焊管板对接（件9、件10）。

5）CO_2焊板内倾45°对接（件7、件8）。

6）CO_2焊板贴角焊（件1、2与件5、6，件3、4与件9）。

7）CO_2倾角焊（件7、8与件5、6，件3、4与件9）。

3. 比赛用焊机、焊丝

焊机选用奥太NBC-350、GWE-711，焊丝直径为ϕ1.2mm。

4. 技术要求

1）根据结构件安装图独立进行装配，上结构件在底板上居中安装，测量四面，每面超差大于±1mm扣1分，依此类推，焊接顺序按工艺要求自定。

2）CO_2焊板内倾45°对接需拍片检查，但下端30mm、上端30mm不计拍片成绩。

3）焊接位置焊错，该焊缝作0分处理。

4）钝边、间隙自定。

5）焊接结构件水平固定，离地面高度300mm。

6）结构件焊接完成后，焊接表面必须是原始状态，不得加工修磨，故意加工、修磨焊缝表面不得分。

7）总分100分：CO_2焊板内倾45°对接30分，板对接立焊15分，横对接15分，其余4个项目各10分。

8）装配时间60min，焊接时间180min。

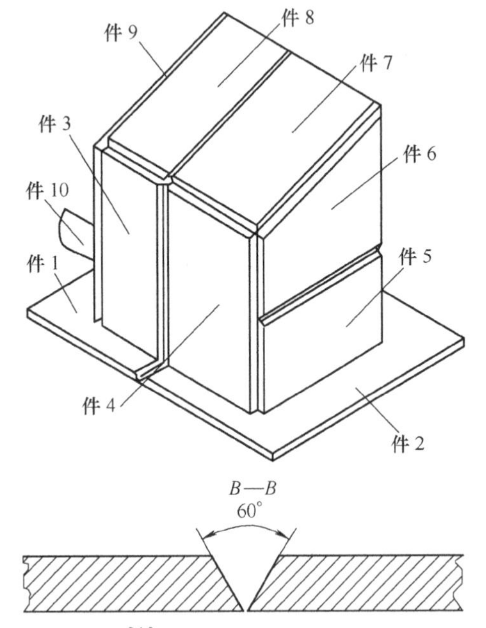

5. 船舶电焊工技术比赛立体装配图

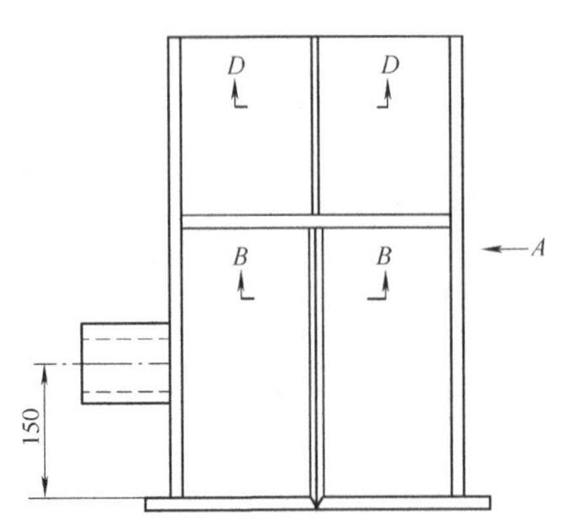

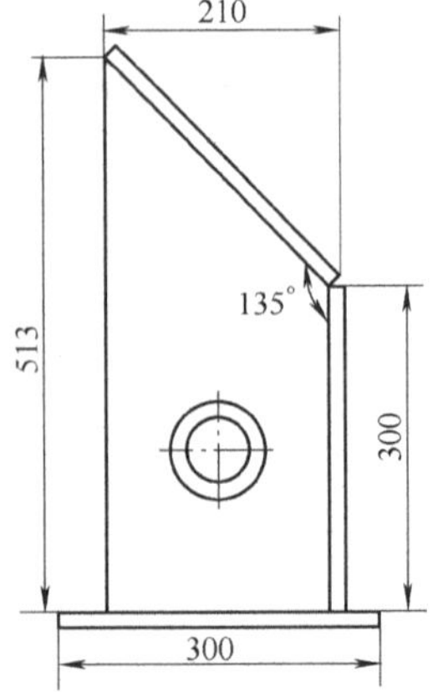

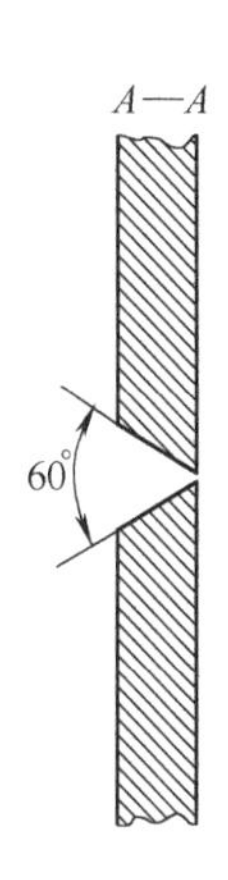

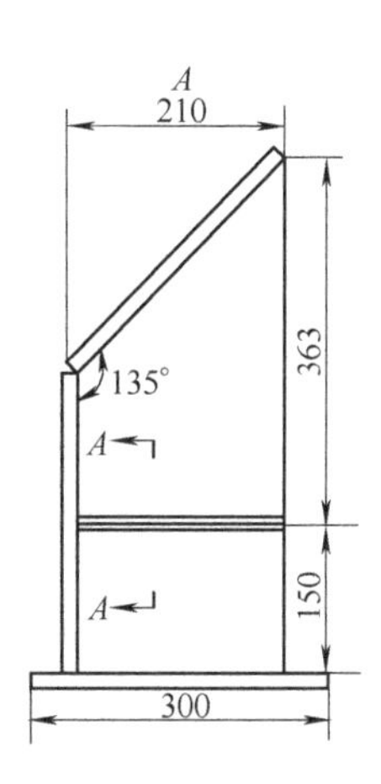

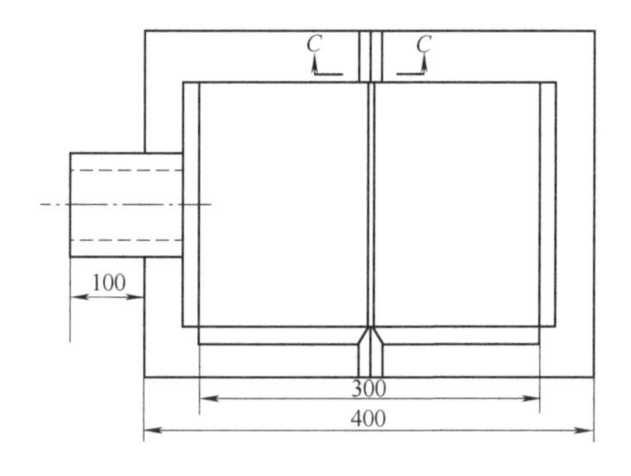

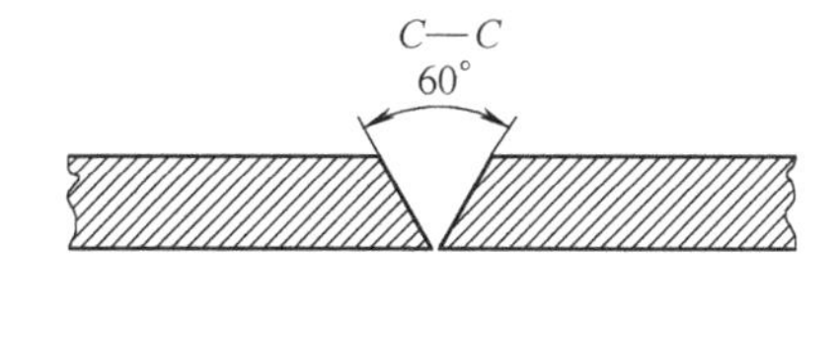

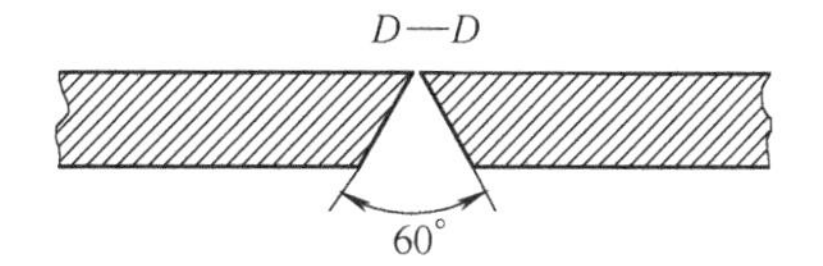

6. 船舶电焊工技术比赛材料准备清单

1）件1、件2尺寸为300mm×200mm×14mm，各一块。

2）件3、件4尺寸为300mm×150mm×14mm，各一块。

3）件5尺寸为210mm×150mm×14mm，一块。

4）件6尺寸见下图。

5）件7、件8尺寸为300mm×150mm×14mm，各一块。

6）件9尺寸见下图。

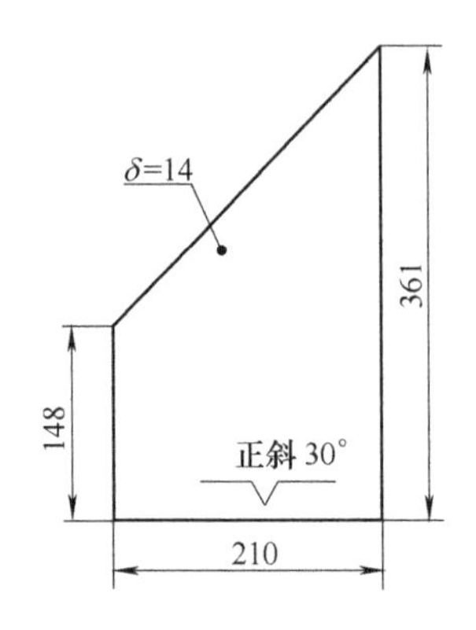

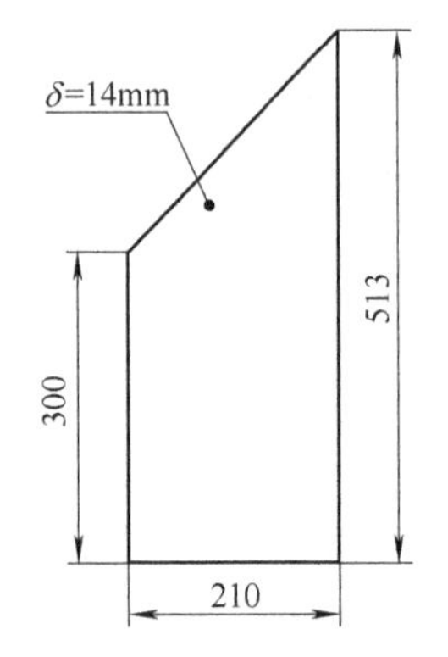

7）件10尺寸为ϕ89mm×100mm的管子，一根，管子一端开30°坡口。

注：试板坡口加工应按图施工。

参 考 文 献

[1]《机械工程标准手册》编委会．机械工程标准手册：焊接与切割卷［M］．北京：中国标准出版社，2001.

[2] 高忠民．熔化极气体保护焊［M］．北京：金盾出版社，2013.

[3] 赵伟兴．手工钨极氩弧焊培训教材［M］．哈尔滨：哈尔滨工程大学出版社，2010.

[4] 中国焊接协会培训工作委员会．焊工取证上岗培训教材［M］．北京：机械工业出版社，2001.

[5] 许志安．焊接技能强化训练［M］．2 版．北京：机械工业出版社，2007.

[6] 薄清源，等．电焊工（中级）考前辅导［M］．北京：机械工业出版社，2009.

[7] 李荣雪．金属材料工艺［M］．2 版．北京：机械工业出版社，2015.

[8] 劳动和社会保障部与中国就业培训技术指导中心．焊工［M］．北京：中国劳动社会保障出版社，2006.

[9] 劳动和社会保障部教材办公室．电焊工［M］．北京：中国劳动社会保障出版社，2004.

[10] 邱葭菲．焊接方法与工艺［M］．北京：机械工业出版社，2013.

[11] 王德涛，王飞．焊工［M］．北京：机械工业出版社，2012.

[12] 谢泽敏，李怡．焊工工艺与实训［M］．北京：高等教育出版社，2009.

[13] 王长忠．高级焊工技能训练［M］．北京：中国劳动社会保障出版社，2005.

[14] 高进强，宋思利．切割［M］．北京：化学工业出版社，2007.

[15] 孙景荣，崔彦鹏．气焊工［M］．北京：化学工业出版社，2006.

[16] 杨跃，扈成林．电弧焊技能项目教程［M］．北京：机械工业出版社，2013.